U0160280

MANNING

Spring实战

（第6版）

Spring IN ACTION

SIXTH EDITION

[美] 克雷格·沃斯（Craig Walls） 著
张卫滨 吴国浩 译

人 民 邮 电 出 版 社
北 京

图书在版编目（CIP）数据

Spring实战 : 第6版 / (美) 克雷格·沃斯
(Craig Walls) 著 ; 张卫滨, 吴国浩译. -- 北京 : 人
民邮电出版社, 2022.12
ISBN 978-7-115-59869-1

Ⅰ. ①S… Ⅱ. ①克… ②张… ③吴… Ⅲ. ①JAVA语
言—程序设计 Ⅳ. ①TP312.8

中国版本图书馆CIP数据核字(2022)第148550号

版权声明

◆ 著　[美] 克雷格·沃斯（Craig Walls）
译　张卫滨　吴国浩
责任编辑　郭泳泽
责任印制　王　郁　焦志炜

◆ 人民邮电出版社出版发行　北京市丰台区成寿寺路 11 号
邮编　100164　电子邮件　315@ptpress.com.cn
网址　https://www.ptpress.com.cn
北京七彩京通数码快印有限公司印刷

◆ 开本：800×1000　1/16
印张：29.75　2022 年 12 月第 1 版
字数：633 千字　2024 年 11 月北京第 8 次印刷

著作权合同登记号　图字：01-2022-1446 号

定价：109.80 元

读者服务热线：(010)81055410　印装质量热线：(010)81055316

反盗版热线：(010)81055315

广告经营许可证：京东市监广登字 20170147 号

内容提要

本书是一本经典而实用的 Spring 学习指南，介绍了 Spring 使用框架、Spring Boot，以及 Spring 系统中的其他组成部分。

本书分为 4 个部分，共 18 章。第 1 部分（第 1 章～第 6 章）涵盖了构建 Spring 应用的基础知识。第 2 部分（第 7 章～第 10 章）讨论了如何将 Spring 应用与其他应用进行集成。第 3 部分（第 11 章～第 14 章）探讨了 Spring 对反应式编程提供的全新支持。第 4 部分（第 15 章～第 18 章）介绍了如何做好应用投入生产环境前的准备工作，以及如何进行部署。

本书适合刚刚开始学习 Spring Boot 和 Spring 框架的 Java 开发人员阅读，也适合想要超越基础知识并学习 Spring 新特性的经验丰富的 Spring 开发者参考。

译者序

距离撰写《Spring 实战（第 5 版）》的译者序差不多已经过去了 3 年的时间，在这段时间里，虽然 Spring 没有大版本的更新，但是整个 Spring 生态却有了长足的进步和发展。Spring Boot 在不断优化，越来越适应云原生的开发环境；反应式编程已经度过了理念阶段，逐渐在实际项目中落地；Spring Data 正在支持越来越多的数据库类型；Spring Cloud 在借助 Netflix 相关的项目成功成为微服务开发的首选方案之后，正在慢慢摆脱 Netflix 相关项目的束缚，开始自立门户；Spring Native 更是借助 GraalVM 的东风，以脱离 JVM 为噱头，成功吸引了一批流量……

更不用说，大家期待的 Spring Framework 6 和 Spring Boot 3 甚至都要以 Java 17 作为最基础的运行时环境了（这让众多依然在使用 Java 8 的开发者情何以堪）。随着 Java 语言版本升级换代的加快，再加上 Kubernetes（K8s）、服务网格等云原生技术的发展，Java 相关技术快速进步。作为技术爱好者，总有一种几天不关注技术社区就会落伍的紧迫感。

但不管技术如何快速演进，有一些内在的精髓是相对稳定的。就 Spring 本身而言，虽然基于 Spring 的社区项目越来越多，功能越来越丰富，但 Spring 内核的理念依然是没有变化的，我们依然要从依赖注入、面向切面编程和自动配置等特性入手，探索和掌握新技术的发展思路和实现脉络。所以，希望本书能够帮助读者理解和掌握 Spring 的基本原理，探究具体功能背后的技术考量。

记得第一次接触 Spring 是在 2007 年，当时还在学校读研的我从图书馆借到了第 1 版《Spring 实战》，虽然当时忙于毕业的事情没有把这本书读完，但它依然给我留下了极深的印象。在那个时代，J2EE without EJB 真的是一种超前的理念，当时很多人可能都没有想到 Spring 居然会在企业级 Java 开发领域活跃这么多年的时间。当然，那时的我更没有想到会与这个系列的书有如此深厚的缘分，参与翻译了这本书的 4 个版本！

从 Spring 诞生到现在，已经有接近 20 年的时间了，技术领域有了翻天覆地的变化，尤其是近年来，Spring 也面临着不少的挑战：微服务领域，服务网格技术是 Spring Cloud 相关项目的有力竞争者；以 Quarkus、Micronaut 为代表的一些新生代开发框架在强力挑战 Spring 的主导地位……我们希望在不断的竞争中，有越来越多的新技术涌现出来。

在《Spring 实战（第 6 版）》的翻译中，感谢同事吴国浩的协助。他负责翻译了本书的部分章节。

当然，还要再次感谢我的爱人和儿子，容忍我没日没夜守在笔记本电脑前的这几个月。

希望本书对读者有所帮助。如果您在阅读中遇到问题，可以通过 levinzhang1981@126.com 与我联系。祝阅读愉快。

张卫滨

2022 年 5 月 3 日于大连

关于本书

编写本书的目的是让你学会使用 Spring 框架、Spring Boot 及 Spring 生态系统中的其他组成部分构建令人赞叹的应用程序。本书首先介绍如何使用 Spring 和 Spring Boot 开发基于 Web、以数据库作为后端的 Java 应用，随后进行必要的扩展，展现了如何与其他应用进行集成和使用反应式类型进行编程，最后讨论如何准备应用的部署。

尽管 Spring 生态系统中的每个项目都提供了完善的文档，但是本书所做的是所有参考文档都无法做到的事情：提供了一个实用的、项目驱动的指南，将 Spring 的各种元素组合起来形成一个真正的应用。

谁适合阅读本书

本书适合刚刚开始学习 Spring Boot 和 Spring 框架的 Java 开发人员阅读，也适合想要超越基础知识并学习 Spring 新特性的经验丰富的 Spring 开发者参考。

这本书是如何组织的：路线图

本书分成 4 个部分，共计 18 章。

第 1 部分涵盖了构建 Spring 应用的基础知识。

- 第 1 章介绍 Spring、Spring Boot，以及如何初始化 Spring 项目。我们在这章中迈出构建 Spring 应用的第一步，在本书后续章节中，我们会对这个应用进行扩展。
- 第 2 章讨论如何使用 Spring MVC 构建应用的 Web 层。我们会构建处理 Web 请求的控制器，并在浏览器中渲染信息的视图。
- 第 3 章深入探讨 Spring 应用的后端，在这里数据会持久化到关系型数据库中。

- 第 4 章会继续数据持久化的话题，学习如何将数据持久化到非关系型数据库 Cassandra 和 MongoDB 中。
- 第 5 章介绍如何使用 Spring Security 认证用户并防止未认证的用户访问应用。
- 第 6 章介绍如何使用 Spring Boot 的配置属性功能来配置 Spring 应用。我们还会在这章学习如何使用 profile 选择性地应用配置。

第 2 部分讨论了如何将 Spring 应用与其他应用进行集成。

- 第 7 章延续第 2 章对 Spring MVC 的讨论，我们会学习如何在 Spring 中编写和消费 REST API。
- 第 8 章展示如何使用 Spring Security 和 OAuth 2 保护我们在第 7 章创建的 API。
- 第 9 章讨论如何使用异步通信技术让 Spring 应用发送和接收消息，这里会用到 Java Message Service、RabbitMQ 或 Kafka。
- 第 10 章讨论如何使用 Spring Integration 进行声明式地应用集成。

第 3 部分探讨了 Spring 对反应式编程提供的全新支持。

- 第 11 章介绍 Reactor 项目，这是一个反应式编程库，支撑 Spring 5 的反应式特性。
- 第 12 章重新探讨 REST API 开发，介绍全新的 Web 框架 Spring WebFlex。该框架借用了很多 Spring MVC 的理念，为 Web 开发提供了新的反应式模型。
- 第 13 章介绍如何使用 Spring Data 编写反应式数据持久化，我们会尝试读取和写入 Cassandra 与 Mongo 数据库。
- 第 14 章介绍 RSocket 协议。这是一个新的通信协议，在创建 API 方面，它提供了 HTTP 协议的反应式替代方案。

第 4 部分介绍了如何做好应用投入生产环境前的准备工作，以及如何进行部署。

- 第 15 章介绍 Spring Boot Actuator。这是 Spring Boot 的一个扩展，它通过 REST 端点的形式暴露 Spring 应用内部的运行状况。
- 第 16 章介绍如何使用 Spring Boot Admin。它是构建在 Actuator 之上的一个对用户友好的基于浏览器的管理应用。
- 第 17 章讨论如何将 Spring bean 暴露为 JMX MBean，以及如何消费它们。
- 最后，第 18 章介绍如何将 Spring 应用部署到各种生产环境中，包括 Kubernetes。

一般来讲，刚刚接触 Spring 的开发人员应该从第 1 章开始，按顺序阅读每一章。经验丰富的 Spring 开发人员可能更愿意从任何其感兴趣的章节开始阅读。每一章都是建立在前一章的基础上的，所以如果从中间开始阅读，可能会漏掉一些前文信息。

关于代码

本书包含许多源代码的样例，有的是带有编号的程序清单，有的是在普通文本中嵌入的源码。

在许多情况下，原始源代码会重新排版。我们添加了换行符，并重新缩进，以适应书中可用的页面空间。在极少数情况下，这样做依然是不够的，在这种情况下，程序清单会包括换行符（➥）。此外，当在文中描述代码的时候，源代码中的注释通常会被移除。许多程序清单会带有代码注释，用来突出强调重要的概念。

本书中的样例源码可以从异步社区的本书页面下载。

其他在线资源

还需要其他帮助吗？

- Spring 的官方网站有很多有用的起步指南（其中一部分就是由本书的作者编写的）。
- StackOverflow 论坛上的 Spring 标签页和 Spring Boot 标签页是询问有关 Spring 的问题和帮助别人的好地方。帮助解决别人的 Spring 问题是学习 Spring 的好办法。

作者简介

克雷格·沃斯（Craig Walls）是 Pivotal 的高级工程师。他是 Spring 框架的热心推动者，经常在本地用户组和会议上发言，撰写关于 Spring 的文章。在不琢磨代码的时候，他往往在计划去迪士尼世界或迪士尼乐园的下一次旅行。他希望尽可能多地陪伴他的妻子、两个女儿，以及宠物。

关于本书封面

本书的封面人物是“Le Caraco”，也就是约旦西南部卡拉克（Karak）省的居民。该省的首府是 Al-Karak，那里的山顶有座城堡，对死海和周边的平原有着极佳的视野。这幅图出自法国 1796 年出版的旅游图书 *Encyclopédie des Voyages*，该书由 J. G. St. Sauveur 编写。在那时，为了娱乐而去旅游还是相对新鲜的做法，而像这样的旅游指南是很流行的，它能够让旅行家和足不出户的人们了解法国其他地区和法国以外的居民。

Encyclopédie des Voyages 中多种多样的图画生动描绘了 200 年前世界上各个城镇和地区的独特魅力。在那时，相隔几十千米的两个地区着装就不相同，可以通过着装判断人们究竟属于哪个地区。这本旅行指南展现了那个时代和其他历史时代的隔离感和距离感，这与我们这个人口高速流动的时代是截然不同的。

从那以后，服装风格发生了改变，富有地方特色的多样性开始淡化。现在，有时很难说一个大洲的居民和其他大洲的居民在着装上有什么不同。从积极的方面来看，我们可能用原来文化和视觉上的多样性换来了个人风格的多样性，或者说是更为多样、有趣，且科学技术更发达的智能化生活。这本旅行指南体现出两个世纪前地区间生活的丰富多样性。Manning 将其中的图片作为书籍的封面，以此来体现计算机领域的创造性、积极性和趣味性。

前言

Spring 进入开发领域已经超过了 18 年，它的基本使命是使 Java 应用的开发更容易。最初，这意味着它会提供一个轻量级的 EJB 2.x 替代方案。但这只是 Spring 的序幕。多年来，Spring 将其简化开发的使命扩展到了解决我们面临的各种挑战上，包括持久化、安全性、集成、云计算等。

尽管 Spring 在实现和简化企业级 Java 开发方面已走过了近 20 年，但它丝毫没有显示出发展速度放缓的迹象。Spring 在继续解决 Java 开发的挑战，无论是创建部署在传统应用服务器上的应用，还是创建部署在云端 Kubernetes 集群上的容器化应用程序。随着 Spring Boot 开始提供自动配置、构建依赖辅助和运行时监控等功能，现在是成为 Spring 开发者的理想时机。

本书是 Spring 和 Spring Boot 指南，在第 5 版基础上进行了升级更新，以反映这两项技术所提供的新内容。即便是 Spring 新手，在第 1 章结束之前，也可以启动并运行第一个 Spring 应用。跟随本书，你会学习创建 Web 应用、处理数据、保证应用安全，以及管理应用配置等内容。接下来，你会探索将 Spring 应用与其他应用程序集成的方法，以及如何让 Spring 应用从反应式编程中获益，包括使用新的 RSocket 通信协议。在本书的末尾，你会看到如何为生产环境准备我们的应用程序，并学习各种部署方案。

无论你是第一次接触 Spring，还是有多年的 Spring 开发经验，这本书都会带你开展一段精彩旅程。我为你感到兴奋，也很荣幸能为你编写这份指南。我期待你使用 Spring 创造出精彩的应用！

致谢

Spring 和 Spring Boot 所做的最令人惊奇的事情之一就是自动为应用程序提供所有的基础功能，让开发人员关注于应用程序特有的逻辑。不幸的是，对于写书这件事来说，并没有这样的魔法。是这样的吗?

在 Manning，有很多人在施展魔法，确保这本书是最好的。特别要感谢我的技术编辑 Jenny Stout、生产负责人 Deirdre Hiam、文字编辑 Pamela Hunt、美术编辑 Jennifer Houle，以及整个制作团队，感谢他们为实现本书所做的出色工作。

在此过程中，我们得到了几位同行评论的反馈，他们确保了这本书没有偏离目标，涵盖了正确的内容。为此，我要感谢 Al Pezewski、Alessandro Campeis、Becky Huett、Christian Kreutzer-Beck、Conor Redmond、David Paccoud、David Torrubia Iñigo、David Witherspoon German Gonzalez-Morris、Iain Campbell、Jon Guenther、Kevin Liao、Mark Dechamps、Michael Bright、Philippe Vialatte、Pierre-Michel Ansel、Tony Sweets、William Fly 和 Zorodzayi Mukuya。

当然还要感谢 Spring 团队的杰出工作，你们创造了令人不可思议的成就。作为团队的一员，我很自豪。

非常感谢我的同行们在 No Fluff/Just Stuff 巡回演讲上的发言。我从你们每个人身上学到很多。也非常感谢那些参加过我在 NFJS 巡回演讲的人，虽然我是站在房间最前面演讲的人，但我经常从你们那里学到很多东西。

我要再次感谢腓尼基人，你们太棒了[①]。

最后，我要感谢我美丽的妻子 Raymie，她是我生命中的挚爱，是我最甜蜜的梦想。谢谢你的鼓励，也谢谢你为这本新书做的努力。致我可爱的女儿 Maisy 和 Madi：我为你们感到骄傲，为你们即将成为了不起的年轻女士感到骄傲。我对你们的爱超出了你们的想象，也超出了我语言所能表达的程度。

---

① 腓尼基人被认为是字母系统的创建者，基于字母的所有现代语言都是由此衍生而来。在迪士尼世界的 Epcot，有名为 Spaceship Earth 的时光穿梭体验项目，我们可以了解到人类交流的历史，甚至能够回到腓尼基人的时代，在这段旅程的旁白中这样说道：如果你觉得学习字母语言很容易，那感谢腓尼基人吧，是他们发明了它。这是作者的一种幽默说法。——译者注

资源与支持

本书由异步社区出品，社区（www.epubit.com）为您提供相关资源和后续服务。

配套资源

本书提供样例源码。

请在异步社区本书页面中点击 配套资源 ，跳转到下载界面，按提示进行操作。注意：为保证购书读者的权益，该操作会给出相关提示，要求输入提取码进行验证。

如果您是教师，希望获得教学配套资源，请在社区本书页面中直接联系本书的责任编辑。

提交勘误

作者和编辑尽最大努力来确保书中内容的准确性，但难免会存在疏漏。欢迎您将发现的问题反馈给我们，帮助我们提升图书的质量。

当您发现错误时，请登录异步社区，按书名搜索，进入本书页面，点击“提交勘误”，输入勘误信息，点击“提交”按钮即可。本书的作者和编辑会对您提交的勘误进行审核，确认并接受后，您将获赠异步社区的100积分。积分可用于在异步社区兑换优惠券、样书或奖品。

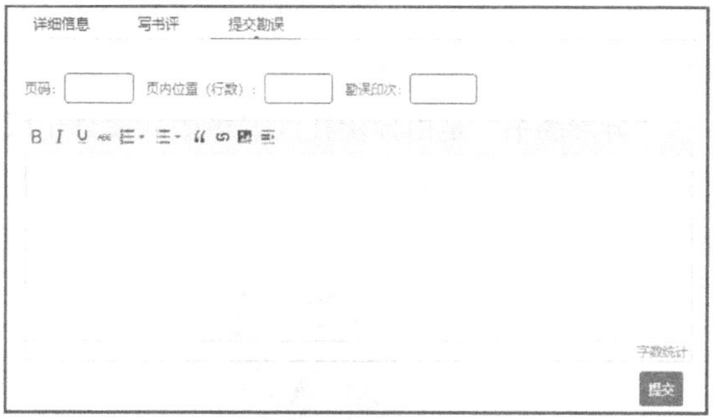

扫码关注本书

扫描下方二维码，您将会在异步社区微信服务号中看到本书信息及相关的服务提示。

与我们联系

我们的联系邮箱是 contact@epubit.com.cn。

如果您对本书有任何疑问或建议，请您发邮件给我们，并请在邮件标题中注明本书书名，以便我们更高效地做出反馈。

如果您有兴趣出版图书、录制教学视频，或者参与图书翻译、技术审校等工作，可以发邮件给我们；有意出版图书的作者也可以到异步社区在线提交投稿（直接访问 www.epubit.com/contribute 即可）。

如果学校、培训机构或企业想批量购买本书或异步社区出版的其他图书，也可以发邮件给我们。

如果您在网上发现有针对异步社区出品图书的各种形式的盗版行为，包括对图书全部或部分内容的非授权传播，请您将怀疑有侵权行为的链接发邮件给我们。您的这一举动是对作者权益的保护，也是我们持续为您提供有价值的内容的动力之源。

关于异步社区和异步图书

“异步社区”是人民邮电出版社旗下 IT 专业图书社区，致力于出版精品 IT 技术图书和相关学习产品，为作译者提供优质出版服务。异步社区创办于 2015 年 8 月，提供大量精品 IT 技术图书和电子书，以及高品质技术文章和视频课程。更多详情请访问异步社区官网 https://www.epubit.com。

“异步图书”是由异步社区编辑团队策划出版的精品 IT 专业图书的品牌，依托于人民邮电出版社近 30 年的计算机图书出版积累和专业编辑团队，相关图书在封面上印有异步图书的 LOGO。异步图书的出版领域包括软件开发、大数据、AI、测试、前端、网络技术等。

异步社区　　　　微信服务号

目录

第1部分 Spring基础

第3部分 反应式Spring

第 4 部分 部署 Spring

第 1 部分

Spring 基础

本书的第一部分会介绍如何开始编写 Spring 应用，并在这个过程中介绍 Spring 的基础知识。

在第 1 章中，我会简要介绍 Spring 和 Spring Boot 的核心知识，并且会在构建第一个 Spring 应用 Taco Cloud 的过程中，展示如何初始化 Spring 项目。在第 2 章中，我们会深入研究 Spring MVC，了解如何在浏览器中显示模型数据，以及如何处理和验证表单输入。我们还会看到选择视图模板库的技巧。

在第 3 章中，我会介绍 Spring 的 JDBC 模板，以及如何使用预处理语句和 key holder 插入数据。随后，我们会学习使用 Spring Data 声明 JDBC（Java Database Connectivity）和 JPA（Java Persistence API）存储库。第 4 章会围绕 Spring 持久化的话题，介绍两个 Spring Data 模块，将数据分别持久化到 Cassandra 和 MongoDB 中。第 5 章介绍了 Spring 应用程序的安全性，包括自动配置 Spring Security、声明自定义用户存储、自定义登录页面，以及防止跨站请求伪造（Gross-Site Request Forgery，CSRF）攻击。作为第 1 部分的结尾，我们会在第 6 章中学习配置属性。我们会了解如何细粒度地调整自动配置 bean、让应用组件使用配置属性，以及如何使用 Spring profile。

第 1 章　Spring 起步

本章内容：

- Spring 和 Spring Boot 的必备知识；
- 初始化 Spring 项目；
- Spring 生态系统概览。

希腊哲学家赫拉克利特（Heraclitus）尽管并不以擅长软件开发而闻名，但似乎深谙此道。他的一句话经常被引用："唯一不变的就是变化"，这句话抓住了软件开发的真谛。

我们现在开发应用的方式和 1 年前、5 年前、10 年前都是不同的，更别提 20 年前了，正是在 20 年前，Rod Johnson 的图书 *Expert One-on-One J2EE Design and Development*（Wrox，2002 年）介绍了 Spring 框架的初始形态。

当时，最常见的应用形式是基于浏览器的 Web 应用，后端由关系型数据库作为支撑。尽管这种形式的开发依然有它的价值，Spring 也为这种应用提供了良好的支持，但是我们现在感兴趣的还包括如何开发面向云的由微服务组成的应用，这些应用会将数据保存到各种类型的数据库中。另外一个崭新的关注点是反应式编程，它致力于通过非阻塞操作提供更好的扩展性并提升性能。

随着软件开发的发展，Spring 框架也在不断变化，以解决现代应用开发中的问题，其中就包括微服务和反应式编程。Spring 还通过引入 Spring Boot 简化了自己的开发模型。

不管你想要开发数据库作为支撑的简单 Web 应用，还是围绕微服务构建一个现代应用，Spring 框架都能帮助你达成目标。本章是使用 Spring 进行现代应用开发的第一步。

1.1 什么是 Spring

我知道你现在可能迫不及待地想要开始编写 Spring 应用了。我向你保证，在本章结束之前，你肯定能够开发一个简单的 Spring 应用。但首先，我将使用 Spring 的一些基础概念为你搭建一个舞台，帮助你理解 Spring 是如何运转起来的。

任何实际的应用程序都是由很多组件组成的，每个组件负责整个应用功能的一部分，这些组件需要与其他的应用元素协调以完成自己的任务。当应用程序运行时，需要以某种方式创建并引入这些组件。

Spring 的核心是提供了一个容器（container）。它们通常被称为 Spring 应用上下文（Spring application context），会创建和管理应用的组件。这些组件也可以称为 bean，会在 Spring 应用上下文中装配在一起，从而形成一个完整的应用程序，这类似于砖块、砂浆、木材、管道和电线组合在一起，形成一栋房子。

将 bean 装配在一起的行为是通过一种基于依赖注入（Dependency Injection，DI）的模式实现的。此时，组件不会再去创建它所依赖的组件并管理它们的生命周期，使用依赖注入的应用依赖于单独的实体（容器）来创建和维护所有的组件，并将其注入到需要它们的 bean 中。通常，这是通过构造器参数和属性访问（property accessor）方法来实现的。

举例来说，假设在应用的众多组件中，有两个是我们需要处理的：库存服务（用来获取库存水平）和商品服务（用来提供基本的商品信息）。商品服务需要依赖于库存服务，这样它才能提供商品的完整信息。图 1.1 阐述了这些 bean 和 Spring 应用上下文之间的关系。

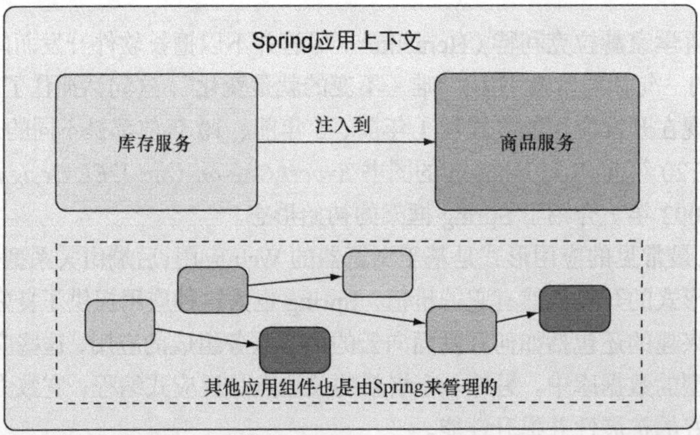

图 1.1 应用组件通过 Spring 的应用上下文来进行管理并实现互相注入

在核心容器之上，Spring 及其一系列的相关库提供了 Web 框架、各种持久化可选方案、安全框架、与其他系统集成、运行时监控、微服务支持、反应式编程模型，以及众多现代应用开发所需的其他特性。

在历史上，指导 Spring 应用上下文将 bean 装配在一起的方式是使用一个或多个 XML 文件，这些文件描述了各个组件以及它们与其他组件的关联关系。例如，如下的 XML 描述了两个 bean —— InventoryService bean 和 ProductService bean，并且通过构造器参数将 InventoryService 装配到 ProductService 中：

```
<bean id = "inventoryService"
      class = "com.example.InventoryService" />

<bean id = "productService"
      class = "com.example.ProductService" >
  <constructor-arg ref = "inventoryService" />
</bean>
```

但是，在最近的 Spring 版本中，基于 Java 的配置更为常见。如下基于 Java 的配置类是与 XML 配置等价的：

```
@Configuration
public class ServiceConfiguration {
  @Bean
  public InventoryService inventoryService() {
    return new InventoryService();
  }

  @Bean
  public ProductService productService() {
    return new ProductService(inventoryService());
  }
}
```

@Configuration 注解会告知 Spring 这是一个配置类，它会为 Spring 应用上下文提供 bean。

这个配置类的方法上使用@Bean 注解进行了标注，这表明这些方法所返回的对象会以 bean 的形式添加到 Spring 的应用上下文中（默认情况下，这些 bean 所对应的 bean ID 与定义它们的方法名称是相同的）。

相对于基于 XML 的配置方式，基于 Java 的配置会带来多项额外的收益，包括更强的类型安全性以及更好的重构能力。即便如此，不管是使用 Java 还是使用 XML 的显式配置，都只有在 Spring 不能自动配置组件的时候才具有必要性。

在 Spring 技术中，自动配置起源于所谓的*自动装配*（autowiring）和*组件扫描*（component scanning）。借助组件扫描技术，Spring 能够自动发现应用类路径下的组件，并将它们创建成 Spring 应用上下文中的 bean。借助自动装配技术，Spring 能够自动为组件注入它们所依赖的其他 bean。

最近，随着 Spring Boot 的引入，自动配置的能力已经远远超出了组件扫描和自动装配。Spring Boot 是 Spring 框架的扩展，提供了很多生产效率方面的增强。最为大家所熟知的增强就是自动配置（autoconfiguration），Spring Boot 能够基于类路径中的条目、环境变量和其他因素合理猜测需要配置的组件，并将它们装配在一起。

我非常愿意为你展现一些关于自动配置的示例代码，但是我做不到。自动配置就像风一样，你可以看到它的效果，但是我找不到代码指给你说，“看！这就是自动配置的样例！”事情发生了，组件启用了，功能也提供了，但是不用编写任何的代码。没有代码就是自动装配的本质，也是它如此美妙的原因所在。

Spring Boot 的自动配置大幅度减少了构建应用所需的显式配置的数量（不管是 XML 配置还是 Java 配置）。实际上，当完成本章的样例时，我们会有一个可运行的 Spring 应用，该应用只有一行 Spring 配置代码。

Spring Boot 极大地改善了 Spring 的开发，很难想象在没有它的情况下如何开发 Spring 应用。因此，本书会将 Spring 和 Spring Boot 当成一回事。我们会尽可能多地使用 Spring Boot，只有在必要的时候才使用显式配置。因为 Spring XML 配置是一种过时的方式，所以我们主要关注 Spring 基于 Java 的配置。

闲言少叙，既然本书的名称中包含“实战”这个词，那么就开始动手吧！下面我们将会编写使用 Spring 的第一个应用。

1.2 初始化 Spring 应用

在本书的课程中，我们将会创建一个名为 Taco Cloud 的在线应用，它能够订购人类所发明的一种美食——墨西哥煎玉米卷（taco）①。当然，在这个过程中，为了达成目标，我们将会用到 Spring、Spring Boot 及各种相关的库和框架。

有多种初始化 Spring 应用的可选方案。尽管我可以教你手动创建项目目录结构和定义构建规范的各个步骤，但这无疑是浪费时间，我们最好将时间花在编写应用代码上。因此，我们将会学习如何使用 Spring Initializr 初始化应用。

Spring Initializr 是一个基于浏览器的 Web 应用，同时也是一个 REST API，它能够生成一个 Spring 项目结构的骨架，我们还可以使用各种想要的功能来填充它。使用 Spring Initializr 的几种方式如下所示：

- 通过地址为 https://start.spring.io/的 Web 应用；
- 在命令行中使用 curl 命令；
- 在命令行中使用 Spring Boot 命令行接口；
- 在 Spring Tool Suite 中创建新项目；
- 在 IntelliJ IDEA 中创建新项目；

① 为了行文简洁，同时保持与示例应用中 Web 页面展现的一致性，后文不再将 taco 翻译为墨西哥煎玉米卷，而是直接使用 taco 这一称呼。——译者注

- 在 NetBeans 中创建新项目；
- 在 Apache NetBeans 中创建新项目。

我将这些细节放到了附录中，这样就不用在这里花费很多页的篇幅介绍每种可选方案了。在本章和本书的其他章节中，我都会向你展示如何使用我最钟爱的方式创建新项目，也就是在 Spring Tool Suite 中使用 Spring Initializr。

顾名思义，Spring Tool Suite 是一个非常棒的 Spring 开发环境，能够以 Eclipse、Visual Studio Code 或 Theia IDE 扩展的方式来使用。我们也可以在 Spring 网站的 Spring Tools 页面下载直接可运行的 Spring Tool Suite 二进制文件。Spring Tool Suite 提供了便利的 Spring Boot Dashboard 特性，让我们能够在 IDE 中很容易地启动、重启和停止 Spring Boot 应用。

如果你不是 Spring Tool Suite 用户，那也没有关系，我们依然可以做朋友。你可以跳转到附录中，查看最适合你的 Initializr 方案，以此来替换后面小节中的内容。但是，在本书中，我偶尔会提到 Spring Tool Suite 特有的特性，比如 Spring Boot Dashboard。你如果不使用 Spring Tool Suite，那么需要调整这些指令以适配你的 IDE。

1.2.1 使用 Spring Tool Suite 初始化 Spring 项目

要在 Spring Tool Suite 中初始化一个新的 Spring 项目，我们首先要点击 File 菜单，选择 New，接下来选择 Spring Starter Project。图 1.2 展现了要查找的菜单结构。

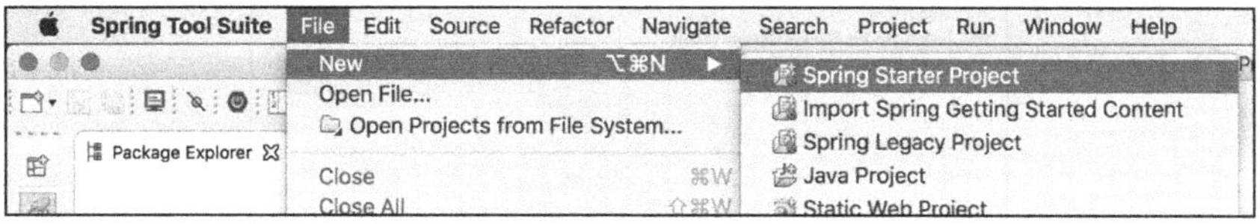

图 1.2 在 Spring Tool Suite 中使用 Initializr 初始化一个新项目

在选择 Spring Starter Project 之后，将会出现一个新的向导对话框（见图 1.3）。向导的第一页会询问一些项目的通用信息，比如项目名称、描述和其他必要的信息。如果你熟悉 Maven pom.xml 文件的内容，那么就可以识别出大多数的输入域条目最终都会成为 Maven 的构建规范。对于 Taco Cloud 应用来说，我们可以按照图 1.3 的样子来填充对话框，然后选择 Next。

向导的下一页会让我们选择要添加到项目中的依赖（见图 1.4）。注意，在对话框的顶部，我们可以选择项目要基于哪个 Spring Boot 版本。它的默认值是最新的可用版本。一般情况下，最好使用默认值，除非你需要使用不同的版本。

至于依赖项本身，你可以打开各个区域并手动查找所需的依赖项，也可以在 Available 顶部的搜索框中对依赖进行搜索。对于 Taco Cloud 应用来说，我们最初的依赖项如图 1.4 所示。

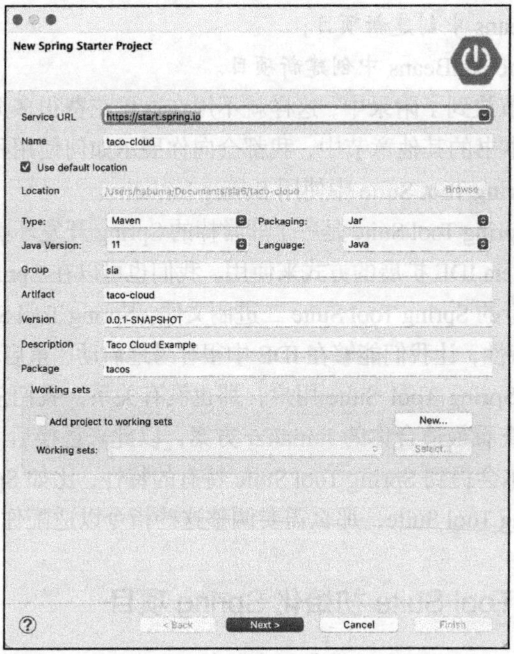

图 1.3　为 Taco Cloud 应用指定通用的项目信息

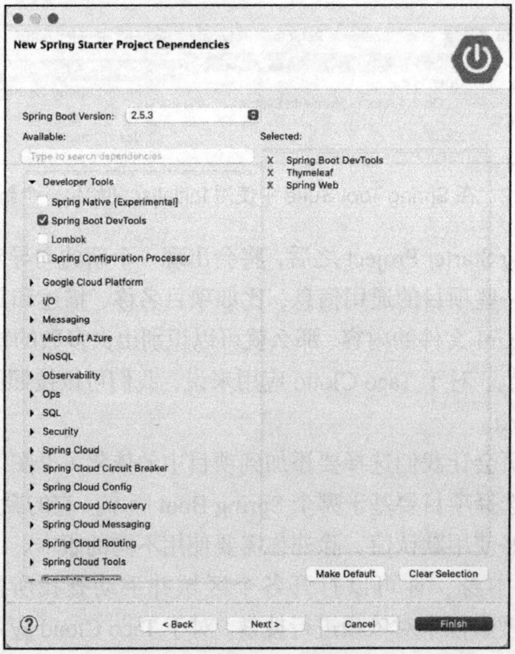

图 1.4　选择 Starter 依赖

现在，你可以选择 Finish 来生成项目并将其添加到工作空间中。但是，如果你还想多体验一些功能，可以再次选择 Next，看一下新 Starter 项目向导的最后一页，如图 1.5 所示。

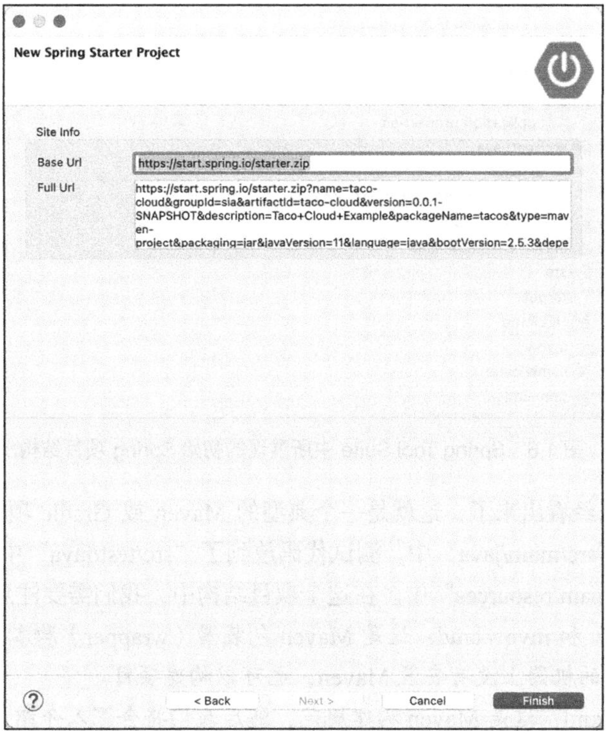

图 1.5 指定备用的 Initializr 地址

默认情况下，新项目的向导会调用 Spring Initializr 来生成项目。通常情况下，没有必要覆盖默认值，这也是我们可以在向导的第二页直接选择 Finish 的原因。但是，如果你基于某种原因托管了自己的 Initializr 克隆版本（可能是本地机器上的副本或者公司防火墙内部运行的自定义克隆版本），那么你可能需要在选择 Finish 之前修改 Base Url 输入域的值，使其指向自己的 Initializr 实例。

选择 Finish 之后，项目会从 Initializr 下载并加载到工作空间中。此时，要等待它加载和构建，然后你就可以开始开发应用的功能了。但首先，我们看一下 Initializr 都为我们提供了什么。

1.2.2 检查 Spring 项目的结构

项目加载到 IDE 中之后，我们将其展开，看一下其中都包含什么内容。图 1.6 展现了 Spring Tool Suite 中已展开的 Taco Cloud 项目。

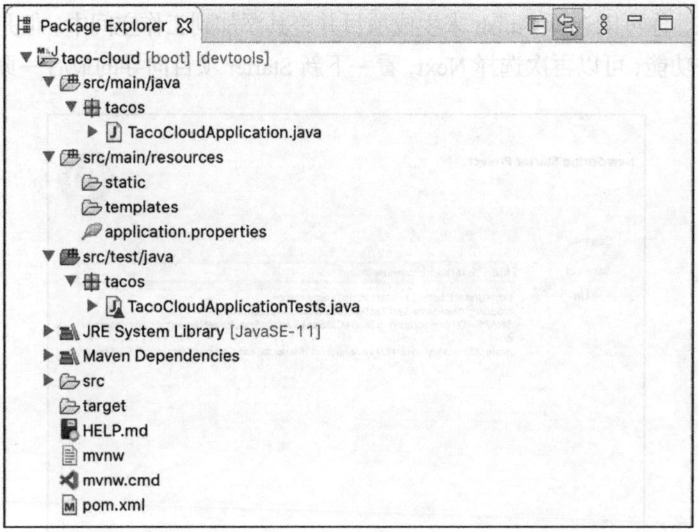

图 1.6 Spring Tool Suite 中所展现的初始 Spring 项目结构

你可能已经看出来了，这就是一个典型的 Maven 或 Gradle 项目结构，其中应用的源码放到了“src/main/java”中，测试代码放到了“src/test/java”中，而非 Java 的资源放到了“src/main/resources”中。在这个项目结构中，我们需要注意以下几点。

- mvnw 和 mvnw.cmd：这是 Maven 包装器（wrapper）脚本。借助这些脚本，即便你的机器上没有安装 Maven，也可以构建项目。
- pom.xml：这是 Maven 构建规范，随后我们将会深入介绍该文件。
- TacoCloudApplication.java：这是 Spring Boot 主类，它会启动该项目。随后，我们会详细介绍这个类。
- application.properties：这个文件起初是空的，但是它为我们提供了指定配置属性的地方。在本章中，我们会稍微修改一下这个文件，但是我会将配置属性的详细阐述放到第 6 章。
- static：在这个文件夹下，你可以存放任意为浏览器提供服务的静态内容（图片、样式表、JavaScript 等），该文件夹初始为空。
- templates：这个文件夹中存放用来渲染内容到浏览器的模板文件。这个文件夹初始是空的，不过我们很快就会往里面添加 Thymeleaf 模板。
- TacoCloudApplicationTests.java：这是一个简单的测试类，它能确保 Spring 应用上下文成功加载。在开发应用的过程中，我们会将更多的测试添加进来。

随着 Taco Cloud 应用功能的增长，我们会不断使用 Java 代码、图片、样式表、测试以及其他附属内容来充实这个项目结构。不过，在此之前，我们先看一下 Spring Initializr 提供的几个条目。

探索构建规范

在填充 Initializr 表单的时候，我们声明项目要使用 Maven 来进行构建。因此，Spring Initializr 所生成的 pom.xml 文件已经包含了我们所选择的依赖。程序清单 1.1 展示了 Initializr 为我们提供的完整 pom.xml。

程序清单 1.1 初始的 Maven 构建规范

```
<?xml version = "1.0" encoding = "UTF-8"?><project
    xmlns = "http://maven.apache.org/POM/4.0.0"
  xmlns:xsi = "http://www.w3.org/2001/XMLSchema-instance"
  xsi:schemaLocation = "http://maven.apache.org/POM/4.0.0
      https://maven.apache.org/xsd/maven-4.0.0.xsd">
  <modelVersion>4.0.0</modelVersion>
  <parent>
    <groupId>org.springframework.boot</groupId>
    <artifactId>spring-boot-starter-parent</artifactId>
    <version>2.5.3</version>        <-- Spring Boot 的版本
    <relativePath />
  </parent>
  <groupId>sia</groupId>
  <artifactId>taco-cloud</artifactId>
  <version>0.0.1-SNAPSHOT</version>
  <name>taco-cloud</name>
  <description>Taco Cloud Example</description>

  <properties>
    <java.version>11</java.version>
  </properties>

  <dependencies>
    <dependency>                    <-- Starter 依赖
      <groupId>org.springframework.boot</groupId>
      <artifactId>spring-boot-starter-thymeleaf</artifactId>
    </dependency>

    <dependency>
     <groupId>org.springframework.boot</groupId>
     <artifactId>spring-boot-starter-web</artifactId>
    </dependency>

    <dependency>
      <groupId>org.springframework.boot</groupId>
      <artifactId>spring-boot-devtools</artifactId>
      <scope>runtime</scope>
      <optional>true</optional>
    </dependency>

    <dependency>
      <groupId>org.springframework.boot</groupId>
      <artifactId>spring-boot-starter-test</artifactId>
      <scope>test</scope>
```

```
        <exclusions>
          <exclusion>
            <groupId>org.junit.vintage</groupId>
            <artifactId>junit-vintage-engine</artifactId>
          </exclusion>
        </exclusions>
      </dependency>

    </dependencies>

    <build>
      <plugins>
        <plugin>                                    ← Spring Boot 插件
          <groupId>org.springframework.boot</groupId>
          <artifactId>spring-boot-maven-plugin</artifactId>
        </plugin>
      </plugins>
    </build>

    <repositories>
      <repository>
        <id>spring-milestones</id>
        <name>Spring Milestones</name>
        <url>https://repo.spring.io/milestone</url>
      </repository>
      </repositories>
      <pluginRepositories>
        <pluginRepository>
          <id>spring-milestones</id>
          <name>Spring Milestones</name>
          <url>https://repo.spring.io/milestone</url>
        </pluginRepository>
      </pluginRepositories>

    </project>
```

首先要注意的是<parent>元素，更具体来说是它的<version>子元素。这表明我们的项目要以 spring-boot-starter-parent 作为其父 POM。除了其他的一些功能之外，这个父 POM 为 Spring 项目常用的一些库提供了依赖管理。对于这些父 POM 中所涵盖到的库，我们不需要指定它们的版本，因为它会通过父 POM 继承下来。这里的 2.5.3 表明要使用 Spring Boot 2.5.3，所以就会根据这个版本的 Spring Boot 定义来继承依赖管理。除了指定其他的依赖之外，2.5.3 版本的 Spring Boot 依赖管理会指定底层的核心 Spring 框架的版本为 5.3.9。

既然我们谈到了依赖的话题，那么需要注意在<dependencies>元素下声明了 4 个依赖。你可能会对前三个感到更熟悉一些。它们直接对应我们在 Spring Tool Suite 新项目向导中，点击 Finish 之前所选择的 Spring Web、Thymeleaf 和 Spring Boot DevTools 依赖。第四个依赖提供了很多有用的测试功能。我们没有必要在专门的复选框中选择它，因为 Spring Initializr 会假定我们要编写测试（希望你能正确地开展这项工作）。

你可能也注意到了，除了 DevTools 依赖之外，其他的这些依赖的 artifactId 上都有 starter 这个单词。Spring Boot starter 依赖的特别之处在于它们本身并不包含库代码，而是传递性地拉取其他的库。这种 starter 依赖主要有以下几个好处。

- 构建文件会显著减小并且更易于管理，因为这样不必为所需的每个依赖库都声明依赖。
- 我们能够根据它们所提供的功能来思考依赖，而不是根据库的名称。如果要开发 Web 应用，只需添加 web starter 依赖，而不必添加一堆单独的库。
- 我们不必再担心库版本的问题。你可以直接相信给定版本的 Spring Boot，传递性引入的库的版本都是兼容的。现在，你只需要关心使用的是哪个版本的 Spring Boot 就可以了。

最后，构建规范还包含一个 Spring Boot 插件。这个插件提供了一些重要的功能，如下所示：

- 它提供了一个 Maven goal，允许我们使用 Maven 来运行应用；
- 它会确保依赖的所有库都会包含在可执行 JAR 文件中，并且能够保证它们在运行时类路径下是可用的；
- 它会在 JAR 中生成一个 manifest 文件，将引导类（在我们的场景中，也就是 TacoCloudApplication）声明为可执行 JAR 的主类。

谈到了引导类，我们打开它看一下。

引导应用

因为我们将会通过可执行 JAR 文件的形式来运行应用，所以很重要的一点就是要有一个主类，它将会在 JAR 运行的时候被执行。我们同时还需要一个最小化的 Spring 配置，用来引导该应用。这就是 TacoCloudApplication 类所做的事情，如程序清单 1.2 所示。

程序清单 1.2 Taco Cloud 的引导类

```
package tacos;

import org.springframework.boot.SpringApplication;
import org.springframework.boot.autoconfigure.SpringBootApplication;

@SpringBootApplication                          <-- Spring Boot 应用
public class TacoCloudApplication {

  public static void main(String[] args) {
    SpringApplication.run(TacoCloudApplication.class, args);   <-- 运行应用
  }

}
```

TacoCloudApplication 尽管只有很少的代码，但是包含了很多的内容。其中，最强

大的一行代码看上去很短：@SpringBootApplication 注解明确表明这是一个 Spring Boot 应用。但是，@SpringBootApplication 远比看上去更强大。

@SpringBootApplication 是一个组合注解，组合了 3 个其他的注解。

- @SpringBootConfiguration：将该类声明为配置类。尽管这个类目前还没有太多的配置，但是后续我们可以按需添加基于 Java 的 Spring 框架配置。这个注解实际上是@Configuration 注解的特殊形式。
- @EnableAutoConfiguration：启用 Spring Boot 的自动配置。我们随后会介绍自动配置的更多功能。就现在来说，我们只需要知道这个注解会告诉 Spring Boot 自动配置它认为我们会用到的组件。
- @ComponentScan：启用组件扫描。这样我们能够通过像@Component、@Controller、@Service 这样的注解声明其他类，Spring 会自动发现它们并将它们注册为 Spring 应用上下文中的组件。

TacoCloudApplication 另外一个很重要的地方是它的 main()方法。这是 JAR 文件执行的时候要运行的方法。在大多数情况下，这个方法都是样板代码，我们编写的每个 Spring Boot 应用都会有一个类似或完全相同的方法（类名不同则另当别论）。

这个 main()方法会调用 SpringApplication 中静态的 run()方法，后者会真正执行应用的引导过程，也就是创建 Spring 的应用上下文。传递给 run()的两个参数中，一个是配置类，另一个是命令行参数。尽管传递给 run()的配置类不一定要和引导类相同，但这是最便利和最典型的做法。

你可能并不需要修改引导类中的任何内容。对于简单的应用程序来说，你可能会发现在引导类中配置一两个组件是非常方便的，但是对于大多数应用，最好还是要为没有实现自动配置的功能创建单独的配置类。在本书的整个过程中，我们将会创建多个配置类，所以请继续关注后续的细节。

测试应用

测试是软件开发的重要组成部分。我们始终可以通过在命令行中构建应用、运行测试，从而实现项目的手动测试：

```
$ ./mvnw package
...
$ java -jar target/taco-cloud-0.0.1-SNAPSHOT.jar
```

或者，鉴于我们在使用 Spring Boot，Spring Boot 的 Maven 插件会使这个过程更加简单：

```
$ ./mvnw spring-boot:run
```

但是，手动测试就意味着有人类的参与，因此有可能会出现人为的错误或者不一致的测试。自动测试会更加一致和可重复。

在这一点上，Spring Initializr 为我们提供了一个测试类作为起步。程序清单 1.3 展现了这个测试类的概况。

程序清单 1.3 应用测试类的概况

```
package tacos;

import org.junit.jupiter.api.Test;
import org.springframework.boot.test.context.SpringBootTest;
@SpringBootTest                                        <-- Spring Boot 测试
public class TacoCloudApplicationTests {

  @Test
  public void contextLoads() {                <-- 测试方法
  }

}
```

TacoCloudApplicationTests 类中的内容并不多：这个类中只有一个空的测试方法。即便如此，这个测试类还是会执行必要的检查，确保 Spring 应用上下文成功加载。如果你所做的变更导致 Spring 应用上下文无法创建，这个测试将会失败，这样你就可以做出反应来解决相关的问题。

@SpringBootTest 会告诉 JUnit 在启动测试的时候要添加上 Spring Boot 的功能。像@SpringBootApplication 一样，@SpringBootTest 也是一个组合注解，它本身使用了 ExtendWith(SpringExtension.class)，从而能够将 Spring 的测试功能添加到 JUnit 5 中。就现在来讲，我们可以认为这个测试类与在 main()方法中调用 SpringApplication.run()是等价的。在这本书中，我们将会多次看到@SpringBootTest，并不断见识它的威力。

最后，就是测试方法本身了。尽管@SpringBootTest 会为测试加载 Spring 应用上下文，但是如果没有任何测试方法，那么它其实什么事情都没有做。即便没有任何断言或代码，这个空的测试方法也会提示该注解完成了它的工作并成功加载 Spring 应用上下文。这个过程中出现任何问题，测试都会失败。

要在命令行运行这个测试类及任意其他的测试类，我们都可以使用如下的 Maven 指令：

```
$ ./mvnw test
```

至此，我们已经看完了 Spring Initializr 提供的代码。我们看到了一些用来开发 Spring 应用程序的基础样板，但是还没有编写任何的代码。现在是时候启动 IDE、准备好键盘，向 Taco Cloud 应用程序添加一些自定义的代码了。

1.3 编写 Spring 应用

因为我们刚刚开始，所以首先为 Taco Cloud 应用做一些小的变更，但是这些变更会展现 Spring 的很多优点。在刚开始的时候，比较合适的做法是为 Taco Cloud 应用添加一个主页。在添加主页时，我们将会创建两个代码构件:

- 一个控制器类，用来处理主页相关的请求；
- 一个视图模板，用来定义主页看起来是什么样子。

测试是非常重要的，所以我们还会编写一个简单的测试类来测试主页。但是，要事优先，我们需要先编写控制器。

1.3.1 处理 Web 请求

Spring 自带了一个强大的 Web 框架，名为 Spring MVC。Spring MVC 的核心是控制器（controller）的理念。控制器是处理请求并以某种方式进行信息响应的类。在面向浏览器的应用中，控制器会填充可选的数据模型并将请求传递给一个视图，以便于生成返回给浏览器的 HTML。

在第 2 章中，我们将会学习更多关于 Spring MVC 的知识。现在，我们会编写一个简单的控制器类以处理来自根路径（如“/”）的请求，并将这些请求转发至主页视图，在这个过程中不会填充任何的模型数据。程序清单 1.4 展示了这个简单的控制器类。

程序清单 1.4 主页控制器

```
package tacos;

import org.springframework.stereotype.Controller;
import org.springframework.web.bind.annotation.GetMapping;

@Controller                          <-- 控制器
public class HomeController {

  @GetMapping("/")                   <-- 处理对根路径“/”的请求
  public String home() {
    return "home";                   <-- 返回视图名
  }

}
```

可以看到，这个类带有@Controller 注解。就其本身而言，@Controller 并没有做太多的事情。它的主要目的是让组件扫描将这个类识别为一个组件。因为 HomeController 带有@Controller 注解，所以 Spring 的组件扫描功能会自动发现它，并创建一个 HomeController 实例作为 Spring 应用上下文中的 bean。

实际上，有一些其他的注解与@Controller 有着类似的目的（包括@Component、@Service 和@Repository）。你可以为 HomeController 添加上述的任意其他注解，其作用是完全相同的。但是，在这里选择使用@Controller 更能描述这个组件在应用中的角色。

home()是一个简单的控制器方法。它带有@GetMapping 注解，表明如果针对“/”发送 HTTP GET 请求，那么将会由这个方法来处理请求。该方法所做的只是返回 String

类型的 home 值。

这个值将会解析为视图的逻辑名。视图如何实现取决于多个因素，但是 Thymeleaf 位于类路径中，使得我们可以使用 Thymeleaf 来定义模板。

为何使用 Thymeleaf?

你可能会想：为什么要选择 Thymeleaf 作为模板引擎？为何不使用 JSP？为何不使用 FreeMarker？为何不选择其他的几个可选方案呢？

简单来说，我必须要做出选择，我喜欢 Thymeleaf，相对于其他的方案，我会优先使用它。即便 JSP 是更加显而易见的选择，但是组合使用 JSP 和 Spring Boot 需要克服一些挑战。我不想脱离第 1 章的内容定位，所以就此打住。在第 2 章中，我们会看到其他的模板方案，其中也包括 JSP。

模板名称是由逻辑视图名派生而来的，再加上“/templates/”前缀和“.html”后缀。最终形成的模板路径将是“/templates/home.html”。所以，我们需要将模板放到项目的“/src/main/resources/templates/home.html”中。现在，就让我们来创建这个模板。

1.3.2 定义视图

为了让主页尽可能简单，主页除了欢迎用户访问站点之外，不会做其他的任何事情。程序清单 1.5 展现了基本的 Thymeleaf 模板，定义了 Taco Cloud 的主页。

程序清单 1.5 Taco Cloud 主页模板

```
<!DOCTYPE html>
<html xmlns = "http://www.w3.org/1999/xhtml"
      xmlns:th = "http://www.thymeleaf.org">
  <head>
    <title>Taco Cloud</title>
  </head>

  <body>
    <h1>Welcome to...</h1>
    <img th:src = "@{/images/TacoCloud.png}"/>
  </body>
</html>
```

这个模板并没有太多需要讨论的。唯一需要注意的是用于展现 Taco Cloud Logo 的<img>标签。它使用了 Thymeleaf 的 th:src 属性和@{...}表达式，以便于引用相对于上下文路径的图片。除此之外，这个主页就是一个扮演“Hello World”角色的页面。

我们再讨论一下这个图片。我将定义 Taco Cloud Logo 的工作留给你，但是你需要将它放到应用的正确位置。

图片是使用相对于上下文的“/images/TacoCloud.png”路径来引用的。回忆一下我们的项目结构，像图片这样的静态资源位于“/src/main/resources/static”文件夹。这意味着，在项目中 Taco Cloud Logo 的图片路径必须为“/src/main/resources/static/images/TacoCloud.png”。

现在，我们有了一个处理主页请求的控制器和渲染主页的模板，基本就可以启动应用来看一下它的效果了。但是，在此之前，我们先看一下如何为控制器编写测试。

1.3.3 测试控制器

在测试 Web 应用时，对 HTML 页面的内容进行断言是比较困难的。幸好，Spring 对测试提供了强大的支持，这使得测试 Web 应用变得非常简单。

对于主页来说，我们所编写的测试在复杂性上与主页本身差不多。测试需要针对根路径“/”发送一个 HTTP GET 请求并期望得到成功结果，其中视图名称为 home 并且结果内容包含“Welcome to...”。程序清单 1.6 就能够完成该任务。

程序清单 1.6 针对主页控制器的测试

```
package tacos;

import static org.hamcrest.Matchers.containsString;
import static
    org.springframework.test.web.servlet.request.MockMvcRequestBuilders.get;
import static
    org.springframework.test.web.servlet.result.MockMvcResultMatchers.content;
import static
    org.springframework.test.web.servlet.result.MockMvcResultMatchers.status;
import static
    org.springframework.test.web.servlet.result.MockMvcResultMatchers.view;

import org.junit.jupiter.api.Test;
import org.springframework.beans.factory.annotation.Autowired;
import org.springframework.boot.test.autoconfigure.web.servlet.WebMvcTest;
import org.springframework.test.web.servlet.MockMvc;

@WebMvcTest(HomeController.class)    <-- 针对 HomeController 的 Web 测试
public class HomeControllerTest {

  @Autowired
  private MockMvc mockMvc;    <-- 注入 MockMvc

  @Test
  public void testHomePage() throws Exception {    <-- 发起对“/”的 GET 请求
    mockMvc.perform(get("/"))
      .andExpect(status().isOk())    <-- 期望得到 HTTP 200
      .andExpect(view().name("home"))    <-- 期望得到 home 视图
      .andExpect(content().string(
          containsString("Welcome to...")));    <-- 期望包含“Welcome to...”
```

```
    }
}
```

对于这个测试，首先注意到的可能就是它使用了与 TacoCloudApplicationTests 类不同的注解。HomeControllerTest 没有使用@SpringBootTest 标记，而是添加了@WebMvcTest 注解。这是 Spring Boot 提供的一个特殊测试注解，让这个测试在 Spring MVC 应用的上下文中执行。更具体来讲，在本例中，它会将 HomeController 注册到 Spring MVC 中，这样一来，我们就可以向它发送请求了。

@WebMvcTest 同样会为测试 Spring MVC 应用提供了 Spring 环境的支持。尽管可以启动一个服务器来进行测试，但是对于我们的场景来说，仿造一下 Spring MVC 的运行机制就可以。测试类被注入了一个 MockMvc，能够让测试实现 mockup。

通过 testHomePage()方法，我们定义了针对主页想要执行的测试。它首先使用 MockMvc 对象对“/”（根路径）发起 HTTP GET 请求。对于这个请求，我们设置了如下的预期：

- 响应应该具备 HTTP 200 (OK)状态；
- 视图的逻辑名称应该是 home；
- 渲染后的视图应该包含文本“Welcome to....”。

我们可以在所选的 IDE 中运行测试，也可以使用如下的 Maven 命令：

```
$ mvnw test
```

如果在 MockMvc 对象发送请求之后，上述预期没有全部满足，那么这个测试会失败。但是，我们的控制器和视图模板在编写时都满足了这些预期，所以测试应该能够通过，并且带有成功的图标——至少能够看到一些绿色的背景，表明测试通过了。

控制器已经编写好了，视图模板也已经创建完毕，而且我们还通过了测试。看上去，我们已经成功实现了主页。但是，尽管测试已经通过了，但是如果能够在浏览器中看到结果，会更有成就感。毕竟，这才是 Taco Cloud 的客户所能看到的效果。接下来，我们构建应用并运行它。

1.3.4 构建和运行应用

就像初始化 Spring 应用有多种方式一样，运行 Spring 应用也有多种方式。你如果愿意，可以翻到本书附录部分，了解运行 Spring Boot 应用的一些通用方式。

因为我们选择了使用 Spring Tool Suite 来初始化和管理项目，所以可以借助名为 Spring Boot Dashboard 的便捷功能来帮助我们在 IDE 中运行应用。Spring Boot Dashboard 的表现形式是一个 Tab，通常会位于 IDE 窗口的左下角附近。图 1.7 展现了一个带有标注的 Spring Boot Dashboard 截屏。

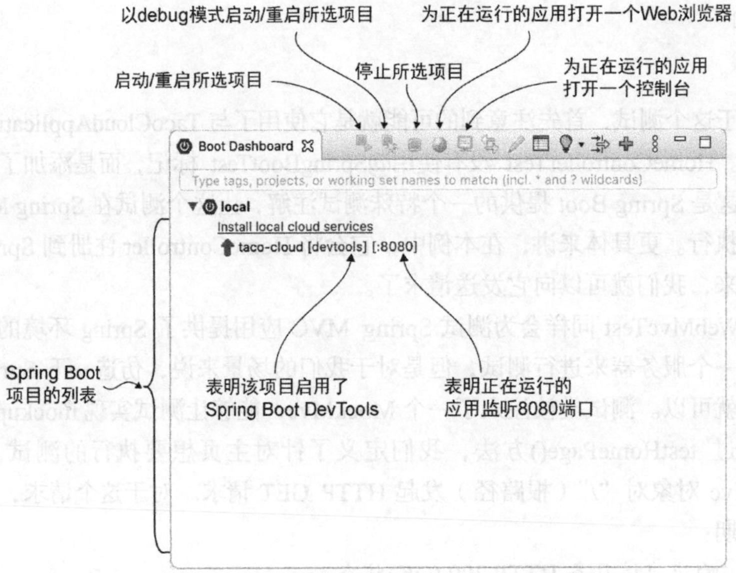

图 1.7 Spring Boot Dashboard 的重点功能

图 1.7 包含了一些有用的细节，但是我不想花太多时间介绍 Spring Boot Dashboard 支持的所有功能。对我们来说，现在最重要的事情是需要知道如何使用它来运行 Taco Cloud 应用。确保 taco-cloud 应用程序在项目列表中能够显示（这是图 1.7 中显示的唯一应用），然后单击启动按钮（最左边的按钮，也就是带有绿色三角形和红色正方形的按钮）。应用程序应该就能立即启动。

在应用启动的过程中，你会在控制台看到一些 Spring ASCII 码，随后会是描述应用启动各个步骤的日志条目。在控制台输出的最后，你将会看到一条日志显示 Tomcat 已经在 port(s): 8080 (http)启动，这意味着此时可以打开 Web 浏览器并导航至主页，看到我们的劳动成果。

稍等一下！刚才说启动 Tomcat？我们是什么时候将应用部署到 Tomcat Web 服务器的呢？

Spring Boot 应用的习惯做法是将所有它所需要的东西都放到一起，没有必要将其部署到某种应用服务器中。在这个过程中，我们根本没有将应用部署到 Tomcat 中——Tomcat 是我们应用的一部分！（在 1.3.6 小节，我会详细描述 Tomcat 是如何成为我们应用的一部分的。）

现在，应用已经启动起来了，打开 Web 浏览器并访问 http://localhost:8080（或者在 Spring Boot Dashboard 中点击地球样式的按钮），你将会看到如图 1.8 所示的界面。如果你设计了自己的 Logo 图片，显示效果可能会有所不同。但是，跟图 1.8 相比，应该不会有太大的差异。

图 1.8　Taco Cloud 主页

看上去，似乎并不太美观，但本书不是关于平面设计的，略显简陋的主页外观已经足够了。

到现在为止，我一直没有提及 DevTools。在初始化项目的时候，我们将其作为一个依赖添加了进来。在最终生成的 pom.xml 文件中，它表现为一个依赖项。甚至 Spring Boot Dashboard 都显示项目启用了 DevTools。那么，DevTools 到底是什么，又能为我们做些什么呢？接下来，让我们快速浏览一下 DevTool 最有用的一些特性。

1.3.5　了解 Spring Boot DevTools

顾名思义，DevTools 为 Spring 开发人员提供了一些便利的开发期工具和特性，其中包括：

- 代码变更后应用会自动重启；
- 当面向浏览器的资源（如模板、JavaScript、样式表）等发生变化时，会自动刷新浏览器；
- 自动禁用模板缓存；
- 如果使用 H2 数据库，则内置了 H2 控制台。

需要注意，DevTools 并不是 IDE 插件，也不需要你使用特定的 IDE。在 Spring Tool Suite、IntelliJ IDEA 和 NetBeans 中，它都能很好地运行。另外，因为它的用途仅仅是开发，所以它能够很智能地在生产环境中把自己禁用掉。我们将会在第 18 章讨论它是如何做到这一点的。现在，我们主要关注 Spring Boot DevTools 最有用的特性，那么先从应用的自动重启开始吧。

应用自动重启

如果将 DevTools 作为项目的一部分，那么你可以看到，当对项目中的 Java 代码和属性文件作出修改后，这些变更稍后就能发挥作用。DevTools 会监控变更，在看到变化的时候自动重启应用。

更准确地说，当 DevTools 启用的时候，应用程序会加载到 Java 虚拟机（Java Virtual

Machine，JVM）中的两个独立的类加载器中。其中一个类加载器会加载 Java 代码、属性文件，以及项目的“src/main/”路径下几乎所有的内容。这些条目很可能会经常发生变化。另外一个类加载器会加载依赖的库，这些库不太可能经常发生变化。

当探测到变更的时候，DevTools 只会重新加载包含项目代码的类加载器，并重启 Spring 的应用上下文，在这个过程中，另外一个类加载器和 JVM 会原封不动。这个策略非常精细，但能减少应用启动的时间。

这种策略的一个不足之处就是自动重启无法反映依赖项的变化。这是因为包含依赖库的类加载器不会自动重新加载。这意味着每当在构建规范中添加、变更或移除依赖的时候，为了让变更生效，都要重新启动应用。

浏览器自动刷新和禁用模板缓存

默认情况下，像 Thymeleaf 和 FreeMarker 这样的模板方案在配置时，会缓存模板解析的结果，这样一来，在为每个请求提供服务的时候，模板就不用重新解析了。在生产环境中，这是一种很好的方式，因为它会带来一定的性能收益。

但是，在开发期，缓存模板就不太友好了。在应用运行的时候，如果缓存模板，刷新浏览器就无法看到模板变更的效果了。即便我们对模板做了修改，在应用重启之前，缓存的模板依然会有效。

DevTools 通过禁用所有模板缓存解决了这个问题。你可以对模板进行任意数量的修改，只需刷新一下浏览器就能看到结果。

如果你像我一样，连浏览器的刷新按钮都懒得点，希望在对代码做出变更之后马上就能在浏览器中看到结果，那么很幸运，DevTools 有一些特殊的功能可以供我们使用。

DevTools 会和你的应用程序一起，自动启动一个 LiveReload 服务器。LiveReload 服务器本身并没有太大的用处。但是，当它与 LiveReload 浏览器插件结合起来的时候，就能够在模板、图片、样式表、JavaScript 等（实际上，几乎涵盖为浏览器提供服务的所有内容）发生变化的时候，自动刷新浏览器。

LiveReload 有针对 Google Chrome、Safari 和 Firefox 的浏览器插件（这里要对 Internet Explorer 和 Edge 的支持者说声抱歉）。请访问 LiveReload 网站的 Extensions 页面了解如何为你的浏览器安装 LiveReload。

内置的 H2 控制台

虽然我们的项目还没有使用数据库，但是这种情况在第 3 章中就会发生变化。如果你使用 H2 数据库进行开发，DevTools 将会自动启用 H2 控制台，这样一来，我们可以通过 Web 浏览器进行访问。只需要让浏览器访问 http://localhost:8080/h2-console，就能看到应用所使用的数据。

此时，我们已经编写了一个非常简单却很完整的 Spring 应用。在本书接下来的章节中，我们将会不断扩展它。但现在，要回过头来看一下我们都完成了哪些工作、Spring 发挥了什么作用。

1.3.6 回顾一下

回想一下我们是怎样完成这一切的。简短来说，在构建基于 Spring 的 Taco Cloud 应用的过程中，我们执行了如下步骤：

- 使用 Spring Initializr 创建初始的项目结构；
- 编写控制器类处理针对主页的请求；
- 定义了一个视图模板来渲染主页；
- 编写了一个简单的测试类来验证工作符合预期。

这些步骤都非常简单直接，对吧？除了初始化应用的第一个步骤之外，我们所做的每一个操作都专注于生成主页的目标。

实际上，我们所编写的每行代码都致力于实现这个目标。除了 Java import 语句之外，我只能在控制器中找到两行 Spring 相关的代码，而在视图模板中，一行 Spring 相关的代码都没有。尽管测试类的大部分内容都使用了 Spring 对测试的支持，但是它在测试的运行环境中，似乎没有那么强的侵入性。

这是使用 Spring 进行开发的一个重要优势。你可以只关注满足应用需求的代码，无须考虑如何满足框架的需求。尽管我们偶尔还是需要编写一些框架特定的代码，但是它们通常只占整个代码库很小的一部分。正如我在前文所述，Spring（以及 Spring Boot）可以视为感受不到框架的框架（frameworkless framework）。

但是，这一切到底是如何运行起来的呢？Spring 在幕后做了些什么来保证应用的需求能够得到满足？要理解 Spring 到底做了些什么，我们首先来看一下构建规范。

在 pom.xml 文件中，我们声明了对 Web 和 Thymeleaf starter 的依赖。这两项依赖会传递引入大量其他的依赖，包括：

- Spring 的 MVC 框架；
- 嵌入式的 Tomcat；
- Thymeleaf 和 Thymeleaf 布局方言。

它还引入了 Spring Boot 的自动配置库。当应用启动的时候，Spring Boot 的自动配置将会探测到这些库，并自动完成如下功能：

- 在 Spring 应用上下文中配置 bean 以启用 Spring MVC；
- 在 Spring 应用上下文中配置嵌入式的 Tomcat 服务器；
- 配置 Thymeleaf 视图解析器以便于使用 Thymeleaf 模板渲染 Spring MVC 视图。

简言之，自动配置功能完成了所有的脏活累活，让我们能够集中精力编写实现应用功能的代码。如果你问我的观点，我认为这是一个很好的安排！

我们的 Spring 之旅才刚刚开始。Taco Cloud 应用程序只涉及了 Spring 所提供功能的一小部分。在开始下一步之前，我们先整体了解一下 Spring，看看在我们的路途中都会有哪些地标。

1.4 俯瞰 Spring 风景线

要想了解 Spring 的整体状况，只需查看完整版本的 Spring Initializr Web 表单上的那些复选框列表。它列出了 100 多个可选的依赖项，所以我不会在这里列出所有选项，也不会提供截图，但我鼓励你去看一看。同时，在这里我会简单介绍一些重点的项目。

1.4.1 Spring 核心框架

如你所料，Spring 核心框架是 Spring 领域中一切的基础，提供了核心容器和依赖注入框架。另外，它还提供了一些其他重要的特性。

其中有一项就是 Spring MVC，也就是 Spring 的 Web 框架。你已经看到了如何使用 Spring MVC 来编写控制器类以处理 Web 请求。但是，你还没看到的是，Spring MVC 还能用来创建 REST API，以生成非 HTML 的输出。在第 2 章，我会更深入地介绍 Spring MVC。在第 7 章，我们会重新学习如何使用 Spring MVC 来创建 REST API。

Spring 核心框架还提供了一些对数据持久化的基础支持，尤其是基于模板的 JDBC 支持。在第 3 章，我们会看到如何使用 JdbcTemplate。

Spring 还添加了对反应式（reactive）风格编程的支持，其中包括名为 Spring WebFlux 的新反应式 Web 框架，这个框架大量借鉴了 Spring MVC。在第 3 部分中，我们会学习 Spring 反应式编程模型，并在第 12 章专门学习 Spring WebFlux。

1.4.2 Spring Boot

我们已经看到了 Spring Boot 的很多优势，包括 starter 依赖和自动配置。在本书中，我们会尽可能多地使用 Spring Boot，并避免任何形式的显式配置，除非显式配置是绝对必要的。除了 starter 依赖和自动配置，Spring Boot 还提供了大量其他有用的特性：

- Actuator 能够洞察应用运行时的内部工作状况，包括指标、线程 dump 信息、应用的健康状况以及应用程序可用的环境属性；
- 灵活的环境属性规范；
- 在核心框架的测试辅助功能之上，提供了对测试的额外支持。

除此之外，Spring Boot 还提供了一个基于 Groovy 脚本的编程模型，称为 Spring Boot CLI①。使用 Spring Boot CLI，我可以将整个应用程序编写为 Groovy 脚本的集合，并通过命令行运行它们。我不会花太多时间介绍 Spring Boot CLI，但是当它匹配我们的需求时，会偶尔提及它。

Spring Boot 已经成为 Spring 开发中不可或缺的一部分，很难想象如果没有它该如何开发 Spring 应用程序。因此，本书采用了以 Spring Boot 为核心的视角。当我介绍 Spring Boot 所做的事情的时候，你可能会发现我使用了 Spring 这个表述。

1.4.3 Spring Data

尽管 Spring 核心框架提供了基本的数据持久化支持，但 Spring Data 提供了非常令人惊叹的功能：将应用程序的数据存储库（repository）定义为简单的 Java 接口，在定义存储和检索数据的方法时使用一种特定的命名约定即可。

此外，Spring Data 能够处理多种不同类型的数据库，包括关系型数据库（通过 JDBC 或 JPA 实现）、文档数据库（Mongo）、图数据库（Neo4j）等。在第 3 章，我们会使用 Spring Data 为 Taco Cloud 应用程序创建存储库。

1.4.4 Spring Security

应用程序的安全性一直是重要的话题，而且正在变得越来越重要。幸运的是，Spring 有一个健壮的安全框架，名为 Spring Security。

Spring Security 解决了应用程序通用的安全性需求，包括身份验证、授权和 API 安全性。Spring Security 的范围太大，在本书中无法得到充分的介绍，但是我们会在第 5 章和第 12 章中讨论一些最常见的使用场景。

1.4.5 Spring Integration 和 Spring Batch

一定程度上，大多数应用程序都需要与其他应用甚至本应用中的其他组件集成。在这方面，有一些应用程序集成的模式来解决这些需求。Spring Integration 和 Spring Batch 为基于 Spring 的应用程序提供了这些模式的实现。

Spring Integration 解决了实时集成问题，在实时集成中，数据在可用时马上就会得到处理。相反，Spring Batch 解决的则是批处理集成的问题，在此过程中，数据可以收集一段时间，直到某个触发器（可能是一个时间触发器）发出信号表明是时候处理批量数据了，才会得到处理。我们会在第 10 章中研究 Spring Integration。

---

① 其中，CLI 代表 command-line interface，即命令行接口。——译者注

1.4.6 Spring Cloud

应用程序开发领域正在进入新的时代，我们不再将应用程序作为一个部署单元的单体应用来开发，而是使用由微服务组成的多个独立部署单元来组合形成应用程序。

微服务是一个热门话题，解决了开发期和运行期的一些实际问题。然而，在这样做的过程中，它也面临着自己所带来的挑战。这些挑战将由 Spring Cloud 直面解决，Spring Cloud 是使用 Spring 开发云原生应用程序的一组项目。

Spring Cloud 覆盖了很多领域，这本书不可能面面俱到。关于对 Spring Cloud 的完整介绍，我推荐阅读 Thomas Vitale 的 *Cloud Native Spring in Action*（Manning，2020 年）。

1.4.7 Spring Native

Spring 一个相对较新的进展是 Spring Native 项目。这个实验性的项目能够使用 GraalVM 原生镜像编译器将 Spring Boot 项目编译成原生可执行的文件，从而使镜像的启动速度显著加快，并且占用更小的空间。

关于 Spring Native 的更多信息，参见 GitHub 网站的 spring-projects-experimental/spring-native 代码库。

小结

- Spring 旨在简化开发人员所面临的挑战，比如创建 Web 应用程序、处理数据库、保护应用程序，以及实现微服务。
- Spring Boot 构建在 Spring 之上，通过简化依赖管理、自动配置和运行时洞察，使 Spring 更加易用。
- Spring 应用程序可以使用 Spring Initializr 初始化，Spring Initializr 是基于 Web 的应用，并且为大多数 Java 开发环境提供了原生支持。
- 在 Spring 应用上下文中，组件（通常称为 bean）可以使用 Java 或 XML 显式声明，可以通过组件扫描发现，还可以使用 Spring Boot 自动配置功能实现自动化配置。

第 2 章　开发 Web 应用

本章内容：

- 在浏览器中展现模型数据；
- 处理和校验表单输入；
- 选择视图模板库。

第一印象是非常重要的：外观足够有吸引力的房子更有可能被卖掉，即使购房者甚至没有进门；如果一辆车喷成了樱桃色，那么它的油漆会比它的发动机更引人注目；文学作品中充满了一见钟情的故事。内在固然非常重要，但是外在同样重要，因为外在往往是人们第一眼看到的。

我们使用 Spring 构建的应用会完成各种各样的事情，包括处理数据、从数据库中读取信息，以及与其他应用进行交互。但是，用户对应用程序的第一印象来源于用户界面。在很多应用中，用户界面（User Interface，UI）是以浏览器中的 Web 应用的形式来展现的。

在第 1 章中，我们创建了第一个 Spring MVC 控制器来展现应用的主页。但是，Spring MVC 能做很多的事情，并不局限于展现静态内容。在本章中，我们将会开发 Taco Cloud 的第一个主要功能：定制 taco。在这个过程中，我们将会深入研究 Spring MVC，并看到它如何展现模型数据和处理表单输入。

2.1 展现信息

从根本上来讲，Taco Cloud 是一个可以在线订购 taco 的地方。但是，除此之外，Taco Cloud 允许客户展现其创意，能够让他们通过丰富的配料（ingredient）设计自己的 taco。

因此，Taco Cloud 需要有一个页面为 taco 艺术家展现可以选择的配料。可选的配料可能随时会发生变化，所以不能将它们硬编码到 HTML 页面中。我们应该从数据库中获取可用的配料并将其传递给页面，进而展现给客户。

在 Spring Web 应用中，获取和处理数据是控制器的任务，而将数据渲染到 HTML 中并在浏览器中展现是视图的任务。为了支撑 taco 的创建页面，我们需要构建如下的组件：

- 用来定义 taco 配料属性的领域类；
- 用来获取配料信息并将其传递至视图的 Spring MVC 控制器类；
- 用来在用户的浏览器中渲染配料列表的视图模板。

这些组件之间的关系如图 2.1 所示。

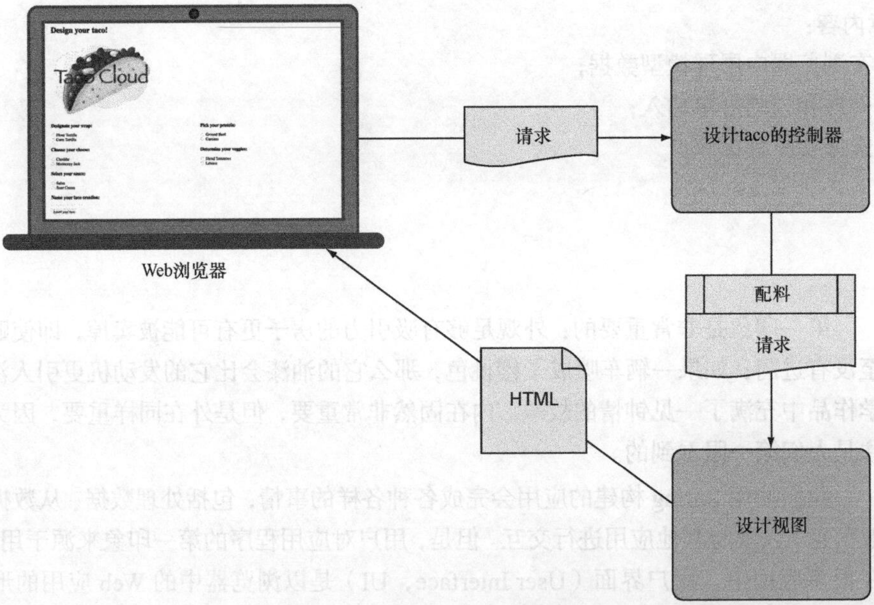

图 2.1 典型的 Spring MVC 请求流

因为本章主要关注 Spring 的 Web 框架，所以我们会将数据库相关的内容放到第 3 章中进行讲解。现在的控制器只负责向视图提供配料。在第 3 章中，我们会重新改造这个控制器，让它能够与存储库协作，从数据库中获取配料数据。

在编写控制器和视图之前，我们首先确定用来表示配料的领域类型，它会为开发 Web 组件奠定基础。

2.1.1 构建领域类

应用的领域指的是它所要解决的主题范围，也就是会影响应用理解的理念和概念①。在 Taco Cloud 应用中，领域对象包括 taco 设计、组成这些设计的配料、顾客以及顾客所下的 taco 订单。图 2.2 展示了这些实体以及它们是如何关联到一起的。

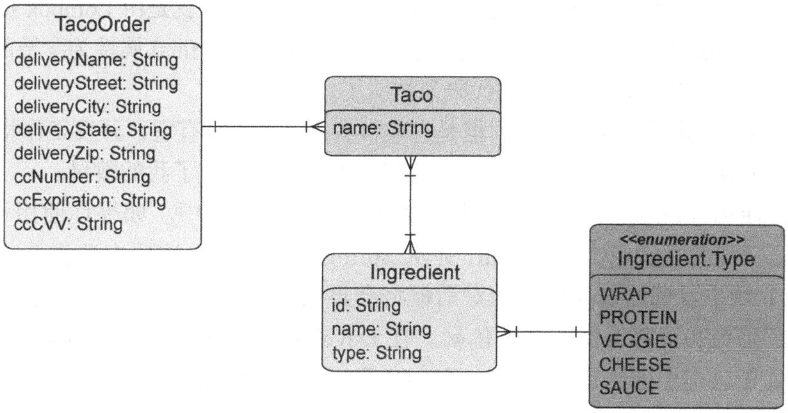

图 2.2 Taco Cloud 的领域类

作为开始，我们首先关注 taco 的配料。在我们的领域中，taco 配料是非常简单的对象。每种配料都有一个名称和类型，以便于对其进行可视化的分类（蛋白质、奶酪、酱汁等）。每种配料还有一个 ID，这样的话对它的引用就能非常容易和明确。程序清单 2.1 所示的 Ingredient 类定义了我们所需的领域对象。

程序清单 2.1 定义 taco 配料

```
package tacos;

import lombok.Data;
@Data
public class Ingredient {

  private final String id;
  private final String name;
  private final Type type;

  public enum Type {
    WRAP, PROTEIN, VEGGIES, CHEESE, SAUCE
  }

}
```

① 如果想更深入地了解应用领域，推荐阅读 Eric Evans 的《领域驱动设计》。

我们可以看到，这是一个非常普通的Java领域类，它定义了描述配料所需的3个属性。在程序清单2.1中，Ingredient类最不寻常的一点就是它似乎缺少了常见的getter和setter方法，以及像equals()、hashCode()、toString()等这些有用的方法。

在程序清单中没有这些方法，除了节省篇幅的目的外，还因为我们使用了名为Lombok的库。这是一个非常棒的库，它能够在编译期自动生成这些方法，这样一来，在运行期就能使用它们了。实际上，类级别的@Data注解就是由Lombok提供的，它会告诉Lombok生成所有缺失的方法，同时还会生成所有以final属性为参数的构造器。使用Lombok能够让Ingredient的代码简洁明了。

Lombok并不是Spring库，但是它非常有用，如果没有它，开发工作将很难开展。当我需要在书中将代码示例编写得短小简洁时，它简直成了我的救星。

要使用Lombok，首先要将其作为依赖添加到项目中。如果你使用Spring Tool Suite，只需要右键点击pom.xml，并从Spring上下文菜单选项中选择“Add Starters”。在第1章中看到的选择依赖的对话框将会再次出现（参见图1.4），这样，我们就有机会添加依赖或修改已选择的依赖。在Developer Tools下找到Lombok选项，并确保它处于已选中的状态，然后选择“OK”，Spring Tool Suite会自动将其添加到构建规范中。

另外，你也可以在pom.xml中通过如下的条目进行手动添加：

```
<dependency>
  <groupId>org.projectlombok</groupId>
  <artifactId>lombok</artifactId>
</dependency>
```

如果想要手动添加Lombok到构建之中，还需要在pom.xml文件的<build>部分将其从Spring Boot Maven插件中排除：

```
<build>
  <plugins>
    <plugin>
      <groupId>org.springframework.boot</groupId>
      <artifactId>spring-boot-maven-plugin</artifactId>
      <configuration>
        <excludes>
          <exclude>
            <groupId>org.projectlombok</groupId>
            <artifactId>lombok</artifactId>
          </exclude>
        </excludes>
      </configuration>
    </plugin>
  </plugins>
</build>
```

Lombok 的魔力是在编译期发挥作用的，所以在运行期没有必要用到它们。像这样将其排除出去，在最终形成的 JAR 或 WAR 文件中就不会包含它了。

Lombok 依赖将会在开发阶段为你提供 Lombok 注解（例如@Data），并且会在编译期进行自动化的方法生成。但是，我们还需要将 Lombok 作为扩展添加到 IDE 上，否则 IDE 将会报错，提示缺少方法和 final 属性没有赋值。请访问 Project Lombok 网站以查阅如何在你所选择的 IDE 上安装 Lombok。

为什么我的代码中有那么多的错误？

需要重申的是，在使用 Lombok 的时候，你必须在 IDE 中安装 Lombok 插件。否则，IDE 将无从得知 Lombok 提供了 getter、setter 和其他方法，并且会因为缺失这些方法而报错。

许多流行的 IDE 都支持 Lombok，包括 Eclipse、Spring Tool Suite、IntelliJ IDEA 和 Visual Studio Code。请访问 Project Lombok 网站以了解如何在你的 IDE 中安装 Lombok 插件的更详细信息。

我相信你会发现 Lombok 非常有用，但你也需要知道，它是可选的。在开发 Spring 应用时，它并不是强制要使用的，所以你如果不想使用它，完全可以手动编写这些缺失的方法。你尽可以合上本书去这样做……我会在这里等你。

配料是 taco 的基本构成要素。为了解这些配料是如何组合在一起的，我们要定义 Taco 领域类，如程序清单 2.2 所示。

程序清单 2.2 定义 taco 设计的领域对象

```
package tacos;
import java.util.List;
import lombok.Data;

@Data
public class Taco {

  private String name;

  private List<Ingredient> ingredients;

}
```

我们可以看到，Taco 是一个很简单的 Java 领域对象，它包含两个属性。与 Ingredient 一样，Taco 类使用了@Data 注解，以便 Lombok 在编译期自动生成基本的 JavaBean 方法。

现在已经定义了 Ingredient 和 Taco，我们还需要一个领域类来定义客户如何指定他们想要订购的 taco 并明确支付信息和投递信息（配送地址）。这就是 TacoOrder 类的职责了，如程序清单 2.3 所示。

程序清单 2.3　taco 订单的领域对象

```
package tacos;
import java.util.List;
import java.util.ArrayList;
import lombok.Data;

@Data
public class TacoOrder {

  private String deliveryName;
  private String deliveryStreet;
  private String deliveryCity;
  private String deliveryState;
  private String deliveryZip;
  private String ccNumber;
  private String ccExpiration;
  private String ccCVV;

  private List<Taco> tacos = new ArrayList<>();

  public void addTaco(Taco taco) {
    this.tacos.add(taco);
  }
}
```

除了比 Ingredient 或 Taco 具有更多的属性外，TacoOrder 并没有什么特殊的新内容可以讨论。它是一个很简单的领域类，具有 9 个属性，其中 5 个是投递相关的信息，3 个是支付相关的信息，还有一个是组成订单的 Taco 对象的列表。它有一个 addTaco()方法，是为了方便向订单中添加 taco 而增加的。

现在领域类型已经定义完毕，我们可以让它们运行起来了。接下来，我们会在应用中添加一些控制器，让它们来处理应用的 Web 请求。

2.1.2　创建控制器类

在 Spring MVC 框架中，控制器是重要的参与者。它们的主要职责是处理 HTTP 请求，要么将请求传递给视图以便于渲染 HTML（浏览器展现），要么直接将数据写入响应体（RESTful）。在本章中，我们将会关注使用视图来为 Web 浏览器生成内容的控制器。在第 7 章，我们将会看到如何以 REST API 的形式编写控制器来处理请求。

对于 Taco Cloud 应用来说，我们需要一个简单的控制器，它要完成如下的功能：

- 处理路径为“/design”的 HTTP GET 请求；
- 构建配料的列表；
- 处理请求，并将配料数据传递给要渲染为 HTML 的视图模板，然后发送给发起请求的 Web 浏览器。

程序清单 2.4 中的 DesignTacoController 类解决了这些需求。

程序清单 2.4 初始的 Spring 控制器类

```
package tacos.web;

import java.util.Arrays;
import java.util.List;
import java.util.stream.Collectors;
import org.springframework.stereotype.Controller;
import org.springframework.ui.Model;
import org.springframework.web.bind.annotation.GetMapping;
import org.springframework.web.bind.annotation.ModelAttribute;
import org.springframework.web.bind.annotation.PostMapping;
import org.springframework.web.bind.annotation.RequestMapping;
import org.springframework.web.bind.annotation.SessionAttributes;

import lombok.extern.slf4j.Slf4j;
import tacos.Ingredient;
import tacos.Ingredient.Type;
import tacos.Taco;

@Slf4j
@Controller
@RequestMapping("/design")
@SessionAttributes("tacoOrder")
public class DesignTacoController {

@ModelAttribute
public void addIngredientsToModel(Model model) {
    List<Ingredient> ingredients = Arrays.asList(
      new Ingredient("FLTO", "Flour Tortilla", Type.WRAP),
      new Ingredient("COTO", "Corn Tortilla", Type.WRAP),
      new Ingredient("GRBF", "Ground Beef", Type.PROTEIN),
      new Ingredient("CARN", "Carnitas", Type.PROTEIN),
      new Ingredient("TMTO", "Diced Tomatoes", Type.VEGGIES),
      new Ingredient("LETC", "Lettuce", Type.VEGGIES),
      new Ingredient("CHED", "Cheddar", Type.CHEESE),
      new Ingredient("JACK", "Monterrey Jack", Type.CHEESE),
      new Ingredient("SLSA", "Salsa", Type.SAUCE),
      new Ingredient("SRCR", "Sour Cream", Type.SAUCE)
    );

    Type[] types = Ingredient.Type.values();
    for (Type type : types) {
      model.addAttribute(type.toString().toLowerCase(),
      filterByType(ingredients, type));
  }
}

@ModelAttribute(name = "tacoOrder")
public TacoOrder order() {
  return new TacoOrder();
}

@ModelAttribute(name = "taco")
public Taco taco() {
  return new Taco();
```

```
    }

    @GetMapping
    public String showDesignForm() {
      return "design";
    }

    private Iterable<Ingredient> filterByType(
        List<Ingredient> ingredients, Type type) {
      return ingredients
                .stream()
                .filter(x -> x.getType().equals(type))
                .collect(Collectors.toList());
    }

}
```

对于 DesignTacoController，我们先要注意在类级别所应用的注解。首先是@Slf4j，这是 Lombok 所提供的注解，在编译期，它会在这个类中自动生成一个 SLF4J Logger（SLF4J 即 simple logging facade for Java,请访问 slf4j 网站以了解更多）静态属性。这个简单的注解和在类中通过如下代码显式声明的效果是一样的：

```
private static final org.slf4j.Logger log =
    org.slf4j.LoggerFactory.getLogger(DesignTacoController.class);
```

随后，我们将会用到这个 Logger。

DesignTacoController 用到的下一个注解是@Controller。这个注解会将这个类识别为控制器，并且将其作为组件扫描的候选者，所以 Spring 会发现它并自动创建一个 DesignTacoController 实例，并将该实例作为 Spring 应用上下文中的 bean。

DesignTacoController 还带有@RequestMapping 注解。当@RequestMapping 注解用到类级别的时候，它能够指定该控制器所处理的请求类型。在本例中，它规定 DesignTacoController 将会处理路径以“/design”开头的请求。

最后，我们可以看到 DesignTacoController 还带有@SessionAttributes("tacoOrder")注解，这表明在这个类中稍后放到模型里面的 TacoOrder 对象应该在会话中一直保持。这一点非常重要，因为创建 taco 也是创建订单的第一步，而我们创建的订单需要在会话中保存，这样能够使其跨多个请求。

处理 GET 请求

修饰 showDesignForm()方法的@GetMapping 注解对类级别的@RequestMapping 进行了细化。@GetMapping 结合类级别的@RequestMapping，指明当接收到对“/design”的 HTTP GET 请求时，Spring MVC 将会调用 showDesignForm()来处理请求。

@GetMapping 只是诸多请求映射注解中的一个。表 2.1 列出了 Spring MVC 中所有可用的请求映射注解。

表 2.1　Spring MVC 的请求映射注解

注解	描述
@RequestMapping	通用的请求处理
@GetMapping	处理 HTTP GET 请求
@PostMapping	处理 HTTP POST 请求
@PutMapping	处理 HTTP PUT 请求
@DeleteMapping	处理 HTTP DELETE 请求
@PatchMapping	处理 HTTP PATCH 请求

当 showDesignForm()处理针对“/design”的 GET 请求时，其实并没有做太多的事情。它只不过返回了一个值为“design”的 String，这是视图的逻辑名称，用来向浏览器渲染模型。

似乎针对“/design”的 GET 请求并没有做太多的事情，但事实恰恰相反，除了在 showDesignForm()方法中看到的，它还有很多其他的事情做。你可能注意到，程序清单 2.4 中有一个名为 addIngredientsToModel()的方法，它带有@ModelAttribute 注解。这个方法也会在请求处理的时候被调用，构建一个包含 Ingredient 的配料列表并将其放到模型中。现在，这个列表是硬编码的。在第 3 章，我们会从数据库中获取可用的列表。

配料列表准备就绪之后，addIngredientsToModel()方法接下来的几行代码会根据配料类型过滤列表，这是通过名为 filterByType()的辅助方法实现的。配料类型的列表会以属性的形式添加到 Model 对象上，并传递给 showDesignForm()方法。Model 对象负责在控制器和展现数据的视图之间传递数据。实际上，放到 Model 属性中的数据将会复制到 Servlet Request 的属性中，这样视图就能找到它们，并使用它们在用户的浏览器中渲染页面。

addIngredientsToModel()之后是另外两个带有@ModelAttribute 注解的方法。这些方法要简单得多，只创建了一个新的 TacoOrder 和 Taco 对象来放置到模型中。TacoOrder 对象在前面阐述@SessionAttributes 注解的时候曾经提到过，当用户在多个请求之间创建 taco 时，它会持有正在建立的订单的状态。除此之外，Taco 对象也被放置到了模型中，这样一来，为响应“/design”的 GET 请求而呈现的视图就能展示一个非空的对象了。

我们的 DesignTacoController 已经具备雏形了。如果现在运行应用并在浏览器上访问“/design”路径，DesignTacoController 的 showDesignForm()和 addIngredientsToModel()方法将会被调用，它们在将请求传递给视图之前，会将配料和一个空的 Taco 放到模型中。但是，我们现在还没有定义视图，请求将会遇到很糟糕的问题，也就是 HTTP 500 (Internal Server Error)错误。为了解决这个问题，我们将注意力切换到视图上，在这里数据将会使用 HTML 进行装饰，以便于在用户的 Web 浏览器中展现。

2.1.3 设计视图

在控制器完成它的工作之后，现在就该视图登场了。Spring 提供了多种定义视图的方式，包括 JavaServer Pages（JSP）、Thymeleaf、FreeMarker、Mustache 和基于 Groovy 的模板。就现在来讲，我们会使用 Thymeleaf，这也是我们在第 1 章开启这个项目时的选择。我们会在 2.5 节考虑其他的可选方案。

在第 1 章，我们已经将 Thymeleaf 作为依赖添加了进来。在运行时，Spring Boot 的自动配置功能会发现 Thymeleaf 在类路径中，因此会为 Spring MVC 自动创建支撑 Thymeleaf 视图的 bean。

像 Thymeleaf 这样的视图库在设计时是与特定的 Web 框架解耦的。这样一来，它们无法感知 Spring 的模型抽象，因此，无法与控制器放到 Model 中的数据协同工作。但是，它们可以与 Servlet 的 request 属性协作。所以，在 Spring 将请求转移到视图之前，它会把模型数据复制到 request 属性中，Thymeleaf 和其他的视图模板方案就能访问到它们了。

Thymeleaf 模板就是增加一些额外元素属性的 HTML，这些属性能够指导模板如何渲染 request 数据。举例来说，如果有个请求属性的 key 为"message"，我们想要使用 Thymeleaf 将其渲染到一个 HTML <p>标签中，那么在 Thymeleaf 模板中，可以这样写：

```
<p th:text = "${message}">placeholder message</p>
```

模板渲染成 HTML 时，<p>元素体将会被替换为 Servlet request 中 key 为"message"的属性值。"th:text"是 Thymeleaf 命名空间中的属性，它会执行这个替换过程。${}操作符会告诉它要使用某个 request 属性（在本例中，也就是"message"）中的值。

Thymeleaf 还提供了另外一个属性：th:each，它会迭代一个元素集合，为集合中的每个条目渲染 HTML。在我们设计视图展现模型中的配料列表时，这就非常便利了。举例来说，如果只想渲染"wrap"配料的列表，可以使用如下的 HTML 片段：

```
<h3>Designate your wrap:</h3>
<div th:each = "ingredient : ${wrap}">
  <input th:field = "*{ingredients}" type = "checkbox"
      th:value = "${ingredient.id}"/>
  <span th:text = "${ingredient.name}">INGREDIENT</span><br/>
</div>
```

在这里，我们在<div>标签中使用 th:each 属性，从而针对 wrap request 属性所对应集合中的每个元素重复渲染<div>标签。每次迭代时，配料元素都会绑定到一个名为 ingredient 的 Thymeleaf 变量上。

在<div>元素中，有一个<input>复选框元素，还有一个为复选框提供标签的<span>元素。复选框使用 Thymeleaf 的 th:value 来为渲染出的<input>元素设置 value 属性，这里会将其设置为所找到的 ingredient 的 id 属性。而 th:field 属性最终会用来设置<input>元素的 name 属性，用来记住复选框是否被选中。稍后添加校验功能时，这能够确保在出现校验错误的时候，复选框依然能够保持表单重新渲染前的状态。<span>元素使用th:text将“INGREDIENT”占位符文本替换为ingredient的name属性。

用实际的模型数据进行渲染时，其中一个<div>迭代的渲染结果可能会如下所示：

```
<div>
  <input name = "ingredients" type = "checkbox" value = "FLTO" />
  <span>Flour Tortilla</span><br/>
</div>
```

最终，上述的Thymeleaf片段会成为一大段HTML表单的一部分，我们的taco艺术家用户会通过这个表单来提交其美味的作品。完整的Thymeleaf模板会包括所有的配料类型，这个表单如程序清单2.5所示：

程序清单2.5 设计taco的完整页面

```
<!DOCTYPE html>
<html xmlns = "http://www.w3.org/1999/xhtml"
      xmlns:th = "http://www.thymeleaf.org">
  <head>
    <title>Taco Cloud</title>
    <link rel = "stylesheet" th:href = "@{/styles.css}" />
  </head>
  <body>
    <h1>Design your taco!</h1>
    <img th:src = "@{/images/TacoCloud.png}"/>

    <form method = "POST" th:object = "${taco}">
    <div class = "grid">
      <div class = "ingredient-group" id = "wraps">
      <h3>Designate your wrap:</h3>
      <div th:each = "ingredient : ${wrap}">
        <input th:field = "*{ingredients}" type = "checkbox"
               th:value = "${ingredient.id}"/>
        <span th:text = "${ingredient.name}">INGREDIENT</span><br/>
      </div>
      </div>

      <div class = "ingredient-group" id = "proteins">
      <h3>Pick your protein:</h3>
      <div th:each = "ingredient : ${protein}">
        <input th:field = "*{ingredients}" type = "checkbox"
               th:value = "${ingredient.id}"/>
        <span th:text = "${ingredient.name}">INGREDIENT</span><br/>
      </div>
      </div>

      <div class = "ingredient-group" id = "cheeses">
      <h3>Choose your cheese:</h3>
      <div th:each = "ingredient : ${cheese}">
        <input th:field = "*{ingredients}" type = "checkbox"
               th:value = "${ingredient.id}"/>
```

```
        <span th:text = "${ingredient.name}">INGREDIENT</span><br/>
      </div>
      </div>

      <div class = "ingredient-group" id = "veggies">
      <h3>Determine your veggies:</h3>
      <div th:each = "ingredient : ${veggies}">
        <input th:field = "*{ingredients}" type = "checkbox"
               th:value = "${ingredient.id}"/>
        <span th:text = "${ingredient.name}">INGREDIENT</span><br/>
      </div>
      </div>

    <div class = "ingredient-group" id = "sauces">
    <h3>Select your sauce:</h3>
    <div th:each = "ingredient : ${sauce}">
      <input th:field = "*{ingredients}" type = "checkbox"
             th:value = "${ingredient.id}"/>
      <span th:text = "${ingredient.name}">INGREDIENT</span><br/>
    </div>
    </div>
    </div>

    <div>
    <h3>Name your taco creation:</h3>
    <input type = "text" th:field = "*{name}"/>
    <br/>

    <button>Submit Your Taco</button>
    </div>
  </form>
 </body>
</html>
```

可以看到，我们会为各种类型的配料重复定义<div>片段。另外，我们还包含了 Submit 按钮和用户用来定义其作品名称的输入域。

还值得注意的是，完整的模板包含了一个 Taco Cloud 的商标图片以及对样式表的<link>引用①。在这两个场景中，都使用了 Thymeleaf 的@{}操作符，用来生成一个相对于上下文的路径，以便于引用我们需要的静态制品（artifact）。正如我们在第 1 章中所学到的，在 Spring Boot 应用中，静态内容要放到根类路径的“/static”目录下。

我们的控制器和视图已经完成了，现在我们可以将应用启动起来，看一下我们的劳动成果。运行 Spring Boot 应用有很多种方式。在第 1 章中，我为你展示了如何通过在 Spring Boot Dashboard 中点击 Start 按钮来运行应用。不管采用哪种方式启动 Taco Cloud 应用，在启动之后，都可以通过 http://localhost:8080/design 来进行访问。你将会看到类似于图 2.3 的页面。

① 样式表的内容与我们的讨论无关，它只是包含了让配料两列显示的样式，避免出现一个很长的配料列表。

图 2.3 渲染之后的 taco 设计页面

这看上去非常不错！访问你站点的 taco 艺术家可以看到一个包含了各种 taco 配料的表单，他们可以使用这些配料创建自己的杰作。但是当他们点击 Submit your taco 按钮的时候会发生什么呢？

我们的 DesignTacoController 还没有为接收创建 taco 的请求做好准备。此时提交设计表单会遇到一个错误（具体来讲，是一个 HTTP 405 错误：Request Method “POST” Not Supported）。接下来，我们通过编写一些处理表单提交的控制器代码来修正这个错误。

2.2 处理表单提交

仔细看一下视图中的<form>标签，你将会发现它的 method 属性被设置成了 POST。除此之外，<form>并没有声明 action 属性。这意味着当表单提交的时候，浏览器会收集表单中的所有数据，并以 HTTP POST 请求的形式将其发送至服务器端，发送路径与渲染表单的 GET 请求路径相同，也就是“/design”。

因此，在该 POST 请求的接收端，我们需要有一个控制器处理方法。在 DesignTacoController 中，我们会编写一个新的处理器方法来处理针对“/design”的 POST 请求。

在程序清单 2.4 中，我们曾经使用@GetMapping 注解声明 showDesignForm()方法要处理针对“/design”的 HTTP GET 请求。与@GetMapping 处理 GET 请求类似，我们可以使用@PostMapping 来处理 POST 请求。为了处理 taco 设计的表单提交，在 DesignTacoController 中添加如程序清单 2.6 所述的 processTaco()方法。

程序清单 2.6 使用@PostMapping 来处理 POST 请求

```
@PostMapping
public String processTaco(Taco taco,
        @ModelAttribute TacoOrder tacoOrder) {
  tacoOrder.addTaco(taco);
  log.info("Processing taco: {}", taco);

  return "redirect:/orders/current";
}
```

如 processTaco()方法所示，@PostMapping 与类级别的@RequestMapping 协作，指定 processTaco()方法要处理针对“/design”的 POST 请求。我们所需要的正是以这种方式处理 taco 艺术家的表单提交。

表单提交时，表单中的输入域会绑定到 Taco 对象（这个类会在下面的程序清单中进行介绍）的属性中，该对象会以参数的形式传递给 processTaco()。从这里开始，processTaco()就可以针对 Taco 对象采取任意想要的操作了。在本例中，它将 Taco 添加到了 TacoOrder 对象中（后者是以参数的形式传递到方法中来的），然后将 taco 以日志的形式打印出来。TacoOrder 参数上所使用的@ModelAttribute 表明它应该使用模型中的 TacoOrder 对象，这个对象是我们在前面的程序清单 2.4 中借助带有@ModelAttribute 注解的 order()方法放到模型中的。

回过头来再看一下程序清单 2.5 中的表单，你会发现其中包含多个 checkbox 元素，它们的名字都是 ingredients，另外还有一个名为 name 的文本输入元素。表单中的这些输入域直接对应 Taco 类的 ingredients 和 name 属性。

表单中的 name 输入域只需要捕获一个简单的文本值。因此，Taco 的 name 属性是 String 类型的。配料的复选框也有文本值，但是用户可能会选择零个或多个，所以它们所绑定的 ingredients 属性是一个 List<Ingredient>，能够捕获选中的每种配料。

但是，稍等一下！如果配料的复选框是文本型（比如 String）的值，而 Taco 对象以 List<Ingredient>的形式表示一个配料的列表，那么这里是不是存在不匹配的情况呢？像["FLTO", "GRBF", "LETC"]这样的文本列表该如何绑定到一个 Ingredient 对象的列表上呢？要知道，Ingredient 是一个更丰富的类型，不仅包括 ID，还包括一个描述性的名字和配料类型。

这就是转换器（converter）的用武之地了。转换器是实现了 Spring 的 Converter 接口并实现了 convert()方法的类，该方法会接收一个值并将其转换成另外一个值。要将 String 转换成 Ingredient，我们要用到如程序清单 2.7 所示的 IngredientByIdConverter。

程序清单 2.7 将 String 转换为 Ingredient

```
package tacos.web;

import java.util.HashMap;
```

```
import java.util.Map;
import org.springframework.core.convert.converter.Converter;
import org.springframework.stereotype.Component;

import tacos.Ingredient;
import tacos.Ingredient.Type;

@Component
public class IngredientByIdConverter implements Converter<String, Ingredient> {

  private Map<String, Ingredient> ingredientMap = new HashMap<>();

  public IngredientByIdConverter() {
    ingredientMap.put("FLTO",
        new Ingredient("FLTO", "Flour Tortilla", Type.WRAP));
    ingredientMap.put("COTO",
        new Ingredient("COTO", "Corn Tortilla", Type.WRAP));
    ingredientMap.put("GRBF",
        new Ingredient("GRBF", "Ground Beef", Type.PROTEIN));
    ingredientMap.put("CARN",
        new Ingredient("CARN", "Carnitas", Type.PROTEIN));
    ingredientMap.put("TMTO",
        new Ingredient("TMTO", "Diced Tomatoes", Type.VEGGIES));
    ingredientMap.put("LETC",
        new Ingredient("LETC", "Lettuce", Type.VEGGIES));
    ingredientMap.put("CHED",
        new Ingredient("CHED", "Cheddar", Type.CHEESE));
    ingredientMap.put("JACK",
        new Ingredient("JACK", "Monterrey Jack", Type.CHEESE));
    ingredientMap.put("SLSA",
        new Ingredient("SLSA", "Salsa", Type.SAUCE));
    ingredientMap.put("SRCR",
        new Ingredient("SRCR", "Sour Cream", Type.SAUCE));
  }

  @Override
  public Ingredient convert(String id) {
    return ingredientMap.get(id);
  }

}
```

因为我们现在还没有用来获取 Ingredient 对象的数据库，所以 IngredientByIdConverter 的构造器创建了一个 Map，其中键（key）是 String 类型，代表了配料的 ID，值则是 Ingredient 对象。在第 3 章，我们会调整这个转换器，让它从数据库中获取配料数据，而不是像这样硬编码。convert()方法只是简单地获取 String 类型的配料 ID，然后使用它去 Map 中查找 Ingredient。

注意，IngredientByIdConverter 使用了@Component 注解，使其能够被 Spring 识别为 bean。Spring Boot 的自动配置功能会发现它和其他 Converter bean。它们会被自动注册到 Spring MVC 中，在请求参数与绑定属性需要转换时会用到。

现在，processTaco()方法没有对 Taco 对象进行任何处理。它其实什么都没做。目前，这样是可以的。在第 3 章，我们会添加一些持久化的逻辑，从而将提交的 Taco 保存到数据库中。

与 showDesignForm()方法类似，processTaco()最后也返回了一个 String 类型的值。同样与 showDesignForm()相似，返回的这个值代表了一个要展现给用户的视图。但是，区别在于 processTaco()返回的值带有“redirect:”前缀，表明这是一个重定向视图。更具体地讲，它表明在 processDesign()完成之后，用户的浏览器将会重定向到相对路径“/orders/current”。

这里的想法是：在创建完 taco 后，用户将会被重定向到一个订单表单页面，在这里，用户可以创建一个订单，将他们所创建的 taco 快递过去。但是，我们现在还没有处理“/orders/current”请求的控制器。

根据已经学到的关于@Controller、@RequestMapping 和@GetMapping 的知识，我们可以很容易地创建这样的控制器。它应该如程序清单 2.8 所示。

程序清单 2.8 展现 taco 订单表单的控制器

```
package tacos.web;
import org.springframework.stereotype.Controller;
import org.springframework.web.bind.annotation.GetMapping;
import org.springframework.web.bind.annotation.RequestMapping;
import org.springframework.web.bind.annotation.SessionAttributes;
import org.springframework.web.bind.support.SessionStatus;

import lombok.extern.slf4j.Slf4j;
import tacos.TacoOrder;

@Slf4j
@Controller
@RequestMapping("/orders")
@SessionAttributes("tacoOrder")
public class OrderController {

  @GetMapping("/current")
  public String orderForm() {
    return "orderForm";
  }

}
```

在这里，我们再次使用 Lombok @Slf4j 注解在编译期创建一个 SLF4J Logger 对象。稍后，我们将会使用这个 Logger 记录所提交订单的详细信息。

类级别的@RequestMapping 指明这个控制器的请求处理方法都会处理路径以“/orders”开头的请求。当与方法级别的@GetMapping 注解结合之后，它就能够指定 orderForm()方法会处理针对“/orders/current”的 HTTP GET 请求。

orderForm()方法本身非常简单，只返回了一个名为 orderForm 的逻辑视图名。在第 3 章学习完如何将所创建的 taco 保存到数据库之后，我们将会重新回到这个方法并对其进行修改，用一个 Taco 对象的列表来填充模型并将其放到订单中。

orderForm 视图是由名为 orderForm.html 的 Thymeleaf 模板来提供的，如程序清单 2.9 所示。

程序清单 2.9 taco 订单的表单视图

```
<!DOCTYPE html>
<html xmlns = "http://www.w3.org/1999/xhtml"
      xmlns:th = "http://www.thymeleaf.org">
  <head>
    <title>Taco Cloud</title>
    <link rel = "stylesheet" th:href = "@{/styles.css}" />
  </head>

  <body>

    <form method = "POST" th:action = "@{/orders}" th:object = "${tacoOrder}">
      <h1>Order your taco creations!</h1>

      <img th:src = "@{/images/TacoCloud.png}"/>

      <h3>Your tacos in this order:</h3>
      <a th:href = "@{/design}" id = "another">Design another taco</a><br/>
      <ul>
        <li th:each = "taco : ${tacoOrder.tacos}">
          <span th:text = "${taco.name}">taco name</span></li>
      </ul>

      <h3>Deliver my taco masterpieces to...</h3>
      <label for = "deliveryName">Name: </label>
      <input type = "text" th:field = "*{deliveryName}"/>
      <br/>

      <label for = "deliveryStreet">Street address: </label>
      <input type = "text" th:field = "*{deliveryStreet}"/>
      <br/>

      <label for = "deliveryCity">City: </label>
      <input type = "text" th:field = "*{deliveryCity}"/>
      <br/>

      <label for = "deliveryState">State: </label>
      <input type = "text" th:field = "*{deliveryState}"/>
      <br/>

      <label for = "deliveryZip">Zip code: </label>
      <input type = "text" th:field = "*{deliveryZip}"/>
      <br/>

      <h3>Here's how I'll pay...</h3>
      <label for = "ccNumber">Credit Card #: </label>
      <input type = "text" th:field = "*{ccNumber}"/>
      <br/>
```

```
        <label for = "ccExpiration">Expiration: </label>
        <input type = "text" th:field = "*{ccExpiration}"/>
        <br/>

        <label for = "ccCVV">CVV: </label>
        <input type = "text" th:field = "*{ccCVV}"/>
        <br/>

        <input type = "submit" value = "Submit Order"/>
      </form>
    </body>
  </html>
```

很大程度上，orderForm.html 就是典型的 HTML/Thymeleaf 内容，不需要过多关注。它首先列出了添加到订单中的 taco。这里，使用了 Thymeleaf 的 th:each 来遍历订单的 tacos 属性以创建列表。然后渲染了订单的表单。

但是，需要注意一点，那就是这里的<form>标签和程序清单 2.5 中的<form>标签不同，指定了一个表单的 action。如果不指定 action，表单将会以 HTTP POST 的形式提交到与展现该表单相同的 URL 上。在这里，我们明确指明表单要 POST 提交到“/orders”上（使用 Thymeleaf 的@{}操作符指定相对上下文的路径）。

因此，我们需要在 OrderController 中添加另外一个方法以便于处理针对“/orders”的 POST 请求。我们在第 3 章才会对订单进行持久化，在此之前，我们让它尽可能简单，如程序清单 2.10 所示。

程序清单 2.10 处理 taco 订单的提交

```
@PostMapping
public String processOrder(TacoOrder order,
        SessionStatus sessionStatus) {
  log.info("Order submitted: {}", order);
  sessionStatus.setComplete();

  return "redirect:/";
}
```

调用 processOrder()方法处理所提交的订单时，我们会得到一个 Order 对象，它的属性绑定了所提交的表单域。TacoOrder 与 Taco 非常相似，是一个非常简单的类，其中包含了订单的信息。

在这个 processOrder()方法中，我们只是以日志的方式记录了 TacoOrder 对象。在第 3 章，我们将会看到如何将其持久化到数据库中。但是，processOrder()方法在完成之前，还调用了 SessionStatus 对象的 setComplete()方法，这个 SessionStatus 对象是以参数的形式传递进来的。当用户创建他们的第一个 taco 时，TacoOrder 对象会被初始创建并放到会话中。通过调用 setComplete()，我们能够确保会话被清理掉，从而为用户在下次创建 taco 时为新的订单做好准备。

现在，我们已经开发了 OrderController 和订单表单的视图，接下来可以尝试运行一下。打开浏览器并访问 http://localhost:8080/design，为 taco 选择一些配料，并点击 Submit your taco 按钮，从而看到如图 2.4 所示的表单。

图 2.4 taco 订单的表单

填充表单的一些输入域并点击 Submit order 按钮。在这个过程中，请关注应用的日志来查看你的订单信息。在我尝试运行的时候，日志条目如下所示（为了适应页面的宽度，重新进行了格式化）：

```
Order submitted: TacoOrder(deliveryName = Craig Walls, deliveryStreet = 1234 7th
Street, deliveryCity = Somewhere, deliveryState = Who knows?,
deliveryZip = zipzap, ccNumber = Who can guess?, ccExpiration = Some day,
ccCVV = See-vee-vee, tacos = [Taco(name = Awesome Sauce, ingredients = [
Ingredient(id = FLTO, name = Flour Tortilla, type = WRAP), Ingredient(id = GRBF,
name = Ground Beef, type = PROTEIN), Ingredient(id = CHED, name = Cheddar,
type = CHEESE), Ingredient(id = TMTO, name = Diced Tomatoes, type = VEGGIES),
Ingredient(id = SLSA, name = Salsa, type = SAUCE), Ingredient(id = SRCR,
name = Sour Cream, type = SAUCE)]), Taco(name = Quesoriffic, ingredients =
[Ingredient(id = FLTO, name = Flour Tortilla, type = WRAP), Ingredient(id = CHED,
name = Cheddar, type = CHEESE), Ingredient(id = JACK, name = Monterrey Jack,
type = CHEESE), Ingredient(id = TMTO, name = Diced Tomatoes, type = VEGGIES),
Ingredient(id = SRCR,name = Sour Cream, type = SAUCE)])])
```

似乎 processOrder()完成了它的任务，通过日志记录订单详情来完成表单提交的处理。但是，如果仔细查看上述测试订单的日志，会发现它让一些“坏信息”混了进来。表单中的大多数输入域包含的可能都是不正确的数据。我们接下来添加一些校验，确保所提交的数据至少与所需的信息比较相似。

2.3 校验表单输入

在设计新的 taco 作品的时候，如果用户没有选择配料或者没有为他们的作品指定名称，将会怎样？当提交表单的时候，如果没有填写所需的地址输入域，又将发生什么？或者，他们在信用卡域中输入了一个根本不合法的数字，又该怎么办？

就目前的情况来看，没有什么能够阻止用户在创建 taco 的时候不选择任何配料，或者输入空的快递地址，甚至将他们最喜欢的歌词作为信用卡号提交。这是因为我们还没有指明这些输入域该如何进行校验。

有种表单校验方法就是在 processTaco()和 processOrder()方法中添加大量乱七八糟的 if/then 代码块，逐个检查每个输入域，以确保它们满足对应的校验规则。但是，这样操作会非常烦琐，并且会使代码难以阅读和调试。

比较幸运的是，Spring 支持 JavaBean 校验 API（JavaBean Validation API，也称为 JSR-303），使我们能够更容易地声明检验规则，而不必在应用程序代码中显式编写声明逻辑。

要在 Spring MVC 中应用校验，我们需要：

- 在构建文件中添加 Spring Validation starter；
- 在要被校验的类上声明校验规则，具体到我们的场景中，要被校验的类就是 Taco 类；
- 在需要进行校验的控制器方法中声明要进行校验，具体来讲，此处的控制器方法也就是 DesignTacoController 的 processTaco()方法和 OrderController 的 processOrder()方法；
- 修改表单视图以展现校验错误。

Validation API 提供了一些注解，可以添加到领域对象的属性上，以便声明校验规则。Hibernate 的 Validation API 实现又添加了一些校验注解。通过将 Spring Validation starter 添加到构建文件中，我们就能将这两者引入项目中。在 Spring Boot Starter 向导的 I/O 区域下面选中 Validation 复选框就可以实现这一点，但是如果想手动编写构建文件，在 Maven pom.xml 中添加如下的条目同样可以做到这一点：

```
<dependency>
  <groupId>org.springframework.boot</groupId>
  <artifactId>spring-boot-starter-validation</artifactId>
</dependency>
```

如果你使用 Gradle，需要如下的依赖：

```
implementation 'org.springframework.boot:spring-boot-starter-validation'
```

我们是否还需要 validation starter?

在早期版本的 Spring Boot 中，Spring Validation starter 会自动包含到 web starter 中。从 Spring Boot 2.3.0 版本开始，如果想要使用校验，需要显式地将其添加到构建文件中。

validation starter 已经准备就绪，我们看一下如何使用其中的一些注解来校验用户提交的 Taco 和 TacoOrder。

2.3.1 声明校验规则

对于 Taco 类来说，我们想要确保 name 属性不能为空或 null，同时希望有至少一项配料被选中。程序清单 2.11 展示了更新后的 Taco 类，它使用@NotNull 和@Size 注解来声明这些校验规则。

程序清单 2.11 为 Taco 领域类添加校验

```
package tacos;
import java.util.List;
import javax.validation.constraints.NotNull;
import javax.validation.constraints.Size;
import lombok.Data;

@Data
public class Taco {

  @NotNull
  @Size(min = 5, message = "Name must be at least 5 characters long")
  private String name;
  @NotNull
  @Size(min = 1, message = "You must choose at least 1 ingredient")
  private List<Ingredient> ingredients;

}
```

我们可以发现，除了要求 name 属性不为 null 之外，我们还声明它的值的长度至少为 5 个字符。

在对提交的 taco 订单进行校验时，必须要给 TacoOrder 类添加注解。对于地址相关的属性，我们只想确保用户没有提交空白字段。为此，我们可以使用@NotBlank 注解。

但是，支付相关的字段就比较复杂了。我们不仅要确保 ccNumber 属性不为空，还要保证它所包含的值是一个合法的信用卡号码。ccExpiration 属性必须符合 MM/YY 格式（两位的月份和两位的年份），ccCVV 属性需要是 3 位数字。为了实现这种校验，我们需要其他的一些 JavaBean Validation API 注解，并结合来自 Hibernate Validator 的注解。程序清单 2.12 展现了校验 TacoOrder 类所需的变更。

程序清单 2.12 校验订单的字段

```
package tacos;
import javax.validation.constraints.Digits;
import javax.validation.constraints.NotBlank;
import javax.validation.constraints.Pattern;
import org.hibernate.validator.constraints.CreditCardNumber;
import java.util.List;
import java.util.ArrayList;
import lombok.Data;

@Data
public class TacoOrder {

  @NotBlank(message = "Delivery name is required")
  private String deliveryName;

  @NotBlank(message = "Street is required")
  private String deliveryStreet;

  @NotBlank(message = "City is required")
  private String deliveryCity;

  @NotBlank(message = "State is required")
  private String deliveryState;

  @NotBlank(message = "Zip code is required")
  private String deliveryZip;

  @CreditCardNumber(message = "Not a valid credit card number")
  private String ccNumber;

  @Pattern(regexp = "^(0[1-9]|1[0-2])([\\/])([2-9][0-9])$",
           message = "Must be formatted MM/YY")
  private String ccExpiration;

  @Digits(integer = 3, fraction = 0, message = "Invalid CVV")
  private String ccCVV;

  private List<Taco> tacos = new ArrayList<>();

  public void addTaco(Taco taco) {
    this.tacos.add(taco);
  }
}
```

我们可以看到，ccNumber 属性添加了@CreditCardNumber 注解。这个注解声明该属性的值必须是合法的信用卡号，它要能通过 Luhn 算法的检查。这能防止用户有意或无意地输入错误的数据，但并不能确保这个信用卡号真的分配给了某个账户，也不能保证这个账号能够用来进行支付。

令人遗憾的是，目前还没有现成的注解来校验 ccExpiration 属性的 MM/YY 格式。在这里，我使用了@Pattern 注解并为其提供了一个正则表达式，确保属性值符合预期的格式。如果你想知道如何解释这个正则表达式，我建议你参考一些在线的正则表达式指南，比如 Regular Expressions Info 网站。正则表达式仿佛一种魔法，已经超出了本书的范围。最后，ccCVV 属性上添加了@Digits 注解，确保它的值包含 3 位数字。

所有的校验注解都包含了一个 message 属性，该属性定义了当输入的信息不满足声明的校验规则时，要给用户展现的消息。

2.3.2 在表单绑定的时候执行校验

现在，我们已经声明了如何校验 Taco 和 TacoOrder，接下来要重新修改每个控制器，让表单在 POST 提交至对应的控制器方法时，执行对应的校验。

要校验提交的 Taco，我们需要为 DesignTacoController 中 processTaco()方法的 Taco 参数添加一个 JavaBean Validation API 的@Valid 注解，如程序清单 2.13 所示。

程序清单 2.13　校验 POST 提交的 Taco

```
import javax.validation.Valid;
import org.springframework.validation.Errors;

...

  @PostMapping
  public String processTaco(
          @Valid Taco taco, Errors errors,
          @ModelAttribute TacoOrder tacoOrder) {

    if (errors.hasErrors()) {
      return "design";
    }

    tacoOrder.addTaco(taco);
    log.info("Processing taco: {}", taco);

    return "redirect:/orders/current";
  }
```

@Valid 注解会告诉 Spring MVC 要对提交的 Taco 对象进行校验，而校验时机是在它绑定完表单数据之后、调用 processTaco()之前。如果存在校验错误，这些错误的细节将会捕获到一个 Errors 对象中并传递给 processTaco()。processTaco()方法的前几行会查阅 Errors 对象，调用其 hasErrors()方法判断是否有校验错误。如果存在校验错误，这个方法将不会处理 Taco 对象并返回“design”视图名，以使表单重新展现。

为了对提交的 TacoOrder 对象进行校验，OrderController 的 processOrder()方法也需

要进行类似的变更，如程序清单 2.14 所示。

程序清单 2.14 校验 POST 提交的 TacoOrder

```
@PostMapping
public String processOrder(@Valid TacoOrder order, Errors errors,
        SessionStatus sessionStatus) {
  if (errors.hasErrors()) {
    return "orderForm";
  }

  log.info("Order submitted: {}", order);
  sessionStatus.setComplete();

  return "redirect:/";
}
```

在这两个场景中，如果没有校验错误，方法都允许处理提交的数据；如果存在校验错误，请求将会被转发至表单视图上，以便用户纠正他们的错误。

但是，用户该如何知道有哪些要纠正的错误呢？如果我们无法指出表单上的错误，那么用户只能不断猜测如何才能成功提交表单。

2.3.3 展现校验错误

Thymeleaf 提供了便捷访问 Errors 对象的方法，这就是借助 fields 及其 th:errors 属性。举例来说，为了展现信用卡字段的校验错误，我们可以添加一个<span>元素，该元素会将对校验错误的引用用到订单的表单模板上，如程序清单 2.15 所示。

程序清单 2.15 展现校验错误

```
<label for = "ccNumber">Credit Card #: </label>
     <input type = "text" th:field = "*{ccNumber}"/>
     <span class = "validationError"
           th:if = "${#fields.hasErrors('ccNumber')}"
           th:errors = "*{ccNumber}">CC Num Error</span>
```

在这里，<span>元素使用 class 属性来为错误添加样式，以引起用户的注意。除此之外，它还使用 th:if 属性来决定是否要显示该元素。fields 属性的 hasErrors()方法会检查 ccNumber 域是否存在错误。如果存在，将会渲染<span>。

th:errors 属性引用了 ccNumber 输入域，如果该输入域存在错误，它会将<span>元素的占位符内容替换为校验信息。

在为订单表单的其他输入域都添加类似的<span>标签之后，如果提交错误信息，表单会如图 2.5 所示。其中，错误信息提示姓名、城市和邮政编码字段为空，而且所有支付相关的输入域均未满足校验条件。

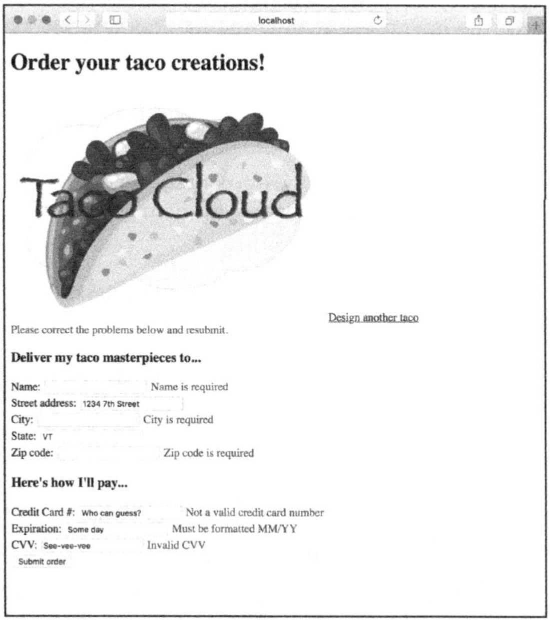

图 2.5 在订单表单上展现校验错误

现在，我们的 Taco Cloud 控制器不仅能够展现和捕获输入，还能校验用户提交的信息是否满足一定的基本验证规则。接下来，我们后退一步，重新考虑第 1 章中的 HomeController，并学习一种替代实现方案。

2.4 使用视图控制器

到目前为止，我们已经为 Taco Cloud 应用编写了 3 个控制器。这 3 个控制器尽管服务于应用程序的不同功能，但基本上遵循相同的编程模型：

- 它们都使用了@Controller 注解，表明它们是控制器类，并且应该被 Spring 的组件扫描功能自动发现并初始化为 Spring 应用上下文中的 bean；
- 除 HomeController 之外的控制器都在类级别使用了@RequestMapping 注解，据此定义该控制器所处理的基本请求模式；
- 它们都有一个或多个带@GetMapping 或@PostMapping 注解的方法，这些注解指明了该由哪个方法来处理某种类型的请求。

我们所编写的大部分控制器都将遵循这个模式。但是，如果一个控制器非常简单，不需要填充模型或处理输入（在我们的场景中，也就是 HomeController），那么还有另外一种方式来定义控制器。请参考程序清单 2.16 学习如何声明视图控制器——只将请求转发到视图而不做其他事情的控制器。

程序清单 2.16 声明视图控制器

```
package tacos.web;

import org.springframework.context.annotation.Configuration;
import
    org.springframework.web.servlet.config.annotation.ViewControllerRegistry;
import org.springframework.web.servlet.config.annotation.WebMvcConfigurer;

@Configuration
public class WebConfig implements WebMvcConfigurer {

  @Override
  public void addViewControllers(ViewControllerRegistry registry) {
    registry.addViewController("/").setViewName("home");
  }
}
```

关于 WebConfig，最需要注意的事情就是它实现了 WebMvcConfigurer 接口。WebMvcConfigurer 定义了多个方法来配置 Spring MVC，尽管只是一个接口，却提供了所有方法的默认实现，只需要我们覆盖所需的方法。在本例中，我们覆盖了 addViewControllers 方法。

addViewControllers()方法会接收一个 ViewControllerRegistry 对象，我们可以使用它注册一个或多个视图控制器。在这里，我们调用 registry 的 addViewController()方法，将“/”传递进去，视图控制器将会针对该路径执行 GET 请求。这个方法会返回 ViewControllerRegistration 对象，我们马上基于该对象调用 setViewName()方法，用它指明当请求“/”的时候要转发到“home”视图上。

如前文所述，我们用配置类中的几行代码就替换了 HomeController 类。现在，我们可以删除 HomeController 了，应用的功能应该和之前完全一样。唯一需要注意的是，我们要重新找到第 1 章中的 HomeControllerTest 类，从@WebMvcTest 注解中移除对 HomeController 的引用，这样测试类的编译才不会报错。

在这里，我们创建了一个新的 WebConfig 配置类来存放视图控制器的声明。但是，所有的配置类都可以实现 WebMvcConfigurer 接口并覆盖 addViewControllers()方法。举例来说，我们可以将相同的视图控制器声明添加到 TacoCloudApplication 引导类中，如下所示：

```
@SpringBootApplication
public class TacoCloudApplication implements WebMvcConfigurer {

  public static void main(String[] args) {
    SpringApplication.run(TacoCloudApplication.class, args);
  }

  @Override
```

```
  public void addViewControllers(ViewControllerRegistry registry) {
    registry.addViewController("/").setViewName("home");
  }

}
```

采用扩展已有配置类的方式能够避免创建新的配置类，从而减少项目中制品的数量。但是，我倾向于为每种配置（Web、数据、安全等）创建新的配置类，来保持应用的引导配置类尽可能整洁和简单。

在视图控制器方面，或者更具体地讲，在控制器将请求所转发到的视图方面，到目前为止，我们都是使用 Thymeleaf 来实现所有的视图。我很喜欢 Thymeleaf，但是你可能想要为你的应用选择不同的模板模型。让我们来看一下 Spring 所能支持的众多视图方案。

2.5 选择视图模板库

在大多数情况下，视图模板库的选择完全取决于个人喜好。Spring 非常灵活，能够支持很多常见的模板方案。除了个别情况，你所选择的模板库本身甚至不知道它在与 Spring 协作①。

表 2.2 列出了 Spring Boot 自动配置功能所支持的模板方案。

表 2.2 支持的模板方案

模板	Spring Boot starter 依赖
FreeMarker	spring-boot-starter-freemarker
Groovy Templates	spring-boot-starter-groovy-templates
JavaServer Pages（JSP）	无（由 Tomcat 或 Jetty 提供）
Mustache	spring-boot-starter-mustache
Thymeleaf	spring-boot-starter-thymeleaf

通常来讲，你只需要选择想要的视图模板库，将其作为依赖项添加到构建文件中，就可以在“/templates”目录下（在基于 Maven 或 Gradle 构建的项目中，它会在“src/main/resources”目录下）编写模板了。Spring Boot 会探测到你所选择的模板库，并自动配置为 Spring MVC 控制器生成视图所需的各种组件。

在 Taco Cloud 应用中，我们已经按照这种方式使用了 Thymeleaf 模板库。在第 1 章中，在初始化项目的时候，我们选择了 Thymeleaf 复选框。这样会自动将 Spring Boot 的 Thymeleaf starter 依赖添加到 pom.xml 文件中。应用启动时，Spring Boot 的自动配置

① 其中一个这样的例外情况就是 Thymeleaf 的 Spring Security 方言，我们将会在第 5 章讨论。

功能会探测到 Thymeleaf 并自动为我们配置 Thymeleaf bean。我们所需要做的就是在“/templates”中开始编写模板。

如果你想要使用不同的模板库，只需要在项目初始化的时候选择它，或者编辑已有的项目构建文件，将新选择的模板库添加进来。

例如，假设我们想要使用 Mustache 来替换 Thymeleaf，没有问题！只需要找到 pom.xml 文件，并将

```
<dependency>
  <groupId>org.springframework.boot</groupId>
  <artifactId>spring-boot-starter-thymeleaf</artifactId>
</dependency>
```

替换为

```
<dependency>
  <groupId>org.springframework.boot</groupId>
  <artifactId>spring-boot-starter-mustache</artifactId>
</dependency>
```

当然，还需要确保按照 Mustache 语法来编写模板，而不是再使用 Thymeleaf 标签。Mustache 的特定用法（以及其他备选模板语言）超出了本书的范围，但是我在这里给你一个直观的印象，让你明白大致会是什么样子，如下代码是 Mustache 模板的一个片段，它能够渲染 taco 设计表单中的某个配料组：

```
<h3>Designate your wrap:</h3>
{{#wrap}}
<div>
  <input name = "ingredients" type = "checkbox" value = "{{id}}" />
  <span>{{name}}</span><br/>
</div>
{{/wrap}}
```

这是 2.1.3 小节中 Thymeleaf 代码片段的 Mustache 等价实现。{{#wrap}}代码块（结尾对应使用{{/wrap}}）会遍历请求中 key 为 wrap 的属性并为每个条目渲染嵌入式 HTML。{{id}}和{{name}}标签分别会引用每个条目（应该是一个 Ingredient）的 id 和 name 属性。

你可能已经注意到了，在表 2.2 中，JSP 并不需要在构建文件中添加任何特殊的依赖。这是因为 Servlet 容器本身（默认是 Tomcat）会实现 JSP 规范，因此不需要额外的依赖。

但是，选择使用 JSP，会带来另一个问题。事实上，Java Servlet 容器，包括嵌入式的 Tomcat 和 Jetty 容器，通常会在“/WEB-INF”目录下寻找 JSP 文件。如果将应用构建成一个可执行的 JAR 文件，就无法满足这种需求了。因此，只有在将应用构建为 WAR 文件并部署到传统的 Servlet 容器中时，才能选择 JSP 方案。如果想要构建可执行的 JAR 文件，那么必须选择 Thymeleaf、FreeMarker 或表 2.2 中的其他方案。

缓存模板

默认情况下，模板只有在第一次使用的时候解析一次，解析的结果会被后续的请求所使用。对于生产环境来说，这是一个很棒的特性，它能防止每次请求时多余的模板解析过程，因此有助于提升性能。

但是，在开发期，这个特性就不太友好了。假设我们启动完应用之后访问 taco 的设计页面，然后决定对它做一些修改，刷新 Web 浏览器的时候，依然会看到原来的版本。要想看到变更效果，必须要重新启动应用，这当然是非常不方便的。

幸运的是，有一种方法可以禁用缓存。我们所需要做的就是将相关的缓存属性设置为 false。表 2.3 列出了每种模板库所对应的缓存属性。

表 2.3　启用或禁用模板缓存的属性

模板	启用或禁用缓存的属性
FreeMarker	spring.freemarker.cache
Groovy Templates	spring.groovy.template.cache
Mustache	spring.mustache.cache
Thymeleaf	spring.thymeleaf.cache

默认情况下，这些属性都设置成了 true，以便启用缓存。我们可以将缓存属性设置为 false，从而禁用所选模板引擎的缓存。例如，要禁用 Thymeleaf 缓存，只需要在 application.properties 中添加这行代码：

```
spring.thymeleaf.cache = false
```

唯一需要注意的是，在将应用部署到生产环境之前，一定要删除这一行代码（或者将其设置为 true）。对于这一点，有种方法是将该属性设置到 profile 中（我们将会在第 6 章讨论 profile）。

另外一种更简单的方式是使用 Spring Boot 的 DevTools，与第 1 章中的做法一样。DevTools 提供了很多非常有用的开发期特性，其中有一项功能就是禁用所有模板库的缓存，但是在应用部署的时候，DevTools 会将自身禁用掉（从而能够重新启用模板缓存）。

小结

- Spring 提供了一个强大的 Web 框架，名为 Spring MVC，它能够用来为 Spring 应用开发 Web 前端。
- Spring MVC 是基于注解的，通过像@RequestMapping、@GetMapping 和@PostMapping 这样的注解来启用请求处理方法的声明。

- 大多数的请求处理方法最终会返回一个视图的逻辑名称，比如 Thymeleaf 模板，请求会转发到这样的视图上（同时会带有任意的模型数据）。
- Spring MVC 支持校验，这是通过 JavaBean Validation API 和 Validation API 的实现（如 Hibernate Validator）完成的。
- 我们可以在 WebMvcConfigurer 类中通过 addViewController 方法注册视图控制器，以处理没有模型数据和业务逻辑的 HTTP GET 请求。
- 除了 Thymeleaf 之外，Spring 支持各种视图方案，包括 FreeMarker、Groovy Templates 和 Mustache。

第 3 章　使用数据

本章内容：

- 使用 Spring 的 JdbcTemplate；
- 创建 Spring Data JDBC 存储库；
- 使用 Spring Data 声明 JPA 存储库。

大多数应用程序提供的不仅仅是一个漂亮的界面。虽然用户界面可能会提供一些与应用程序的交互，但是应用程序和静态 Web 站点的区别在于它所展现和存储的数据。

在 Taco Cloud 应用中，我们需要维护配料、taco 和订单的信息。如果不使用数据库来存储信息，那么这个应用在第 2 章的基础上也就没什么太大的进展了。

在本章中，我们将会为 Taco Cloud 应用添加对数据持久化的支持。首先，我们会使用 Spring 对 JDBC（Java Database Connectivity）的支持来消除样板式代码。随后，我们会使用 JPA（Java Persistence API）重写数据存储库，消除更多的代码。

3.1　使用 JDBC 读取和写入数据

几十年以来，关系型数据库和 SQL 一直是数据持久化领域的首选方案。尽管近年来涌现了许多可替代的数据库类型，但是关系型数据库依然是通用数据存储的首选，而且它的地位短期内不太可能撼动。

在处理关系型数据的时候，Java 开发人员有多种可选方案，其中最常见的是 JDBC

和 JPA。Spring 同时支持这两种抽象形式，能够让 JDBC 或 JPA 的使用更加容易。我们在本节讨论 Spring 如何支持 JDBC，然后在 3.3 节讨论 Spring 对 JPA 的支持。

Spring 对 JDBC 的支持要归功于 JdbcTemplate 类。JdbcTemplate 提供了一种特殊的方式，通过这种方式，开发人员在对关系型数据库执行 SQL 操作的时候，能够避免使用 JDBC 时常见的繁文缛节和样板式代码。

为了更好地理解 JdbcTemplate 的功能，我们首先看一个不使用 JdbcTemplate 的样例，看一下如何在 Java 中执行简单的查询，如程序清单 3.1 所示。

程序清单 3.1 不使用 JdbcTemplate 查询数据库

```
@Override
public Optional<Ingredient> findById(String id) {
  Connection connection = null;
  PreparedStatement statement = null;
  ResultSet resultSet = null;
  try {
    connection = dataSource.getConnection();
    statement = connection.prepareStatement(
        "select id, name, type from Ingredient where id = ?");
    statement.setString(1, id);
    resultSet = statement.executeQuery();
    Ingredient ingredient = null;
    if(resultSet.next()) {
      ingredient = new Ingredient(
          resultSet.getString("id"),
          resultSet.getString("name"),
          Ingredient.Type.valueOf(resultSet.getString("type")));
    }
    return Optional.of(ingredient);
  } catch (SQLException e) {
    // ??? What should be done here ???
  } finally {
    if (resultSet != null) {
      try {
        resultSet.close();
      } catch (SQLException e) {}
    }
    if (statement != null) {
      try {
        statement.close();
      } catch (SQLException e) {}
    }
    if (connection != null) {
      try {
        connection.close();
      } catch (SQLException e) {}
    }
  }
  return Optional.empty();
}
```

我向你保证，在程序清单 3.1 中确实存在查询数据库获取配料的那几行代码。但我敢打赌，你很难在这堆庞杂的 JDBC 代码中将这个查询找出来。它完全被创建连接、创建语句，以及关闭连接、语句和结果集的清理功能包围了。

更糟糕的是，在创建连接、创建语句或执行查询的时候，可能会出现很多错误。这就要求我们捕获 SQLException，它对于找出哪里出现了问题或如何解决问题可能有所帮助，也可能毫无用处。

SQLException 是一个检查型异常，它需要在 catch 代码块中进行处理。但是，对于最常见的问题，如创建到数据库的连接失败或者输入的查询有错误，在 catch 代码块中是无法解决的，有可能要继续抛出以便于上游进行处理。作为对比，我们看一下使用 JdbcTemplate 的方式，如程序清单 3.2 所示。

程序清单 3.2 使用 JdbcTemplate 查询数据库

```
private JdbcTemplate jdbcTemplate;

public Optional<Ingredient> findById(String id) {
  List<Ingredient> results = jdbcTemplate.query(
      "select id, name, type from Ingredient where id = ?",
      this::mapRowToIngredient,
      id);
  return results.size() == 0 ?
          Optional.empty() :
          Optional.of(results.get(0));
}
private Ingredient mapRowToIngredient(ResultSet row, int rowNum)
    throws SQLException {
  return new Ingredient(
      row.getString("id"),
      row.getString("name"),
      Ingredient.Type.valueOf(row.getString("type")));
}
```

程序清单 3.2 中的代码显然要比清单 3.1 中的原始 JDBC 示例简单了很多。这里没有创建任何的连接和语句。而且，在方法完成之后，不需要对这些对象进行清理。这里也没有任何 catch 代码块中无法处理的异常。剩下的代码仅仅关注执行查询（调用 JdbcTemplate 的 queryForObject()）和将结果映射到 Ingredient 对象（在 mapRowToIngredient()方法中）上。

程序清单 3.2 中的代码仅仅是在 Taco Cloud 应用中使用 JdbcTemplate 持久化和读取数据的一个片段。接下来，我们着手实现让应用程序支持 JDBC 持久化的下一个步骤。我们要对领域对象进行一些调整。

3.1.1 调整领域对象以适应持久化

在将对象持久化到数据库的时候，通常最好有一个字段作为对象的唯一标识。Ingredient 类现在已经有了一个 id 字段，但是我们还需要将 id 字段添加到 Taco 和 TacoOrder 类中。

除此之外，记录 Taco 和 TacoOrder 是何时创建的可能会非常有用。所以，我们还会为每个对象添加一个字段来捕获它的创建日期和时间。程序清单 3.3 展现了 Taco 类中新增的 id 和 createdAt 字段。

程序清单 3.3 为 Taco 类添加 id 和时间戳字段

```
@Data
public class Taco {

  private Long id;

  private Date createdAt = new Date();

  // ...
}
```

因为我们使用 Lombok 在编译时生成访问器（accessor）方法，所以在这里只需要声明 id 和 createdAt 属性就可以了。在编译期，它们都会生成对应的 getter 和 setter 方法。类似的变更还需要应用到 TacoOrder 类上，如下所示：

```
@Data
public class TacoOrder implements Serializable {

  private static final long serialVersionUID = 1L;

  private Long id;

  private Date placedAt;
  // ...

}
```

同样，Lombok 会自动生成访问器方法，所以这是 TacoOrder 类的唯一变更。如果基于某种原因无法使用 Lombok，就需要自行编写这些方法了。

现在，我们的领域类已经为持久化做好了准备。接下来，我们看一下该如何使用 JdbcTemplate 实现数据库的读取和写入。

3.1.2 使用 JdbcTemplate

在开始使用 JdbcTemplate 之前，我们首先需要将它添加到项目的类路径中。这一点非常容易，只需要将 Spring Boot 的 JDBC starter 依赖添加到构建文件中：

```
<dependency>
  <groupId>org.springframework.boot</groupId>
  <artifactId>spring-boot-starter-jdbc</artifactId>
</dependency>
```

我们还需要一个存储数据的数据库。对于开发来说，嵌入式的数据库就足够了。我比较喜欢 H2 嵌入式数据库，所以我会将如下的依赖添加到构建文件中：

```
<dependency>
  <groupId>com.h2database</groupId>
  <artifactId>h2</artifactId>
  <scope>runtime</scope>
</dependency>
```

默认情况下，数据库的名称是随机生成的。但是，如果我们基于某种原因，想要使用 H2 控制台连接数据库（Spring Boot DevTools 会在 http://localhost:8080/h2-console 启用该功能），采取这种方式会让我们很难确定数据库的 URL。所以，更好的办法是在 application.properties 中通过设置几个属性确定数据库的名称，如下所示：

```
spring.datasource.generate-unique-name = false
spring.datasource.name = tacocloud
```

或者，根据你的喜好，也可以将 application.properties 重命名为 application.yml，并以 YAML 的格式添加属性，如下所示：

```
spring:
  datasource:
    generate-unique-name: false
    name: tacocloud
```

至于选择属性文件格式还是 YAML 则完全取决于我们自己。Spring Boot 对两者都能接受。鉴于 YAML 的结构和更好的可读性，本书的其余部分都会使用 YAML 来配置属性。

通过将 spring.datasource.generate-unique-name 属性设置为 false，我们告诉 Spring 不要生成一个随机的值作为数据库的名称。它的名称应该使用 spring.datasource.name 属性所设置的值。在本例中，数据库的名称将会是“tacocloud”。因此，数据库的 URL 会是“jdbc:h2:mem:tacocloud”，我们可以将其设置到 H2 控制台连接的 JDBC URL 中。

稍后，你将会看到如何配置应用以使用外部的数据库。但是现在，我们看一下如何编写获取和保存 Ingredient 数据的存储库（repository）。

定义 JDBC 存储库

我们的 Ingredient 存储库需要完成如下的操作：

- 查询所有的配料信息，将它们放到一个 Ingredient 对象的集合中；
- 根据 id，查询单个 Ingredient；
- 保存 Ingredient 对象。

如下的 IngredientRepository 接口以方法声明的方式定义了这三个操作：

```
package tacos.data;

import java.util.Optional;

import tacos.Ingredient;

public interface IngredientRepository {
```

```
  Iterable<Ingredient> findAll();

  Optional<Ingredient> findById(String id);

  Ingredient save(Ingredient ingredient);

}
```

尽管该接口敏锐捕捉到了配料存储库都需要做些什么，但是我们依然需要编写一个 IngredientRepository 实现，在实现类中使用 JdbcTemplate 来查询数据库。程序清单 3.4 展示了编写该实现的第一步。

程序清单 3.4　开始使用 JdbcTemplate 编写配料存储库

```
package tacos.data;
import java.sql.ResultSet;
import java.sql.SQLException;

import org.springframework.jdbc.core.JdbcTemplate;
import org.springframework.stereotype.Repository;

import tacos.Ingredient;

@Repository
public class JdbcIngredientRepository implements IngredientRepository {

  private JdbcTemplate jdbcTemplate;

  public JdbcIngredientRepository(JdbcTemplate jdbcTemplate) {
    this.jdbcTemplate = jdbcTemplate;
  }

  // ...

}
```

我们可以看到，JdbcIngredientRepository 添加了@Repository 注解。Spring 定义了一系列的构造型（stereotype）注解，@Repository 是其中之一，其他注解还包括@Controller 和@Component。为 JdbcIngredientRepository 添加@Repository 注解之后，Spring 的组件扫描就会自动发现它，并将其初始化为 Spring 应用上下文中的 bean。

Spring 创建 JdbcIngredientRepository bean 时会将 JdbcTemplate 注入。这是因为当类只有一个构造器的时候，Spring 会隐式地通过该构造器的参数应用依赖的自动装配。如果有一个以上的构造器，或者想要明确声明自动装配，那么可以在构造器上添加@Autowired 注解，如下所示：

```
@Autowired
public JdbcIngredientRepository(JdbcTemplate jdbcTemplate) {
  this.jdbcTemplate = jdbcTemplate;
}
```

这个构造器将 JdbcTemplate 赋值给一个实例变量，这个变量会被其他方法用来执行数据库查询和插入操作。说到其他方法，不妨先看一下 findAll()和 findById()的实现，如程序清单 3.5 所示。

程序清单 3.5 使用 JdbcTemplate 查询数据库

```
@Override
public Iterable<Ingredient> findAll() {
  return jdbcTemplate.query(
      "select id, name, type from Ingredient",
      this::mapRowToIngredient);
}

@Override
public Optional<Ingredient> findById(String id) {
  List<Ingredient> results = jdbcTemplate.query(
      "select id, name, type from Ingredient where id = ?",
      this::mapRowToIngredient,
      id);
  return results.size() == 0 ?
          Optional.empty() :
          Optional.of(results.get(0));
}

private Ingredient mapRowToIngredient(ResultSet row, int rowNum)
    throws SQLException {
  return new Ingredient(
      row.getString("id"),
      row.getString("name"),
      Ingredient.Type.valueOf(row.getString("type")));
}
```

findAll()和 findById()以类似的方式使用了 JdbcTemplate。findAll()方法预期返回一个对象的集合，使用了 JdbcTemplate 的 query()方法。query()会接受查询所使用的 SQL 及 Spring RowMapper 的一个实现（用来将结果集中的每行数据映射为一个对象）。query()方法还能以最终参数（final argument）的形式接收查询中所需的任意参数。但是，在本例中，我们不需要任何参数。

与之不同的是，findById()方法需要在它的查询中包含一个 where 子句，以对比数据库中 id 列的值与传入的 id 参数的值。因此，对 query()的调用会以最终参数的形式包含 id 参数。当查询执行的时候，“?”将会被替换为这个值。

程序清单 3.5 中，findAll()和 findById()中的 RowMapper 参数都是通过对 mapRowToIngredient()的方法引用指定的。在使用 JdbcTemplate 的时候，Java 的方法引用和 lambda 表达式是非常便利的，它们能够替代显式的 RowMapper 实现。如果因为某种原因你想要或者必须使用显式 RowMapper，那么如下的 findAll()实现阐述了如何做到这一点：

```
@Override
public Ingredient findById(String id) {
  return jdbcTemplate.queryForObject(
      "select id, name, type from Ingredient where id = ?",
      new RowMapper<Ingredient>() {
        public Ingredient mapRow(ResultSet rs, int rowNum)
            throws SQLException {
          return new Ingredient(
              rs.getString("id"),
              rs.getString("name"),
              Ingredient.Type.valueOf(rs.getString("type")));
        };
      }, id);
}
```

从数据库中读取数据只是问题的一部分。在一些情况下，必须先将数据写入数据库，才能读取它。所以，我们接下来看一下该如何实现 save()方法。

插入一行数据

JdbcTemplate 的 update()方法可以用来执行向数据库中写入或更新数据的查询语句。如程序清单 3.6 所示，它可以用来将数据插入到数据库中。

程序清单 3.6 使用 JdbcTemplate 插入数据

```
@Override
public Ingredient save(Ingredient ingredient) {
  jdbcTemplate.update(
      "insert into Ingredient (id, name, type) values (?, ?, ?)",
      ingredient.getId(),
      ingredient.getName(),
      ingredient.getType().toString());
  return ingredient;
}
```

这里不需要将 ResultSet 数据映射为对象，所以 update()方法要比 query()简单得多。它只需要一个包含待执行 SQL 的 String 以及每个查询参数对应的值。在本例中，查询有 3 个参数，对应 save()方法最后的 3 个参数，提供了配料的 ID、名称和类型。

JdbcIngredientRepository 编写完成之后，我们就可以将其注入 DesignTacoController，然后使用它来提供 Ingredient 对象的列表，而不再使用硬编码的值了（就像第 2 章中所做的那样）。修改后的 DesignTacoController 如程序清单 3.7 所示。

程序清单 3.7 在控制器中注入和使用存储库

```
@Controller
@RequestMapping("/design")
```

```
@SessionAttributes("tacoOrder")
public class DesignTacoController {

  private final IngredientRepository ingredientRepo;

  @Autowired
  public DesignTacoController(
        IngredientRepository ingredientRepo) {
    this.ingredientRepo = ingredientRepo;
  }

  @ModelAttribute
  public void addIngredientsToModel(Model model) {
    Iterable<Ingredient> ingredients = ingredientRepo.findAll();
    Type[] types = Ingredient.Type.values();
    for (Type type : types) {
      model.addAttribute(type.toString().toLowerCase(),
          filterByType(ingredients, type));
    }
  }

  // ...
}
```

addIngredientsToModel()方法使用了注入的 IngredientRepository 的 findAll()方法，从而能够获取数据库中所有的配料。该方法将它们过滤成不同的类型，然后放到模型中。

现在，我们有了 IngredientRepository 来获取 Ingredient 对象，那么在第 2 章创建的 IngredientByIdConverter 也可以进行简化了。可以将硬编码的 Ingredient 对象的 Map 替换为对 IngredientRepository.findById()的简单调用，如程序清单 3.8 所示。

程序清单 3.8 简化 IngredientByIdConverter

```
package tacos.web;

import org.springframework.beans.factory.annotation.Autowired;
import org.springframework.core.convert.converter.Converter;
import org.springframework.stereotype.Component;

import tacos.Ingredient;
import tacos.data.IngredientRepository;

@Component
public class IngredientByIdConverter implements Converter<String, Ingredient> {

  private IngredientRepository ingredientRepo;

  @Autowired
  public IngredientByIdConverter(IngredientRepository ingredientRepo) {
    this.ingredientRepo = ingredientRepo;
  }

  @Override
```

```
  public Ingredient convert(String id) {
    return ingredientRepo.findById(id).orElse(null);
  }

}
```

我们马上就能启动应用并尝试这些变更了。但是，使用查询语句从 Ingredient 表中读取数据之前，我们需要先创建这个表并填充一些配料数据。

3.1.3 定义模式和预加载数据

除了 Ingredient 表之外，我们还需要其他的一些表来保存订单和设计信息。图 3.1 描述了我们所需要的表和这些表之间的关系。

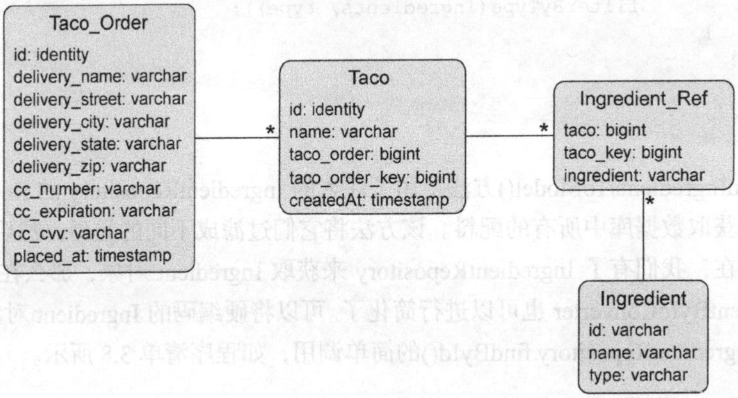

图 3.1 Taco Cloud 模式的表

图 3.1 中的表主要实现如下目的。

- Taco_Order：保存订单的细节信息。
- Taco：保存 taco 设计相关的必要信息。
- Ingredient_Ref：将 taco 和与之相关的配料映射在一起，Taco 中的每行数据都对应该表中的一行或多行数据。
- Ingredient：保存配料信息。

在我们的应用中，Taco 无法在 Taco_Order 环境之外存在。因此，Taco_Order 和 Taco 被视为同一个聚合（aggregate）的成员，其中 Taco_Order 是聚合根（aggregate root）。而 Ingredient 对象则是其聚合的唯一成员，并且会通过 Ingredient_Ref 建立与 Taco 的引用关系。

注意： 聚合和聚合根是领域驱动设计的核心概念，这种设计方式提倡软件代码的结构和语言要与业务领域匹配。在 Taco Cloud 领域对象中只使用了一点领域驱动设计（Domain-Driven Design,

DDD）的思想，但是 DDD 的内容远不止聚合和聚合根。如果想要了解这项技术的更多内容，请阅读该主题的开创性著作——Eric Evans 的《领域驱动设计》。

程序清单 3.9 展示了创建表的 SQL 语句。

程序清单 3.9 定义 Taco Cloud 的模式

```
create table if not exists Taco_Order (
  id identity,
  delivery_Name varchar(50) not null,
  delivery_Street varchar(50) not null,
  delivery_City varchar(50) not null,
  delivery_State varchar(2) not null,
  delivery_Zip varchar(10) not null,
  cc_number varchar(16) not null,
  cc_expiration varchar(5) not null,
  cc_cvv varchar(3) not null,
  placed_at timestamp not null
);

create table if not exists Taco (
  id identity,
  name varchar(50) not null,
  taco_order bigint not null,
  taco_order_key bigint not null,
  created_at timestamp not null
);

create table if not exists Ingredient_Ref (
  ingredient varchar(4) not null,
  taco bigint not null,
  taco_key bigint not null
);

create table if not exists Ingredient (
  id varchar(4) not null,
  name varchar(25) not null,
  type varchar(10) not null
);

alter table Taco
    add foreign key (taco_order) references Taco_Order(id);
alter table Ingredient_Ref
    add foreign key (ingredient) references Ingredient(id);
```

现在，最大的问题是将这些模式定义放在什么地方。实际上，Spring Boot 回答了这个问题。

如果应用的根类路径下存在名为 schema.sql 的文件，那么在应用启动的时候，将会基于数据库执行这个文件中的 SQL。所以，我们需要将程序清单 3.9 中的内容保存为名为 schema.sql 的文件并放到“src/main/resources”文件夹下。

我们可能还希望在数据库中预加载一些配料数据。幸运的是，Spring Boot 还会在应用启动的时候执行根类路径下名为 data.sql 的文件。所以，我们可以使用程序清单 3.10 中的插入语句为数据库加载配料数据，并将其保存到“src/main/resources/data.sql”文件中。

程序清单 3.10　使用 data.sql 预加载数据库

```
delete from Ingredient_Ref;
delete from Taco;
delete from Taco_Order;

delete from Ingredient;
insert into Ingredient (id, name, type)
                values ('FLTO', 'Flour Tortilla', 'WRAP');
insert into Ingredient (id, name, type)
                values ('COTO', 'Corn Tortilla', 'WRAP');
insert into Ingredient (id, name, type)
                values ('GRBF', 'Ground Beef', 'PROTEIN');
insert into Ingredient (id, name, type)
                values ('CARN', 'Carnitas', 'PROTEIN');
insert into Ingredient (id, name, type)
                values ('TMTO', 'Diced Tomatoes', 'VEGGIES');
insert into Ingredient (id, name, type)
                values ('LETC', 'Lettuce', 'VEGGIES');
insert into Ingredient (id, name, type)
                values ('CHED', 'Cheddar', 'CHEESE');
insert into Ingredient (id, name, type)
                values ('JACK', 'Monterrey Jack', 'CHEESE');
insert into Ingredient (id, name, type)
                values ('SLSA', 'Salsa', 'SAUCE');
insert into Ingredient (id, name, type)
                values ('SRCR', 'Sour Cream', 'SAUCE');
```

尽管我们目前只为配料数据编写了一个存储库，但是此时依然可以将 Taco Cloud 应用启动起来并访问设计页面，看一下 JdbcIngredientRepository 的实际功能。你尽可以去尝试一下！当尝试完回来之后，我们将会编写持久化 Taco 和 TacoOrder 数据的存储库。

3.1.4　插入数据

我们已经走马观花地了解了如何使用 JdbcTemplate 将数据写入数据库。JdbcIngredientRepository 中的 save()方法使用 JdbcTemplate 的 update()方法将 Ingredient 对象保存到了数据库中。

这尽管是一个非常好的起步样例，但有些过于简单了。你马上会看到，保存数据可能会比 JdbcIngredientRepository 更加复杂。

在我们的设计中，TacoOrder 和 Taco 组成了一个聚合，其中 TacoOrder 是聚合根。换句话说，Taco 不能在 TacoOrder 的环境之外存在。所以，我们现在只需要定义一个存储库来持久化 TacoOrder 对象，而 Taco 也就会随之一起保存了。这样的存储库可以通过如下所示的 OrderRepository 接口来定义：

```
package tacos.data;

import java.util.Optional;

import tacos.TacoOrder;

public interface OrderRepository {

  TacoOrder save(TacoOrder order);

}
```

看起来非常简单，对吧？但是，保存 TacoOrder 的时候，我们必须要保存与之关联的 Taco 对象。同时，当我们保存 Taco 对象的时候，我们也需要保存一个特殊的对象，这个对象代表了该 Taco 与组成该 taco 的每个 Ingredient 的联系。IngredientRef 类定义了 Taco 和 Ingredient 之间的联系，这个类如下所示：

```
package tacos;

import lombok.Data;

@Data
public class IngredientRef {

  private final String ingredient;

}
```

可以肯定地说，这个 save()方法将比我们先前为保存一个简陋的 Ingredient 对象而创建的对应方法要有趣得多。

save()方法要做的另外一件事情就是在订单保存时确定为订单分配什么样的 ID。根据模式，Taco_Order 表的 id 属性是一个 identity 字段，这意味着数据库将会自动确定这个值。但是，如果是由数据库确定这个值，我们需要确切知道它是什么，这样在 save()方法返回的 TacoOrder 对象中才能包含它。幸好，Spring 提供了一个辅助类 GeneratedKeyHolder，能够帮助我们实现这一点。不过，它需要与一个预处理语句（prepared statement）协作，如下面的 save()方法实现所示：

```
package tacos.data;

import java.sql.Types;
import java.util.Arrays;
import java.util.Date;
import java.util.List;
import java.util.Optional;

import org.springframework.asm.Type;
import org.springframework.jdbc.core.JdbcOperations;
import org.springframework.jdbc.core.PreparedStatementCreator;
```

```
import org.springframework.jdbc.core.PreparedStatementCreatorFactory;
import org.springframework.jdbc.support.GeneratedKeyHolder;
import org.springframework.stereotype.Repository;
import org.springframework.transaction.annotation.Transactional;

import tacos.IngredientRef;
import tacos.Taco;
import tacos.TacoOrder;

@Repository
public class JdbcOrderRepository implements OrderRepository {

  private JdbcOperations jdbcOperations;

  public JdbcOrderRepository(JdbcOperations jdbcOperations) {
    this.jdbcOperations = jdbcOperations;
  }
  @Override
  @Transactional
  public TacoOrder save(TacoOrder order) {
    PreparedStatementCreatorFactory pscf =
      new PreparedStatementCreatorFactory(
        "insert into Taco_Order "
        + "(delivery_name, delivery_street, delivery_city, "
        + "delivery_state, delivery_zip, cc_number, "
        + "cc_expiration, cc_cvv, placed_at) "
        + "values (?,?,?,?,?,?,?,?,?)",
        Types.VARCHAR, Types.VARCHAR, Types.VARCHAR,
        Types.VARCHAR, Types.VARCHAR, Types.VARCHAR,
        Types.VARCHAR, Types.VARCHAR, Types.TIMESTAMP
    );
    pscf.setReturnGeneratedKeys(true);

    order.setPlacedAt(new Date());
    PreparedStatementCreator psc =
        pscf.newPreparedStatementCreator(
            Arrays.asList(
                order.getDeliveryName(),
                order.getDeliveryStreet(),
                order.getDeliveryCity(),
                order.getDeliveryState(),
                order.getDeliveryZip(),
                order.getCcNumber(),
                order.getCcExpiration(),
                order.getCcCVV(),
                order.getPlacedAt()));

    GeneratedKeyHolder keyHolder = new GeneratedKeyHolder();
    jdbcOperations.update(psc, keyHolder);
    long orderId = keyHolder.getKey().longValue();
    order.setId(orderId);

    List<Taco> tacos = order.getTacos();
    int i = 0;
```

```
    for (Taco taco : tacos) {
      saveTaco(orderId, i + +, taco);
    }

    return order;
  }
}
```

在 save()方法中，似乎有很多的内容，但是我们可以将其拆分为几个重要的步骤。首先，我们创建了一个 PreparedStatementCreatorFactory，它描述了 insert 查询以及查询的输入字段的类型。我们稍后要获取已保存订单的 ID，所以还需要调用 setReturnGeneratedKeys(true)。

在定义 PreparedStatementCreatorFactory 之后，就可以使用它来创建 PreparedStatementCreator，并将要持久化的 TacoOrder 对象的值传递进来。我们传给 PreparedStatementCreator 的最后一个字段是订单的创建日期，这个日期也要设置到 TacoOrder 对象本身上，这样返回的对象才会包含这个信息。

现在，我们已经有了 PreparedStatementCreator，接下来就可以通过调用 JdbcTemplate 的 update()方法真正保存订单数据了，这个过程中需要将 PreparedStatementCreator 和 GeneratedKeyHolder 传递进去。订单数据保存之后，GeneratedKeyHolder 将会包含数据库所分配的 id 字段的值，我们应该要将这个值复制到 TacoOrder 对象的 id 属性上。

此时，订单已经保存完成，但是我们还需要保存与这个订单相关联的 Taco 对象。这可以通过为订单中的每个 Taco 调用 saveTaco()方法来实现。

saveTaco()方法与 save()方法非常相似，如下所示：

```
private long saveTaco(Long orderId, int orderKey, Taco taco) {
  taco.setCreatedAt(new Date());
  PreparedStatementCreatorFactory pscf =
          new PreparedStatementCreatorFactory(
      "insert into Taco "
      + "(name, created_at, taco_order, taco_order_key) "
      + "values (?, ?, ?, ?)",
      Types.VARCHAR, Types.TIMESTAMP, Type.LONG, Type.LONG
  );
  pscf.setReturnGeneratedKeys(true);

  PreparedStatementCreator psc =
      pscf.newPreparedStatementCreator(
          Arrays.asList(
              taco.getName(),
              taco.getCreatedAt(),
              orderId,
              orderKey));

  GeneratedKeyHolder keyHolder = new GeneratedKeyHolder();
  jdbcOperations.update(psc, keyHolder);
  long tacoId = keyHolder.getKey().longValue();
```

```
    taco.setId(tacoId);

    saveIngredientRefs(tacoId, taco.getIngredients());

    return tacoId;
  }
```

saveTaco()结构中的每一步都和 save()对应，只不过这里处理的是 Taco 数据，而不是 TacoOrder 数据。最后，它会调用 saveIngredientRefs()，在 Ingredient_Ref 表中创建一条记录，从而将 Taco 行与 Ingredient 行联系在一起。saveIngredientRefs()方法如下所示：

```
private void saveIngredientRefs(
    long tacoId, List<IngredientRef> ingredientRefs) {
  int key = 0;
  for (IngredientRef ingredientRef : ingredientRefs) {
    jdbcOperations.update(
        "insert into Ingredient_Ref (ingredient, taco, taco_key) "
        + "values (?, ?, ?)",
        ingredientRef.getIngredient(), tacoId, key + +);
  }
}
```

saveIngredientRefs()方法要简单得多。它循环一个 Ingredient 对象的列表，并将列表中的每个元素保存到 Ingredient_Ref 表中。它还有一个用作索引的局部的 key 变量，以确保配料的顺序保持不变。

我们对 OrderRepository 所做的最后一件事就是将其注入 OrderController，并在保存订单的时候使用它。程序清单 3.11 展现了注入存储库所需的必要变更。

程序清单 3.11　注入和使用 OrderRepository

```
package tacos.web;
import javax.validation.Valid;

import org.springframework.stereotype.Controller;
import org.springframework.validation.Errors;
import org.springframework.web.bind.annotation.GetMapping;
import org.springframework.web.bind.annotation.PostMapping;
import org.springframework.web.bind.annotation.RequestMapping;
import org.springframework.web.bind.annotation.SessionAttributes;
import org.springframework.web.bind.support.SessionStatus;

import tacos.TacoOrder;
import tacos.data.OrderRepository;

@Controller
@RequestMapping("/orders")
@SessionAttributes("tacoOrder")
```

```
public class OrderController {

  private OrderRepository orderRepo;

  public OrderController(OrderRepository orderRepo) {
    this.orderRepo = orderRepo;
  }

  // ...

  @PostMapping
  public String processOrder(@Valid TacoOrder order, Errors errors,
      SessionStatus sessionStatus) {
    if (errors.hasErrors()) {
      return "orderForm";
    }
    orderRepo.save(order);
    sessionStatus.setComplete();

    return "redirect:/";
  }
}
```

可以看到，构造器接受一个 OrderRepository 作为参数，并将其设置给一个实例变量，以便在 processOrder()方法中使用。至于 processOrder()方法，我们已经将其修改为调用 OrderRepository 的 save()方法，而不再是以日志记录 TacoOrder 对象。

借助 Spring 的 JdbcTemplate 实现与关系型数据库的交互要比普通的 JDBC 简单得多。但即便有了 JdbcTemplate，一些持久化任务仍然很有挑战性，尤其是在持久化聚合中的嵌套领域对象时。如果有一种方法能让 JDBC 的使用变得更简单就好了。

接下来看一下 Spring Data JDBC，它让 JDBC 的使用变得异常简单，即便是在持久化聚合的时候也是如此。

3.2 使用 Spring Data JDBC

Spring Data 是一个非常大的伞形项目，由多个子项目组成，其中大多数子项目都关注对不同的数据库类型进行数据持久化。最流行的几个 Spring Data 项目如下。

- Spring Data JDBC：对关系型数据库进行 JDBC 持久化。
- Spring Data JPA：对关系型数据库进行 JPA 持久化。
- Spring Data MongoDB：持久化到 Mongo 文档数据库。
- Spring Data Neo4j：持久化到 Neo4j 图数据库。
- Spring Data Redis：持久化到 Redis 键-值存储。
- Spring Data Cassandra：持久化到 Cassandra 列存储数据库。

Spring Data 为各种项目提供了一项有趣且有用的特性：基于存储库规范接口自动创

建存储库。因此，使用 Spring Data 项目进行持久化只有很少（甚至没有）持久化相关的逻辑，只需要编写一个或多个存储库接口。

我们看一下如何将 Spring Data JDBC 用到我们的项目中，以简化 JDBC 的数据持久化。首先，需要将 Spring Data JDBC 添加到项目构建中。

3.2.1 添加 Spring Data JDBC 到构建文件中

对于 Spring Boot 应用，Spring Data JDBC 能够以 starter 依赖的形式添加进来。在添加到项目的 pom.xml 文件时，starter 依赖如程序清单 3.12 所示。

程序清单 3.12 添加 Spring Data JDBC 依赖到构建中

```
<dependency>
  <groupId>org.springframework.boot</groupId>
  <artifactId>spring-boot-starter-data-jdbc</artifactId>
</dependency>
```

现在，不再需要为我们提供 JdbcTemplate 依赖了，所以我们可以移除如下所示的这个 starter：

```
<dependency>
  <groupId>org.springframework.boot</groupId>
  <artifactId>spring-boot-starter-jdbc</artifactId>
</dependency>
```

我们依然还需要数据库，所以不会移除 H2 依赖。

3.2.2 定义存储库接口

好消息是，我们已经创建了 IngredientRepository 和 OrderRepository，所以定义存储库的很多工作其实已经完成了。但是，我们需要对它们做一些细微的改变，从而以 Spring Data JDBC 的方式使用它们。

Spring Data 会在运行时自动生成存储库接口的实现。但是，只有当接口扩展自 Spring Data 提供的存储库接口时，它才会帮我们实现这一点。至少，我们的存储库接口需要扩展 Repository，这样 Spring Data 才会自动为我们创建实现。例如，我们可以按照如下的方式编写 IngredientRepository，让它扩展 Repository 接口：

```
package tacos.data;
import java.util.Optional;
import org.springframework.data.repository.Repository;
import tacos.Ingredient;

public interface IngredientRepository
      extends Repository<Ingredient, String> {
```

```
  Iterable<Ingredient> findAll();

  Optional<Ingredient> findById(String id);

  Ingredient save(Ingredient ingredient);

}
```

可以看到，Repository 接口是参数化的，其中第一个参数是该存储库要持久化的对象类型，在本例中也就是 Ingredient。第二个参数是要持久化对象的 ID 字段的类型，对于 Ingredient 来说，也就是 String。

尽管 IngredientRepository 可以像展示的这样通过扩展 Repository 实现我们的功能，但是 Spring Data 也为一些常见的操作，提供了 CrudRepository 基础接口，其中就包含了我们在 IngredientRepository 中所定义的 3 个方法。所以，与其扩展 Repository，还不如扩展 CrudRepository，如程序清单 3.13 所示。

程序清单 3.13 为持久化 Ingredient 定义存储库接口

```
package tacos.data;

import org.springframework.data.repository.CrudRepository;

import tacos.Ingredient;

public interface IngredientRepository
         extends CrudRepository<Ingredient, String> {

}
```

类似地，我们的 OrderRepository 也可以扩展 CrudRepository，如程序清单 3.14 所示。

程序清单 3.14 为持久化 taco 订单定义存储库接口

```
package tacos.data;

import org.springframework.data.repository.CrudRepository;

import tacos.TacoOrder;

public interface OrderRepository
         extends CrudRepository<TacoOrder, Long> {

}
```

在这两种情况下，因为 CrudRepository 已经定义了我们需要的方法，所以没有必要在 IngredientRepository 和 OrderRepository 中显式定义它们了。

现在，我们有了两个存储库。你可能会想，我们接下来需要为这两个存储库（甚至包括 CrudRepository 中定义的十多个方法）编写实现了。但是，关于 Spring Data 的好消息是：我们根本不需要编写任何实现！当应用启动的时候，Spring Data 会在运行时自动生成一个实现。这意味着存储库已经准备就绪，我们将其注入控制器就可以了。

更重要的是，因为 Spring Data 会在运行时自动创建这些接口的实现，所以我们不需要 JdbcIngredientRepository 和 JdbcOrderRepository 这两个显式实现。我们可以干脆利落地删除这两个类。

3.2.3 为领域类添加持久化的注解

我们唯一需要做的就是为领域类添加注解，这样 Spring Data JDBC 才能知道如何持久化它们。一般来讲，这涉及为标识属性添加@Id，以让 Spring Data 知道哪个字段代表了对象的唯一标识，并且我们可能需要在类上添加@Table 注解，不过后面的这个步骤是可选的。

举例来说，TacoOrder 类可能需要添加@Table 和@Id 注解，如程序清单 3.15 所示。

程序清单 3.15 为 Taco 类准备持久化

```
package tacos;
import java.io.Serializable;
import java.util.ArrayList;
import java.util.Date;
import java.util.List;

import javax.validation.constraints.Digits;
import javax.validation.constraints.NotBlank;
import javax.validation.constraints.Pattern;

import org.hibernate.validator.constraints.CreditCardNumber;
import org.springframework.data.annotation.Id;
import org.springframework.data.relational.core.mapping.Table;

import lombok.Data;

@Data
@Table
public class TacoOrder implements Serializable {

  private static final long serialVersionUID = 1L;

  @Id
  private Long id;

 // ...

}
```

@Table 注解完全是可选的。默认情况下，对象会基于领域类的名称映射到数据库的表上。在本例中，TacoOrder 会映射至名为“Taco_Order”的表。如果这种行为对你来说没有问题，那么就可以完全删除@Table 注解，或者在使用它的时候不添加任何的参数。但是，如果想要映射至一个不同的表名，可以在@Table 上指定表名，如下所示：

```
@Table("Taco_Cloud_Order")
public class TacoOrder {
  ...
}
```

如代码所示，TacoOrder 会被映射到名为“Taco_Cloud_Order”的表上。

至于@Id 注解，它指定 id 属性作为 TacoOrder 的唯一标识。TacoOrder 中的其他属性会根据其属性名自动映射到数据库的列上。例如，deliveryName 会自动映射至名为 delivery_name 的列。但是，如果想要显式定义列名映射，可以按照如下的方式为属性添加@Column 注解：

```
@Column("customer_name")
@NotBlank(message = "Delivery name is required")
private String deliveryName;
```

在本例中，@Column 声明 deliveryName 属性会映射到名为 customer_name 的列上。

我们还需要将@Table 和@Id 用到其他的领域类上，包括 Ingredient，如程序清单 3.16 所示。

程序清单 3.16　为 Ingredient 类准备持久化

```
package tacos;

import org.springframework.data.annotation.Id;
import org.springframework.data.domain.Persistable;
import org.springframework.data.relational.core.mapping.Table;

import lombok.AccessLevel;
import lombok.AllArgsConstructor;
import lombok.Data;
import lombok.NoArgsConstructor;

@Data
@Table
@AllArgsConstructor
@NoArgsConstructor(access = AccessLevel.PRIVATE, force = true)
public class Ingredient implements Persistable<String> {

  @Id
  private String id;

  // ...

}
```

另外，还包括 Taco 类，如程序清单 3.17 所示。

程序清单 3.17　为 Taco 类准备持久化

```
package tacos;
import java.util.ArrayList;
import java.util.Date;
import java.util.List;
```

```
import javax.validation.constraints.NotNull;
import javax.validation.constraints.Size;

import org.springframework.data.annotation.Id;
import org.springframework.data.relational.core.mapping.Table;

import lombok.Data;

@Data
@Table
public class Taco {

  @Id
  private Long id;

  // ...

}
```

至于 IngredientRef，它会自动映射到名为“Ingredient_Ref”的表，这恰好满足我们应用的需要。你如果愿意，可以为其添加@Table 注解，但这并不是必需的。而且，Ingredient_Ref 表中没有唯一标识字段，因此没有必要为 IngredientRef 中的任何字段添加@Id 注解。

完成了这些小的变更，尤其是移除了 JdbcIngredientRepository 和 JdbcOrderRepository 之后，我们的持久化代码少了很多。即便如此，Spring Data 在运行时生成的存储库实现依然能够完成使用 JdbcTemplate 的存储库所做的所有功能。实际上，它们完全可以做更多的事情，因为这两个存储库接口都扩展了 CrudRepository 接口，这个接口提供了十多种操作来创建、读取、更新和删除对象。

3.2.4 使用 CommandLineRunner 预加载数据

使用 JdbcTemplate 时，我们在应用启动阶段会借助 data.sql 预加载 Ingredient 数据，这个过程会在数据源 bean 初始化的时候针对数据库来执行。同样的方式也适用于 Spring Data JDBC。实际上，它适用于任何以关系型数据库作为支撑数据库的持久化机制。但是，不妨看一下另一种在启动时填充数据库的方式，这种方式会提供更多的灵活性。

Spring Boot 提供了两个非常有用的接口，用于在应用启动的时候执行一定的逻辑，即 CommandLineRunner 和 ApplicationRunner。这两个接口非常类似，它们都是函数式接口，都需要实现一个 run()方法。当应用启动的时候，应用上下文中所有实现了 CommandLineRunner 或 ApplicationRunner 的 bean 都会执行其 run()方法，执行时机是应用上下文和所有 bean 装配完毕之后、所有其他功能执行之前。这为将数据加载到数据库中提供了便利。

因为 CommandLineRunner 和 ApplicationRunner 都是函数式接口，所以在配置类中可以很容易地将其声明为 bean，只需在一个返回 lambda 表达式的方法上使用@Bean 注解。例如，下面展现了如何创建一个数据加载的 CommandLineRunner bean：

```
@Bean
public CommandLineRunner dataLoader(IngredientRepository repo) {
  return args -> {
    repo.save(new Ingredient("FLTO", "Flour Tortilla", Type.WRAP));
    repo.save(new Ingredient("COTO", "Corn Tortilla", Type.WRAP));
    repo.save(new Ingredient("GRBF", "Ground Beef", Type.PROTEIN));
    repo.save(new Ingredient("CARN", "Carnitas", Type.PROTEIN));
    repo.save(new Ingredient("TMTO", "Diced Tomatoes", Type.VEGGIES));
    repo.save(new Ingredient("LETC", "Lettuce", Type.VEGGIES));
    repo.save(new Ingredient("CHED", "Cheddar", Type.CHEESE));
    repo.save(new Ingredient("JACK", "Monterrey Jack", Type.CHEESE));
    repo.save(new Ingredient("SLSA", "Salsa", Type.SAUCE));
    repo.save(new Ingredient("SRCR", "Sour Cream", Type.SAUCE));
  };
}
```

在这里，IngredientRepository 被注入 bean 方法，并在 lambda 表达式中被用以创建 Ingredient 对象。CommandLineRunner 的 run()方法接受一个参数，这是 String 类型的可变长度参数（vararg），其中包含了运行应用时所有的命令行参数。在将配料加载到数据库时，我们不需要这些参数，所以 args 参数可以忽略。

作为替代方案，我们还可以将数据加载的 bean 定义为 ApplicationRunner 的 lambda 表达式实现，如下所示：

```
@Bean
public ApplicationRunner dataLoader(IngredientRepository repo) {
  return args -> {
    repo.save(new Ingredient("FLTO", "Flour Tortilla", Type.WRAP));
    repo.save(new Ingredient("COTO", "Corn Tortilla", Type.WRAP));
    repo.save(new Ingredient("GRBF", "Ground Beef", Type.PROTEIN));
    repo.save(new Ingredient("CARN", "Carnitas", Type.PROTEIN));
    repo.save(new Ingredient("TMTO", "Diced Tomatoes", Type.VEGGIES));
    repo.save(new Ingredient("LETC", "Lettuce", Type.VEGGIES));
    repo.save(new Ingredient("CHED", "Cheddar", Type.CHEESE));
    repo.save(new Ingredient("JACK", "Monterrey Jack", Type.CHEESE));
    repo.save(new Ingredient("SLSA", "Salsa", Type.SAUCE));
    repo.save(new Ingredient("SRCR", "Sour Cream", Type.SAUCE));
  };
}
```

CommandLineRunner 和 ApplicationRunner 的关键区别在于传递给各自 run()方法的参数。CommandLineRunner 会接受一个 String 类型的可变长度参数，代表传递给命令行的原始参数。但是，ApplicationRunner 会接受一个 ApplicationArguments 参数，其提供了访问已解析命令行组件参数的方法。

例如，假设我们的应用接受命令行参数“--version 1.2.3”，而且我们的数据加载 bean 需要考虑这个参数。如果使用 CommandLineRunner，那么我们需要在数组中搜索“--version”，然后精确地去找数组中的下一个值。但是，如果使用 ApplicationRunner，那么我们可以查询给定的 ApplicationArguments 对象以获取“--version”参数，如下所示：

```
public ApplicationRunner dataLoader(IngredientRepository repo) {
  return args -> {
    List<String> version = args.getOptionValues("version");
    ...
  };
}
```

getOptionValues()方法会返回一个 List<String>，允许可变参数多次设置它的值。

不过，不管是使用 CommandLineRunner 还是 ApplicationRunner，我们加载数据都不需要命令行参数。所以，在数据加载 bean 中，我们可以忽略 args 参数。

使用 CommandLineRunner 或 ApplicationRunner 初始化数据加载的好处在于，它们使用存储库来创建要持久化的对象，而不是使用 SQL 脚本。这意味着这种方式对关系型数据库和非关系型数据库同样有效。在第 4 章使用 Spring Data 持久化到非关系型数据库时，这一点会发挥其优势。

但在此之前，我们先看一下用于持久化关系型数据库数据的另一个 Spring Data 项目：Spring Data JPA。

3.3 使用 Spring Data JPA 持久化数据

尽管 Spring Data JDBC 使持久化数据的工作变得很简单，但 Java Persistence API（JPA）是另一个处理关系型数据库中数据的流行方案。Spring Data JPA 提供了一种与 Spring Data JDBC 类似的 JPA 持久化方式。

要了解 Spring Data 是如何运行的，我们需要重新开始，将本章前文基于 JDBC 的存储库替换为使用 Spring Data JPA 的存储库。首先，我们需要将 Spring Data JPA 添加到项目的构建文件中。

3.3.1 添加 Spring Data JPA 到项目中

Spring Boot 应用可以通过 JPA starter 来添加 Spring Data JPA。这个 starter 依赖不仅会引入 Spring Data JPA，还会传递性地将 Hibernate 作为 JPA 实现引入：

```
<dependency>
  <groupId>org.springframework.boot</groupId>
  <artifactId>spring-boot-starter-data-jpa</artifactId>
</dependency>
```

如果想要使用不同的 JPA 实现，那么至少需要将 Hibernate 依赖排除出去，并将所选择的 JPA 库包含进来。举例来说，如果想要使用 EclipseLink 来替代 Hibernate，需要像这样修改构建文件：

```
<dependency>
  <groupId>org.springframework.boot</groupId>
  <artifactId>spring-boot-starter-data-jpa</artifactId>
  <exclusions>
    <exclusion>
        <groupId>org.hibernate</groupId>
        <artifactId>hibernate-core</artifactId>
    </exclusion>
  </exclusions>
</dependency>
<dependency>
  <groupId>org.eclipse.persistence</groupId>
  <artifactId>org.eclipse.persistence.jpa</artifactId>
  <version>2.7.6</version>
</dependency>
```

需要注意，根据所选择的 JPA 实现，这里可能还需要其他的变更。请参阅你所选择的 JPA 实现的文档以了解更多细节。现在，我们重新看一下领域对象，并为它们添加注解使其支持 JPA 持久化。

3.3.2 将领域对象标注为实体

在介绍 Spring Data JDBC 时，我们已经看到，Spring Data 做了很多非常棒的事情来帮助我们创建存储库。但是，在使用 JPA 映射注解标注领域对象方面，它却没有提供太多的帮助。我们需要打开 Ingredient、Taco 和 TacoOrder 类，并为其添加一些注解。首先我们看一下 Ingredient 类，如程序清单 3.18 所示。

程序清单 3.18 为 Ingredient 添加注解使其支持 JPA 持久化

```
package tacos;

import javax.persistence.Entity;
import javax.persistence.Id;

import lombok.AccessLevel;
import lombok.AllArgsConstructor;
import lombok.Data;
import lombok.NoArgsConstructor;

@Data
@Entity
@AllArgsConstructor
@NoArgsConstructor(access = AccessLevel.PRIVATE, force = true)
public class Ingredient {

  @Id
  private String id;
  private String name;
  private Type type;
```

```
  public enum Type {
    WRAP, PROTEIN, VEGGIES, CHEESE, SAUCE
  }

}
```

为了将 Ingredient 声明为 JPA 实体，它必须添加@Entity 注解。它的 id 属性需要使用@Id 注解，以便于将其指定为数据库中唯一标识该实体的属性。注意，这个@Id 注解来自 javax.persistence 包，不是 Spring Data 在 org.springframework.data.annotation 包中所提供的@Id 注解。

除此之外，我们不再需要@Table 注解，也不需要实现 Persistable。尽管我们依然可以使用@Table 注解，但是在与 JPA 协作的时候，这并不是必需的，它的默认值为类的名称（在本例中，也就是“Ingredient”）。至于 Persistable 接口，只有在 Spring Data JDBC 中才需要，它用来确定要创建一个新的实体，还是要更新现有的实体，而 JPA 会自动帮助我们处理这一切。

除了 JPA 特定的注解，你可能还会发现，程序 3.18 在类级别添加了@NoArgsConstructor 注解。JPA 需要实体带有无参的构造器，Lombok 的@NoArgsConstructor 注解能够帮助我们实现这一点。但是，我们不想直接使用它，因此将 access 属性设置为 AccessLevel.PRIVATE，从而使其变成 private。因为我们必须要设置 final 属性，所以将 force 设置为 true，这样一来，Lombok 生成的构造器会将属性设置为默认值，即 null、0 或者 false，具体取决于属性的类型。

我们还添加了一个@AllArgsConstructor 注解，以便创建一个所有属性都完成初始化的 Ingredient 对象。

接下来，我们看一下 Taco 类，看看它是如何标注为 JPA 实体的，如程序清单 3.19 所示。

程序清单 3.19 将 Taco 标注为实体

```
package tacos;
import java.util.ArrayList;
import java.util.Date;
import java.util.List;

import javax.persistence.Entity;
import javax.persistence.GeneratedValue;
import javax.persistence.GenerationType;
import javax.persistence.Id;
import javax.persistence.ManyToMany;
import javax.validation.constraints.NotNull;
import javax.validation.constraints.Size;

import lombok.Data;

@Data
```

```
@Entity
public class Taco {

  @Id
  @GeneratedValue(strategy = GenerationType.AUTO)
  private Long id;

  @NotNull
  @Size(min = 5, message = "Name must be at least 5 characters long")
  private String name;

  private Date createdAt = new Date();

  @Size(min = 1, message = "You must choose at least 1 ingredient")
  @ManyToMany()
  private List<Ingredient> ingredients = new ArrayList<>();

  public void addIngredient(Ingredient ingredient) {
    this.ingredients.add(ingredient);
  }
}
```

与 Ingredient 类似，我们为 Taco 类添加了@Entity 注解，并为其 id 属性添加了@Id 注解。我们要依赖数据库自动生成 ID 值，所以在这里还为 id 属性设置了@GeneratedValue，将它的 strategy 设置为 AUTO。

为了声明 Taco 与其关联的 Ingredient 列表之间的关系，我们为 ingredients 添加了@ManyToMany 注解。每个 Taco 可以有多个 Ingredient，而每个 Ingredient 可以是多个 Taco 的组成部分。

最后，我们要将 TacoOrder 对象标注为实体。程序清单 3.20 展示了新的 TacoOrder 类。

程序清单 3.20 将 TacoOrder 标注为 JPA 实体

```
package tacos;
import java.io.Serializable;
import java.util.ArrayList;
import java.util.Date;
import java.util.List;

import javax.persistence.CascadeType;
import javax.persistence.Entity;
import javax.persistence.GeneratedValue;
import javax.persistence.GenerationType;
import javax.persistence.Id;
import javax.persistence.OneToMany;
import javax.validation.constraints.Digits;
import javax.validation.constraints.NotBlank;
import javax.validation.constraints.Pattern;

import org.hibernate.validator.constraints.CreditCardNumber;
```

```
import lombok.Data;

@Data
@Entity
public class TacoOrder implements Serializable {

  private static final long serialVersionUID = 1L;

  @Id
  @GeneratedValue(strategy = GenerationType.AUTO)
  private Long id;

  private Date placedAt = new Date();

  ...

  @OneToMany(cascade = CascadeType.ALL)
  private List<Taco> tacos = new ArrayList<>();

  public void addTaco(Taco taco) {
    this.tacos.add(taco);
  }

}
```

可以看到，TacoOrder 所需的变更与 Taco 几乎如出一辙。但是，有一件事情需要特别注意，那就是我们在它与 Taco 对象列表的关系上使用了@OneToMany 注解，表明这些 taco 都属于这一个订单。除此之外，cascade 属性设置成了 CascadeType.ALL，因此在删除订单的时候，所有关联的 taco 也都会被删除。

3.3.3 声明 JPA 存储库

在创建 JdbcTemplate 版本的存储库时，我们需要显式声明希望存储库提供的方法。但是，借助 Spring Data JDBC，我们可以省略掉显式的实现类，只需扩展 CrudRepository 接口。实际上，CrudRepository 同样适用于 Spring Data JPA。例如，新的 IngredientRepository 接口如下所示：

```
package tacos.data;

import org.springframework.data.repository.CrudRepository;

import tacos.Ingredient;

public interface IngredientRepository
        extends CrudRepository<Ingredient, String> {

}
```

实际上，我们为 Spring Data JPA 创建的 IngredientRepository 接口与使用 Spring Data

JDBC 时定义的接口完全一样。CrudRepository 接口在众多的 Spring Data 项目中广泛使用，我们无须关心底层的持久化机制是什么。同样，我们可以为 Spring Data JPA 定义 OrderRepository，它与 Spring Data JDBC 中的定义完全相同，如下所示：

```
package tacos.data;

import org.springframework.data.repository.CrudRepository;

import tacos.TacoOrder;

public interface OrderRepository
         extends CrudRepository<TacoOrder, Long> {

}
```

CrudRepository 所提供的方法对于实体通用的持久化场景非常有用。但是，如果我们的需求并不局限于基本持久化，那又该怎么办呢？接下来，我们看一下如何自定义存储库来执行领域特有的查询。

3.3.4 自定义 JPA 存储库

假设除了 CrudRepository 提供的基本 CRUD 操作之外，我们还需要获取投递到指定邮编（ZIP code）的订单。实际上，只需添加如下的方法声明到 OrderRepository 中，这个问题就解决了：

```
List<TacoOrder> findByDeliveryZip(String deliveryZip);
```

生成存储库实现时，Spring Data 会检查存储库接口的所有方法，解析方法的名称，并基于被持久化的对象（如本例中的 TacoOrder）来试图推测方法的目的。在本质上，Spring Data 定义了一组小型的领域特定语言（Domain-Specific Language，DSL），在这里，持久化的细节都是通过存储库方法的签名来描述的。

Spring Data 能够知道这个方法要查找 TacoOrder，因为我们使用 TacoOrder 对 CrudRepository 进行了参数化。方法名 findByDeliveryZip()确定该方法需要根据 deliveryZip 属性匹配来查找 TacoOrder，而 deliveryZip 的值是作为参数传递到方法中来的。

findByDeliveryZip ()方法非常简单，而 Spring Data 也能处理更加有意思的方法名称。存储库的方法由一个动词、一个可选的主题（subject）、关键词 By，以及一个断言组成。在 findByDeliveryZip()这个样例中，动词是 find，断言是 DeliveryZip，主题并没有指定，暗含的主题是 TacoOrder。

我们考虑另外一个更复杂的样例。假设我们想要查找投递到指定邮编且在一定时间范围内的订单。在这种情况下，可以将如下的方法添加到 OrderRepository 中，以满足我们的要求：

```
List<TacoOrder> readOrdersByDeliveryZipAndPlacedAtBetween(
        String deliveryZip, Date startDate, Date endDate);
```

图 3.2 展现了 Spring Data 在生成存储库实现时如何解析和理解 readOrdersByDeliveryZipAndPlacedAtBetween()方法。我们可以看到，在 readOrdersByDeliveryZipAndPlacedAt Between()中，动词是 read。Spring Data 会将 get、read 和 find 视为同义词，它们都是用来获取一个或多个实体的。另外，我们还可以使用 count 作为动词，它会返回一个 int 值，代表了匹配实体的数量。

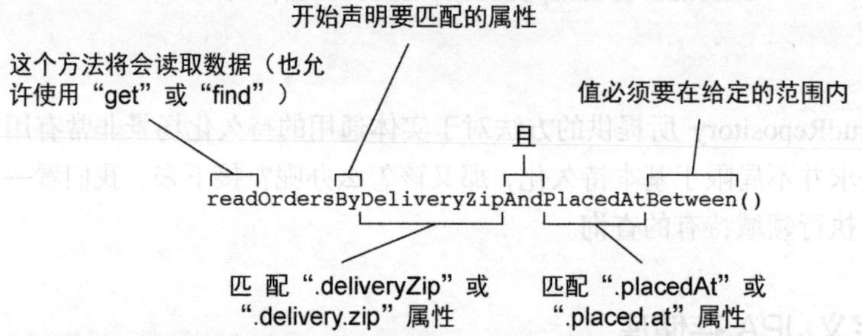

图 3.2 Spring Data 解析存储库方法签名来确定要执行的查询

尽管方法的主题是可选的，但是这里要查找的就是 TacoOrder。Spring Data 会忽略主题中大部分的单词，所以你可以将方法命名为“readPuppiesBy...”，而它依然会去查找 TacoOrder 实体，因为 CrudRepository 是使用 TacoOrder 类进行参数化的。

单词 By 后面的断言是方法签名中最为有意思的一部分。在本例中，断言指定了 TacoOrder 的两个属性：deliveryZip 和 placedAt。deliveryZip 属性的值必须要等于方法第一个参数传入的值。关键字 Between 表明 placedAt 属性的值必须要位于方法最后两个参数的值之间。

除了 Equals 和 Between 操作之外，Spring Data 方法签名还能包括如下的操作符：

- IsAfter、After、IsGreaterThan、GreaterThan；
- IsGreaterThanEqual、GreaterThanEqual；
- IsBefore、Before、 IsLessThan、LessThan；
- IsLessThanEqual、LessThanEqual；
- IsBetween、Between ；
- IsNull、Null；
- IsNotNull、NotNull；
- IsIn、In；
- IsNotIn、NotIn；

- IsStartingWith、StartingWith、StartsWith；
- IsEndingWith、EndingWith、EndsWith；
- IsContaining、Containing、Contains；
- IsLike、Like；
- IsNotLike、NotLike；
- IsTrue、True；
- IsFalse、False；
- Is、Equals；
- IsNot、Not；
- IgnoringCase、IgnoresCase。

作为 IgnoringCase 或 IgnoresCase 的替代方案，我们还可以在方法上添加 AllIgnoringCase 或 AllIgnoresCase，这样它就会忽略所有 String 对比的大小写。举例来说，请看如下的方法：

```
List<TacoOrder> findByDeliveryToAndDeliveryCityAllIgnoresCase(
        String deliveryTo, String deliveryCity);
```

最后，我们还可以在方法名称的结尾处添加 OrderBy，使结果集根据某个列排序。例如，我们可以按照 deliveryTo 属性排序：

```
List<TacoOrder> findByDeliveryCityOrderByDeliveryTo(String city);
```

尽管方法名称约定对于相对简单的查询来讲非常有用，但是不难想象，对于更为复杂的查询，方法名可能会面临失控的风险。在这种情况下，可以将方法定义为任何想要的名称，然后为方法添加@Query 注解，从而明确指明方法调用时要执行的查询，如下所示：

```
@Query("Order o where o.deliveryCity = 'Seattle'")
List<TacoOrder> readOrdersDeliveredInSeattle();
```

在本例中，通过使用@Query，我们声明只查询所有投递到 Seattle 的订单。但是，我们可以使用@Query 执行任何想要的查询，即使有些查询通过方法命名约定很难实现，甚至根本无法实现。

自定义查询方法也可以用于 Spring Data JDBC，但是有如下重要差异。

- 所有的自定义方法都需要使用@Query。这是因为，与 JPA 不同，我们没有映射元数据帮助 Spring Data JDBC 根据方法名自动推断查询。
- 在@Query 中声明的必须全部是 SQL 查询，不允许使用 JPA 查询。

在第 4 章，我们会将 Spring Data 的使用扩展至非关系型数据库。到时我们会看到，自定义查询方法以非常相似的方式运行，只不过@Query 中使用的查询语言是特定地对应底层数据库的。

小结

- Spring 的 JdbcTemplate 能够极大地简化 JDBC 的使用。
- 在我们需要知道数据库所生成的 ID 时，可以组合使用 PreparedStatement Creator 和 KeyHolder。
- Spring Data JDBC 和 Spring Data JPA 能够极大地简化关系型数据的使用，我们只需编写存储库接口。

第 4 章　使用非关系型数据

本章内容：

- 持久化数据到 Cassandra；
- Cassandra 中的数据建模；
- 操作 MongoDB 中的文档数据。

人们经常说，多样性是生活的调味品。

你可能会有最喜欢的冰淇淋口味。你更常选择的口味更能满足你对奶油的渴望。但是，对大多数人来讲，尽管有钟爱的口味，但也会时不时地尝试其他类型的冰淇淋，以满足生活的多样化。

数据库就像冰淇淋。几十年来，在存储数据上，关系型数据库一直是首选的“口味”。但是，最近我们有了更多的可选方案。所谓的“NoSQL”数据库提供了数据存储的不同概念和结构。尽管我们的选择更多情况下依然基于个人喜好，但有些数据库会比其他的方案更适合持久化不同类型的数据。

好消息是，Spring Data 为很多 NoSQL 数据库提供了支持，包括 MongoDB、Cassandra、Couchbase、Neo4j、Redis 等。而不管选择哪种数据库，其编程模型几乎都是相同的。

本书没有足够的篇幅涵盖 Spring Data 支持的所有数据库。但是，为了体验 Spring Data 的其他“口味”，我们会看两个流行的 NoSQL 数据库：Cassandra 和 MongoDB，我们会看一下如何创建存储库将数据持久化这些 NoSQL 数据库中。我们首先了解一下如何使用 Spring Data 创建 Cassandra 的存储库。

4.1 使用 Cassandra 存储库

Cassandra 是一个分布式、高性能、始终可用、最终一致、列分区存储的 NoSQL 数据库。

在对这个数据库的表述中，有一大堆的形容词，每个形容词都精确说明了 Cassandra 的优势。简单来讲，Cassandra 处理的是要写入表中的数据行，这些数据会被分区到一对多的分布式节点上。没有任何一个节点会持有所有的数据，任何给定的数据行都会跨多个节点保存副本，从而消除了单点故障。

Spring Data Cassandra 为 Cassandra 数据库提供了自动化存储库的支持，这与 Spring Data JPA 对关系型数据库的支持非常类似，但是也有很大的差异。除此之外，Spring Data Cassandra 还提供了用于将应用的领域模型映射为后端数据库结构的注解。

在我们进一步探索 Cassandra 之前，很重要的一点是需要理解 Cassandra 尽管与关系型数据库（如 Oracle 和 SQL Server）有很多类似的概念，但它并不是一个关系型数据库，更像一头在许多方面有着不同表现的怪兽。我会阐述 Cassandra 的差异性，因为这与 Spring Data 的运行方式有关。但是，我建议你去阅读 Cassandra 的官方文档，以完整了解它的特点。

首先，我们需要在 Taco Cloud 项目中启用 Spring Data Cassandra。

4.1.1 启用 Spring Data Cassandra

要开始使用 Spring Data Cassandra，我们需要将非反应式 Spring Data Cassandra 的 Spring Boot starter 依赖添加进来。我们实际上有两个独立的 Spring Data Cassandra starter 依赖可供选择，其中一个用于反应式的数据持久化，另一个用于标准的、非反应式的持久化。

我们会在第 15 章进一步讨论编写反应式存储库的问题。不过，现在我们要在构建文件中使用非反应式的 starter 依赖，如下所示：

```
<dependency>
  <groupId>org.springframework.boot</groupId>
  <artifactId>spring-boot-starter-data-cassandra</artifactId>
</dependency>
```

这个依赖也可以在 Initializr 中通过选择 Cassandra 复选框来添加。

我们需要知道，这个依赖要代替我们在第 3 章使用的 Spring Data JPA starter 或 Spring Data JDBC 依赖。我们不再使用 JPA 或 JDBC 将 Taco Cloud 数据持久化到关系型数据库中，而是使用 Spring Data 将数据持久化到 Cassandra 中。因此，需要在构建文件中移除 Spring Data JPA 或 Spring Data JDBC starter 依赖，以及所有关系型数据库相关的依赖（如 JDBC 驱动或 H2 依赖）。

Spring Data Cassandra starter 依赖会将一组依赖引入项目，具体来讲，也就是 Spring Data Cassandra。将 Spring Data Cassandra 添加到运行时类路径后，创建 Cassandra 存储库的自动配置功能就会被触发了。这意味着我们能够以最少的显式配置开始编写 Cassandra 存储库。

Cassandra 会以节点集群的形式运行，这些节点共同组成了一个完整的数据库系统。如果没有可用的 Cassandra 集群，可以使用 Docker 启动一个用于开发的单节点集群，如下所示：

```
$ docker network create cassandra-net
$ docker run --name my-cassandra \
             --network cassandra-net \
             -p 9042:9042 \
             -d cassandra:latest
```

这会启动一个单节点的集群，并在主机上暴露节点的端口（9042），这样一来，应用就可以访问它了。

不过，我们还需要提供少量的配置。至少，我们需要配置键空间（keyspace）的名称，以使存储库在这个键空间中进行各种操作。为了实现这一点，我们需要首先创建一个键空间。

注意：在 Cassandra 中，键空间指的是 Cassandra 节点中表的一个分组，大致类似于关系型数据库中表、视图和约束关系的分组。

尽管我们可以配置 Spring Data Cassandra 自动创建键空间，但通常手动创建会更容易一些（或使用已有的键空间）。借助 Cassandra 的 CQL（Cassandra Query Language）shell，可以为 Taco Cloud 应用创建一个键空间。使用如下的 Docker 命令启动 CQL shell：

```
$ docker run -it --network cassandra-net --rm cassandra cqlsh my-cassandra
```

注意：如果这个命令启动 CQL shell 失败并且提示“Unable to connect to any servers”，请等待一两分钟，然后再次进行尝试。在 CQL shell 能够连接之前，我们需要确保 Cassandra 集群已经完全启动。

当 shell 准备就绪之后，使用如下所示的 create keyspace 命令：

```
cqlsh> create keyspace tacocloud
   ... with replication = {'class':'SimpleStrategy', 'replication_factor':1}
   ... and durable_writes = true;
```

简言之，这个命令会创建一个名为 tacocloud 的键空间，并且配置其为简单副本和持久性写入。通过将副本因子设置为 1，可以让 Cassandra 为每行数据保留一个副本。副本策略会确定副本处理的方式。对于单个数据中心来说，SimpleStrategy 副本策略可以满足需求，但是如果 Cassandra 集群跨多个数据中心，那就应该考虑使用 NetworkTopologyStrategy 策略。关于副本策略如何运行以及创建键空间的其他方式，我推荐你参阅 Cassandra 文档以了解更多细节。

现在，我们已经创建了一个键空间，接下来需要配置 spring.data.cassandra.keyspace-name 属性来告诉 Spring Data Cassandra 使用这个键空间，如下所示：

```
spring:
  data:
    cassandra:
      keyspace-name: taco_cloud
      schema-action: recreate
      local-datacenter: datacenter1
```

在这里，我们将 spring.data.cassandra.schema-action 设置为 recreate。这个设置对于开发很有用，因为它能确保每当应用启动的时候，所有的表以及用户定义的类型都会废弃并重建。它的默认值是 none，意味着当应用启动的时候，不会对数据库模式采取任何措施，这对于生产环境很有用，因为此时我们不想在应用启动的废弃所有的表。

最后，spring.data.cassandra.local-datacenter 属性会确定本地数据中心的名称，用来设置 Cassandra 的负载均衡策略。在单节点的环境中，要使用的值是“datacenter1”。关于 Cassandra 负载均衡策略以及如何设置本地数据中心的更多信息，请参阅 DataStax Cassandra 驱动的参考文档。

默认情况下，Spring Data Cassandra 会假设 Cassandra 在本地运行并监听 9042 端口。如果情况并非如此，比如需要在生产环境下配置，那么你可能需要按照如下的方式设置 spring.data.cassandra.contact-points 和 spring.data.cassandra.port 属性：

```
spring:
  data:
    cassandra:
      keyspace-name: tacocloud
      local-datacenter: datacenter1
      contact-points:
      - casshost-1.tacocloud.com
      - casshost-2.tacocloud.com
      - casshost-3.tacocloud.com
      port: 9043
```

注意，spring.data.cassandra.contact-points 属性是用来设置 Cassandra 主机名的地方。其中，“contact-points”（联系点）包含 Cassandra 节点运行的主机。默认情况下，它被设置为 localhost，但是我们可以将它设置成一个主机名的列表。它会尝试每个联系点，直到找到一个能连接上的。这样能够确保在 Cassandra 集群中不会出现单点故障，应用能够根据给定的某个联系点建立与集群的连接。

我们可能还需要为 Cassandra 集群指定用户名和密码。这可以通过设置 spring.data.cassandra.username 和 spring.data.cassandra.password 属性来实现，如下所示：

```
spring:
  data:
    cassandra:
      ...
      username: tacocloud
      password: s3cr3tP455w0rd
```

在使用本地运行的 Cassandra 数据库时，这就是我们需要设置的所有属性。但是，除了这两个属性之外，你可能还想要设置其他的属性，这取决于配置 Cassandra 集群的方式。

现在，Spring Data Cassandra 已经在我们的项目中启用并完成了配置，接下来就可以将领域类型映射为 Cassandra 的表并编写存储库了。但我们先回过头来看一下 Cassandra 数据模型的几个基本要点。

4.1.2 理解 Cassandra 数据模型

正如前文所述，Cassandra 与关系型数据库有很大的差异。在将领域对象映射到 Cassandra 表之前，理解 Cassandra 数据模型与关系型数据库中的持久化数据模型之间的一些差异是很重要的。

关于 Cassandra 数据模型，有一些重要的地方需要我们理解。

- Cassandra 表可以有任意数量的列，但是并非所有的行都需要使用这些列。
- Cassandra 数据库会被分割到多个分区中。特定表的任意行都可能会由一个或多个分区进行管理，但是不太可能所有的分区包含所有的行。
- Cassandra 表有两种类型的键——分区键（partition key）和集群键（clustering key）。Cassandra 会对每行数据的分区键进行哈希操作以确定该行由哪些分区来进行管理。集群键用来确定数据行在分区中的顺序（不一定是它们在查询结果中的顺序）。请参考 Cassandra 文档，以了解 Cassandra 数据模型的更多知识，包括分区、集群和它们对应的键。
- Cassandra 对读操作进行了高度的优化。因此，非常常见和推荐的方式是让表保持高度非规范化（denormalized），并且在多个表中重复存储数据。（例如，客户信息可能会保存在专门的客户表中，同时也会重复存储在订单的表中，来记录该客户所创建的订单。）

可以说，调整 Taco Cloud 领域类型以使用 Cassandra 并不是简单地将 JPA 注解替换为 Cassandra 注解那么简单。我们需要重新思考数据的模型。

4.1.3 为 Cassandra 持久化映射领域类型

在第 3 章中，我们为领域模型（Taco、Ingredient、TacoOrder 等）标记了 JPA 规范所提供的注解。这些注解会将领域模型以要持久化的实体的形式映射到关系型的数据库上。尽管这些注解不适用于 Cassandra 的持久化，但是 Spring Data Cassandra 提供了自己的一组映射注解以达成与之相似的目的。

我们先从 Ingredient 类开始，因为对它进行 Cassandra 映射是最简单的。实现了 Cassandra 映射的新版 Ingredient 类如下所示：

```
package tacos;

import org.springframework.data.cassandra.core.mapping.PrimaryKey;
import org.springframework.data.cassandra.core.mapping.Table;

import lombok.AccessLevel;
import lombok.AllArgsConstructor;
import lombok.Data;
import lombok.NoArgsConstructor;
import lombok.RequiredArgsConstructor;

@Data
@AllArgsConstructor
@NoArgsConstructor(access = AccessLevel.PRIVATE, force = true)
@Table("ingredients")
public class Ingredient {

  @PrimaryKey
  private String id;
  private String name;
  private Type type;

  public enum Type {
    WRAP, PROTEIN, VEGGIES, CHEESE, SAUCE
  }

}
```

Ingredient 类似乎与我刚刚说的内容矛盾了，因为它就是简单地替换了几个注解。在这里，我们不再使用 JPA 持久化的@Entity 注解，而是为这个类添加了@Table 注解，表明配料数据要持久化到名为 ingredients 的表中。另外，我们也不再使用@Id 注解来标记 id 属性，而是使用@PrimaryKey 注解。到目前为止，我们似乎只是替换了一些注解而已。

但是，不要被 Ingredient 类的映射蒙骗了。Ingredient 类是最简单的领域类型之一。在为 Taco 类添加映射以支持 Cassandra 持久化的时候，事情就变得有意思了，如程序清单 4.1 所示。

程序清单 4.1 为 Taco 类添加注解以支持 Cassandra 持久化

```
package tacos;
import java.util.ArrayList;
import java.util.Date;
import java.util.List;
```

```
import java.util.UUID;

import javax.validation.constraints.NotNull;
import javax.validation.constraints.Size;

import org.springframework.data.cassandra.core.cql.Ordering;
import org.springframework.data.cassandra.core.cql.PrimaryKeyType;
import org.springframework.data.cassandra.core.mapping.Column;
import org.springframework.data.cassandra.core.mapping.PrimaryKeyColumn;
import org.springframework.data.cassandra.core.mapping.Table;

import com.datastax.oss.driver.api.core.uuid.Uuids;

import lombok.Data;

@Data
@Table("tacos")       <-- 持久化到“tacos”表中
public class Taco {

  @PrimaryKeyColumn(type = PrimaryKeyType.PARTITIONED)      <-- 定义分区键
  private UUID id = Uuids.timeBased();

  @NotNull
  @Size(min = 5, message = "Name must be at least 5 characters long")
  private String name;

  @PrimaryKeyColumn(type = PrimaryKeyType.CLUSTERED,      <-- 定义集群键
                    ordering = Ordering.DESCENDING)
  private Date createdAt = new Date();

  @Size(min = 1, message = "You must choose at least 1 ingredient")
  @Column("ingredients")                                        <-- 将列表映射到
  private List<IngredientUDT> ingredients = new ArrayList<>();      “ingredients”列

  public void addIngredient(Ingredient ingredient) {
    this.ingredients.add(TacoUDRUtils.toIngredientUDT(ingredient));
  }
}
```

我们可以看到，映射 Taco 类要麻烦一些。与 Ingredient 类似，@Table 注解用来表明 taco 应该被写入到名为 tacos 的表中。只不过，这是唯一与 Ingredient 类相似的地方了。

其中，id 属性依然是主键，但它只是两个主键列中的一个。具体来讲，id 属性使用了@PrimaryKeyColumn 注解，并且 type 为 PrimaryKeyType.PARTITIONED。这意味着 id 属性会作为分区键，用来确定每行 taco 数据分别要写入哪个分区。

你可能也注意到了，现在 id 属性是 UUID 类型，而不再是 Long。尽管这不是必需的，但是保存自动生成的 ID 值的属性通常是 UUID 类型。另外，对于新的 Taco 对象，UUID 会使用一个基于时间的 UUID 值进行初始化（但是，从数据库中读取已有的 Taco 对象时，它可能会被重写）。

继续往下看，createdAt 属性被映射为另外一个主键列。但是，在这里@PrimaryKeyColumn

的 type 属性被设置为 PrimaryKeyType.CLUSTERED，从而将 createdAt 属性设置成了集群键。如前文所述，集群键用来确定一个分区内数据行的顺序。具体来讲，数据行被设置为降序排列，因此，在一个给定的分区内，新的数据行将会在 tacos 表中优先出现。

最后，ingredients 属性现在是一个 IngredientUDT 对象的 List，而不再是 Ingredient 对象的 List。你可能还记得，Cassandra 的表是高度非规范化的，可能会包含与其他表重复的数据。尽管 ingredient 表会作为存储所有可用配料记录的表，但是某个 taco 选择的配料会重复存储在 ingredients 列中。我们不会简单地引用 ingredients 表中的一行或多行数据，而是在 ingredients 属性中包含每个选中配料的完整数据。

但是，为什么又要引入一个新的 IngredientUDT 类？为什么不重复使用 Ingredient 类？简单来讲，包含数据集合的列（比如这里的 ingredients 列），必须是原始类型（整数、字符串等）或用户自定义类型（user-defined type）的集合。

在 Cassandra 中，用户自定义类型能够让我们声明比简单原始类型更丰富的列。通常情况下，它们用来以非规范化的方式实现类似于关系型数据库中外键的功能。但是，外键只会持有对另外一个表中某行数据的引用，与之不同的是，使用用户自定义类型的列实际上会带有从另外一个表中某行复制的数据。在 tacos 表的 ingredients 列中，它包含了一个数据结构的集合，该结构就是配料本身的定义。

我们不能使用 Ingredient 作为用户自定义类型，因为@Table 注解已经将其以实体的形式映射到了 Cassandra 的持久化中。因此，必须创建一个新的类来定义配料该如何存储到 taco 表的 ingredients 列中。IngredientUDT 类（其中，UDT 代表了用户自定义类型）就是完成这项工作的，如下所示：

```
package tacos;

import org.springframework.data.cassandra.core.mapping.UserDefinedType;

import lombok.AccessLevel;
import lombok.Data;
import lombok.NoArgsConstructor;
import lombok.RequiredArgsConstructor;

@Data
@RequiredArgsConstructor
@NoArgsConstructor(access = AccessLevel.PRIVATE, force = true)
@UserDefinedType("ingredient")
public class IngredientUDT {

  private final String name;

  private final Ingredient.Type type;

}
```

尽管IngredientUDT和Ingredient看上去非常相似,但是前者的映射需求要简单得多。IngredientUDT使用了@UserDefinedType注解表明这是Cassandra中的一个用户自定义的类型。除此之外，它就是带有几个属性的简单类。

你可能还注意到了 IngredientUDT 类没有 id 属性，虽然它也可以包含源 Ingredient 的 id 属性的拷贝，但我们没有必要这样做。实际上，用户自定义类型可以包含任意我们想要的属性，并不需要与任意的表定义一一对应。

直观了解用户自定义类型中的数据如何与持久化到表中的数据建立关联是一件很困难的事情。图 4.1 展示了整个 Taco Cloud 数据库的数据模型，包括用户自定义的类型。

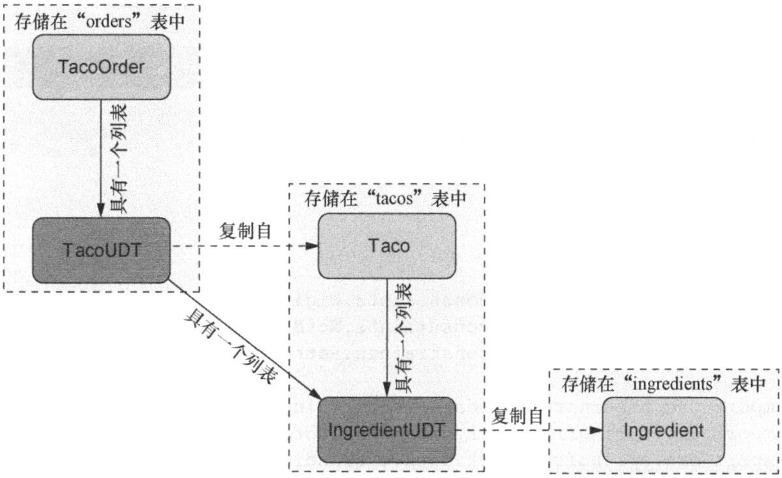

图 4.1 Cassandra 表不会使用外键和连接，而是非规范化的，借助用户自定义类型复制来自其他表的数据

具体到我们刚刚创建的用户自定义类型，请注意 Taco 有一个 IngredientUDT 对象的列表，这个列表中的数据复制自 Ingredient 对象。当 Taco 被持久化的时候，Taco 对象及 IngredientUDT 对象的列表都会被持久化到 tacos 表中。IngredientUDT 对象的列表会全部持久化到 ingredients 列中。

还有一种方式可以帮助我们理解用户自定义类型是如何使用的，那就是从数据库中查询 tacos 表中的行。我们可以使用 CQL 和 Cassandra 自带的 cqlsh 工具，查询后将会看到如下所示的结果：

```
cqlsh:tacocloud> select id, name, createdAt, ingredients from tacos;

id        | name      | createdat | ingredients
--------- + --------  + --------- + ----------------------------------------
827390... | Carnivore | 2018-04...| [{name: 'Flour Tortilla', type: 'WRAP'},
                                     {name: 'Carnitas', type: 'PROTEIN'},
                                     {name: 'Sour Cream', type: 'SAUCE'},
```

```
                                          {name: 'Salsa', type: 'SAUCE'},
                                          {name: 'Cheddar', type: 'CHEESE'}]
(1 rows)
```

我们可以看到，id、name 和 createdat 列包含的是简单的值。在这方面，它们与对关系型数据库执行类似的查询并没有太大的差异。但是，ingredients 列就有些不同了。因为它被设置成了包含用户自定义 ingredient 类型（通过 IngredientUDT 进行的定义）的一个列表，它的值显示为一个由 JSON 对象组成的 JSON 数组。

在图 4.1 中，你可能注意到了其他的用户自定义类型。我们继续将领域映射到 Cassandra 表时，肯定会创建更多的类型，包括 TacoOrder 类所使用的类型。程序清单 4.2 展示了 TacoOrder 类，且针对 Cassandra 的持久化进行了修改。

程序清单 4.2 将 TacoOrder 类映射到"orders"表

```
package tacos;
import java.io.Serializable;
import java.util.ArrayList;
import java.util.Date;
import java.util.List;
import java.util.UUID;

import javax.validation.constraints.Digits;
import javax.validation.constraints.NotBlank;
import javax.validation.constraints.Pattern;

import org.hibernate.validator.constraints.CreditCardNumber;
import org.springframework.data.cassandra.core.mapping.Column;
import org.springframework.data.cassandra.core.mapping.PrimaryKey;
import org.springframework.data.cassandra.core.mapping.Table;

import com.datastax.oss.driver.api.core.uuid.Uuids;
import lombok.Data;

@Data
@Table("orders")    <-- 映射到"orders"表
public class TacoOrder implements Serializable {

  private static final long serialVersionUID = 1L;

  @PrimaryKey
    private UUID id = Uuids.timeBased();    <-- 声明主键

    private Date placedAt = new Date();

    // delivery and credit card properties omitted for brevity's sake

    @Column("tacos")
    private List<TacoUDT> tacos = new ArrayList<>();    <-- 将列表映射到"tacos"列

    public void addTaco(TacoUDT taco) {
```

```
    this.tacos.add(taco);
  }

}
```

程序清单 4.2 有意略掉了 TacoOrder 的许多属性，这些属性并不适合用来讨论 Cassandra 的数据模型。剩下的一些属性和映射关系使用类似于定义 Taco 的方式定义。@Table 用来将 TacoOrder 映射到 orders 表，这与我们在前面使用@Table 的方式类似。在本例中，我们不关心排序，所以 id 属性只是简单地添加了@PrimaryKey 注解，这会将其指定为分区键以及默认排序的集群键。

在这里，比较有意思的是 tacos 属性，它是 List<TacoUDT>，而不是 Taco 对象的列表。TacoOrder 和 Taco/TacoUDT 的关系类似于 Taco 和 Ingredient/IngredientUDT 的关系。也就是说，我们不会通过外键的形式在单独的表中连接多行的数据，而是让 orders 表包含所有相关的 taco 数据。这样对表进行优化后，能够实现快速读取。

TacoUDT 类与 IngredientUDT 类非常相似，只不过前者包含了一个集合以引用另外一个用户自定义类型，如下所示。

```
package tacos;

import java.util.List;
import org.springframework.data.cassandra.core.mapping.UserDefinedType;
import lombok.Data;

@Data
@UserDefinedType("taco")
public class TacoUDT {

  private final String name;
  private final List<IngredientUDT> ingredients;

}
```

尽管复用在第 3 章中我们创建的领域类看上去会更好一些，或者最多把 JPA 的注解换成 Cassandra 的注解，但是 Cassandra 持久化的特质决定了它需要我们重新思考如何对数据进行建模。现在我们已经映射了领域模型，接下来就可以编写存储库了。

4.1.4 编写 Cassandra 存储库

正如我们在第 3 章所看到的，使用 Spring Data 编写存储库非常简单，只需声明一个接口，让它扩展 Spring Data 的基础存储库接口。我们也可以为自定义查询有选择性地声明额外的查询方法。实际上，编写 Cassandra 存储库并没有太大的差异。

其实，我们几乎不用修改已经编写好的存储库，就可以使其适用于 Cassandra 的持久化，例如第 3 章所创建的 IngredientRepository：

```
package tacos.data;

import org.springframework.data.repository.CrudRepository;

import tacos.Ingredient;

public interface IngredientRepository
         extends CrudRepository<Ingredient, String> {
}
```

通过扩展 CrudRepository 接口，IngredientRepository 就能够持久化 ID 属性（在 Cassandra 中称为主键属性）为 String 的 Ingredient 对象。这已经非常完美了！IngredientRepository 不需要任何的变更。

OrderRepository 所需的变更稍微多一点。在扩展 CrudRepository 的时候，要声明的 ID 参数类型不是 Long 类型了，而是要修改为 UUID：

```
package tacos.data;

import java.util.UUID;

import org.springframework.data.repository.CrudRepository;

import tacos.TacoOrder;

public interface OrderRepository
         extends CrudRepository<TacoOrder, UUID> {

}
```

Cassandra 还有很多强大的功能，当它与 Spring Data 协作时，可以在 Spring 应用中发挥出它的能量。现在，让我们把注意力转移到 Spring Data 存储库支持的另一个数据库——MongoDB 上。

4.2 编写 MongoDB 存储库

MongoDB 是另一个著名的 NoSQL 数据库。Cassandra 是一个列存储的数据库，而 MongoDB 则被视为文档数据库。更具体地讲，MongoDB 会将文档存储为 BSON（即二进制 JSON）格式，它的查询和检索方式与在其他的数据库中查询数据的方式类似。

与 Cassandra 一样，理解 MongoDB 并非关系型数据库非常重要。对于管理 MongoDB 服务器集群和对数据进行建模的方式，我们都需要采取与其他类型的数据库不同的思维。

与 Spring Data 组合使用时，Mongo DB 的使用方式其实与使用 Spring Data 实现 JPA 和 Cassandra 的持久化并没有太大的差异。我们需要为领域类添加注解，将领域类型映射为文档结构。我们需要编写存储库接口，它们在很大程度上遵循与前文中的 JPA 和 Cassandra 一样的编程模型。但是，在我们开始之前，必须要在项目中启用 Spring Data MongoDB。

4.2.1 启用 Spring Data MongoDB

要开始使用 Spring Data MongoDB，我们需要在项目的构建文件中添加 Spring Data MongoDB starter 依赖。与 Spring Data Cassandra 类似，Spring Data MongoDB 有两个独立的 starter 可供选择，其中一个用于反应式场景，另一个用于非反应式场景。我们会在第 13 章学习其反应式方案。现在，添加如下的依赖到构建文件，就可以使用非反应式的 MongoDB starter 了：

```
<dependency>
  <groupId>org.springframework.boot</groupId>
  <artifactId>
    spring-boot-starter-data-mongodb
  </artifactId>
</dependency>
```

这个依赖也可以通过在 Spring Initializr 中选择 NoSQL 下的 MongoDB 复选框来进行添加。

添加完这个 starter 依赖之后，就会触发自动配置功能，从而启用 Spring Data 对编写自动化存储库接口的支持，这与我们在第 3 章看到的 JPA 和本章前面的 Cassandra 类似。

默认情况下，Spring Data MongoDB 会假定我们有一个在本地运行的 MongoDB 服务器并监听 27017 端口。如果已经安装了 Docker 环境，可以使用如下的命令以一种非常简单的方式将 MongoDB 服务器运行起来：

```
$ docker run -p 27017:27017 -d mongo:latest
```

但是，为了便于测试或开发，还可以选择嵌入式的 Mongo 服务器。为了实现这一点，在构建文件中添加如下所示的 Flapdoodle 嵌入式 MongoDB 依赖：

```
<dependency>
  <groupId>de.flapdoodle.embed</groupId>
  <artifactId>de.flapdoodle.embed.mongo</artifactId>
  <!-- <scope>test</scope> -->
</dependency>
```

Flapdoodle 嵌入式数据库为我们提供了使用内存 Mongo 数据库的便利，就像使用 H2 数据库处理关系型数据那样。也就是说，我们不需要运行一个单独的数据库，但是当重启应用的时候，所有的数据都会被清除掉。

嵌入式数据库对于开发和测试是非常棒的，但是将应用部署到生产环境时，需要设置一些属性，确保 Spring Data MongoDB 能够知道生产环境的 Mongo 数据库在哪里以及如何连接，这些属性如下所示：

```
spring:
  data:
  mongodb:
    host: mongodb.tacocloud.com
    port: 27017
    username: tacocloud
    password: s3cr3tp455w0rd
    database: tacoclouddb
```

这些属性并不都需要设置，但是如果 Mongo 数据库不在本地运行，这些属性能够为 Spring Data MongoDB 指明正确的方向。具体来讲，每个属性配置了如下的内容。

- spring.data.mongodb.host：运行 Mongo 的主机名（默认值为 localhost）。
- spring.data.mongodb.port：Mongo 服务器所监听的端口（默认值为 27017）。
- spring.data.mongodb.username：访问安全 Mongo 数据库所使用的用户名。
- spring.data.mongodb.password：访问安全 Mongo 数据库所使用的密码。
- spring.data.mongodb.database：数据库名（默认值为 test）。

现在，我们已经在项目中启用了 Spring Data MongoDB，接下来，需要为领域对象添加注解，使其能够以文档的形式持久化到 MongoDB 中。

4.2.2 将领域类型映射为文档

Spring Data MongoDB 提供了一些注解，能够将领域对象映射为文档结构，进而持久化到 MongoDB 中。尽管 Spring Data MongoDB 为映射提供了不少的注解，但是如下所示的 4 个是最常用的。

- @Id：指定某个属性为文档的 ID（该注解出自 Spring Data Commons）。
- @Document：将领域类型声明为要持久化到 MongoDB 的文档。
- @Field：声明在持久化存储的文档中该属性的字段名称（我们还可以选择性地配置顺序）。
- @Transient：声明该属性是否要进行持久化。

上述的注解中，只有@Id 和@Document 是严格需要的。除非我们显式声明，否则没有使用@Field 或@Transient 注解的属性会假定字段名与属性名是一致的。

将这些注解用到 Ingredient 类上，如下所示：

```
package tacos;

import org.springframework.data.annotation.Id;
import org.springframework.data.mongodb.core.mapping.Document;

import lombok.AccessLevel;
import lombok.AllArgsConstructor;
import lombok.Data;
import lombok.NoArgsConstructor;

@Data
```

```
@Document
@AllArgsConstructor
@NoArgsConstructor(access = AccessLevel.PRIVATE, force = true)
public class Ingredient {

  @Id
  private String id;
  private String name;
  private Type type;

  public enum Type {
    WRAP, PROTEIN, VEGGIES, CHEESE, SAUCE
  }
}
```

可以看到，我们在类级别使用了@Document 注解，表明 Ingredient 是一个文档实体，可以写入 Mongo 数据库，也可以从中进行读取。默认情况下，集合名（集合在 Mongo 中类似于关系型数据库中的表）是基于类名的，其中第一个字母会变成小写。我们没有特殊指定，所以 Ingredient 对象会被持久化到名为 ingredient 的集合中，但是我们可以通过设置@Document 的 collection 属性来修改这一点，如下所示：

```
@Data
@AllArgsConstructor
@NoArgsConstructor(access = AccessLevel.PRIVATE, force = true)
@Document(collection = "ingredients")
public class Ingredient {
...
}
```

还可以看到，id 属性添加了@Id，这表明该属性将会作为持久化文档的 ID。@Id 注解可以放到任意 Serializable 类型的属性上，包括 String 和 Long。在本例中，已经使用 String 类型的 id 作为自然的标识符，所以没有必要将它改成其他类型了。

到目前为止，一切顺利。但是，你可能还记得，在前文中，Ingredient 是介绍 Cassandra 时最容易映射的域类型。其他的领域类型，如 Taco，就比较有挑战性了。我们来看看如何映射 Taco 类，看看它会带给我们什么惊喜。

MongoDB 文档持久化的做法非常适合在聚合根上以领域驱动设计的方式进行持久化。MongoDB 中的文档往往被定义为聚合根，聚合成员则会作为子文档。

对 Taco Cloud 来说，这意味着 Taco 会作为 TacoOrder 聚合根的成员进行持久化，所以 Taco 类没有必要添加@Document 注解，也不需要带有@Id 注解的属性。Taco 类没有任何持久化相关的注解，如下所示：

```
package tacos;
import java.util.ArrayList;
import java.util.Date;
import java.util.List;

import javax.validation.constraints.NotNull;
```

```
import javax.validation.constraints.Size;

import lombok.Data;

@Data
public class Taco {

  @NotNull
  @Size(min = 5, message = "Name must be at least 5 characters long")
  private String name;

  private Date createdAt = new Date();

  @Size(min = 1, message = "You must choose at least 1 ingredient")
  private List<Ingredient> ingredients = new ArrayList<>();

  public void addIngredient(Ingredient ingredient) {
    this.ingredients.add(ingredient);
  }

}
```

但是，TacoOrder类要作为聚合根，需要使用@Document注解，并且要有一个带有@Id注解的属性，如下所示：

```
package tacos;
import java.io.Serializable;
import java.util.ArrayList;
import java.util.Date;
import java.util.List;

import javax.validation.constraints.Digits;
import javax.validation.constraints.NotBlank;
import javax.validation.constraints.Pattern;

import org.hibernate.validator.constraints.CreditCardNumber;
import org.springframework.data.annotation.Id;
import org.springframework.data.mongodb.core.mapping.Document;

import lombok.Data;

@Data
@Document
public class TacoOrder implements Serializable {

  private static final long serialVersionUID = 1L;

  @Id
  private String id;

  private Date placedAt = new Date();

  // other properties omitted for brevity's sake
```

```
  private List<Taco> tacos = new ArrayList<>();

  public void addTaco(Taco taco) {
    this.tacos.add(taco);
  }
}
```

为简洁起见，我省略掉了各种投递和信用卡相关的字段。从剩下的内容来看，很明显，与其他领域类型一样，我们所需要的只是@Document 和@Id 注解。

然而，需要注意，id 属性已经被改成了一个 String（而不是 JPA 版本中的 Long 或 Cassandra 版本中的 UUID）。正如之前所说，@Id 可以应用于任何 Serializable 类型。如果选择使用 String 属性作为 ID，我们会享受到 Mongo 在保存时自动为其赋值的好处（假设它的值为 null）。通过选择使用 String，我们会有一个数据库管理的 ID 分配策略，不需要关心如何手动设置该属性的值。

还有一些更高级和不太常用的场景需要额外的映射，但是我们会发现，对于大多数情况，@Document、@Id，以及偶尔用到的@Field 或@Transient，已经能够满足 MongoDB 映射的要求了。对于 Taco Cloud 的领域类型来说，它们足以完成我们的任务。

接下来，就要编写存储库接口了。

4.2.3 编写 MongoDB 存储库接口

Spring Data MongoDB 提供了自动化存储库的支持，就像 Spring Data JPA 和 Spring Data Cassandra 所提供的那样。

首先定义将 Ingredient 对象持久化为文档的存储库。像以前一样，我们需要编写扩展 CrudRepository 的 IngredientRepository 接口，如下所示：

```
package tacos.data;

import org.springframework.data.repository.CrudRepository;

import tacos.Ingredient;

public interface IngredientRepository
         extends CrudRepository<Ingredient, String> {

}
```

稍等一下！它看上去与我们在 4.1 节为 Cassandra 所编写的 IngredientRepository 接口完全一样。确实，它们是相同的接口，没有任何区别。这凸显了扩展 CrudRepository 的一个好处：在各种数据库类型之间更具可移植性，对 MongoDB 和 Cassandra 有同样的效果。

我们再转向 OrderRepository 接口，它非常简单直接：

```
package tacos.data;

import org.springframework.data.repository.CrudRepository;

import tacos.TacoOrder;

public interface OrderRepository
         extends CrudRepository<TacoOrder, String> {

}
```

与 IngredientRepository 类似，OrderRepository 扩展了 CrudRepository 接口，从而能够获得其优化的 insert()方法。除此之外，与目前定义的其他存储库相比，它并没有什么特别之处。但是，请注意，在扩展 CrudRepository 时，ID 的参数类型是 String 而不是 Long（JPA 中所使用的类型）或 UUID（Cassandra 中所使用的类型）。这反映了 TacoOrder 类中的变更，其目的是支持 ID 的自动分配。

最后，使用 Spring Data MongoDB 与我们之前使用的其他 Spring Data 项目并没有太大的差异。领域类型的注解会有所差异，但除了在扩展 CrudRepository 时所指定的 ID 参数外，存储库接口基本都是相同的。

小结

- Spring Data 支持各种 NoSQL 数据库的存储库，包括 Cassandra、MongoDB、Neo4j 和 Redis。
- 创建存储库的编程模型在不同的底层数据库之间差异不大。
- 在使用非关系型数据库时，需要了解数据库最终如何存储数据，这样才能恰当地进行数据建模。

第 5 章　保护 Spring

本章内容：

- 自动配置 Spring Security；
- 设置自定义的用户存储；
- 自定义登录页；
- 防范 CSRF 攻击；
- 知道用户是谁。

有一点不知道你是否在意过，那就是在电视剧中大多数人从不锁门？在《反斗小宝贝》（*Leave It to Beaver*）热播的时代，人们不锁门这事儿并不值得大惊小怪。但是在这个隐私和安全被看得极其重要的年代，看到电视剧中的角色允许别人大摇大摆地进入自己的寓所中，实在让人难以置信。

现在，信息可能是我们最有价值的东西，一些不怀好意的人想尽办法偷偷进入不安全的应用程序来窃取我们的数据和身份信息。作为软件开发人员，我们必须采取措施来保护应用程序中的信息。无论你是通过用户名和密码来保护电子邮件账号，还是基于交易 PIN 来保护经纪账户，安全性都是绝大多数应用系统中的一个重要切面。

5.1 启用 Spring Security

保护 Spring 应用的第一步是将 Spring Boot security starter 依赖添加到构建文件中。在项目的 pom.xml 文件中，添加如下的<dependency>条目：

```
<dependency>
    <groupId>org.springframework.boot</groupId>
    <artifactId>spring-boot-starter-security</artifactId>
</dependency>
```

如果使用Spring Tool Suite，这个过程会更加简单。右键选择pom.xml文件并在Spring弹出菜单中选择 Edit Starters。在 starter 依赖对话框中，选择 Security 分类下的 Spring Security 条目，如图 5.1 所示。

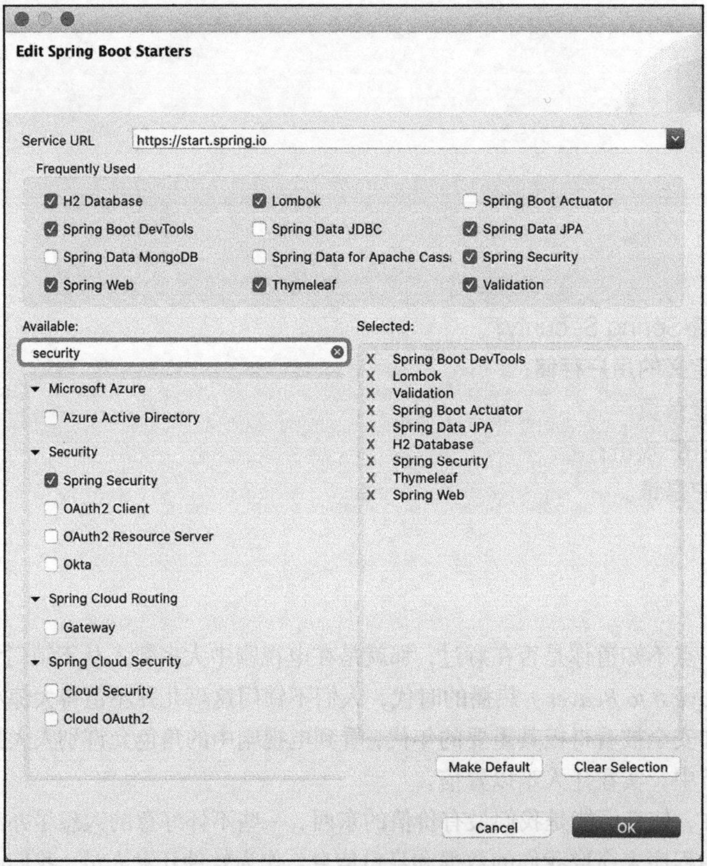

图 5.1 使用 Spring Tool Suite 添加 security starter

不管你是否相信，要保护我们的应用，只需添加这项依赖就可以了。应用启动时，自动配置功能会探测到 Spring Security 出现在了类路径中，从而初始化一些基本的安全配置。

如果你想看看这样配置的结果，可以启动应用并尝试访问主页（或者任意页面）。你将会看到一个非常简单的登录页，提示我们要进行认证，如图 5.2 所示。

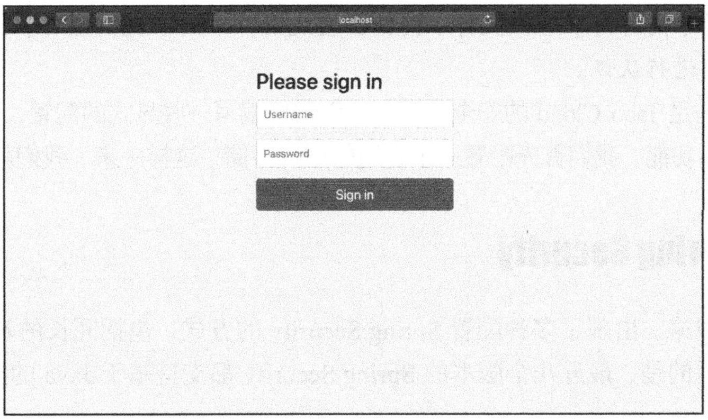

图 5.2 Spring Security 免费为我们提供了一个登录页

小技巧：使用隐身模式，在手动测试安全性的时候，将浏览器设置为私有或隐身模式是非常有用的。这能够确保每次打开私有/隐身窗口时，都会有一个新的会话。这样，我们每次都需要重新登录应用。这能够确保在安全方面做的任何变更都生效，不会有任何旧的会话残留，妨碍我们看到变更的效果。

要想通过这个认证，你需要一个用户名和密码。用户名为 user，而密码则是随机生成的，它会写入到应用的日志文件中。日志条目大致如下所示：

```
Using generated security password: 087cfc6a-027d-44bc-95d7-cbb3a798a1ea
```

输入了正确的用户名和密码后，你就有权限访问应用了。

看上去，保护 Spring 应用是一项非常简单的任务。现在，Taco Cloud 应用已经安全了，我想我们可以结束本章并进入下一个话题了。但是，在继续下一步之前，我们回顾一下自动配置提供了什么类型的安全性。

通过将 security starter 添加到项目的构建文件中，我们得到了如下的安全特性：

- 所有的 HTTP 请求路径都需要认证；
- 不需要特定的角色和权限；
- 认证过程是通过弹出一个简单的登录页实现的；
- 系统只有一个用户，用户名为 user。

这是一个很好的开端，但是我相信大多数应用（包括 Taco Cloud）的安全需求都与这些基础的安全特性截然不同。

如果想要确保 Taco Cloud 应用的安全性，我们还有很多的工作要做，至少要配置 Spring Security 实现如下功能：

- 提供应用自己的登录页，其设计要与我们的 Web 站点相符；
- 提供多个用户，并提供一个注册页面，使得 Taco Cloud 的新用户能够注册；

- 对不同的请求路径执行不同的安全规则，举例来说，主页和注册页面根本不需要进行认证。

为了满足 Taco Cloud 的安全需求，我们需要编写一些显式的配置，覆盖掉自动配置为我们提供的功能。我们首先配置一个合适的用户存储，这样一来，我们就能有多个用户了。

5.2 配置 Spring Security

多年以来，出现了多种配置 Spring Security 的方式，包括冗长的基于 XML 的配置。但是，幸运的是，最近几个版本的 Spring Security 都支持基于 Java 的配置，更加易于编写和阅读。

在本章结束之前，我们会使用基于 Java 的 Spring Security 配置满足 Taco Cloud 安全性需要的所有设置。但首先，我们需要编写程序清单 5.1 中的基础配置类。

程序清单 5.1 Spring Security 的基础配置类

```
package tacos.security;
import org.springframework.context.annotation.Bean;
import org.springframework.context.annotation.Configuration;
import org.springframework.security.crypto.bcrypt.BCryptPasswordEncoder;
import org.springframework.security.crypto.password.PasswordEncoder;

@Configuration
public class SecurityConfig {

  @Bean
  public PasswordEncoder passwordEncoder() {
    return new BCryptPasswordEncoder();
  }

}
```

这个基础的安全配置都做了些什么呢？其实并不太多。它主要完成的工作就是声明了一个 PasswordEncoder bean，我们创建新用户和登录时对用户认证都会用到它。在本例中，我们使用了 BCryptPasswordEncoder，这是 Spring Security 所提供的如下多个密码转码器之一。

- BCryptPasswordEncoder：使用 bcrypt 强哈希加密。
- NoOpPasswordEncoder：不使用任何转码。
- Pbkdf2PasswordEncoder：使用 PBKDF2 加密。
- SCryptPasswordEncoder：使用 Scrypt 哈希加密。
- StandardPasswordEncoder：使用 SHA-256 哈希加密。

不管使用哪种密码转码器，都需要明白，数据库中的密码永远不会被解码。这一点很重要。与解码过程相反，用户在登录时输入的密码将会使用相同的算法转码，并与数据库中已编码的密码进行对比。这种对比是在 PasswordEncoder 的 matches()方法中进行的。

该使用哪个密码转码器？

并不是所有的密码转码器都是等价的。说到底，你需要权衡每个密码转码器的算法与你的安全目标，然后自行选定。但是，有几个密码转码器是需要避免在生产环境中使用的。

NoOpPasswordEncoder 没有应用任何加密技术。因此，它尽管可能对测试很有用，但不适合在生产环境使用。而 StandardPasswordEncoder 被认为对密码加密不够安全，事实上已经被废弃了。

作为替换方案，我们可以考虑使用其他密码转码器，剩余的任何一个都比较安全。本书的例子使用 BCryptPasswordEncoder。

除了密码转码器，我们还会使用更多的 bean 来填充这个类，以完成应用安全相关细节的定义。我们先从定义能够处理更多用户的用户存储开始。

在为认证功能配置用户存储时，我们需要声明一个 UserDetailsService bean。UserDetailsService 接口非常简单，只包含了一个必须要实现的方法：

```
public interface UserDetailsService {

    UserDetails loadUserByUsername(String username) throws
     UsernameNotFoundException;

}
```

loadUserByUsername()方法会接受一个用户名，然后据此查找 UserDetails 对象。如果根据给定的用户名无法找到用户，它将会抛出 UsernameNotFoundException。

实际上，Spring Security 提供了多个内置的 UserDetailsService 实现，包括：

- 内存用户存储；
- JDBC 用户存储；
- LDAP 用户存储。

我们还可以创建自己的实现以满足应用特殊的安全需求。

首先，尝试一下基于内存的 UserDetailsService 实现。

5.2.1 基于内存的用户详情服务

用户信息可以存储在内存之中。假设我们只有数量有限的用户，而且这几个用户几乎不会发生变化，在这种情况下，将这些用户定义成安全配置的一部分是非常简单的。

例如，程序清单 5.2 中的 bean 方法展示了如何创建 InMemoryUserDetailsManager。它包含名为“buzz”和“woody”的两个用户。

程序清单 5.2 在内存用户详情服务 bean 中声明用户

```
@Bean
public UserDetailsService userDetailsService(PasswordEncoder encoder) {
  List<UserDetails> usersList = new ArrayList<>();
  usersList.add(new User(
      "buzz", encoder.encode("password"),
          Arrays.asList(new SimpleGrantedAuthority("ROLE_USER"))));
  usersList.add(new User(
      "woody", encoder.encode("password"),
          Arrays.asList(new SimpleGrantedAuthority("ROLE_USER"))));
  return new InMemoryUserDetailsManager(usersList);
}
```

我们可以看到，这里首先创建了一个 Spring Security User 对象的列表，其中每个用户都有用户名、密码和包含一个或多个权限的列表，然后使用这个用户列表创建了 InMemoryUser DetailsManager。

如果现在要尝试使用应用程序，那么就可以用“woody”或“buzz”作为用户名，使用“password”作为密码成功登录了。

对于测试和非常简单的应用来讲，基于内存的用户详情服务是很有用的，但是这种方式不能很方便地编辑用户。如果需要新增、移除或变更用户，我们要对代码做出必要的修改，然后重新构建和部署应用。

对于 Taco Cloud 应用来说，我们希望顾客能够在应用中注册自己的用户账号并且管理它。这明显不符合基于内存的用户详情服务的限制，所以我们看一下如何创建自己的 UserDetailsService，从而允许将用户存储在数据库中。

5.2.2 自定义用户认证

在第 3 章中，我们采用 Spring Data JPA 作为所有 taco、配料和订单数据的持久化方案。所以，采用相同的方式来持久化用户数据也是非常合理的。这样一来，数据最终应该位于关系型数据库中，我们可以使用基于 JDBC 的认证，但更好的办法是使用 Spring Data 存储库来保存用户。

要事优先。在此之前，要创建领域对象，以及用于展现和持久化用户信息的存储库接口。

定义用户领域对象和持久化

Taco Cloud 的顾客注册应用时，需要提供除用户名和密码之外的更多信息。他们会提供全名、地址和联系电话。这些信息可以用于各种目的，包括预先填充表单（更不用说会带来潜在的市场销售机会）。

为了捕获这些信息，我们要创建如程序清单 5.3 所示的 User 类。

程序清单 5.3 定义用户实体

```
package tacos;
import java.util.Arrays;
import java.util.Collection;
import javax.persistence.Entity;
import javax.persistence.GeneratedValue;
import javax.persistence.GenerationType;
import javax.persistence.Id;
import org.springframework.security.core.GrantedAuthority;
import org.springframework.security.core.authority.
                                            SimpleGrantedAuthority;
import org.springframework.security.core.userdetails.UserDetails;
import lombok.AccessLevel;
import lombok.Data;
import lombok.NoArgsConstructor;
import lombok.RequiredArgsConstructor;
@Entity
@Data
@NoArgsConstructor(access = AccessLevel.PRIVATE, force = true)
@RequiredArgsConstructor
public class User implements UserDetails {

  private static final long serialVersionUID = 1L;

  @Id
  @GeneratedValue(strategy = GenerationType.AUTO)
  private Long id;

  private final String username;
  private final String password;
  private final String fullname;
  private final String street;
  private final String city;
  private final String state;
  private final String zip;
  private final String phoneNumber;

  @Override
  public Collection<? extends GrantedAuthority> getAuthorities() {
    return Arrays.asList(new SimpleGrantedAuthority("ROLE_USER"));
  }

  @Override
  public boolean isAccountNonExpired() {
    return true;
  }

  @Override
  public boolean isAccountNonLocked() {
    return true;
  }

  @Override
```

```
  public boolean isCredentialsNonExpired() {
    return true;
  }

  @Override
  public boolean isEnabled() {
    return true;
  }

}
```

你可能也发现了，这个 User 类与前文创建内存用户详情服务时所使用的 User 类并不相同，包含了用户的更多详情信息。我们会用它们填充 taco 订单，包括用户的地址和联系电话。

这个User类要比第3章所定义的实体更复杂，除了定义了一些属性，还实现了 Spring Security 的 UserDetails 接口。

通过实现 UserDetails 接口，我们能够为框架提供更多信息，比如用户都被授予了哪些权限、用户的账号是否可用。

getAuthorities()方法应该返回用户被授予权限的一个集合。各种以 is 开头的方法要返回 boolean 值，表明用户账号的可用、锁定或过期状态。

对于 User 实体来说，getAuthorities()方法只是简单地返回一个集合，这个集合表明所有的用户都被授予了 ROLE_USER 权限。至少就现在来说，Taco Cloud 没有必要禁用用户，所以所有以 is 开头的方法均返回 true，以表明用户是处于活跃状态的。

User 实体定义后，就可以定义存储库接口了：

```
package tacos.data;
import org.springframework.data.repository.CrudRepository;
import tacos.User;

public interface UserRepository extends CrudRepository<User, Long> {

  User findByUsername(String username);

}
```

除了扩展 CrudRepository 所得到的 CRUD 操作，UserRepository 接口还定义了一个 findByUsername()方法。这个方法将会在用户详情服务用到，以便根据用户名查找 User。

就像我们在第 3 章所学到的那样，Spring Data JPA 会在运行时自动生成这个接口的实现。所以，我们现在就可以编写使用该存储库的自定义用户详情服务了。

创建用户详情服务

你应该还记得，UserDetailsService 只定义了一个名为 loadUserByUsername()的方法，这意味着它是一个函数式接口，能够以 lambda 表达式的方式来实现，从而避免提供一个完整的实现类。因为我们真正需要的是让自定义的 UserDetailsService 将用户查找的功能委托给 UserRepository，所以可以使用程序清单 5.4 中的配置方法简单地声明一个 bean：

程序清单 5.4 声明自定义用户详情服务 bean

```
@Bean
public UserDetailsService userDetailsService(UserRepository userRepo) {
  return username -> {
    User user = userRepo.findByUsername(username);
    if (user != null) return user;

    throw new UsernameNotFoundException("User '" + username + "' not found");
  };
}
```

userDetailsService()方法以参数的形式得到了一个 UserRepository。为了创建 bean，该方法返回了一个 lambda 表达式接受 username 参数，并据此调用 UserRepository 的 findByUsername()方法。

loadByUsername()方法有一个简单的规则：它决不能返回 null。因此，如果调用 findByUsername()返回 null，lambda 表达式就会抛出 UsernameNotFoundException（这是由 Spring Security 定义的）。否则，查找到的 User 将返回。

现在，我们已经有了自定义的用户详情服务，可以通过 JPA 存储库读取用户信息。接下来我们需要一个将用户存放到数据库中的办法。为了做到这一点，我们需要为 Taco Cloud 创建一个注册页面，供用户注册。

注册用户

尽管在安全性方面，Spring Security 会为我们处理很多事情，但是它没有直接涉及用户注册的流程，所以需要我们借助 Spring MVC 的一些技能来完成这个任务。程序清单 5.5 所示的 RegistrationController 类会负责展现和处理注册表单。

程序清单 5.5 用户注册的控制器

```
package tacos.security;
import org.springframework.security.crypto.password.PasswordEncoder;
import org.springframework.stereotype.Controller;
import org.springframework.web.bind.annotation.GetMapping;
import org.springframework.web.bind.annotation.PostMapping;
import org.springframework.web.bind.annotation.RequestMapping;
import tacos.data.UserRepository;

@Controller
@RequestMapping("/register")
public class RegistrationController {

  private UserRepository userRepo;
```

```
  private PasswordEncoder passwordEncoder;

  public RegistrationController(
      UserRepository userRepo, PasswordEncoder passwordEncoder) {
    this.userRepo = userRepo;
    this.passwordEncoder = passwordEncoder;
  }

  @GetMapping
  public String registerForm() {
    return "registration";
  }

  @PostMapping
  public String processRegistration(RegistrationForm form) {
    userRepo.save(form.toUser(passwordEncoder));
    return "redirect:/login";
  }
}
```

与很多典型的 Spring MVC 控制器类似，RegistrationController 使用了@Controller 注解表明它是一个控制器,并且允许组件扫描功能发现它。它还使用了@RequestMapping 注解，以处理路径为“/register”的请求。

具体来讲，对“/register”的 GET 请求会由 registerForm()方法来处理，这个方法只是简单地返回一个逻辑视图名 registration。程序清单 5.6 展现了定义 registration 视图的 Thymeleaf 模板。

程序清单 5.6 注册表单视图的 Thymeleaf 模板

```
<!DOCTYPE html>
<html xmlns = "http://www.w3.org/1999/xhtml"
      xmlns:th = "http://www.thymeleaf.org">
  <head>
    <title>Taco Cloud</title>
  </head>

  <body>
    <h1>Register</h1>

    <img th:src = "@{/images/TacoCloud.png}"/>

    <form method = "POST" th:action = "@{/register}" id = "registerForm">

        <label for = "username">Username: </label>
        <input type = "text" name = "username"/><br/>

        <label for = "password">Password: </label>
        <input type = "password" name = "password"/><br/>

        <label for = "confirm">Confirm password: </label>
```

```
            <input type = "password" name = "confirm"/><br/>

            <label for = "fullname">Full name: </label>
            <input type = "text" name = "fullname"/><br/>

            <label for = "street">Street: </label>
            <input type = "text" name = "street"/><br/>

            <label for = "city">City: </label>
            <input type = "text" name = "city"/><br/>

            <label for = "state">State: </label>
            <input type = "text" name = "state"/><br/>

            <label for = "zip">Zip: </label>
            <input type = "text" name = "zip"/><br/>

            <label for = "phone">Phone: </label>
            <input type = "text" name = "phone"/><br/>

            <input type = "submit" value = "Register"/>
        </form>
    </body>
</html>
```

表单提交时，processRegistration()方法会处理 HTTPS POST 请求。Spring MVC 会将表单的输入域绑定到 RegistrationForm 对象上并传递给 processRegistration()方法，以便于后续的处理。RegistrationForm 的定义如下所示：

```
package tacos.security;
import org.springframework.security.crypto.password.PasswordEncoder;
import lombok.Data;
import tacos.User;

@Data
public class RegistrationForm {

  private String username;
  private String password;
  private String fullname;
  private String street;
  private String city;
  private String state;
  private String zip;
  private String phone;

  public User toUser(PasswordEncoder passwordEncoder) {
    return new User(
        username, passwordEncoder.encode(password),
        fullname, street, city, state, zip, phone);
  }

}
```

就其大部分内容而言，RegistrationForm 就是一个简单的 Lombok 类，具有一些相关的属性。但是，toUser()方法使用这些属性创建了一个新的 User 对象，processRegistration()使用注入的 UserRepository 保存了该对象。

你肯定已经发现，RegistrationController 注入了一个 PasswordEncoder，这其实就是前文声明的 PasswordEncoder。处理表单提交时，RegistrationController 将其传递给 toUser()方法，并在将密码保存到数据库前，使用它对密码进行转码。通过这种方式，用户的密码可以以转码后的形式写入数据库，用户详情服务就能基于转码后的密码对用户进行认证。

现在，Taco Cloud 应用已经有了完整的用户注册和认证功能。但是，如果现在启动应用，会发现我们甚至无法进入注册页面，也不会看到进行登录的提示。这是因为在默认情况下，所有的请求都需要认证。接下来，我们看一下 Web 请求是如何被拦截的和保护的，从而解决这个“先有鸡还是先有蛋”的问题。

5.3 保护 Web 请求

Taco Cloud 的安全需求是：用户在设计 taco 和提交订单之前，必须要经过认证。但是，主页、登录页和注册页应该对未认证的用户开放。

为了配置这些安全性规则，我们需要声明一个 SecurityFilterChain bean。如下的@Bean 方法展示了一个最小（但没有什么用）的 SecurityFilterChain 声明：

```
@Bean
public SecurityFilterChain filterChain(HttpSecurity http) throws Exception {
  return http.build();
}
```

filterChain()方法接受一个 HttpSecurity 对象，该对象会作为一个构造器，用来配置 Web 级别的安全问题处理方法。通过 HttpSecurity 对象设置安全配置之后，调用 build()方法就能创建并从 bean 方法中返回一个 SecurityFilterChain 对象。

使用 HttpSecurity 可以配置很多的功能，其中包括：

- 要求在为某个请求提供服务之前，满足特定的安全条件；
- 配置自定义的登录页；
- 使用户能够退出应用；
- 预防跨站请求伪造。

配置 HttpSecurity 最常见的需求就是拦截请求以确保用户具备适当的权限。接下来，我们会确保 Taco Cloud 的顾客能够满足这些需求。

5.3.1 保护请求

我们需要确保只有认证过的用户才能发起对“/design”和“/orders”的请求，而其他请求对所有用户均可用。如下的配置就能实现这一点：

```
@Bean
public SecurityFilterChain filterChain(HttpSecurity http) throws Exception {
  return http
    .authorizeRequests()
      .antMatchers("/design", "/orders").hasRole("USER")
      .antMatchers("/", "/**").permitAll()

    .and()
    .build();
}
```

对 authorizeRequests()的调用会返回一个对象（即 ExpressionUrlAuthorizationConfigurer.ExpressionInterceptUrlRegistry），基于它，我们可以指定 URL 路径和模式，以及它们的安全需求。在本例中，我们指定了两条安全规则。

- 只有具备 ROLE_USER 权限的用户才能访问“/design”和“/orders”。注意，传递给 hasRole()方法的角色不需要包含“ROLE_”前缀，hasRole()会自动判定。
- 其他的所有请求允许所有用户访问。

这些规则的顺序是很重要的。声明在前面的安全规则比声明在后面的安全规则有更高的优先级。如果我们交换这两个安全规则的顺序，那么所有的请求都会适用 permitAll()的规则，对“/design”和“/orders”声明的规则就不会生效了。

在声明请求路径的安全需求时，hasRole()和 permitAll()只是众多可用方法中的两个。表 5.1 列出了所有可用的方法。

表 5.1　用来定义如何保护路径的配置方法

方法	功能
access(String)	如果给定的 SpEL（代表 Spring Expression Language）表达式计算结果为 true，就允许访问
anonymous()	允许匿名用户访问
authenticated()	允许认证过的用户访问
denyAll()	无条件拒绝所有访问
fullyAuthenticated()	如果用户进行了完整认证（而不是通过 Remember-me 功能认证的），就允许访问
hasAnyAuthority(String...)	如果用户具备给定权限中的某一个，就允许访问
hasAnyRole(String...)	如果用户具备给定角色中的某一个，就允许访问
hasAuthority(String)	如果用户具备给定权限，就允许访问
hasIpAddress(String)	如果请求来自给定 IP，就允许访问
hasRole(String)	如果用户具备给定角色，就允许访问
not()	对其他访问方法的结果求反
permitAll()	无条件允许访问
rememberMe()	如果用户是通过 Remember-me 功能认证的，就允许访问

表 5.1 中的大多数方法为请求处理提供了基本的安全的规则，但它们是自我限制的，即只支持由这些方法所定义的安全规则。除此之外，我们还可以使用 access()方法，通过为其提供 SpEL 表达式来声明更丰富的安全规则。Spring Security 扩展了 SpEL，包含多个安全相关的值和函数，如表 5.2 所示。

表 5.2 Spring Security 对 Spring 表达式语言的扩展

安全表达式	计算结果
authentication	用户的认证对象
denyAll	结果始终为 false
hasAnyAuthority(String... authorities)	如果用户被授予了给定权限中的任意一个，结果为 true
hasAnyRole(String... roles)	如果用户具有给定角色中的任意一个，结果为 true
hasAuthority(String authority)	如果用户被授予了给定的权限，结果为 true
hasPermission(Object target,Object permission)	如果用户能够访问特定目标对象以获取给定权限，结果为 true
hasPermission(Serializable targetId,String targetType,Object permission)	如果用户能够访问 targetId 和 targetType 中给定的对象以获取给定权限，结果为 true
hasRole(String role)	如果用户被授予了给定的角色，结果为 true
hasIpAddress(String ipAddress)	如果请求来自给定 IP，结果为 true
isAnonymous()	如果用户为匿名用户，结果为 true
isAuthenticated()	如果用户进行了认证，结果为 true
isFullyAuthenticated()	如果用户进行了完整认证（而不是通过 Remember-me 功能认证的），结果为 true
isRememberMe()	如果用户是通过 Remember-me 功能认证的，结果为 true
permitAll	结果始终为 true
principal	用户的 principal 对象

我们可以看到，表 5.2 中大多数的安全表达式扩展都对应表 5.1 中类似的方法。实际上，借助 access()方法和 hasRole()、permitAll 表达式，我们可以将 SecurityFilterChain 配置重写为如程序清单 5.7 所示的形式。

程序清单 5.7 使用 Spring 表达式来定义认证规则

```
@Bean
public SecurityFilterChain filterChain(HttpSecurity http) throws Exception {
  return http
    .authorizeRequests()
      .antMatchers("/design", "/orders").access("hasRole('USER')")
      .antMatchers("/", "/**").access("permitAll()")

    .and()
    .build();
}
```

看上去，这似乎也没什么大不了的，毕竟这些表达式只是模拟了我们之前通过方法调用已经完成的事情。但是，表达式可以更加灵活。例如，假设（基于某些疯狂的原因）我们只想允许具备 ROLE_USER 权限的用户在星期二创建新 taco（不妨叫"taco 星期二"），就可以重写表达式，如下的代码展现了已修改版本的 SecurityFilterChain 方法：

```
@Bean
public SecurityFilterChain filterChain(HttpSecurity http) throws Exception {
  return http
    .authorizeRequests()
      .antMatchers("/design", "/orders")
         .access("hasRole('USER') && " +
          "T(java.util.Calendar).getInstance().get(" +
          "T(java.util.Calendar).DAY_OF_WEEK) == " +
          "T(java.util.Calendar).TUESDAY")
      .antMatchers("/", "/**").access("permitAll")

    .and()
    .build();
}
```

我们可以使用 SpEL 实现各种各样的安全性限制。我敢打赌，你已经在想象基于 SpEL 可以实现哪些有趣的安全性限制了。

Taco Cloud 应用的权限可以通过简单使用 access()和 SpEL 表达式实现。现在，我们看一下如何自定义登录页以适应 Taco Cloud 应用的外观。

5.3.2 创建自定义的登录页

Spring Security 提供的默认登录页非常简单，并且与 Taco Cloud 应用其他部分的外观不搭配。

为了替换内置的登录页，我们首先需要告诉 Spring Security 自定义登录页的路径。这可以通过调用 HttpSecurity 对象的 formLogin()方法来实现，如下所示：

```
@Bean
public SecurityFilterChain filterChain(HttpSecurity http) throws Exception {
  return http
    .authorizeRequests()
      .antMatchers("/design", "/orders").access("hasRole('USER')")
      .antMatchers("/", "/**").access("permitAll()")

    .and()
      .formLogin()
        .loginPage("/login")

    .and()
    .build();
}
```

请注意，在调用 formLogin()之前，我们通过 and()方法将这一部分的配置与前面的配置连接在一起。and()方法表示我们已经完成了授权相关的配置，并且要添加一些其他的 HTTP 配置。在开始新的配置区域时，我们可以多次调用 and()。

在这个连接之后，我们调用 formLogin()开始配置自定义的登录表单。接下来，对 loginPage()的调用声明了我们提供的自定义登录页面的路径。当 Spring Security 断定用户没有经过认证并且需要登录，它就会将用户重定向到该路径。

现在，我们需要有一个控制器来处理对该路径的请求。因为我们的登录页非常简单，只有一个视图，没有其他内容，所以我们可以很简单地在 WebConfig 中将其声明为一个视图控制器。在映射到“/”的主页控制器的基础上，如下的 addViewControllers()方法声明了登录页面的视图控制器：

```
@Override
public void addViewControllers(ViewControllerRegistry registry) {
  registry.addViewController("/").setViewName("home");
  registry.addViewController("/login");
}
```

最后，我们需要定义登录页的视图。我们目前使用了 Thymeleaf 作为模板引擎，所以如下的 Thymeleaf 就能实现我们的要求：

```
<!DOCTYPE html>
<html xmlns = "http://www.w3.org/1999/xhtml"
      xmlns:th = "http://www.thymeleaf.org">
  <head>
    <title>Taco Cloud</title>
  </head>

  <body>
    <h1>Login</h1>
    <img th:src = "@{/images/TacoCloud.png}"/>

    <div th:if = "${error}">
      Unable to login. Check your username and password.
    </div>

    <p>New here? Click
      <a th:href = "@{/register}">here</a> to register.</p>

    <form method = "POST" th:action = "@{/login}" id = "loginForm">
      <label for = "username">Username: </label>
      <input type = "text" name = "username" id = "username" /><br/>

      <label for = "password">Password: </label>
      <input type = "password" name = "password" id = "password" /><br/>

      <input type = "submit" value = "Login"/>
    </form>
  </body>
</html>
```

这个登录页中，需要我们关注的就是表单提交到了什么地方，以及用户名和密码输入域的名称。默认情况下，Spring Security 会在“/login”路径监听登录请求，用户名和密码输入域的名称分别应为 username 和 password。但这都是可配置的，举例来说，如下的配置自定义了路径和输入域的名称：

```
.and()
  .formLogin()
    .loginPage("/login")
    .loginProcessingUrl("/authenticate")
    .usernameParameter("user")
    .passwordParameter("pwd")
```

在这里，我们声明 Spring Security 要监听对“/authenticate”的请求来处理登录信息的提交。同时，用户名和密码的字段名应该是 user 和 pwd。

默认情况下，登录成功之后，用户将会被导航到 Spring Security 决定让他们登录时他们正在浏览的页面。用户如果直接访问登录页，登录成功之后将会被导航至根路径（例如，主页）。但是，我们可以通过指定默认的成功页来更改这种行为：

```
.and()
  .formLogin()
    .loginPage("/login")
    .defaultSuccessUrl("/design")
```

按照这个配置，用户直接导航至登录页且成功登录之后，他们将会被定向到“/design”页面。

另外，我们还可以强制要求用户在登录成功之后统一访问“/design”页面。即便用户在登录之前访问的是其他页面，在登录之后也会被定向到“/design”页面，这可以通过为 defaultSuccessUrl 方法传递 true 作为第二个参数来实现：

```
.and()
  .formLogin()
    .loginPage("/login")
    .defaultSuccessUrl("/design", true)
```

在 Web 应用中，输入用户名和密码是最常见的认证方式。但是，接下来我们看一下另外一种验证用户的方式——使用其他的登录页面。

5.3.3 启用第三方认证

你可能在自己喜欢的 Web 站点上见过这样的链接或按钮，上面写着“使用 Facebook 登录”“使用 Twitter 登录”或类似的内容。通过这种方式，它们能够让用户避免在 Web 站点特定的登录页上自己输入凭证信息。这样的 Web 站点提供了一种通过其他网站（如 Facebook）登录的方式，用户可能已经在这些其他的网站登录过了。

这种类型的认证是基于 OAuth2 或 OpenID Connect（OIDC）的。OAuth2 是一个授

权规范，我们将在第 8 章中更详细地讨论如何使用它来保护 REST API，但它也可以用来通过第三方网站实现认证功能。OpenID Connect 是另一个基于 OAuth2 的安全规范，用于规范化第三方认证过程中发生的交互。

要在 Spring 应用中使用这种类型的认证，我们需要在构建文件中添加 OAuth2 客户端的 starter 依赖，如下所示：

```
<dependency>
  <groupId>org.springframework.boot</groupId>
  <artifactId>spring-boot-starter-oauth2-client</artifactId>
</dependency>
```

接下来，我们至少还要配置一个或多个 OAuth2 或 OpenID Connect 服务器的详细信息。Spring Security 内置了针对 Facebook、Google、GitHub 和 Okta 的登录方式，但你也可以通过指定一些额外的属性来配置其他客户端。

要让我们的应用成为 OAuth2 或 OpenID Connect 的客户端，有一些通用的属性需要设置，如下所示：

```
spring:
  security:
    oauth2:
      client:
        registration:
          <oauth2 or openid provider name>:
            clientId: <client id>
            clientSecret: <client secret>
            scope: <comma-separated list of requested scopes>
```

举例来说，假设对于 Taco Cloud 应用，我们希望用户能够使用 Facebook 登录。在 application.yml 中添加如下的配置，我们就能搭建 OAuth2 客户端：

```
spring:
  security:
    oauth2:
      client:
        registration:
          facebook:
            clientId: <facebook client id>
            clientSecret: <facebook client secret>
            scope: email, public_profile
```

其中，客户端 ID 和 secret 是用来标识我们的应用在 Facebook 中的凭证。你可以在 Facebook 的开发者网站新建应用来获取客户端 ID 和 secret。scope 属性可以用来指定应用的权限范围。在本例中，应用能够访问用户的电子邮箱地址和他们在 Facebook 上公开的个人基本信息。

在一个非常简单的应用中，这就是我们要做的所有工作。当用户尝试访问需要认证的页面时，他们的浏览器将会被重定向到 Facebook。他们如果还没有登录 Facebook，将会看到 Facebook 的登录页面。登录 Facebook 后，他们会被要求根据所请求的权限范围对我们的应用程序授权。最后，用户会被重新定向到我们的应用程序，此时他们已经完成了认证。

但是，我们如果通过声明 SecurityFilterChain bean 来自定义安全配置，那么除了其他的安全配置，还需要启用 OAuth2 登录，如下所示：

```
@Bean
public SecurityFilterChain filterChain(HttpSecurity http) throws Exception {
  return http
    .authorizeRequests()
      .mvcMatchers("/design", "/orders").hasRole("USER")
      .anyRequest().permitAll()

    .and()
      .formLogin()
        .loginPage("/login")

    .and()
      .oauth2Login()

  ...

    .and()
    .build();
}
```

如果同时需要支持传统的通过用户名和密码登录，可以在配置中指定登录页，如下所示：

```
.and()
  .oauth2Login()
    .loginPage("/login")
```

这样一来，应用程序始终都会为用户展示一个它本身提供的登录页，在这里，用户可以像往常一样选择输入用户名和密码进行登录。但是，我们也可以在同一个登录页上提供一个链接，从而允许用户使用 Facebook 登录。在登录页面的 HTML 模板中，这样的链接如下所示：

```
<a th:href = "/oauth2/authorization/facebook">Sign in with Facebook</a>
```

现在，我们已经解决了认证过程中的登录的问题，那么我们看一下“对称”的问题——如何让用户退出应用。对于应用来说，退出和登录是同等重要的。为了启用退出功能，我们只需在 HttpSecurity 对象上调用 logout 方法：

```
.and()
  .logout()
```

该配置会建立一个安全过滤器，拦截对“/logout”的 POST 请求。所以，为了提供退出功能，我们只需要为应用的视图添加一个退出表单和按钮，如下所示：

```
<form method = "POST" th:action = "@{/logout}">
  <input type = "submit" value = "Logout"/>
</form>
```

当用户点击按钮的时候，他们的会话将会被清理，这样他们就退出应用了。默认情况下，用户会被重定向到登录页面，这样他们可以重新登录。但是，如果你想要将他们导航至不同的页面，那么可以调用 logoutSuccessUrl()指定退出后的页面，如下所示：

```
.and()
  .logout()
    .logoutSuccessUrl("/")
```

在这种情况下，用户在退出之后将会回到主页。

5.3.4 防止跨站请求伪造

跨站请求伪造（Cross-Site Request Forgery，CSRF）是一种常见的安全攻击。它会让用户在一个恶意的 Web 页面上填写信息，然后自动（通常是秘密地）将表单以攻击受害者的身份提交到另外一个应用上。例如，用户看到一个来自攻击者的 Web 站点的表单，这个站点会自动将数据 POST 到用户银行 Web 站点的 URL 上（这个站点可能设计得很糟糕，无法防御这种类型的攻击），从而实现转账的操作。用户可能根本不知道发生了攻击，直到他们发现账号上的钱不翼而飞。

为了防止这种类型的攻击发生，应用可以在展现表单的时候生成一个 CSRF 令牌（token），并将其放到隐藏域中临时存储起来，以便后续在服务器上使用。提交表单时，令牌会与其他的表单数据一起发送至服务器端。请求会被服务器拦截，并与最初生成的令牌对比。如果令牌匹配，请求将会允许处理，否则就可以断定表单是由恶意网站渲染的，因为恶意网站不知道服务器所生成的令牌。

比较幸运的是，Spring Security 提供了内置的 CSRF 保护。更幸运的是，它是默认启用的，不需要我们显式配置。我们唯一需要做的就是确保应用中的每个表单都要有一个名为“_csrf”的字段，它会持有 CSRF 令牌。

Spring Security 甚至进一步简化了将令牌放到请求的“_csrf”属性中这一任务。在 Thymeleaf 模板中，我们可以按照如下的方式在隐藏域中渲染 CSRF 令牌：

```
<input type = "hidden" name = "_csrf" th:value = "${_csrf.token}"/>
```

使用 Spring MVC 的 JSP 标签库或者 Spring Security 的 Thymeleaf 方言时，甚至不用明确包含这个隐藏域，因为这个隐藏域会自动生成。

在 Thymeleaf 中，只需要确保<form>元素的某个属性带有 Thymeleaf 的属性前缀。通常这并不是什么问题，因为我们一般会使用 Thymeleaf 渲染相对于上下文的路径。例如，为了让 Thymeleaf 渲染隐藏域，只需使用 th:action 属性：

```
<form method = "POST" th:action = "@{/login}" id = "loginForm">
```

我们还可以禁用 Spring Security 对 CSRF 的支持。但 CSRF 的防护非常重要，并且很容易就能在表单中实现，所以我们没有理由禁用它。如果你坚持要禁用它，可以通过调用 disable()实现：

```
.and()
  .csrf()
    .disable()
```

再次强调，我建议不要禁用 CSRF 防护，对于生产环境的应用来说更是如此。

在我们的 Taco Cloud 应用中，所有 Web 层的安全都已经配置好了。除此之外，我们还拥有了一个自定义的登录页，并且能够通过基于 JPA 的用户存储库来认证用户。

5.4 实现方法级别的安全

尽管在 Web 请求层面考虑安全问题很容易,但这一层面不一定是进行安全限制的最佳场所。有时候，最好在执行受保护的操作时再去校验一下用户是否通过了验证并被授予了足够的权限。

例如，假设出于管理的需要，我们有一个服务类，其中包括一个从数据库中清理所有订单的方法。该方法会使用注入的 OrderRepository，大致如下所示：

```
public void deleteAllOrders() {
  orderRepository.deleteAll();
}
```

现在,我们有一个控制器,它在处理一个 POST 请求时,将会调用这个 deleteAllOrders()方法：

```
@Controller
@RequestMapping("/admin")
public class AdminController {

  private OrderAdminService adminService;

  public AdminController(OrderAdminService adminService) {
    this.adminService = adminService;
  }

  @PostMapping("/deleteOrders")
  public String deleteAllOrders() {
    adminService.deleteAllOrders();
    return "redirect:/admin";
  }

}
```

我们可以很容易地调整 SecurityConfig，确保只有经过认证的用户才能执行这个 POST 请求，如下所示：

```
.authorizeRequests()
  ...
  .antMatchers(HttpMethod.POST, "/admin/**")
          .access("hasRole('ADMIN')")
  ....
```

这样能够很好地防止未经授权的用户发送 POST 请求至“/admin/deleteOrders”，从而避免所有的订单从数据库中消失。

但是，假设其他的控制器也调用了 deleteAllOrders()，那么我们就需要添加更多的匹配器来保护其他控制器的请求。

作为替代方案，我们可以直接在 deleteAllOrders()方法上启用安全防护：

```
@PreAuthorize("hasRole('ADMIN')")
public void deleteAllOrders() {
  orderRepository.deleteAll();
}
```

@PreAuthorize 注解会接受一个 SpEL 表达式，如果表达式的计算结果为 false，这个方法将不会被调用；如果表达式的计算结果为 true，方法就允许调用。在本例中，@PreAuthorize 会检查用户是否具有 ROLE_ADMIN 的权限：如果具有，方法将会被调用，所有的订单会被删除；否则，它会将调用中止。

如果@PreAuthorize 阻止调用，那么 Spring Security 将会抛出 AccessDeniedException。这是一个非检查型异常，所以我们不需要捕获它，除非想要在异常处理中添加一些自定义的行为。如果我们不捕获它，它将会往上传递，最终被 Spring Security 的过滤器捕获并进行相应的处理——要么返回 HTTP 403 页面，要么在用户没有认证的情况下重定向到登录页面。

要使@PreAuthorize 发挥作用，需要启用全局的方法安全功能。为了实现这一点，需要使用@EnableGlobalMethodSecurity 注解标注安全配置类，如下所示：

```
@Configuration
@EnableGlobalMethodSecurity
public class SecurityConfig extends WebSecurityConfigurerAdapter {
  ...
}
```

对于大多数方法级别的安全需求，@PreAuthorize 都是一个非常有用的注解。但是，我们也需要知道，还有一个与之对应的@PostAuthorize 注解，它用在方法调用之后，通常来讲用处不是特别大。@PostAuthorize 注解的运行机制和@PreAuthorize 注解基本相同，只不过它的表达式是在目标方法调用完成并返回之后执行的。这样一来，在决定是否允许方法调用的时候，我们就能让表达式使用方法的返回值了。

假设我们有一个能够根据 ID 来获取订单的方法。我们如果想限制这个方法，使其只能被管理员或订单所属的用户使用，就可以像这样使用@PostAuthorize 注解：

```
@PostAuthorize("hasRole('ADMIN') || " +
    "returnObject.user.username == authentication.name")
public TacoOrder getOrder(long id) {
  ...
}
```

在本例中，returnObject 就是该方法返回的 TacoOrder。如果其 user 属性中的 username 与 authentication 中的 name 属性一致，那么方法调用就是允许的。但是，要知道两者是否一致，需要先执行这个方法，来获得要进行对比的 TacoOrder 对象。

但是，稍等一下！如果判定安全的条件依赖于方法调用的返回值，那么该如何保证方法不被调用呢？这又是一个“先有鸡还是先有蛋”的问题，我们可以先允许方法调用，并在表达式返回值为 false 时抛出一个 AccessDeniedException，从而解决这个难题。

5.5 了解用户是谁

通常，仅仅知道用户是否已经登录和他们拥有的权限还是不够的，我们还需要知道他们是谁，从而优化他们的体验。

例如，在 OrderController 中，在最初创建绑定一个订单表单的 TacoOrder 时，如果能够预先将用户的姓名和地址填充到 TacoOrder 中就好了，这样一来，用户就不需要在每个订单中重复输入这些信息了。也许更重要的是，保存订单时，应该将 TacoOrder 实体与创建该订单的用户关联起来。

为了在 TacoOrder 实体和 User 实体之间实现所需的关联，需要为 TacoOrder 类添加一个新的属性：

```
@Data
@Entity
@Table(name = "Taco_Order")
public class TacoOrder implements Serializable {

  ...

  @ManyToOne
  private User user;

  ...

}
```

这个属性上的@ManyToOne注解表明一个订单只能属于一个用户。但是，对应地，一个用户可以有多个订单。（因为我们使用了Lombok，所以不需要为该属性显式定义访问器方法。）

在OrderController中，processOrder()方法负责保存订单。需要修改这个方法以确定当前的认证用户是谁，并且要调用Order对象的setUser()方法来建立订单和用户之间的关联。

有多种方式确定用户是谁，常用的方式如下：

- 将java.security.Principal对象注入控制器方法；
- 将org.springframework.security.core.Authentication对象注入控制器方法；
- 使用org.springframework.security.core.context.SecurityContextHolder获取安全上下文；
- 注入@AuthenticationPrincipal注解标注的方法参数（@AuthenticationPrincipal来自Spring Security的org.springframework.security.core.annotation包）。

举例来说，我们可以修改processOrder()方法，让它接受一个java.security.Principal类型的参数。然后，就可以使用Principal的名称从UserRepository中查找用户了：

```
@PostMapping
public String processOrder(@Valid TacoOrder order, Errors errors,
    SessionStatus sessionStatus,
    Principal principal) {

  ...

  User user = userRepository.findByUsername(
        principal.getName());

  order.setUser(user);

  ...

}
```

这种方法能够正常运行，但是它在与安全无关的功能中掺杂了与安全有关的代码。我们可以修改processOrder()方法，让它不再接收Principal参数，转而接收Authentication对象作为参数，从而消除与安全有关的代码：

```
@PostMapping
public String processOrder(@Valid TacoOrder order, Errors errors,
    SessionStatus sessionStatus,
    Authentication authentication) {

  ...

  User user = (User) authentication.getPrincipal();
```

```
  order.setUser(user);

  ...

}
```

有了 Authentication 对象之后，我们就可以调用 getPrincipal()来获取 principal 对象。在本例中，它是一个 User 对象。需要注意，getPrincipal()返回的是 java.util.Object，所以我们需要将其转换成 User。

最整洁的方案可能是在 processOrder()中直接接收一个 User 对象，不过，我们需要为其添加@AuthenticationPrincipal 注解，使其变成 authentication 的 principal:

```
@PostMapping
public String processOrder(@Valid TacoOrder order, Errors errors,
    SessionStatus sessionStatus,
    @AuthenticationPrincipal User user) {

  if (errors.hasErrors()) {
    return "orderForm";
  }

  order.setUser(user);

  orderRepo.save(order);
  sessionStatus.setComplete();

  return "redirect:/";
}
```

@AuthenticationPrincipal 的一个突出优势在于，它不需要类型转换（前文中的 Authentication 则需要进行类型转换），同时能够将与安全有关的代码局限于注解本身。processOrder()得到 User 对象后，我们就可以使用该对象，并将其赋值给 TacoOrder 了。

还有另一种方法能够识别当前认证用户，但是这种方法有点麻烦，包含大量与安全有关的代码。我们可以从安全上下文中获取一个 Authentication 对象，然后像下面这样获取它的 principal：

```
Authentication authentication =
    SecurityContextHolder.getContext().getAuthentication();
User user = (User) authentication.getPrincipal();
```

这个片段尽管充满了与安全有关的代码，但是与前文所述的其他方法相比有一个优势：它可以用于应用程序的任何地方，而不仅仅是在控制器的处理器方法中。这使得它非常适合在较低级别的代码中使用。

小结

- Spring Security 的自动配置是实现基本安全功能的好办法，但是大多数的应用都需要显式的安全配置以满足特定的安全需求。
- 用户详情可以通过用户存储进行管理，它的后端可以是关系型数据库、LDAP 或完全自定义实现。
- Spring Security 会自动防范 CSRF 攻击。
- 可以通过 SecurityContext 对象（该对象可由 SecurityContextHolder.getContext() 返回）来获取已认证用户的信息，也可以借助@AuthenticationPrincipal 注解将其注入控制器。

第 6 章　使用配置属性

本章内容：

- 细粒度地调整自动配置的 bean；
- 将配置属性用到应用组件；
- 使用 Spring profile。

你还记得 iPhone 刚刚推出时的场景吗？iPhone 看上去只是一小块由金属、玻璃等材质组成的板子，完全不符合人们之前对于手机的认知。但是，它引领了现代智能手机的时代，改变了通信的方式。尽管触控手机比上一代的翻盖按键手机在很多方面都更加简单，功能也更强大，但是当 iPhone 第一次发布的时候，很难想象正面只有一个按钮的设备该如何用来打电话。

在某种程度上，Spring Boot 的自动配置与之类似。自动配置能够极大地简化 Spring 应用的开发。十多年来，我们都使用 Spring XML 设置属性值，然后调用 bean 实例的 setter 方法。在使用自动配置之后，我们突然发现，在没有显式配置的情况下，如何为 bean 设置属性变得不那么显而易见了。

幸好，Spring Boot 提供了配置属性（configuration property）的方式为应用组件设置属性值。其实，配置属性只是 Spring 应用上下文中带有@ConfigurationProperties 注解的 bean 的属性而已。Spring 能够将来自多个属性源的值设置到 bean 的属性中，其中包括 JVM 系统属性、命令行参数以及环境变量。我们会在 6.2 节学习如何将@ConfigurationProperties 用到我们自己的 bean 上。但是，Spring Boot 本身也提供了一些带有@ConfigurationProperties

注解的bean，我们会先学习如何配置它们。

在本章中，我们暂缓实现Taco Cloud应用的新特性，而是转向探讨配置属性的功能。不过，在后面的章节继续实现新特性时，你会发现所学的内容无疑都是有用的。首先看一下如何使用配置属性来微调Spring Boot的自动配置。

6.1 细粒度地调整自动配置

在深入了解配置属性之前，我们需要知道，在Spring中有两种不同（但相关）的配置：

- bean装配，即声明在Spring应用上下文中创建哪些应用组件（即bean）以及它们之间如何互相注入的配置；
- 属性注入，即设置Spring应用上下文中bean的值的配置。

在Spring的XML方式和基于Java的配置中，这两种类型的配置通常会在同一个地方显式声明。在基于Java的配置中，带有@Bean注解的方法一般会同时初始化bean并立即为它的属性设置值。例如，请查看下面这个带有@Bean注解的方法，它会为嵌入式的H2数据库声明一个DataSource：

```
@Bean
public DataSource dataSource() {
  return new EmbeddedDatabaseBuilder()
       .setType(H2)
       .addScript("taco_schema.sql")
       .addScripts("user_data.sql", "ingredient_data.sql")
       .build();
}
```

在这里，addScript()和addScripts()方法设置了一些String类型的属性，它们是在数据源就绪之后要用到数据库上的SQL脚本。这就是不使用Spring Boot配置DataSource bean的方法，但是借助自动配置的功能，这种方法就完全没有必要使用了。

如果能够在运行时类路径中找到H2依赖，那么Spring Boot会自动在Spring应用上下文中创建对应的DataSource bean，这个bean会运行名为schema.sql和data.sql脚本。

但是，如果我们想要给SQL脚本使用其他的名称，该怎么办呢？如果我们想要指定两个以上的SQL脚本，又该怎么办呢？这就是配置属性能够发挥作用的地方了。但是，在开始使用配置属性之前，我们需要理解这些属性是从哪里来的。

6.1.1 理解Spring的环境抽象

Spring的环境抽象为各种配置属性提供了一站式服务。它会抽取原始的属性，这样需要这些属性的bean就可以从Spring本身中获取了。Spring环境会拉取多个属性源，包括：

- JVM 系统属性；
- 操作系统环境变量；
- 命令行参数；
- 应用属性配置文件。

它会将这些属性聚合到一个源中，这个源可以注入到 Spring 的 bean 中。图 6.1 阐述了来自各个属性源的属性是如何流经 Spring 的环境抽象进入 Spring bean 的。

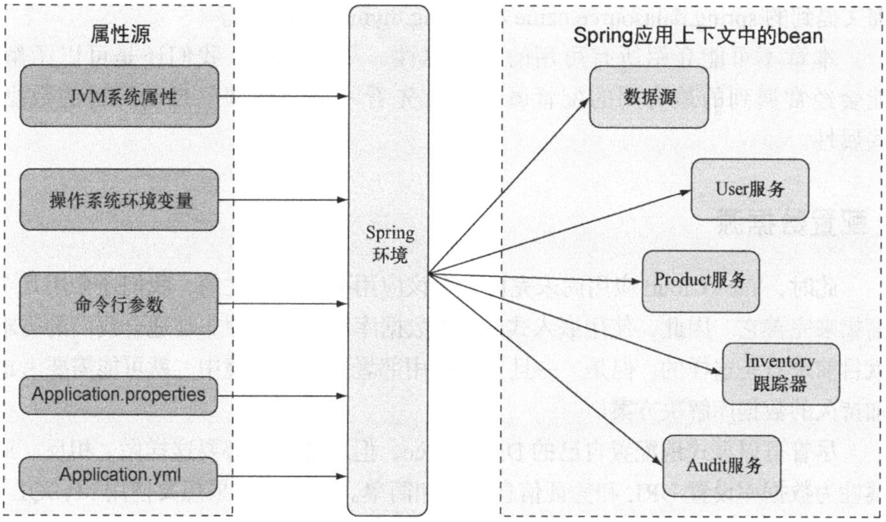

图 6.1　Spring 环境从各个属性源拉取属性，并允许 Spring 应用上下文中的 bean 使用它们

Spring Boot 自动配置的 bean 都可以通过 Spring 环境提取的属性进行配置。举个简单的例子，假设我们希望应用底层的 Servlet 容器使用另外一个端口监听请求，而不再使用 8080，则可以在“src/main/resources/application.properties”中将 server.port 设置成一个不同的端口，如下所示：

```
server.port = 9090
```

在设置属性的时候，我个人更喜欢使用 YAML。所以，我通常不会使用 application.properties，而是在“src/main/resources/application.yml”中设置 server.port 的值，如下所示：

```
server:
  port: 9090
```

如果你喜欢在外部配置该属性，可以在使用命令行参数启动应用的时候指定端口：

```
$ java -jar tacocloud-0.0.5-SNAPSHOT.jar --server.port = 9090
```

如果你希望应用始终在一个特定的端口启动，可以通过操作系统的环境变量进行一次性的设置：

```
$ export SERVER_PORT = 9090
```

需要注意，在将属性设置为环境变量的时候，命名风格略有不同，这样做是为了适应操作系统对环境变量名称的限制。不过，没有关系，Spring 能够将其挑选出来，并将 SERVER_PORT 解析为 server.port。

正如我前面所说，有多种配置属性的方法。实际上，可以使用几百个配置属性来调整 Spring bean 的行为。我们已经看到了其中的一部分，比如本章中介绍的 server.port 和前文提到的 spring.datasource.name 和 spring.thymeleaf.cache。

本章不可能介绍所有可用的配置属性。尽管如此，我们还是可以了解一些可能会经常遇到的最有用的配置属性。首先看一下能够调整自动配置的数据源的一些属性。

6.1.2 配置数据源

此时，Taco Cloud 应用尚未完成，在该应用准备部署之前，我们还会用几个章节的篇幅来完善它。因此，使用嵌入式的 H2 数据库作为数据源非常适合我们的需求，至少就目前来看是这样的。但是，一旦要将应用部署到生产环境中，就可能需要考虑使用更加持久的数据库解决方案。

尽管可以显式地配置自己的 DataSource，但通常没有必要这样做。相反，通过配置属性为数据库设置 URL 和凭证信息会更加简单。例如，如果想要使用 MySQL 数据库，可以添加如下的配置属性到 application.yml 中：

```
spring:
 datasource:
   url: jdbc:mysql://localhost/tacocloud
   username: tacouser
   password: tacopassword
```

我们尽管需要将对应的 JDBC 驱动添加到构建文件中，但是不需要指定 JDBC 驱动类，Spring Boot 会根据数据库 URL 的结构推算出来。然而，如果这样做有问题，我们依然可以通过 spring.datasource.driver-class-name 属性来进行设置：

```
spring:
  datasource:
    url: jdbc:mysql://localhost/tacocloud
    username: tacouser
    password: tacopassword
    driver-class-name: com.mysql.jdbc.Driver
```

Spring Boot 在自动化配置 DataSource bean 时，将会使用该连接。如果在类路径中存在 HikariCP 连接池，DataSource 将使用该连接池。否则，Spring Boot 会在类路径下尝试查找并使用如下的连接池实现：

- Tomcat JDBC 连接池；
- Apache Commons DBCP2。

自动配置所能支持的连接池可选方案仅有这些，但是随时欢迎显式配置 DataSource bean，这样一来，就可以使用任意我们喜欢的连接池实现。

在前文，我建议要有一种方式声明应用启动的时候要执行的数据库初始化脚本。在这种情况下，spring.datasource.schema 和 spring.datasource.data 属性就非常有用了：

```
spring:
  datasource:
    schema:
    - order-schema.sql
    - ingredient-schema.sql
    - taco-schema.sql
    - user-schema.sql
    data:
    - ingredients.sql
```

有的读者可能无法使用显式配置数据源的方式，而是更加倾向于在 JNDI（代表 Java Naming and Directory Interface）中配置数据源并让 Spring 去那里进行查找。在这种情况下，可以使用 spring.datasource.jndi-name 搭建自己的数据源：

```
spring:
  datasource:
    jndi-name: java:/comp/env/jdbc/tacoCloudDS
```

如果设置了 spring.datasource.jndi-name 属性，其他的数据库连接属性（如果已经设置了）就会被忽略掉。

6.1.3 配置嵌入式服务器

我们已经见过如何使用 server.port 属性来配置 Servlet 容器的端口。但是，我还没有展示将 server.port 设置为 0 将会出现什么状况：

```
server:
  port: 0
```

尽管 server.port 属性显式设置成了 0，但是服务器并不会真的在端口 0 上启动。相反，它会任选一个可用的端口。在运行自动化集成测试时，这会非常有用，因为这样能够保证并发运行的测试不会与硬编码的端口号冲突。

但是，底层服务器的配置并不仅仅局限于端口，对底层容器常见的一项设置就是让它处理 HTTPS 请求。为了实现这一点，首先要使用 JDK 的 keytool 命令行工具生成 keystore：

```
$ keytool -keystore mykeys.jks -genkey -alias tomcat -keyalg RSA
```

在这个过程中，程序会询问我们一些关于名称和组织机构相关的问题，大多数问题都无关紧要。但是，当提示输入密码的时候，需要我们记住所输入的密码。本例使用 letmein 作为密码。

接下来，我们需要设置一些属性，以便在嵌入式服务器中启用 HTTPS。我们可以在命令行中进行配置，但是这种方式非常不方便，相反，你可能更愿意通过 application.properties 或 application.yml 文件来声明配置。在 application.yml 中，配置属性如下所示：

```
server:
  port: 8443
  ssl:
    key-store: file:///path/to/mykeys.jks
    key-store-password: letmein
    key-password: letmein
```

在这里，我们将 server.port 设置为 8443，在开发阶段，这是 HTTPS 服务器的常用选择。server.ssl.key-store 属性应该设置为我们所创建的 keystore 文件的路径。在这里，它使用了 file://URL，因此会在文件系统中加载，但是，如果需要将它打包到一个应用 JAR 文件中，就需要使用“classpath:” URL 来引用它。server.ssl.key-store-password 和 server.ssl.key-password 属性都设置成了创建 keystore 时所设置的密码。

这些属性准备就绪之后，应用就会监听 8443 端口上的 HTTPS 请求。因为浏览器之间有所差异，所以我们可能会遇到服务器无法验证其身份的警告。在开发阶段，通过 localhost 提供服务时，这其实无须担心。

6.1.4 配置日志

大多数的应用都会提供某种形式的日志。即便应用本身不直接打印任何日志，应用所使用的库也会以日志的形式记录它们的活动。

默认情况下，Spring Boot 通过 Logback 配置日志，日志会以 INFO 级别写入控制台。在运行应用或其他样例的时候，你可能已经在应用日志中发现了大量的 INFO 级别的条目。作为提醒，如下的日志样例展示了默认的日志格式（为了适应页面宽度进行了折行）：

```
2021-07-29 17:24:24.187 INFO 52240 --- [nio-8080-exec-1]
  ➥ com.example.demo.Hello                Here's a log entry.
2021-07-29 17:24:24.187 INFO 52240 --- [nio-8080-exec-1]
  ➥ com.example.demo.Hello                Here's another log entry.
2021-07-29 17:24:24.187 INFO 52240 --- [nio-8080-exec-1]
  ➥ com.example.demo.Hello                And here's one more.
```

为了完全控制日志的配置，可以在类路径的根目录下（在“src/main/resources”中）创建一个 logback.xml 文件。如下是一个简单 logback.xml 文件的样例：

```
<configuration>
  <appender name = "STDOUT" class = "ch.qos.logback.core.ConsoleAppender">
```

```
    <encoder>
      <pattern>
        %d{HH:mm:ss.SSS} [%thread] %-5level %logger{36} - %msg%n
      </pattern>
    </encoder>
  </appender>
  <logger name="root" level="INFO"/>
  <root level="INFO">
    <appender-ref ref="STDOUT" />
  </root>
</configuration>
```

借助这个新的配置，与前面相同的样例日志条目将会如下所示（为了适应页面宽度进行了折行）：

```
17:25:09.088 [http-nio-8080-exec-1] INFO com.example.demo.Hello -
                                         Here's a log entry.
17:25:09.088 [http-nio-8080-exec-1] INFO com.example.demo.Hello -
                                         Here's another log entry.
17:25:09.088 [http-nio-8080-exec-1] INFO com.example.demo.Hello -
                                         And here's one more.
```

除了日志所使用的模式之外，这个 Logback 配置和没有 logback.xml 文件时的默认行为几乎是相同的。但是，通过编辑 logback.xml 文件，可以完全控制应用的日志文件。

注意：logback.xml 文件中都可以声明哪些内容超出了本书的范围。可以参考 Logback 的文档来了解更多信息。

在日志配置方面，你可能遇到的常见变更就是修改日志级别和指定日志写入到哪个文件中。借助 Spring Boot 的配置属性功能，不用创建 logback.xml 文件就能完成这些变更。

要设置日志级别，我们可以创建这样的属性：以 logging.level 为前缀，随后紧跟着想要设置日志级别的 logger。假设我们想要将 root logging 设置为 WARN 级别，但是希望将 Spring Security 的日志级别设置为 DEBUG。那么，在 application.yml 添加如下的条目就能实现我们的要求：

```
logging:
  level:
    root: WARN
    org:
      springframework:
        security: DEBUG
```

我们还可以将 Spring Security 的包名扁平化到一行中，使其更易于阅读：

```
logging:
  level:
    root: WARN
    org.springframework.security: DEBUG
```

现在，假设我们想要将日志条目写入“/var/logs/”中的 TacoCloud.log 文件。

logging.path 和 logging.file 文件可以按照如下形式进行设置：

```
logging:
  file:
    path: /var/logs/
    file: TacoCloud.log
  level:
    root: WARN
    org:
      springframework:
        security: DEBUG
```

如果应用具有"/var/logs/"目录的写入权限，那么日志条目会写入"/var/logs/TacoCloud.log"文件。默认情况下，日志文件一旦达到 10 MB 就会轮换。

6.1.5 使用特定的属性值

在设置属性的时候，并非必须要将它们的值设置为硬编码的 String 或数值。其实，我们还可以从其他的配置属性派生值。

例如，假设（不管基于什么原因）我们想要设置一个名为 greeting.welcome 的属性，它的值来源于名为 spring.application.name 的另一个属性。为了实现该功能，在设置 greeting.welcome 的时候，我们可以使用${}占位符标记：

```
greeting:
  welcome: ${spring.application.name}
```

我们甚至可以将占位符嵌入其他文本：

```
greeting:
  welcome: You are using ${spring.application.name}.
```

可以看到，在配置 Spring 自己的组件时，使用配置属性可以很容易地将值注入这些组件的属性，并且可以细粒度调整自动配置功能。配置属性并不专属于 Spring 创建的 bean。我们稍微下点功夫就可以在自己的 bean 中使用配置属性功能。接下来，让我们看一下如何实现。

6.2 创建自己的配置属性

正如前文所述，配置属性只不过是 bean 的属性，它们可以从 Spring 的环境抽象中接受配置。我还没有提及的是这些 bean 该如何消费这些配置。

为了支持配置属性的注入，Spring Boot 提供了@ConfigurationProperties 注解。将它放到 Spring bean 上之后，它就会为该 bean 中的那些能够根据 Spring 环境注入值的属性赋值。

为了阐述@ConfigurationProperties 是如何运行的，不妨假设我们为 OrderController

添加了如下的方法，该方法会列出当前认证用户过去的订单：

```
@GetMapping
public String ordersForUser(
     @AuthenticationPrincipal User user, Model model) {

  model.addAttribute("orders",
      orderRepo.findByUserOrderByPlacedAtDesc(user));

  return "orderList";
}
```

除此之外，我们还要为 OrderRepository 添加必要的 findByUser()方法：

```
List<Order> findByUserOrderByPlacedAtDesc(User user);
```

注意，这个存储库方法的名字中使用了 OrderByPlacedAtDesc 子句。OrderBy 部分指定了结果要按照什么属性来排序，在本例中，也就是 placedAt 属性。最后的 Desc 声明结果要按照降序排列。所以，返回的订单将会按照时间由近及远进行排序。

按照这种写法，如果用户只创建了少量订单，这个控制器方法可能会非常有用，但是，对于最狂热的 taco 爱好者来说，这种方式就显得有些不方便了。在浏览器中显示一些订单会很有用，但是一长串没完没了的订单列表简直就是噪声。假设我们希望将显示的订单数量限制为最近的 20 个，则可以按照如下方式来修改 ordersForUser()：

```
@GetMapping
public String ordersForUser(
    @AuthenticationPrincipal User user, Model model) {

  Pageable pageable = PageRequest.of(0, 20);
  model.addAttribute("orders",
      orderRepo.findByUserOrderByPlacedAtDesc(user, pageable));

  return "orderList";
}
```

OrderRepository 也需要对应修改：

```
List<TacoOrder> findByUserOrderByPlacedAtDesc(
        User user, Pageable pageable);
```

现在，我们修改了 findByUserOrderByPlacedAtDesc()方法的签名，使其能够接受 Pageable 参数。Pageable 是 Spring Data 根据页号和每页数量选取结果子集的一种方法。在 ordersForUser()控制器方法中，我们构建了一个 PageRequest 对象，该对象实现了 Pageable，我们将其声明为请求第一页（页号为 0）的数据，并且每页数量为 20，这样我们就能获取当前用户最近的 20 个订单。

尽管这种方式能够很好地运行，但是我们在这里硬编码了每页的结果数量，这有点让人担心。如果我们以后发现展示 20 个订单太多，并决定将其修改为 10 个，那该怎么办？因为这个值是硬编码的，所以需要重新构建和重新部署应用。

我们可以将每页数量设置成一个自定义的配置属性，而不是硬编码到代码中。首先，我们需要为 OrderController 添加一个名为 pageSize 的新属性，并为 OrderController 添加 @ConfigurationProperties 注解，如程序清单 6.1 所示。

程序清单 6.1 在 OrderController 中启用配置属性功能

```
@Controller
@RequestMapping("/orders")
@SessionAttributes("order")
@ConfigurationProperties(prefix = "taco.orders")
public class OrderController {

  private int pageSize = 20;

  public void setPageSize(int pageSize) {
    this.pageSize = pageSize;
  }

  ...
  @GetMapping
  public String ordersForUser(
      @AuthenticationPrincipal User user, Model model) {
    Pageable pageable = PageRequest.of(0, pageSize);
    model.addAttribute("orders",
        orderRepo.findByUserOrderByPlacedAtDesc(user, pageable));
    return "orderList";
  }

}
```

程序清单 6.1 中最重要的变更是添加了@ConfigurationProperties 注解。它的 prefix 属性为 taco.orders，这意味着当设置 pageSize 的时候，需要使用名为 taco.orders.pageSize 的配置属性。

新的 pageSize 值默认为 20，但是通过设置 taco.orders.pageSize 属性，可以很容易地将其修改为任意的值。例如，我们可以在 application.yml 中按照如下的方式设置该属性：

```
taco:
  orders:
    pageSize: 10
```

对于在生产环境中需要快速更改的情况，我们可以将 taco.orders.pageSize 设置为环境变量，以避免重新构建和重新部署应用：

```
$ export TACO_ORDERS_PAGESIZE = 10
```

设置配置属性的任何方式都可以用来调整最近订单页面中每页的结果数量。接下来，我们看一下如何在属性持有者（property holder）中设置配置数据。

6.2.1 定义配置属性的持有者

这里并没有说@ConfigurationProperties 只能用到控制器或特定类型的 bean 中。@ConfigurationProperties 实际上通常会放到一种特定类型的 bean 中，这种 bean 的目的就是持有配置数据。这样一来，特定的配置细节就能从控制器和其他应用程序类中抽离。此外，多个 bean 间也能更容易地共享一些通用配置。

针对 OrderController 中的 pageSize 属性，可以将其抽取到一个单独的类中。程序清单 6.2 就以这样的方式来使用 OrderProps 类。

程序清单 6.2 将 pageSize 抽取到持有者类中

```
package tacos.web;
import org.springframework.boot.context.properties.
                                        ConfigurationProperties;
import org.springframework.stereotype.Component;
import lombok.Data;

@Component
@ConfigurationProperties(prefix = "taco.orders")
@Data
public class OrderProps {

  private int pageSize = 20;

}
```

就像我们在 OrderController 中所做的那样，pageSize 的默认值为 20，OrderProps 使用了@ConfigurationProperties 注解并且将前缀设置成了 taco.orders。这个类还用到了@Component 注解，这样 Spring 的组件扫描功能会自动发现它并将其创建为 Spring 应用上下文中的 bean。这是非常重要的，因为我们下一步要将 OrderProps 作为 bean 注入 OrderController。

配置属性持有者并没有什么特别之处。它们只是将 Spring 环境注入到属性中的 bean。它们可以注入到任意需要这些属性的其他 bean 中。对于 OrderController，我们可以从中移除 pageSize，并注入和使用 OrderProps bean：

```
private OrderProps props;

public OrderController(OrderRepository orderRepo,
        OrderProps props) {
  this.orderRepo = orderRepo;
  this.props = props;
}

...
@GetMapping
public String ordersForUser(
```

```
        @AuthenticationPrincipal User user, Model model) {

    Pageable pageable = PageRequest.of(0, props.getPageSize());
    model.addAttribute("orders",
        orderRepo.findByUserOrderByPlacedAtDesc(user, pageable));

    return "orderList";
  }
```

现在，OrderController 不需要负责处理自己的配置属性了。这样能够让 OrderController 中的代码更加整洁，并且能够让其他的 bean 复用 OrderProps 中的属性。除此之外，我们可以将订单相关的属性全部放到一个地方，也就是 OrderProps 类中。我们如果需要添加、删除、重命名或者以其他方式更改其中的属性，只需要在 OrderProps 中进行变更。对于测试，我们可以很容易地直接在测试专用的 OrderProps 中设置配置属性，并在测试之前将其传给控制器。

例如，假设我们在多个其他的 bean 中也用到了 pageSize 属性，现在我们决定要对这个属性的值进行一些校验，限制它的值必须要不小于 5 且不大于 25。如果没有持有者 bean，我们必须要将校验注解用到 OrderController 的 pageSize 属性及其他所有使用该属性的类上。但是，因为我们现在将 pageSize 抽取到 OrderProps 中，所以只需要修改 OrderProps 就可以了：

```
package tacos.web;
import javax.validation.constraints.Max;
import javax.validation.constraints.Min;

import org.springframework.boot.context.properties.
                                        ConfigurationProperties;
import org.springframework.stereotype.Component;
import org.springframework.validation.annotation.Validated;

import lombok.Data;

@Component
@ConfigurationProperties(prefix = "taco.orders")
@Data
@Validated
public class OrderProps {

  @Min(value = 5, message = "must be between 5 and 25")
  @Max(value = 25, message = "must be between 5 and 25")
  private int pageSize = 20;

}
```

尽管我们很容易就可以将@Validated、@Min 和@Max 注解用到 OrderController（和其他可以注入 OrderProps 的地方），但是这样会使 OrderController 更加混乱。通过配置属性的持有者 bean，我们将所有的配置属性收集到了一个地方，以让使用这些属性的 bean 尽可能保持整洁。

6.2.2 声明配置属性元数据

在 IDE 中，你可能会发现 application.yml（或 application.properties）文件的 taco.orders.pageSize 条目上会有一条警告信息，不同 IDE 的显示会有所差异，但警告提示的内容可能是“Unknown property 'taco'”。这个警告产生的原因在于我们刚刚创建的配置属性缺少元数据。图 6.2 展示了在 Spring Tool Suite 中，当我将鼠标指针悬停到 taco 属性时的样式。

配置属性的元数据完全是可选的，它并不会妨碍配置属性的运行。但是，元数据会为配置属性提供一个最小化的文档，这是非常有用的，在 IDE 中尤为如此。

举例来说，当鼠标指针悬停到 security.user.password 属性上时，我们会看到图 6.3 那样的效果。尽管悬停对我们的帮助很有限，但是它足以让我们知道这个属性是做什么的，以及如何使用它。

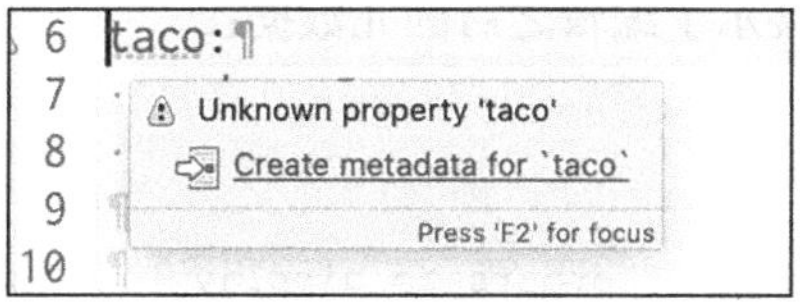

图 6.2 缺少配置属性元数据所产生的警告

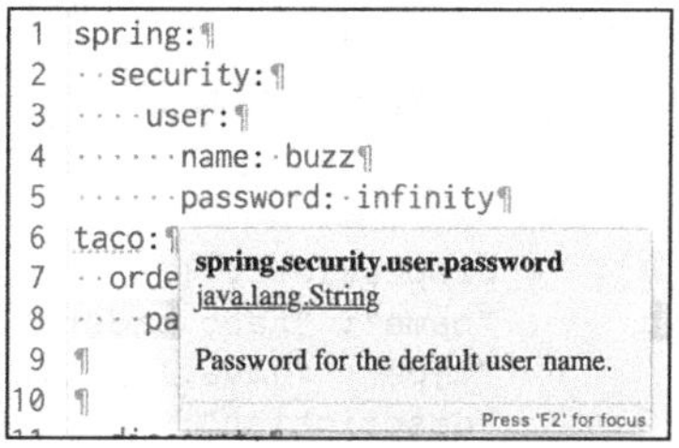

图 6.3 Spring Tool Suite 中配置属性的悬停文档

为了帮助那些使用我们所定义的配置属性的人（有可能就是我们自己），为这些属性创建一些元数据是非常好的做法，至少能消除 IDE 上那些烦人的黄色警告。

为了创建自定义配置属性的元数据，我们需要在 META-INF 下（比如，在项目的“src/main/resources/META-INF”目录下）创建一个名为 additional-spring-configuration-metadata.json 的文件。

快速添加缺失的元数据

如果你使用 Spring Tool Suite，会有一个创建缺失属性元数据的快速修正选项。将鼠标指针放到缺失元数据警告的那行代码上，在 macOS 中按下 command + 1 组合键或者在 Windows 和 Linux 下按下 Ctrl + 1 组合键就能打开快速修正的弹出框(如图 6.4 所示)。

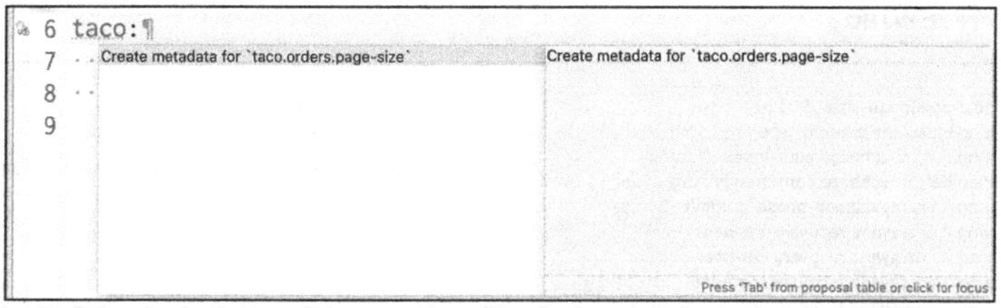

图 6.4 在 Spring Tool Suite 中通过快速修正弹出框创建配置属性

然后，选择“Create Metadata for ...”选项来为属性添加元数据。如果文件还不存在，快速修正功能会创建 META-INF/additional-spring-configuration-metadata.json 文件并为 pageSize 填充一些元数据，如下所示：

```
{"properties": [{
  "name": "taco.orders.page-size",
  "type": "java.lang.String",
  "description": "A description for 'taco.orders.page-size'"
}]}
```

需要注意，在元数据中引用的属性名为 taco.orders.page-size，而 application.yml 中实际的属性名是 pageSize。Spring Boot 灵活的属性命名功能允许出现属性名出现不同的变种，比如 taco.orders.page-size 等价于 taco.orders.pageSize，所以它对使用不会产生太大的影响。

写到 additional-spring-configuration-metadata.json 文件中的初始元数据是一个很好的起点，但是我们可能还想对其稍作编辑。首先，pageSize 并不是 java.lang.String 类型，所以我们需要将其修改为 java.lang.Integer。而且，description 应该要更明确地描述 pageSize 是做什么的。如下的 JSON 代码样例展示了编辑之后的元数据：

```
{"properties": [{
  "name": "taco.orders.page-size",
  "type": "java.lang.Integer",
  "description": "Sets the maximum number of orders to display in a list."
}]}
```

元数据准备就绪之后，警告信息就会消失了。除此之外，如果鼠标指针悬停到 taco.orders.pageSize 属性上，将会看到如图 6.5 所示的描述信息。

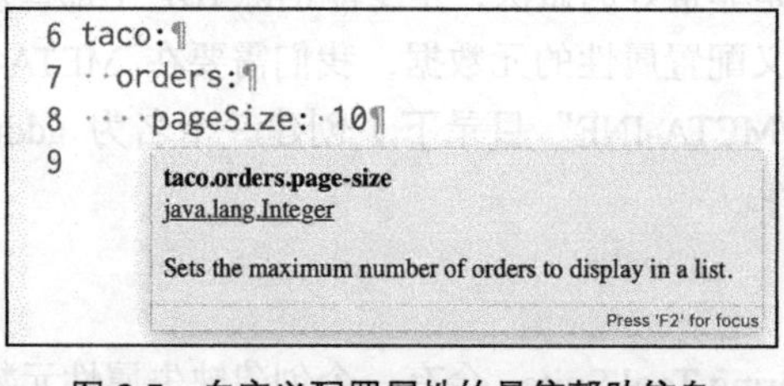

图 6.5　自定义配置属性的悬停帮助信息

另外，如图 6.6 所示，在 IDE 中，就像 Spring 本身提供的配置属性一样，我们还能具备自动补全功能。

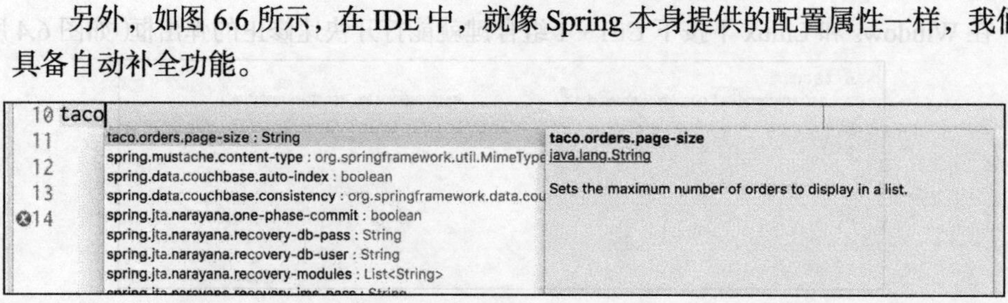

图 6.6　配置属性的元数据能够帮助实现属性的自动补全功能

可以看到，配置属性对于调整自动配置的组件以及应用程序自身的 bean 都非常有用。但是，如果我们想要为不同的部署环境配置不同的属性，又该怎么办呢？接下来，我们看一下该如何使用 Spring profile 搭建特定环境的配置。

6.3 使用 profile 进行配置

当应用部署到不同的运行时环境中时，有些配置细节通常会有些差别。例如，数据库连接的细节在开发环境和质量保证（quality assurance）环境可能就不相同，而它们与生产环境可能又不一样。配置不同环境之间有差异的属性时，有种办法是使用环境变量，通过这种方式来指定配置属性，而不是在 application.properties 和 application.yml 中进行定义。

例如，在开发阶段，我们可以依赖自动配置的嵌入式 H2 数据库。但是在生产环境，我们可以按照如下的方式将数据库配置属性设置为环境变量：

```
% export SPRING_DATASOURCE_URL = jdbc:mysql://localhost/tacocloud
% export SPRING_DATASOURCE_USERNAME = tacouser
% export SPRING_DATASOURCE_PASSWORD = tacopassword
```

尽管这种方式可以运行，但是如果配置属性比较多，将它们声明为环境变量会非常麻烦。除此之外，我们没有好的方式来跟踪环境变量的变化，也无法在出现错误的时候进行回滚。

相对于这种方式，我更加倾向于采用 Spring profile。profile 是一种条件化的配置，在运行时，根据哪些 profile 处于激活状态，可以使用或忽略不同的 bean、配置类和配置属性。

例如，为了开发和调试方便，我们希望使用嵌入式的 H2 数据库，并将 Taco Cloud 代码的日志级别设置为 DEBUG。但是在生产环境，我们希望使用外部的 MySQL 数据库，并将日志级别设置为 WARN。在开发场景下，可以很容易地设置数据源属性并使用自动配置的 H2 数据库。对于调试级别的日志需求，可以在 application.yml 文件中通过 logging.level.tacos 属性将 tacos 基础包的日志级别设置为 DEBUG：

```
logging:
  level:
    tacos: DEBUG
```

这就是我们需要针对开发环境做的事情。但是，如果不对 application.yml 做任何修改就将应用部署到生产环境，tacos 包依然会写入调试日志并使用 H2 数据库。我们需要做的就是定义一个 profile，其中包含适用于生产环境的属性。

6.3.1 定义特定 profile 的属性

定义特定 profile 相关的属性的一种方式就是创建另外一个 YAML 或属性文件，其中只包含用于生产环境的属性。文件的名称要遵守如下的约定：application-{profile 名}.yml 或 application-{profile 名}.properties。

然后，我们就可以在这里声明适用于该 profile 的配置属性了。例如，我们可以创建一个新的名为 application-prod.yml 的文件，其中包含如下属性：

```
spring:
  datasource:
    url: jdbc:mysql://localhost/tacocloud
    username: tacouser
    password: tacopassword
logging:
  level:
    tacos: WARN
```

定义特定 profile 相关的属性的另外一种方式仅适用于 YAML 配置。它会将特定 profile 的属性和非 profile 的属性都放到 application.yml 中。它们之间使用 3 个短线进行分割，并且使用 spring.profiles 属性来命名 profile。按照这种方式定义生产环境的属性，等价的 application.yml 如下所示：

```
logging:
  level:
    tacos: DEBUG

---
spring:
  profiles: prod
  datasource:
    url: jdbc:mysql://localhost/tacocloud
    username: tacouser
    password: tacopassword

logging:
  level:
    tacos: WARN
```

我们可以看到，application.yml 文件通过一组短线（---）分成了两部分。第二部分指定了 spring.profiles 值，代表后面的属性适用于 prod profile。而第一部分的属性没有指定 spring.profiles，所以是所有 profile 通用的。如果当前激活的 profile 没有设置这些属性，它们就会作为默认值。

不管应用程序运行的时候，哪个 profile 处于激活状态，根据默认 profile，tacos 包的日志级别都将会设置为 DEBUG。但是，如果名为 prod 的 profile 激活，那么 logging.level.tacos 属性将会被重写为 WARN。与之类似，如果 prod profile 处于激活状态，数据源相关的属性将会被设置为使用外部的 MySQL 数据库。

通过创建模式为 application-{profile 名}.yml 或 application-{profile 名}.properties 的 YAML 或属性文件，我们可以按需定义任意数量的 profile。我们也可以在 application.yml

中再输入 3 个短线，结合 spring.profiles 属性来指定其他名称的 profile，然后添加该 profile 特定的相关属性。虽然这两种方法各有利弊，但是在实践中，一般来说，当属性数量较少时，将所有 profile 配置放在一个 YAML 文件中效果更好，而当有大量的属性时，为每个 profile 建立不同的文件效果会更好。

6.3.2 激活 profile

如果我们不激活这些 profile，声明 profile 相关的属性其实没有任何用处。但是，该如何激活一个 profile 呢？要激活某个 profile，需要做的就是将 profile 名称的列表赋值给 spring.profiles.active 属性。例如，在 application.yml 中，可以这样设置：

```
spring:
  profiles:
    active:
    - prod
```

但是，这可能是激活 profile 最糟糕的一种方式。如果我们在 application.yml 中设置处于激活状态的 profile，那么这个 profile 就会变成默认的 profile，我们体验不到使用 profile 将生产环境相关属性和开发环境相关的属性分开的任何好处。因此，我推荐使用环境变量来设置处于激活状态的 profile。在生产环境中，可以这样设置 SPRING_PROFILES_ACTIVE：

```
% export SPRING_PROFILES_ACTIVE = prod
```

这样，部署到该机器上的任何应用都会激活 prod profile，对应的属性会比默认 profile 具备更高的优先级。

如果以可执行 JAR 文件的形式运行应用，还可以以命令行参数的形式设置激活的 profile：

```
% java -jar taco-cloud.jar --spring.profiles.active = prod
```

你可能已经注意到了，spring.profiles.active 属性名中包含复数形式的 profiles 一词。这意味着我们可以设置多个激活的 profile。如果使用环境变量，通常这可以通过逗号分隔的列表来实现：

```
% export SPRING_PROFILES_ACTIVE = prod,audit,ha
```

但是，在 YAML 中，要按照如下的方式来声明列表：

```
spring:
  profiles:
    active:
    - prod
    - audit
    - ha
```

另外，值得一提的是，如果将 Spring 应用部署到 Cloud Foundry 中，将会自动激活一个名为 cloud 的 profile。如果生产环境是 Cloud Foundry，可以将生产环境相关的属性放到 cloud profile 下。

在 Spring 应用中，profile 不仅能够用来条件化地设置配置属性。接下来，我们看一下如何基于处于激活状态的 profile 来声明特定的 bean。

6.3.3 使用 profile 条件化地创建 bean

有时候，为不同的 profile 创建一组独特的 bean 是非常有用的。正常情况下，不管哪个 profile 处于激活状态，Java 配置类中声明的所有 bean 都会被创建。但是，若希望某些 bean 仅在特定 profile 激活的情况下才需要创建，则可以使用@Profile 注解将某些 bean 设置为仅适用于给定的 profile。

例如，在 TacoCloudApplication 中，我们有一个 CommandLineRunner bean，用来在应用启动的时候加载嵌入式数据库的配料数据。对于开发阶段来讲，这是很不错的，但是对于生产环境的应用，这就没有必要了（也不符合需求）。为了防止在部署生产环境时每次都加载配料数据，可以为声明 CommandLineRunner bean 的方法添加@Profile 注解，如下所示：

```
@Bean
@Profile("dev")
public CommandLineRunner dataLoader(IngredientRepository repo,
      UserRepository userRepo, PasswordEncoder encoder) {
  ...
}
```

或者，若在 dev 或 qa profile 激活的时候都需要创建 CommandLineRunner，则可以将需要创建 bean 的所有 profile 都列出来：

```
@Bean
@Profile({"dev", "qa"})
public CommandLineRunner dataLoader(IngredientRepository repo,
      UserRepository userRepo, PasswordEncoder encoder) {
  ...
}
```

现在，配料数据会在 dev 或 qa profile 激活的时候才加载。这意味着，我们需要在开发环境运行的时候将 dev profile 激活。如果除了 prod 激活时，CommandLineRunner bean 都需要创建，那么我们可以采用一种更简便的方式。在这种情况下，可以按照如下的方式来使用@Profile：

```
@Bean
@Profile("!prod")
public CommandLineRunner dataLoader(IngredientRepository repo,
      UserRepository userRepo, PasswordEncoder encoder) {

  ...

}
```

在这里，感叹号（!）否定了 profile 的名称。实际上，它的含义是：只要 prod profile 不激活，就要创建 CommandLineRunner bean。

我们还可以在带有@Configuration 注解的类上使用@Profile。例如，假设我们要将 CommandLineRunner 抽取到一个名为 DevelopmentConfig 的配置类中，那么可以按照如下的方式为 DevelopmentConfig 添加@Profile 注解：

```
@Profile({"!prod", "!qa"})
@Configuration
public class DevelopmentConfig {

  @Bean
  public CommandLineRunner dataLoader(IngredientRepository repo,
        UserRepository userRepo, PasswordEncoder encoder) {

    ...

  }

}
```

在这里，CommandLineRunner bean（包括 DevelopmentConfig 中定义的其他 bean）只有在 prod 和 qa 均没有激活的情况下才会创建。

小结

- Spring bean 可以添加@ConfigurationProperties 注解，以从多个属性源中选取一个来注入它的值。
- 配置属性可以通过命令行参数、环境变量、JVM 系统属性、属性文件或 YAML 文件等方式进行设置。
- 配置属性可以用来覆盖自动配置相关的设置，包括指定数据源 URL 和日志级别。
- Spring profile 可以与属性源协同使用，从而能够基于激活的 profile 条件化地设置配置属性。

第 2 部分

Spring 集成

第 2 部分的章节涵盖 Spring 应用与其他应用集成的话题。第 7 章扩展了第 2 章对 Spring MVC 的讨论，介绍了如何在 Spring 中编写 REST API。我们会看到如何使用 Spring MVC 定义 REST 端点、使用 Spring Data REST 自动生成基于存储库的 REST 端点，以及如何消费 REST API。在第 8 章中，我们会使用 Spring Security 对 OAuth 2 的支持来保护 API，学习在客户端代码中获取授权以访问 OAuth 2 保护的 API。在第 9 章中，我们会学习如何借助异步通信技术，让 Spring 发送和接收 Java Message Service（JMS）、RabbitMQ 和 Kafka 的消息。第 10 章探讨了使用 Spring Integration 项目实现声明式应用集成的话题。我们会涵盖实时处理数据、定义集成流，以及与外部系统（如电子邮件和文件系统）集成的功能。

第 7 章　创建 REST 服务

本章内容：

- 在 Spring MVC 中定义 REST 端点；
- 自动化基于存储库的 REST 端点；
- 消费 REST API。

“Web 浏览器已死，那么现在是谁的天下呢？”

多年前，我就听到有人说 Web 浏览器行将就木，很快就会被其他的事物所取代。但是，这怎么可能实现呢？谁有可能取代几乎无处不在的 Web 浏览器呢？如果没有 Web 浏览器，我们该如何使用越来越多的网络站点和在线服务呢？

我们快进到今天。显然，Web 浏览器并没有消失，但它已经不再是访问互联网的主要方式了。现在，移动设备、平板电脑、智能手表和基于语音的设备已经非常常见。甚至很多基于浏览器的应用实际上运行的是 JavaScript 应用，浏览器早已不是服务器渲染内容的哑终端。

随着客户端的可选方案越来越多，许多应用程序采用了一种通用的设计，那就是将用户界面推到更接近客户端的地方，而让服务器暴露 API，通过这种 API，各种客户端都能与后端功能交互。

在本章中，我们将会使用 Spring 来为 Taco Cloud 应用提供 REST API。我们会用到第 2 章中已经学习过的 Spring MVC，使用 Spring MVC 的控制器创建 RESTful 端点。同时，我们还会将第 3 章和第 4 章中定义的 Spring Data 存储库暴露为 REST 端点。最后，我们会看一下如何测试和保护这些端点。

但首先，我们需要编写几个新的 Spring MVC 控制器，它们会使用 REST 端点来暴露后端功能，这些端点将会被富 Web 前端所消费。

7.1 编写 RESTful 控制器

在本质上来讲，REST API 与 Web 站点并没有太大的差异，它们都会应对 HTTP 的请求。但是，主要的差别在于 REST API 并不会以 HTML 的形式响应这些请求，而一般会以面向数据的格式进行响应，比如 JSON 或 XML。

在第 2 章，我们使用@GetMapping 注解从服务端获取数据，使用@PostMapping 注解向服务器端提交数据。在定义 REST API 的时候，这些注解依然有用。除此之外，Spring MVC 还为各种类型的 HTTP 请求提供了一些其他的注解，如表 7.1 所示。

表 7.1 Spring MVC 的 HTTP 请求处理注解

注解	HTTP 方法	典型用途[a]
@GetMapping	HTTP GET 请求	读取资源数据
@PostMapping	HTTP POST 请求	创建资源
@PutMapping	HTTP PUT 请求	更新资源
@PatchMapping	HTTP PATCH 请求	更新资源
@DeleteMapping	HTTP DELETE 请求	删除资源
@RequestMapping	通用的请求处理，HTTP 方法可以通过 method 属性声明	—

[a] 将 HTTP 方法映射为创建、读取、更新和删除（常统称为 CRUD）操作不太恰当，但是在实践中，这是常见的使用方式，在我们的 Taco Cloud 应用中也是这样使用它们的。

要实际看到这些注解的效果，我们需要创建一个简单的 REST 端点，该端点会检索一些最新创建的 taco。

7.1.1 从服务器中检索数据

Taco Cloud 应用最酷的一件事就是它允许 taco 爱好者设计自己的 taco 作品并与其他人分享。实现该功能的一种方式就是在 Web 站点上展示最近创建的 taco 列表。

为了支持该特性，我们需要创建一个端点，处理对“/api/tacos”的 GET 请求，该请求中将会包含一个“recent”参数。端点会以最近新设计的 taco 列表作为响应。我们会创建一个新的控制器来处理这样的请求，程序清单 7.1 展示了完成该任务的控制器。

程序清单 7.1　处理 taco 设计 API 请求的 RESTful 控制器

```
package tacos.web.api;

import org.springframework.data.domain.PageRequest;
import org.springframework.data.domain.Sort;
import org.springframework.web.bind.annotation.CrossOrigin;
import org.springframework.web.bind.annotation.GetMapping;
import org.springframework.web.bind.annotation.RequestMapping;
import org.springframework.web.bind.annotation.RestController;

import tacos.Taco;
import tacos.data.TacoRepository;

@RestController
@RequestMapping(path = "/api/tacos",        <-- 处理针对"/api/tacos"的请求
                produces = "application/json")
@CrossOrigin(origins = "http://tacocloud:8080")  <-- 允许跨域请求
public class TacoController {
  private TacoRepository tacoRepo;

  public TacoController(TacoRepository tacoRepo) {
    this.tacoRepo = tacoRepo;
  }

  @GetMapping(params = "recent")
  public Iterable<Taco> recentTacos() {   <-- 获取并返回最近设计的 taco
    PageRequest page = PageRequest.of(
          0, 12, Sort.by("createdAt").descending());
    return tacoRepo.findAll(page).getContent();
  }
}
```

你可能会觉得这个控制器的名字看起来非常熟悉。在第 2 章中，我们创建了名称相仿的 DesignTacoController 控制器，它会处理类似的请求。但是，当时的控制器是用来在 Taco Cloud 应用中生成 HTML 结果的，这个新的 TacoController 则是一个由@RestController 注解声明的 REST 控制器。

@RestController 注解有两个目的。首先，它是一个类似于@Controller 和@Service 的构造型注解，能够让标注的类被组件扫描功能发现。但是，与 REST 最密切相关的地方在于，@RestController 注解会告诉 Spring，在控制器中，所有处理器方法的返回值都要直接写入响应体，而不是将值放到模型中并传递给一个视图以便渲染。

作为替代方案，我们也可以像其他 Spring MVC 控制器那样，为 TacoController 添加@Controller 注解。但是，这样一来，我们就需要为每个处理器方法再添加@ResponseBody 注解，以达到相同的效果。另外一种方案就是返回 ResponseEntity 对象，我们稍后将会对其进行讨论。

类级别的@RequestMapping 注解与 recentTacos()方法上的@GetMapping 注解结合起

来，指定了 recentTacos()方法将会负责处理针对“/api/tacos?recent”的 GET 请求。

你还会发现，@RequestMapping 注解还设置了一个 produces 属性。这指明 TacoController 类中的所有处理器方法只会处理 Accept 头信息包含“application/json”的请求，表明客户端只能处理 JSON 格式的响应。通过使用 produces 能够限制 API 只生成 JSON 格式的结果，这样我们就能让其他的控制器（比如第 2 章中的 DesignTacoController）处理具有相同路径的请求，只要这些请求不要求 JSON 格式的输出。

尽管将 produces 设置为“application/json”能够限制 API 是基于 JSON 的（对于我们的需求要说，这样就可以了），但我们还可以将 produces 设置为一个 String 类型的数组，从而使其允许我们设置多个内容类型。比如，为了允许生成 XML 格式的输出，可以为 produces 属性添加“text/html”：

```
@RequestMapping(path = "/api/tacos",
                produces = {"application/json", "text/xml"})
```

在程序清单 7.1 中,你可能还发现这个类添加了@CrossOrigin 注解。对基于 JavaScript 的用户界面来说（比如使用像 Angular 或 ReactJS 这样的框架所编写的用户界面），一种常见的方式是让它们运行在与 API 相独立的主机或端口上（至少目前是这样的），Web 浏览器会阻止客户端消费该 API。我们可以在服务端响应中添加跨域资源共享（Cross-Origin Resource Sharing，CORS）头信息来突破这一限制。Spring 借助@CrossOrigin 注解让 CORS 的使用更加简单。

正如我们所看到的，@CrossOrigin 允许来自 localhost 且端口为 8080 的客户端访问 API。但是，origins 属性也可以接受数组，这样我们就可以声明多个值，如下所示：

```
@RestController
@RequestMapping(path = "/api/tacos",
                produces = "application/json")
@CrossOrigin(origins = {"http://tacocloud:8080", "http://tacocloud.com"})
public class TacoController {
  ...
}
```

recentTacos()方法中的逻辑非常简单直接。它构建了一个 PageRequest 对象，指明我们想要第一页（页号为 0）按照 taco 的创建时间降序排列的 12 条结果。简言之，我们想要得到 12 个最近创建的 taco 设计。PageRequest 会传递到 TacoRepository 的 findAll()方法中，分页的结果内容则会返回到客户端（也就是我们在程序清单 7.1 中看到的，它们将会作为模型数据展现给用户）。

我们已经有了面向客户端的初始 Taco Cloud API。在开发中，我们可能还想使用像 curl 或 HTTPie 这样的命令行工具来探测该 API。比如，如下的命令行展示了如何通过 curl 获取最新创建的 taco：

```
$ curl localhost:8080/api/tacos?recent
```

如果你更喜欢 HTTPie，也可以通过 HTTPie 做到这一点：

```
$ http :8080/api/tacos?recent
```

最初，数据库是空的，所以这些请求的结果同样也是空的。稍后，我们会看到如何处理 POST 请求以保存 taco。不过，也可以添加一个 CommandLineRunner bean，使用测试数据预加载数据库。下面的 CommandLineRunner bean 方法展示了如何预加载一些配料和 taco：

```
@Bean
public CommandLineRunner dataLoader(
    IngredientRepository repo,
    UserRepository userRepo,
    PasswordEncoder encoder,
    TacoRepository tacoRepo) {
  return args -> {
    Ingredient flourTortilla = new Ingredient(
        "FLTO", "Flour Tortilla", Type.WRAP);
    Ingredient cornTortilla = new Ingredient(
        "COTO", "Corn Tortilla", Type.WRAP);
    Ingredient groundBeef = new Ingredient(
        "GRBF", "Ground Beef", Type.PROTEIN);
    Ingredient carnitas = new Ingredient(
        "CARN", "Carnitas", Type.PROTEIN);
    Ingredient tomatoes = new Ingredient(
        "TMTO", "Diced Tomatoes", Type.VEGGIES);
    Ingredient lettuce = new Ingredient(
        "LETC", "Lettuce", Type.VEGGIES);
    Ingredient cheddar = new Ingredient(
        "CHED", "Cheddar", Type.CHEESE);
    Ingredient jack = new Ingredient(
        "JACK", "Monterrey Jack", Type.CHEESE);
    Ingredient salsa = new Ingredient(
        "SLSA", "Salsa", Type.SAUCE);
    Ingredient sourCream = new Ingredient(
        "SRCR", "Sour Cream", Type.SAUCE);
    repo.save(flourTortilla);
    repo.save(cornTortilla);
    repo.save(groundBeef);
    repo.save(carnitas);
    repo.save(tomatoes);
    repo.save(lettuce);
    repo.save(cheddar);
    repo.save(jack);
    repo.save(salsa);
    repo.save(sourCream);

    Taco taco1 = new Taco();
    taco1.setName("Carnivore");
    taco1.setIngredients(Arrays.asList(
            flourTortilla, groundBeef, carnitas,
            sourCream, salsa, cheddar));
```

```
        tacoRepo.save(taco1);

        Taco taco2 = new Taco();
        taco2.setName("Bovine Bounty");
        taco2.setIngredients(Arrays.asList(
                cornTortilla, groundBeef, cheddar,
                jack, sourCream));
        tacoRepo.save(taco2);

        Taco taco3 = new Taco();
        taco3.setName("Veg-Out");
        taco3.setIngredients(Arrays.asList(
                flourTortilla, cornTortilla, tomatoes,
                lettuce, salsa));
        tacoRepo.save(taco3);
    };
}
```

现在，如果我们尝试使用 curl 或 HTTPie 来发送请求到最近 taco 的端点，将会看到如下所示的响应（为了可读性，响应进行了格式化）：

```
$ curl localhost:8080/api/tacos?recent
[
  {
    "id": 4,
    "name": "Veg-Out",
    "createdAt": "2021-08-02T00:47:09.624 + 00:00",
    "ingredients": [
      { "id": "FLTO", "name": "Flour Tortilla", "type": "WRAP" },
      { "id": "COTO", "name": "Corn Tortilla", "type": "WRAP" },
      { "id": "TMTO", "name": "Diced Tomatoes", "type": "VEGGIES" },
      { "id": "LETC", "name": "Lettuce", "type": "VEGGIES" },
      { "id": "SLSA", "name": "Salsa", "type": "SAUCE" }
    ]
  },
  {
    "id": 3,
    "name": "Bovine Bounty",
    "createdAt": "2021-08-02T00:47:09.621 + 00:00",
    "ingredients": [
      { "id": "COTO", "name": "Corn Tortilla", "type": "WRAP" },
      { "id": "GRBF", "name": "Ground Beef", "type": "PROTEIN" },
      { "id": "CHED", "name": "Cheddar", "type": "CHEESE" },
      { "id": "JACK", "name": "Monterrey Jack", "type": "CHEESE" },
      { "id": "SRCR", "name": "Sour Cream", "type": "SAUCE" }
    ]
  },
  {
  "id": 2,
    "name": "Carnivore",
    "createdAt": "2021-08-02T00:47:09.520 + 00:00",
    "ingredients": [
      { "id": "FLTO", "name": "Flour Tortilla", "type": "WRAP" },
```

```
      { "id": "GRBF", "name": "Ground Beef", "type": "PROTEIN" },
      { "id": "CARN", "name": "Carnitas", "type": "PROTEIN" },
      { "id": "SRCR", "name": "Sour Cream", "type": "SAUCE" },
      { "id": "SLSA", "name": "Salsa", "type": "SAUCE" },
      { "id": "CHED", "name": "Cheddar", "type": "CHEESE" }
    ]
  }
]
```

现在，假设我们想要提供一个按照 ID 抓取单个 taco 的端点。我们可以在处理器方法的路径上使用占位符并让对应的方法接受一个路径变量，这样就能捕获到这个 ID，然后借助存储库查找 Taco 对象了：

```
@GetMapping("/{id}")
public Optional<Taco> tacoById(@PathVariable("id") Long id) {
  return tacoRepo.findById(id);
}
```

因为控制器的基础路径是“/api/tacos”，所以这个控制器方法处理的是针对“/api/tacos/{id}”的 GET 请求，其中路径的“{id}”部分是占位符。请求中的实际值会传递给 id 参数，通过@PathVariable 注解与{id}占位符进行匹配。

在 tacoById()中，id 参数被传递到了存储库的 findById()方法中，以便抓取 Taco。findById()返回的是 Optional<Taco>，因为根据给定的 ID 可能匹配不到 taco。控制器方法只需要简单地返回 Optional<Taco>就可以了。

Spring 得到这个 Optional<Taco>后，会调用其 get()来生成响应。如果该 ID 无法匹配任何已知的 taco，响应体将会包含 null，并且响应的状态码为 200 (OK)。客户端实际上接收到了一个无法使用的响应，但是状态码却提示一切正常。有一种更好的方式是在响应中使用 HTTP 404 (NOT FOUND)状态。

按照现在的写法，没有简单的途径可以在 tacoById()中返回 404 状态。但是，我们如果做一些小的调整，就可以将状态码设置成恰当的值了：

```
@GetMapping("/{id}")
public ResponseEntity<Taco> tacoById(@PathVariable("id") Long id) {
  Optional<Taco> optTaco = tacoRepo.findById(id);
  if (optTaco.isPresent()) {
    return new ResponseEntity<>(optTaco.get(), HttpStatus.OK);
  }
  return new ResponseEntity<>(null, HttpStatus.NOT_FOUND);
}
```

现在，tacoById()返回的不是 Taco 对象，而是 ResponseEntity<Taco>。如果能够找到 taco，我们就将 Taco 包装到 ResponseEntity 中，并且会带有 HTTP 的 OK 状态（这也是之前的行为）。如果找不到 taco，我们会在 ResponseEntity 中包装一个 null，并且带有 HTTP 的 NOT FOUND 状态，从而通知客户端试图抓取的 taco 并不存在。

定义能够返回信息的端点仅仅是第一步。如果我们的 API 需要从客户端接收数据，又该怎么办呢？接下来，我们看一下如何编写控制器来处理请求的输入。

7.1.2 发送数据到服务器端

到目前为止，我们的 API 能够返回多个最近创建的 taco。但是，这些 taco 最初又是如何创建的呢？

尽管我们可以借助 CommandLineRunner bean 将一些测试的 taco 数据预加载到数据库中，但是 taco 数据最终还是要来源于由用户制作 taco 的作品。因此，需要在 TacoController 中编写一个方法以处理包含 taco 设计的请求并将其保存到数据库中。通过在 TacoController 中添加如下的 postTaco()方法，我们就能让控制器实现该功能：

```
@PostMapping(consumes = "application/json")
@ResponseStatus(HttpStatus.CREATED)
public Taco postTaco(@RequestBody Taco taco) {
  return tacoRepo.save(taco);
}
```

因为 postTaco()将会处理 HTTP POST 请求，所以其中使用了@PostMapping 注解，而不是@GetMapping。在这里，我们没有指定 path 属性，因此按照 TacoController 上类级别的@RequestMapping 注解，postTaco()方法将会处理对“/api/tacos”的请求。

但是，我们设置了 consumes 属性。consumes 属性用于指定请求输入，而 produces 用于指定请求输出。在这里，我们使用 consumes 属性就表明该方法只会处理 Content-type 与“application/json”相匹配的请求。

方法的 Taco 参数带有@RequestBody 注解，这表明请求体应该被转换为一个 Taco 对象并绑定到该参数上。这个注解是非常重要的，如果没有它，Spring MVC 将会认为我们希望将请求参数（要么是查询参数要么是表单参数）绑定到 Taco 上。但是，@RequestBody 注解能够确保请求体中的 JSON 会被绑定到 Taco 对象上。

在 postTaco()接收到 Taco 对象之后，它就会将该对象传递给 TacoRepository 的 save()方法。

你可能也注意到了，我为 postTaco()方法添加了@ResponseStatus(HttpStatus.CREATED)注解。在正常的情况下（没有异常抛出的时候），所有的响应的 HTTP 状态码都是 200 (OK)，表明请求是成功的。尽管我们始终都希望得到 HTTP 200，但是有些时候它的描述性不足。在我们的 POST 请求中，201 (CREATED)的 HTTP 状态更具有描述性。它会告诉客户端，请求不仅成功了，而且还创建了一个资源。恰当地使用@ResponseStatus 将最具描述性和最精确的 HTTP 状态码传递给客户端，是一种很好的理念。

我们已经使用@PostMapping 创建了新的 Taco 资源，除此之外，POST 请求也可以用来更新资源。尽管如此，POST 请求通常用来创建资源，而 PUT 和 PATCH 请求通常用来更新资源。接下来，让我们看一下如何使用@PutMapping 和@PatchMapping 来更新数据。

7.1.3 在服务器上更新数据

在编写控制器来处理 HTTP PUT 或 PATCH 命令之前，我们应该花点时间直面这个问题：为什么会有两种不同的 HTTP 方法来更新资源?

尽管 PUT 经常用来更新资源，但在语义上它其实是与 GET 对立的。GET 请求用来从服务端向客户端传输数据，而 PUT 请求则从客户端向服务端发送数据。

从这个意义上讲，PUT 真正的目的是执行大规模的替换（replacement）操作，而不是更新操作。而 HTTP PATCH 的目的是对资源数据打补丁或进行局部更新。

例如，假设我们想要更新某个订单的地址信息。通过 REST API，一种实现方式是使用如下所示的 PUT 请求处理：

```
@PutMapping(path = "/{orderId}", consumes = "application/json")
public TacoOrder putOrder(
                      @PathVariable("orderId") Long orderId,
                      @RequestBody TacoOrder order) {
  order.setId(orderId);
  return repo.save(order);
}
```

这种方式可以达到目的，但是可能需要客户端将完整的订单数据从 PUT 请求中提交上来。从语义上讲，PUT 意味着“将数据放到这个 URL 上”，其本质上就是替换已有的数据。如果省略了订单上的某个属性，该属性的值应该被 null 覆盖。甚至订单中的 taco 也需要和订单数据一起设置，否则，它们将会从订单中移除。

如果 PUT 请求所做的是对资源数据进行大规模替换，那么我们该如何处理局部更新的请求呢？这就是 HTTP PATCH 请求和 Spring 的@PatchMapping 注解所擅长的事情了。如下代码展示了如何通过控制器方法处理订单的 PATCH 请求：

```
@PatchMapping(path = "/{orderId}", consumes = "application/json")
public TacoOrder patchOrder(@PathVariable("orderId") Long orderId,
                        @RequestBody TacoOrder patch) {

  TacoOrder order = repo.findById(orderId).get();
  if (patch.getDeliveryName() != null) {
    order.setDeliveryName(patch.getDeliveryName());
  }
  if (patch.getDeliveryStreet() != null) {
    order.setDeliveryStreet(patch.getDeliveryStreet());
  }
  if (patch.getDeliveryCity() != null) {
    order.setDeliveryCity(patch.getDeliveryCity());
  }
  if (patch.getDeliveryState() != null) {
    order.setDeliveryState(patch.getDeliveryState());
  }
  if (patch.getDeliveryZip() != null) {
    order.setDeliveryZip(patch.getDeliveryZip());
```

```
    }
    if (patch.getCcNumber() != null) {
      order.setCcNumber(patch.getCcNumber());
    }
    if (patch.getCcExpiration() != null) {
      order.setCcExpiration(patch.getCcExpiration());
    }
    if (patch.getCcCVV() != null) {
      order.setCcCVV(patch.getCcCVV());
    }
    return repo.save(order);
  }
```

这里需要注意的一件事情是，patchOrder()方法使用了@PatchMapping 注解，而不是@PutMapping 注解。这表示它应该处理 HTTP PATCH 请求，而不是 PUT 请求。

你肯定也注意到，patchOrder()方法比 putOrder()方法要更复杂一些。这是因为 Spring MVC 的映射注解，包括@PatchMapping 和@PutMapping，只能用来指定某个方法能够处理什么类型的请求。这些注解并没有规定如何处理请求。尽管 PATCH 在语义上代表局部更新，但是在处理器方法中实际编写代码执行更新的还是我们自己。

对于 putOrder()方法，我们得到完整的订单数据，然后将它保存起来，这样就完全符合 HTTP PUT 的语义。但是，对于 patchMapping()，为了符合 HTTP PATCH 的语义，方法体需要更智能。在这里，我们不是用新发送过来的数据完全替换已有的订单，而是探查传入 TacoOrder 对象的每个字段，并将所有非 null 的值应用到已有的订单上。这种方式允许客户端只发送要改变的属性，并且对于客户端没有指定的属性，服务器端会保留已有的数据。

还有更多的方式来实现 PATCH

patchOrder()方法中的 PATCH 操作还有一些限制。

- 如果 null 意味着没有变化，那么客户端该如何指定一个字段真的要设置为 null?
- 我们没有办法添加或移除集合的子集。客户端如果想要添加或移除集合中的条目，必须将变更的完整集合发送到服务器端。

关于 PATCH 请求该如何处理，以及传入的数据该是什么样子，并没有硬性的规定。客户端可以发送一个 PATCH 请求的具体变更描述，而不是发送真正的领域数据。当然，如果这样，请求处理器方法就会改写为处理 patch 指令，而不是领域数据。

需要注意，在@PutMapping 和@PatchMapping 中，请求路径引用的都是要进行变更的资源。这与@GetMapping 注解标注的方法在处理路径时的方式是相同的。

我们已经看过了如何使用@GetMapping 和@PostMapping 获取和发送资源。同时，也看到了使用@PutMapping 和@PatchMapping 更新资源的两种方式，剩下的就是该如何处理删除资源的请求了。

7.1.4 删除服务器上的数据

有时候，我们可能不再需要某些数据。在这种情况下，客户端应该能够通过 HTTP DELETE 请求的形式要求移除资源。

Spring MVC 的@DeleteMapping 注解能够非常便利地声明处理 DELETE 请求的方法。例如，我们想要有一个能够删除订单资源的 API。如下的控制器方法就能做到这一点：

```
@DeleteMapping("/{orderId}")
@ResponseStatus(HttpStatus.NO_CONTENT)
public void deleteOrder(@PathVariable("orderId") Long orderId) {
  try {
    repo.deleteById(orderId);
  } catch (EmptyResultDataAccessException e) {}
}
```

现在，再向你解释这个映射注解就有些啰唆了。我们已经见过了@GetMapping、@PostMapping、@PutMapping 和@PatchMapping，每个注解都能够指定某个方法可以处理对应类型的 HTTP 请求。毫无疑问，@DeleteMapping 会指定 deleteOrder()方法负责处理针对“/orders/{orderId}”的 DELETE 请求。

这个方法中的代码会负责删除订单相关的工作。在本例中，它会接受订单 ID 并将其传递给存储库的 deleteById()方法，其中的 ID 是以 URL 中路径变量的形式提供的。在方法调用的时候，该订单如果存在，就会被删除。如果订单不存在，方法就会抛出 EmptyResultDataAccessException。

在这里，我选择捕获该 EmptyResultDataAccessException 异常，但是什么都没有做。我的想法是：如果尝试删除一个并不存在的资源，那么这样做的结果和删除一个存在的资源是一样的。也就是说，最终的效果都是资源不存在，所以在删除之前资源是否存在并不重要。另外一种办法是让 deleteOrder()返回 ResponseEntity，在资源不存在的时候将响应体设置为 null 并将 HTTP 状态码设置为 NOT FOUND。

关于 deleteOrder()方法，唯一需要注意的是它使用了@ResponseStatus 注解，以确保响应的 HTTP 状态码为 204 (NO CONTENT)。对于已经不存在的资源，我们没有必要返回任何的资源数据给客户端，因此 DELETE 请求通常并没有响应体。我们需要以 HTTP 状态码的形式让客户端不要预期得到任何的内容。

现在，Taco Cloud API 已经基本成形了。客户端可以很容易地消费我们的 API，以便于显示配料、接受订单和展示最近创建的 taco。我们将会在 7.3 节讨论如何编写 REST 客户端的代码。但现在，我们看一下创建 REST API 的另外一个方式：基于 Spring Data 存储库的自动生成。

7.2 启用数据后端服务

正如我们在第 3 章所看到的，Spring Data 有一种特殊的能力，能够基于我们定义的接口自动创建存储库实现。但是Spring Data还有另外一项技巧，能够帮助我们定义应用的API。

Spring Data REST 是 Spring Data 家族中另外一个成员，它会为 Spring Data 创建的存储库自动生成 REST API。只需要将 Spring Data REST 添加到构建文件中，就能得到一套 API，它的操作与我们定义存储库接口是一致的。

为了使用 Spring Data REST，需要将如下的依赖添加到构建文件中：

```
<dependency>
  <groupId>org.springframework.boot</groupId>
  <artifactId>spring-boot-starter-data-rest</artifactId>
</dependency>
```

不管你是否相信，对于已经使用 Spring Data 自动生成存储库的项目，只需要完成这一步就能对外暴露 REST API 了。将 Spring Data REST starter 依赖添加到构建文件中之后，应用的自动配置功能会为 Spring Data（包括 Spring Data JPA、Spring Data Mongo 等）创建的所有存储库自动创建 REST API。

Spring Data REST 所创建的端点和我们自己创建的端点一样好（甚至比我们创建的端点更好一些）。所以，可以做一些移除操作，在进行下一步之前将我们已经创建的带有@RestController 注解的类移除。

为了尝试 Spring Data REST 提供的端点，可以启动应用并测试一些 URL。基于为 Taco Cloud 已经定义的存储库，我们可以对 taco、配料、订单和用户执行一些 GET 请求。

举例来说，我们可以向"/ingredients"发送 GET 请求以获取所有配料的列表。借助 curl，我们得到的响应大致如下所示（有删减，只显示第一种配料）：

```
$ curl localhost:8080/ingredients
{
  "_embedded" : {
    "ingredients" : [ {
      "name" : "Flour Tortilla",
      "type" : "WRAP",
      "_links" : {
        "self" : {
          "href" : "http://localhost:8080/ingredients/FLTO"
        },
        "ingredient" : {
          "href" : "http://localhost:8080/ingredients/FLTO"
        }
      }
    },
    ...
    ]
  },
  "_links" : {
    "self" : {
      "href" : "http://localhost:8080/ingredients"
    },
    "profile" : {
```

```
        "href" : "http://localhost:8080/profile/ingredients"
      }
    }
  }
```

太棒了！将一项依赖添加到了构建文件中，不仅能得到针对配料的端点，而且返回的资源中还包含了超链接。这些超链接是通过超媒体作为应用状态引擎（Hypermedia As The Engine Of Application State，HATEOAS）实现的。消费这个 API 的客户端可以使用这些超链接作为指南，以便于导航 API 并执行后续的请求。

Spring HATEOAS 项目为在 Spring MVC 控制器的响应中添加超链接提供了通用的支持。但是，Spring Data REST 会在生成的 API 中自动向响应中添加这些链接。

是否要使用 HATEOAS?

HATEOAS 的总体理念是让客户端像人类导航网站那样去导航 API，也就是跟随链接进行导航。借助 HATEOAS，我们不用在客户端中对 API 的细节进行编码并让客户端为每个请求构建 URL。现在，客户端可以从超链接列表中按名称选择一个链接，并使用它来进行下一次请求。通过这种方式，客户端不需要编码来了解 API 的结构，而可以将 API 本身作为一个路线图来使用。

另一方面，超链接确实会在有效载荷中增加少量的额外数据。它也增加了一些复杂性，要求客户端知道如何使用这些超链接进行导航。这使得 API 开发者经常放弃使用 HATEOAS，如果 API 中有超链接，客户端开发者经常会简单地忽略超链接。

除了 Spring Data REST 响应中自带的超链接外，我们将忽略 HATEOAS，专注于简单的、非超媒体的 API。

我们可以假装成这个 API 的客户端，使用 curl 继续访问 self 链接以获取面粉薄饼（flour tortilla）的详情：

```
$ curl http://localhost:8080/ingredients/FLTO
{
  "name" : "Flour Tortilla",
  "type" : "WRAP",
  "_links" : {
    "self" : {
      "href" : "http://localhost:8080/ingredients/FLTO"
    },
    "ingredient" : {
      "href" : "http://localhost:8080/ingredients/FLTO"
    }
  }
}
```

为了避免分散注意力，在本书中，我们不再浪费时间深入探究 Spring Data REST 所创建的每个端点和可选项。但是，我们需要知道，它还支持端点的 POST、PUT 和 DELETE 方法。也就是说，你可以发送 POST 请求至“/ingredients”来创建新的配料，也可以发送 DELETE 请求到“/ingredients/FLTO”以便于从菜单中删除面粉薄饼。

我们想做的另外一件事可能就是为 API 设置一个基础路径，使它们具有不同的端点，避免与我们所编写的控制器产生冲突。为了调整 API 的基础路径，可以设置 spring.data.rest.base-path 属性：

```
spring:
  data:
    rest:
      base-path: /data-api
```

这项配置会将 Spring Data REST 端点的基础路径设置为“/data-api”。尽管我们可以将基础路径设置为任意喜欢的值，但是在这里选择使用“/data-api”能够避免 Spring Data REST 暴露出来的端点与其他控制器的端点冲突，包括我们本章前面所创建的以“/api”路径开头的端点。现在，配料端点将会变成“/data-api/ingredients”。我们通过请求 taco 列表来验证一下这个新的基础路径：

```
$ curl http://localhost:8080/data-api/tacos
{
  "timestamp": "2018-02-11T16:22:12.381 + 0000",
  "status": 404,
  "error": "Not Found",
  "message": "No message available",
  "path": "/api/tacos"
}
```

很遗憾，它并没有按照预期的方式运行。有了 Ingredient 实体和 IngredientRepository 接口之后，Spring Data REST 就会暴露“data-api/ingredients”端点。我们也有 Taco 实体和 TacoRepository 接口，为什么 Spring Data REST 没有为我们生成“/data-api/tacos”端点呢？

7.2.1 调整资源路径和关系名称

实际上，Spring Data 确实为我们提供了处理 taco 的端点。Spring Data REST 虽然非常聪明，但是在暴露 taco 端点时，还是出现了一点问题。

当为 Spring Data 存储库创建端点时，Spring Data REST 会尝试使用相关实体类的复数形式。对于 Ingredient 实体，端点将会是“/data-api/ingredients”；对于 TacoOrder 实体，端点将会是“/data-api/orders”。到目前为止，一切运行良好。

但有些场景下，比如遇到“taco”的情况，它获取到这个单词之后，为其生成的复数形式就不太正确了。实际上，Spring Data REST 将“taco”的复数形式计算成了“tacoes”，所以，为了向 taco 发送请求，我们可以将错就错，请求“/data-api/tacoes”地址：

```
$ curl localhost:8080/data-api/tacoes
{
  "_embedded" : {
    "tacoes" : [ {
      "name" : "Carnivore",
```

```
      "createdAt" : "2018-02-11T17:01:32.999 + 0000",
      "_links" : {
        "self" : {
          "href" : "http://localhost:8080/data-api/tacoes/2"
        },
        "taco" : {
          "href" : "http://localhost:8080/data-api/tacoes/2"
         },
        "ingredients" : {
          "href" : "http://localhost:8080/data-api/tacoes/2/ingredients"
        }
      }
    }]
  },
  "page" : {
    "size" : 20,
    "totalElements" : 3,
    "totalPages" : 1,
    "number" : 0
  }
}
```

你肯定会想，我是怎么知道“taco”的复数形式被错误计算成了“tacoes”呢。实际上，Spring Data REST 还暴露了一个主资源（home resource），这个资源包含了所有端点的链接。只需要向 API 的基础路径发送 GET 请求，就能得到它的结果：

```
$ curl localhost:8080/api
{
  "_links" : {
    "orders" : {
      "href" : "http://localhost:8080/data-api/orders"
    },
    "ingredients" : {
      "href" : "http://localhost:8080/data-api/ingredients"
    },
    "tacoes" : {
      "href" : "http://localhost:8080/data-api/tacoes{?page,size,sort}",
      "templated" : true
    },
    "users" : {
      "href" : "http://localhost:8080/data-api/users"
    },
    "profile" : {
      "href" : "http://localhost:8080/data-api/profile"
    }
  }
}
```

可以看到，这个主资源显示了所有实体的链接。除了 tacoes 链接之外，其他都很正常，在这里关系名和 URL 地址上都是错误的复数形式“tacoes”。

好消息是，我们并非必须接受 Spring Data REST 的这个小错误。通过为 Taco 添加一个简单的注解，我们就能调整关系名和路径：

```
@Data
@Entity
@RestResource(rel = "tacos", path = "tacos")
public class Taco {
  ...
}
```

@RestResource 注解能够为实体提供任何我们想要的关系名和路径。在本例中，我们将它们都设置成了“tacos”。现在，我们请求主资源的时候，会看到 taco 的正确复数形式“tacos”：

```
"tacos" : {
  "href" : "http://localhost:8080/data-api/tacos{?page,size,sort}",
  "templated" : true
},
```

这样我们就整理好了端点路径，现在就可以向“/data-api/tacos”发送请求来操作 taco 资源了。

接下来我们看一下如何对 Spring Data REST 端点的结果进行排序。

7.2.2 分页和排序

你可能已经发现，主资源上的所有链接都提供了可选的 page、size 和 sort 参数。默认情况下，请求集合资源（比如“/data-api/tacos”）都会返回首页的 20 个条目。但是，可以通过在请求中指定 page 和 size 参数调整具体的页数和每页的数量。

例如，如果我们想要请求首页的 taco，但是仅希望结果包含 5 个条目，可以发送如下的 GET 请求（使用 curl）：

```
$ curl "localhost:8080/data-api/tacos?size = 5"
```

如果 taco 的数量超过了 5 个，可以使用 page 参数获取次页的 taco：

```
$ curl "localhost:8080/data-api/tacos?size = 5&page = 1"
```

注意，page 参数是从 0 开始计算的，也就是说 page 值为 1 的时候，会请求次页的数据。（你可能会发现，很多命令行 shell 遇到请求中的&符号会出错，所以我们在前面的 curl 命令中，为整个 URL 使用了引号）。

sort 参数允许我们根据实体的某个属性对结果排序。例如，想要获取最近创建的 12 条 taco 进行 UI 展示，可以混合使用分页和排序参数实现：

```
$ curl "localhost:8080/data-api/tacos?sort = createdAt,desc&page = 0&size = 12"
```

在这里，sort 参数指定我们要按照 createdAt 属性排序，并且要按照降序排列（所以最新的 taco 会放在最前面）。page 和 size 参数指定我们想要获取首页的 12 个 taco。

这恰好是 UI 展现最近创建的 taco 所需要的数据。它与我们在本章前文 TacoController 定义的“/api/tacos?recent”端点大致相同。

现在，我们调转方向，看一下如何编写客户端代码来消费我们创建的 API 端点。

7.3 消费 REST 服务

你有没有过这样的经历：兴冲冲地跑去看电影，却发现自己是影厅中唯一的观众？这当然是一种很奇妙的经历，本质上来讲，这场电影变成了私人电影。你可以选择任意想要的座位，和屏幕上的角色交谈，甚至打开手机发推文，完全不用担心因为破坏了别人的观影体验而惹得别人生气。最棒的是，没有人会毁了你观看这部电影的心情。

对我来说，这样的事情并不常见。但是，遇到这种情况的时候，我会在想，如果我也不出现，会发生什么呢？工作人员还会播放这部影片吗？电影中的英雄还会拯救世界吗？电影播放结束后，工作人员还会打扫影院吗？

没有观众的电影就像没有客户端的 API。这些 API 已经准备好接收和提供数据了，但是如果它们从来没有被调用过，那么它们还是 API 吗？这些 API 就像薛定谔的猫。在发起请求之前，我们并不知道这些 API 是否活跃，也不知道它们是否返回 HTTP 404 响应。

这种场景并不罕见：Spring 应用除了提供对外 API 之外，同时要对另外一个应用的 API 发起请求。实际上，在微服务领域，这正变得越来越普遍。因此，花点时间研究一下如何使用 Spring 与 REST API 交互是非常值得的。

Spring 应用可以采用多种方式来消费 REST API。

- RestTemplate：由 Spring 核心框架提供的简单、同步 REST 客户端。
- Traverson：对 Spring RestTemplate 的包装，由 Spring HATEOAS 提供的支持超链接、同步的 REST 客户端，其灵感来源于同名的 JavaScript 库。
- WebClient：反应式、异步 REST 的客户端。

现在，我们主要关注使用 RestTemplate 创建客户端。我将 WebClient 推迟到第 12 章介绍 Spring 的反应式 Web 框架时再讨论。如果你对编写支持超链接的客户端感兴趣，可以参阅 Traverson 的文档。

从客户端的角度来看，与 REST 资源进行交互涉及很多工作，而且大多数都是很单调乏味的样板式代码。如果使用较低层级 HTTP 库，客户端需要创建一个客户端实例和请求对象，执行请求，解析响应，将响应映射为领域对象，还要处理这个过程中可能会抛出的所有异常。不管发送什么样的 HTTP 请求，这种样板代码都要不断重复。

为了避免这种样板代码，Spring 提供了 RestTemplate。就像 JDBCTemplate 能够处理 JDBC 中丑陋的那部分代码一样，RestTemplate 也能够将你从消费 REST 资源所面临的单调工作中解放出来。

RestTemplate 提供了 41 个与 REST 资源交互的方法。我不会详细介绍它所提供的所有方法，而是只考虑 12 个独立的操作，这些操作的重载形式组成了完整的 41 个方法。这 12 个操作如表 7.2 所示。

表 7.2 RestTemplate 定义了 12 个独立的操作，分别有若干重载，共计 41 个方法

方法	描述
delete(…)	在特定的 URL 上对资源执行 HTTP DELETE 请求
exchange(…)	在 URL 上执行特定的 HTTP 方法，返回包含对象的 ResponseEntity，这个对象是从响应体中映射得到的
execute(…)	在 URL 上执行特定的 HTTP 方法，返回一个从响应体映射得到的对象
getForEntity(…)	发送一个 HTTP GET 请求，返回的 ResponseEntity 包含了响应体所映射成的对象
getForObject(…)	发送一个 HTTP GET 请求，返回响应体所映射成的对象
headForHeaders(…)	发送 HTTP HEAD 请求，返回包含特定资源 URL 的 HTTP 头信息
optionsForAllow(…)	发送 HTTP OPTIONS 请求，返回特定 URL 的 Allow 头信息
patchForObject(...)	发送 HTTP PATCH 请求，返回一个从响应体映射得到的对象
postForEntity(…)	POST 数据到一个 URL，返回包含一个对象的 ResponseEntity，这个对象是从响应体中映射得到的
postForLocation(…)	POST 数据到一个 URL，返回新创建资源的 URL
postForObject(…)	POST 数据到一个 URL，返回根据响应体映射形成的对象
put(…)	PUT 资源到特定的 URL

除了 TRACE，RestTemplate 对每种标准的 HTTP 方法都提供了至少一个方法。除此之外，execute()和 exchange()提供了较低层次的通用方法，以便使用任意的 HTTP 操作。

表 7.2 中的大多数操作都以如下的 3 种方法形式进行了重载：

- 使用 String 作为 URL 格式，并使用可变参数列表指明 URL 参数；
- 使用 String 作为 URL 格式，并使用 Map<String,String>指明 URL 参数；
- 使用 java.net.URI 作为 URL 格式，不支持参数化 URL。

明确了 RestTemplate 所提供的 12 个操作以及各个变种如何工作之后，我们就能以自己的方式编写消费 REST 资源的客户端了。

要使用 RestTemplate，可以在需要的地方创建一个实例：

```
RestTemplate rest = new RestTemplate();
```

也可以将其声明为一个 bean 并注入到需要的地方：

```
@Bean
public RestTemplate restTemplate() {
  return new RestTemplate();
}
```

我们从其支持的 4 个主要 HTTP 方法（也就是 GET、PUT、DELETE 和 POST）入手，来研究 RestTemplate 的操作。不妨从 GET 方法的 getForObject()和 getForEntity()开始。

7.3.1 GET 资源

假设我们现在想要通过 Taco Cloud API 获取某个配料。为了实现这一点，我们可以使用 RestTemplate 的 getForObject()方法来获取配料。例如，如下的代码使用 RestTemplate 来根据 ID 来获取 Ingredient 对象：

```
public Ingredient getIngredientById(String ingredientId) {
  return rest.getForObject("http://localhost:8080/ingredients/{id}",
                           Ingredient.class, ingredientId);
}
```

在这里，我们使用了 getForObject()的变种形式，它接收一个 String 类型的 URL 并使用可变列表来指定 URL 变量。传递给 getForObject()的 ingredientId 参数会用来填充给定 URL 的{id}占位符。尽管在本例中只有一个 URL 变量，但是有很重要的一点需要我们注意：变量参数会按照它们出现的顺序被设置到占位符中。

getForObject()方法的第二个参数是响应应该绑定的类型。在本例中，响应数据（很可能是 JSON 格式）应该被反序列化为要返回的 Ingredient 对象。

另外一种替代方案是使用 Map 来指定 URL 变量：

```
public Ingredient getIngredientById(String ingredientId) {
  Map<String, String> urlVariables = new HashMap<>();
  urlVariables.put("id", ingredientId);
  return rest.getForObject("http://localhost:8080/ingredients/{id}",
      Ingredient.class, urlVariables);
}
```

在本例中，ingredientId 的值会映射到名为 id 的 key 上。当发起请求的时候，{id}占位符将会被替换成 key 为 id 的 Map 条目。

使用 URI 参数要稍微复杂一些，这种方式需要我们在调用 getForObject()之前构建 URI 对象。在其他方面，它与另外两个变种非常类似：

```
public Ingredient getIngredientById(String ingredientId) {
  Map<String, String> urlVariables = new HashMap<>();
  urlVariables.put("id", ingredientId);
  URI url = UriComponentsBuilder
            .fromHttpUrl("http://localhost:8080/ingredients/{id}")
            .build(urlVariables);
  return rest.getForObject(url, Ingredient.class);
}
```

在这里，URI 对象是通过 String 规范定义的，它的占位符会被 Map 中的条目替换。

这与我们之前看到的 getForObject()变种非常相似。getForObject()是获取资源的有效方式。但是，如果客户端需要的不仅仅是载荷体，那么可以考虑使用 getForEntity()。

getForEntity()的工作方式和 getForObject()类似，但是它所返回的并不是代表响应载荷的领域对象，而是会包裹领域对象的 ResponseEntity 对象。借助 ResponseEntity 对象能够访问很多响应细节，比如响应头信息。

例如，假设我们除了想要获取配料数据，还想要从响应中探查 Date 头信息。借助 getForEntity()，这个需求能够很容易实现：

```
public Ingredient getIngredientById(String ingredientId) {
  ResponseEntity<Ingredient> responseEntity =
      rest.getForEntity("http://localhost:8080/ingredients/{id}",
          Ingredient.class, ingredientId);
  log.info("Fetched time: {}",
          responseEntity.getHeaders().getDate());
  return responseEntity.getBody();
}
```

getForEntity()有着与 getForObject()方法相同参数的重载形式，所以我们可以按照可变列表参数的形式提供 URL 变量，也可以按照 URI 对象的形式调用 getForEntity()。

7.3.2 PUT 资源

为了发送 HTTP PUT 请求，RestTemplate 提供了 put()方法。put()方法的 3 个变种形式都会接收一个会被序列化并发送至给定 URL 的 Object。就 URL 本身来讲，它可以按照 URI 对象或 String 的形式来指定。与 getForObject()和 getForEntity()类似，URL 变量能够以可变参数列表或 Map 的形式提供。

假设我们想要使用一个新 Ingredient 对象的数据来替换某个配料资源，那么如下的代码片段就能做到这一点：

```
public void updateIngredient(Ingredient ingredient) {
  rest.put("http://localhost:8080/ingredients/{id}",
        ingredient, ingredient.getId());
}
```

在这里，URL 是以 String 的形式指定的，该 URL 包含一个占位符，它会被给定 Ingredient 的 id 属性所替换。要发送的数据是 Ingredient 对象本身。put()方法返回 void，所以我们没有必要处理返回值。

7.3.3 DELETE 资源

假设 Taco Cloud 不想再提供某种配料，因此我们要从可选列表中将其完全删除。为了实现这一点，可以使用 RestTemplate 来调用 delete()方法：

```
public void deleteIngredient(Ingredient ingredient) {
  rest.delete("http://localhost:8080/ingredients/{id}",
      ingredient.getId());
}
```

在本例中，我们只为 delete()提供了 URL（以 String 的形式指定）和 URL 变量值。但是，和其他的 RestTemplate 方法类似，URL 能够以 URI 对象的方式来指定，URL 参数也能够以 Map 的方式来声明。

7.3.4 POST 资源

现在，我们假设要添加新的配料到 Taco Cloud 菜单中。为了实现这一点，我们可以向“.../ingredients”端点发送 HTTP POST 请求，并将配料数据放到请求体中。RestTemplate 有 3 种发送 POST 请求的方法，每种方法都有相同的重载变种来指定 URL。如果希望在 POST 请求之后得到新创建的 Ingredient 资源，可以按照如下的方式使用 postForObject()：

```
public Ingredient createIngredient(Ingredient ingredient) {
  return rest.postForObject("http://localhost:8080/ingredients",
      ingredient, Ingredient.class);
}
```

postForObject()方法的这个变种形式接收 String 类型的 URL 规范、要提交给服务器端的对象，以及响应体应该绑定的领域类型。尽管我们在这里没有用到，但是第 4 个参数可以是 URL 变量值的 Map 或可变参数的列表。它们能够替换到 URL 之中。

如果客户端还想要知道新创建资源的地址，那么可以调用 postForLocation()方法，如下所示：

```
public java.net.URI createIngredient(Ingredient ingredient) {
  return rest.postForLocation("http://localhost:8080/ingredients",
      ingredient);
}
```

注意，postForLocation()有与 postForObject()类似的工作方式，只不过它返回的是新创建资源的 URI，而不是资源对象本身。这里返回的 URI 是从响应的 Location 头信息中派生出来的。如果同时需要地址和响应载荷，可以使用 postForEntity()方法：

```
public Ingredient createIngredient(Ingredient ingredient) {
  ResponseEntity<Ingredient> responseEntity =
         rest.postForEntity("http://localhost:8080/ingredients",
                            ingredient,
                            Ingredient.class);
  log.info("New resource created at {}",
           responseEntity.getHeaders().getLocation());
  return responseEntity.getBody();
}
```

尽管 RestTemplate 的方法可以实现不同的目的，但是用法非常相似。因此，我们很容易就可以精通 RestTemplate，并将其用到客户端代码中。

小结

- REST 端点可以通过 Spring MVC 来创建，这里的控制器与面向浏览器的控制器遵循相同的编程模型。
- 为了绕过视图和模型的逻辑，并将数据直接写入到响应体中，控制器处理方法可以添加@ResponseBody 注解，也可以返回 ResponseEntity 对象。
- @RestController 注解简化了 REST 控制器，使用它时，处理器方法中不需要添加@ResponseBody 注解。
- 借助 Spring Data REST，Spring Data 存储库可以自动导出为 REST API。

第 8 章　保护 REST

本章内容：

- 使用 OAuth 2 保护 API；
- 创建授权服务器；
- 为 API 添加资源服务器；
- 消费 OAuth 2 保护的 API。

你体验过代客泊车服务吗？它的概念很简单：我们将车钥匙交给商店、酒店、剧院或餐馆入口处的代客泊车员，他们会帮助我们找到一个停车位，然后在我们需要的时候，再将车还给我们。可能是因为我看过太多次《春天不是读书天》(*Ferris Bueller's Day Off*）这部电影了，所以我始终不愿意把车钥匙交给陌生人，并指望他们能够照看好我的车。

尽管如此，代客泊车涉及我们是否相信别人能够照看好我们的车这一问题。很多新车都提供了“泊车钥匙”，这是一种特殊的钥匙，只能用来打开车门和发动引擎。这种情况下，我们所授予的信任就是有一定范围限制的。泊车员不能用这种钥匙打开车上的杂物箱或后备箱。

在分布式应用中，软件系统之间的信任至关重要。即便是在一个简单的场景中，客户端应用消费后端的 API，很重要的一点就是要求客户端是被信任的，任何试图使用同一 API 的其他人都应该被阻挡在外。与泊车钥匙类似，我们授予客户端应用信任的范围应该只局限于让客户端完成其任务所必需的功能。

保护 REST API 与保护基于浏览器的 Web 应用是不同的。在本章中，我们将会研究 OAuth 2，一个专门为 API 安全所创建的规范。通过这种方式，我们会看一下 Spring Security 对 OAuth 2 的支持。但首先，我们了解一下 OAuth 2 是如何运行的，为后面的讲解打下基础。

8.1 OAuth 2 简介

假设我们想要为 Taco Cloud 创建一个后台管理应用。具体来讲，我们希望这个新的应用能够管理主 Taco Cloud Web 站点上可用的配料。

在开始编写代码实现管理应用之前，我们需要向 Taco Cloud API 添加一些新的端点，以支持配料的管理。程序清单 8.1 中的 REST 控制器提供了 3 个端点，用于列出、添加和删除配料。

程序清单 8.1 管理可用配料的控制器

```java
package tacos.web.api;

import org.springframework.beans.factory.annotation.Autowired;
import org.springframework.http.HttpStatus;
import org.springframework.web.bind.annotation.CrossOrigin;
import org.springframework.web.bind.annotation.DeleteMapping;
import org.springframework.wcb.bind.annotation.GetMapping;
import org.springframework.web.bind.annotation.PathVariable;
import org.springframework.web.bind.annotation.PostMapping;
import org.springframework.web.bind.annotation.RequestBody;
import org.springframework.web.bind.annotation.RequestMapping;
import org.springframework.web.bind.annotation.ResponseStatus;
import org.springframework.web.bind.annotation.RestController;

import tacos.Ingredient;
import tacos.data.IngredientRepository;

@RestController
@RequestMapping(path = "/api/ingredients", produces = "application/json")
@CrossOrigin(origins = "http://localhost:8080")
public class IngredientController {
private IngredientRepository repo;

  @Autowired
  public IngredientController(IngredientRepository repo) {
    this.repo = repo;
  }

  @GetMapping
  public Iterable<Ingredient> allIngredients() {
    return repo.findAll();
```

```
  }

  @PostMapping
  @ResponseStatus(HttpStatus.CREATED)
  public Ingredient saveIngredient(@RequestBody Ingredient ingredient) {
    return repo.save(ingredient);
  }

  @DeleteMapping("/{id}")
  @ResponseStatus(HttpStatus.NO_CONTENT)
  public void deleteIngredient(@PathVariable("id") String ingredientId) {
    repo.deleteById(ingredientId);
  }

}
```

非常好！现在，我们需要做的就是编写管理应用，按需调用主 Taco Cloud 应用上的这些端点来添加和删除配料。

但是，请稍等，这些 API 还没有安全限制呢。如果我们的后端应用可以发送 HTTP 请求来添加和删除配料，那么任何人都可以这样做。即便只是使用 curl 命令行客户端，其他人也可以像这样添加新的配料：

```
$ curl localhost:8080/ingredients \
  -H"Content-type: application/json" \
  -d'{"id":"FISH","name":"Stinky Fish", "type":"PROTEIN"}'
```

他们甚至还可以使用 curl 删除已有的配料①，如下所示：

```
$ curl localhost:8080/ingredients/GRBF -X DELETE
```

这个 API 是主应用的一部分，对整个外部世界都是可访问的。实际上，主应用用户界面的 home.html 就使用了 GET 端点。因此，很明显，我们至少需要保护 POST 和 DELETE 端点。

有种可选方案是使用 HTTP Basic 认证来保护“/ingredients”的端点。这可以通过为处理器方法添加@PreAuthorize 来实现，如下所示：

```
@PostMapping
@PreAuthorize("#{hasRole('ADMIN')}")
public Ingredient saveIngredient(@RequestBody Ingredient ingredient) {
  return repo.save(ingredient);
}

@DeleteMapping("/{id}")
@PreAuthorize("#{hasRole('ADMIN')}")
public void deleteIngredient(@PathVariable("id") String ingredientId) {
  repo.deleteById(ingredientId);
}
```

① 根据所使用的数据库和模式的差异，如果配料已经是现有 taco 的组成部分，那么完整性约束可能会阻止删除操作。但是，如果数据库模式允许，依然有可能删除这个配料。

端点也可以通过如下所示的安全配置来保护：

```
@Override
protected void configure(HttpSecurity http) throws Exception {
  http
    .authorizeRequests()
      .antMatchers(HttpMethod.POST, "/ingredients").hasRole("ADMIN")
      .antMatchers(HttpMethod.DELETE, "/ingredients/**").hasRole("ADMIN")

      ...
}
```

是否要使用“ROLE_”前缀

在 Spring Security 中，授权可以有多种形式，包括角色、权限和（我们稍后看到的）OAuth2 scope。具体来讲，角色是一种特殊类型的授权，其前缀为“ROLE_”。

当使用直接处理角色的方法或者 SpEL 表达式的时候（比如 hasRole()），“ROLE_”会自动用于推断过程。比如，调用 hasRole("ADMIN")时，在内部会检查名为“ROLE_ADMIN”的权限。在调用这些方法和函数的时候，我们不需要显式使用“ROLE_”前缀（实际上，如果真这样做，则会导致两个“ROLE_”前缀）。

其他更通用的处理授权的 Spring Security 方法和函数也可以用来检查角色。但是，在这些场景下，我们必须要显式地添加“ROLE_”前缀，比如，如果选择使用 hasAuthority()来替代 hasRole()，则需要传入“ROLE_ADMIN”，而不是“ADMIN”。

不管采用哪种方式，向“/ingredients”提交 POST 或 DELETE 请求时，我们会要求提交者提供具有“ROLE_ADMIN”权限的凭证。例如，使用 curl 时，凭证信息可以通过“-u”参数来声明，如下所示：

```
$ curl localhost:8080/ingredients \
  -H"Content-type: application/json" \
  -d'{"id":"FISH","name":"Stinky Fish", "type":"PROTEIN"}' \
  -u admin:l3tm31n
```

尽管 HTTP Basic 能够为我们锁定 API，但是它实在是太基础了。它要求客户端和 API 共享用户凭证信息，这可能会导致信息重复。另外，尽管 HTTP Basic 凭据在请求头中使用了 Base64 进行编码，但如果黑客能够以某种方式拦截请求，那么凭证会很容易地被获取、解码并用于带有恶意的目的。如果发生这种情况，就需要修改密码，所有的客户端都需要进行更新和重新认证。

如果我们能够不强制要求管理员用户在每个请求上都表明自己的身份，而是让 API 只要求调用者提供可以证明该用户已授权访问的令牌（token），那情况又会怎样呢？这大概就像是体育比赛的门票。要进入场地观看比赛，门口的工作人员不需要关心你是谁，他们只需要知道你有一张合规的门票。你如果有门票，就可以进入场地观看比赛。

这大致就是 OAuth 2 授权的工作方式。客户端向授权服务器申请一个访问令牌（类似于泊车钥匙），令牌中会声明用户的权限。该令牌允许客户端以授权用户的身份与 API 进行交互。在任何时候，令牌都可以过期或撤销，而不需要用户修改密码。在这种情况下，客户端只需要请求一个新的访问令牌，就能以用户的身份继续行事。这个流程如图 8.1 所示。

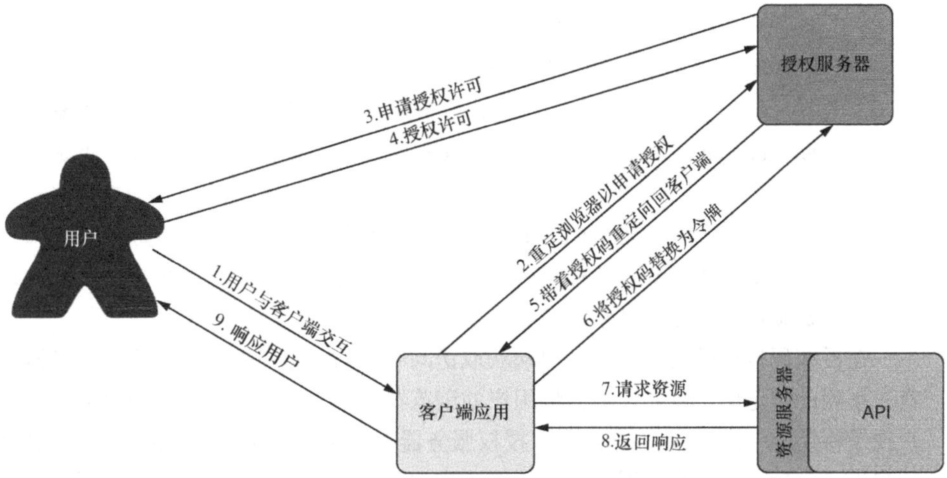

图 8.1 OAuth 2 授权码的流程

OAuth 2 是一个功能丰富的安全规范，提供了多种使用方式。图 8.1 描述的流程称作授权码授权（authorization code grant）模式。OAuth 2 支持的其他流程如下。

- 隐式授权（implicit grant）：与授权码授权类似，隐式授权会将用户的浏览器重定向到授权服务器，以获取用户的许可。但是，重定向回来时，不是在请求中提供授权码，而是在请求中隐式授予访问令牌。尽管这种方式是为了在浏览器中运行的 JavaScript 客户端设计的，但是一般不推荐使用这种方式。更好的方式是使用授权码授权。
- 用户凭证（或密码）授权（user credentials (password) grant）：这种流程不会进行重定向，甚至可能不涉及 Web 浏览器。客户端应用会获取用户的凭证，并将它们直接替换成访问令牌。这个流程似乎很适合那些非浏览器客户端，但是现代应用通常更倾向于要求用户在浏览器中访问一个 Web 站点，并进行授权码授权，从而避免直接处理用户的凭证。
- 客户端凭证授权（client credentials grant）：这个流程与用户凭证授权类似，只不过不是交换用户的凭证以获取访问令牌，而是客户端交换自己的凭证以获取访问令牌。但是，所授予的令牌仅限于执行一些不以用户为中心的操作，并且不能以用户的身份行事。

对我们来讲，我们将会关注通过授权码授权的方式获取 JWT（即 JSON web token）

访问令牌。这涉及创建一些协作的应用，包括：

- 授权服务器（authorization server）：授权服务器的任务是代表客户端应用获取用户的许可。如果用户许可，授权服务器就会为客户端应用提供一个访问令牌，借助该令牌就能够访问需要认证的 API 了。
- 资源服务器（resource server）：资源服务器其实就是 OAuth 2 所保护的 API 的另一个名称。尽管资源服务器本身是 API 的一部分，但为了便于讨论，通常会将其作为独立的概念对待。资源服务器会限制对其资源的访问，除非请求提供了一个包含必要权限 scope 的合法访问令牌。对于我们来讲，第 7 章开始编写的 Taco Cloud API 可以作为资源服务器，只需要我们为其添加一些安全配置。
- 客户端应用：客户端应用是想要消费 API 的应用，但是它需要权限才能做到这一点。我们将会为 Taco Cloud 构建一个简单的管理应用，实现添加新配料的功能。
- 用户：用户是使用客户端应用的人。用户需要授予客户端应用代表他们访问资源服务器 API 的权限。

在授权码授权的流程中，客户端获取访问令牌时，客户端应用和授权服务器之间会有一系列的重定向。首先，它会将用户的浏览器从客户端重定向到授权服务器，要求用户授予特定的权限（或“scope”）。授权服务器要求用户登录并同意授予所要求的权限。用户许可之后，授权服务器会将浏览器重定向到客户端，并且会附带一个授权码，客户端可以据此替换一个访问令牌。客户端有了访问令牌之后，就可以在每个请求的“Authorization”头信息中传递这个令牌，从而与资源服务器 API 交互。

我们会将关注点放到 OAuth 2 的具体使用上，但是我建议你通过阅读 OAuth 2 规范或以下任意一本关于该主题的书来深入了解该主题：

- *OAuth 2 in Action*；
- *Microservices Security in Action*；
- *API Security in Action*。

你还可以学习 Manning 推出的名为“Protecting User Data with Spring Security and OAuth2”的 liveProject 产品。

多年来，名为“Spring Security for OAuth”的项目为 OAuth 1.0a 和 OAuth 2 提供了支持。这个项目独立于 Spring Security，但二者由同一个团队开发。近年来，Spring Security 已经将客户端和资源服务器组件吸收到 Spring Security 之中。

至于授权服务器，Spring Security 决定不将其纳入其中，而是鼓励开发人员使用来自各个厂商的授权服务器，比如 Okta、Google 等。但是，由于开发者社区的强烈要求，Spring Security 团队启动了名为 Spring Authorization Server 的项目。这个项目被标记为“具有试验性”（experimental），并且计划最终会由社区驱动，但它是开始使用 OAuth 2 的绝佳起点，这样我们就无须注册任何其他的授权服务器。

在本章的剩余部分，我们将会看到如何借助 Spring Security 来使用 OAuth 2。在此过程中，我们将创建两个新项目，分别是授权服务器项目和客户端项目，并修改现有的 Taco Cloud 项目，使其 API 成为一个资源服务器。首先使用 Spring Authorization Server 创建授权服务器。

8.2 创建授权服务器

授权服务器的主要任务是代表用户签发访问令牌。如前文所述，我们有多个可供选择的授权服务器，但是我们的项目将会使用 Spring Authorization Server。Spring Authorization Server 是一个实验性的项目，并没有实现 OAuth 2 所有的授权方式，只实现了授权码授权和客户端凭证授权。

认证服务器是一个单独的应用，不同于提供 API 的应用和客户端。因此，为了使用 Spring Authorization Server，我们要创建一个新的 Spring Boot 项目，（至少）选择 web 和 security starter 依赖。对于我们的授权服务器，用户信息会通过 JPA 存储在关系型数据库中，所以要确保将 JPA starter 和 H2 依赖同时添加进来。除此之外，如果使用 Lombok 来处理 getter、setter、构造器等功能，也需要把它包含进来。

Spring Authorization Server 还无法通过 Initializr 添加依赖，所以在项目创建完之后，我们需要手动将 Spring Authorization Server 添加到构建文件中。例如，如下是在 pom.xml 文件中需要添加的 Maven 依赖：

```
<dependency>
    <groupId>org.springframework.security.experimental</groupId>
    <artifactId>spring-security-oauth2-authorization-server</artifactId>
    <version>0.1.2</version>
</dependency>
```

接下来，因为我们会在开发机器上运行所有的应用（至少目前是这样），所以要确保不会出现授权服务器与主 Taco Cloud 应用的端口冲突的情况。我们在项目的 application.yml 文件中添加如下的条目，使授权服务器监听 9000 端口：

```
server:
  port: 9000
```

现在我们深入了解一下授权服务器所使用的基本安全配置。程序清单 8.2 显示了一个非常简单的 Spring Security 配置类，它可以实现基于表单的登录，并要求所有的请求都经过认证。

程序清单 8.2 基于表单登录所需的基本安全配置

```
package tacos.authorization;
import org.springframework.context.annotation.Bean;
import org.springframework.security.config.annotation.web.builders.
        HttpSecurity;
```

```
import org.springframework.security.config.annotation.web.configuration.
        EnableWebSecurity;
import org.springframework.security.core.userdetails.UserDetailsService;
import org.springframework.security.crypto.bcrypt.BCryptPasswordEncoder;
import org.springframework.security.crypto.password.PasswordEncoder;
import org.springframework.security.web.SecurityFilterChain;

import tacos.authorization.users.UserRepository;

@EnableWebSecurity
public class SecurityConfig {
    @Bean
    SecurityFilterChain defaultSecurityFilterChain(HttpSecurity http)
            throws Exception {
        return http
            .authorizeRequests(authorizeRequests ->
                authorizeRequests.anyRequest().authenticated()
            )

            .formLogin()

            .and().build();
    }

    @Bean
    UserDetailsService userDetailsService(UserRepository userRepo) {
      return username -> userRepo.findByUsername(username);
    }

    @Bean
    public PasswordEncoder passwordEncoder() {
      return new BCryptPasswordEncoder();
    }
}
```

请注意，在这里 UserDetailsService bean 会与 TacoUserRepository 协作，从而根据用户名来查找用户。为了继续配置授权服务器本身，我们将略过 TacoUserRepository 的具体细节，只需要知道它与我们在第 3 章中创建的基于 Spring Data 的存储库很相似。

关于 TacoUserRepository，唯一需要注意的事情是，我们可以在 CommandLineRunner bean 中借助它来预填充数据库（以便测试），使数据库中包含一些测试用户：

```
@Bean
public ApplicationRunner dataLoader(
        UserRepository repo, PasswordEncoder encoder) {
  return args -> {
    repo.save(
        new User("habuma", encoder.encode("password"), "ROLE_ADMIN"));
    repo.save(
        new User("tacochef", encoder.encode("password"), "ROLE_ADMIN"));
  };
}
```

现在，我们可以配置应用来实现授权服务器了。配置授权服务器的第一步是创建新的配置类，导入授权服务器所需的通用配置。如下的 AuthorizationServerConfig 就是一个良好的起点：

```
@Configuration(proxyBeanMethods = false)
public class AuthorizationServerConfig {

  @Bean
  @Order(Ordered.HIGHEST_PRECEDENCE)
  public SecurityFilterChain
    authorizationServerSecurityFilterChain(HttpSecurity http) throws
    Exception {
   OAuth2AuthorizationServerConfiguration
        .applyDefaultSecurity(http);
   return http
       .formLogin(Customizer.withDefaults())
       .build();
  }
  ...
}
```

bean 方法 authorizationServerSecurityFilterChain()定义了一个 SecurityFilterChain，搭建了 OAuth 2 授权服务器的默认行为，同时提供了一个默认的登录页。@Order 注解被设置为 Ordered.HIGHEST_PRECEDENCE，确保在声明了同类型的其他 bean 的情况下，这个 bean 优先于其他 bean。

这里面大多数内容都是样板式的配置。你如果愿意，可以深入研究并做一些定制化的配置。现在，我们采用默认的配置就可以了。

有个组件不是样板式的，因此 OAuth2AuthorizationServerConfiguration 没有提供，这就是客户端存储库。客户端存储库类似用户详情服务（user details service）或者用户存储库，只不过它维护的不是用户的详情信息，而是客户端的详情信息，这些客户端可能会代表用户申请授权。这个组件是由 RegisteredClientRepository 接口定义的，如下所示：

```
public interface RegisteredClientRepository {

    @Nullable
    RegisteredClient findById(String id);

    @Nullable
    RegisteredClient findByClientId(String clientId);

}
```

在生产环境的配置中，我们可能会编写一个自定义的 RegisteredClientRepository 实现，以便从数据库或其他数据源检索客户端的详情。但 Spring Authorization Server 提供了一个“开箱即用”的基于内存的实现，非常适合进行演示和测试。你可以按照任何你认为合适的方式实现 RegisteredClientRepository，但我们会使用基于内存的实现将一个客户端注册到授权服务器上。只需要添加如下的 bean 方法到 AuthorizationServerConfig 中：

```
@Bean
public RegisteredClientRepository registeredClientRepository(
        PasswordEncoder passwordEncoder) {
  RegisteredClient registeredClient =
    RegisteredClient.withId(UUID.randomUUID().toString())
      .clientId("taco-admin-client")
      .clientSecret(passwordEncoder.encode("secret"))
      .clientAuthenticationMethod(
              ClientAuthenticationMethod.CLIENT_SECRET_BASIC)
      .authorizationGrantType(AuthorizationGrantType.AUTHORIZATION_CODE)
      .authorizationGrantType(AuthorizationGrantType.REFRESH_TOKEN)
      .redirectUri(
          "http://127.0.0.1:9090/login/oauth2/code/taco-admin-client")
      .scope("writeIngredients")
      .scope("deleteIngredients")
      .scope(OidcScopes.OPENID)
      .clientSettings(
          clientSettings -> clientSettings.requireUserConsent(true))
      .build();
  return new InMemoryRegisteredClientRepository(registeredClient);
}
```

可以看到，这里涉及很多 RegisteredClient 的细节信息。按代码中从上到下的顺序，客户端定义相关属性的方式如下。

- ID：随机的唯一标识符。
- 客户端 ID：类似于用户名。但它代表的不是用户，而是客户端。在这里，其值为“taco-admin-client”。
- 客户端 secret：类似于客户端的密码。在这里，使用“secret”作为客户端的 secret。
- 授权类型：客户端所支持的授权类型。在这里，使用授权码授权和刷新令牌授权。
- 重定向 URL：一个或多个注册的 URL，授权服务器在获得授权之后会重定向到这些 URL。这使安全性上升到另一个层级，防止任意的其他应用收到能够替换成令牌的授权码。
- Scope：客户端允许访问的一个或多个 OAuth 2 scope。在这里，我们设置了 3 个 scope，分别是 writeIngredients、deleteIngredients 和常量 OidcScopes.OPENID（会解析为“openid”）。后文将授权服务器作为 Taco Cloud 管理应用的单点登录方案时，这个“openid”是必要的。
- 客户端设置：一个允许我们自定义客户端设置的 lambda 表达式。在这里，我们要求在授予所请求的 scope 之前得到用户的明确许可。如果不这样做，在用户登录后，scope 就会被隐式地授予。

最后，因为我们的授权服务器将会生成 JWT 令牌，令牌需要包含一个使用 JWK（即

JSON web key）作为秘钥所创建的签名。因此，我们需要一些 bean 来生成 JWK。请在 AuthorizationServerConfig 中添加如下 bean 方法（以及私有的辅助方法），以实现相关的功能：

```
@Bean
  public JWKSource<SecurityContext> jwkSource()
          throws NoSuchAlgorithmException {
  RSAKey rsaKey = generateRsa();
  JWKSet jwkSet = new JWKSet(rsaKey);
  return (jwkSelector, securityContext) -> jwkSelector.select(jwkSet);
}

private static RSAKey generateRsa() throws NoSuchAlgorithmException {
  KeyPair keyPair = generateRsaKey();
  RSAPublicKey publicKey = (RSAPublicKey) keyPair.getPublic();
  RSAPrivateKey privateKey = (RSAPrivateKey) keyPair.getPrivate();
  return new RSAKey.Builder(publicKey)
      .privateKey(privateKey)
      .keyID(UUID.randomUUID().toString())
      .build();
}

private static KeyPair generateRsaKey() throws NoSuchAlgorithmException {
    KeyPairGenerator keyPairGenerator =
   KeyPairGenerator.getInstance("RSA");
    keyPairGenerator.initialize(2048);
    return keyPairGenerator.generateKeyPair();
}

@Bean
public JwtDecoder jwtDecoder(JWKSource<SecurityContext> jwkSource) {
  return OAuth2AuthorizationServerConfiguration.jwtDecoder(jwkSource);
}
```

这里似乎做了很多的事情。但是总结起来，JWKSource 创建了 2048 位的 RSA 密钥对，将其用于对令牌的签名。令牌会使用私钥签名。资源服务器会通过从授权服务器获取到的公钥验证请求中收到的令牌是否有效。当创建资源服务器时，我们会进一步讨论这个问题。

授权服务器的各个组成部分已经就绪。接下来就可以将它启动起来并尝试使用了。构建并运行应用，我们就会得到一个监听 9000 端口的授权服务器。

因为我们现在还没有客户端，所以可以使用 Web 浏览器和 curl 命令行来模拟客户端。首先，我们让浏览器访问 http://localhost:9000/oauth2/authorize?response_type = code&client_id = taco-admin-client&redirect_uri = http://127.0.0.1:9090/login/oauth2/code/taco-admin-client&scope = writeIngredients + deleteIngredients①。我们将会看到如图 8.2 所示的登录页。

---

① 请注意，这个 URL 以及本章中的其他 URL 都使用了“http://”。这会让本地的开发和测试非常容易，但是在生产环境的设置中，我们应该始终使用“https://”以增强安全性。

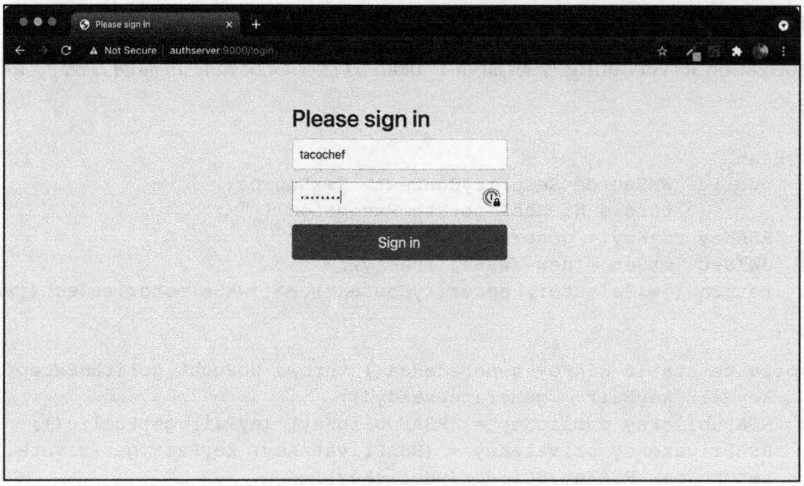

图 8.2 授权服务器的登录页面

在登录之后（使用“tacochef”和“password”，或者 TacoUserRepository 下数据库里其他的用户名-密码组合），我们将会看到如图 8.3 所示的页面，要求我们许可所申请的 scope。

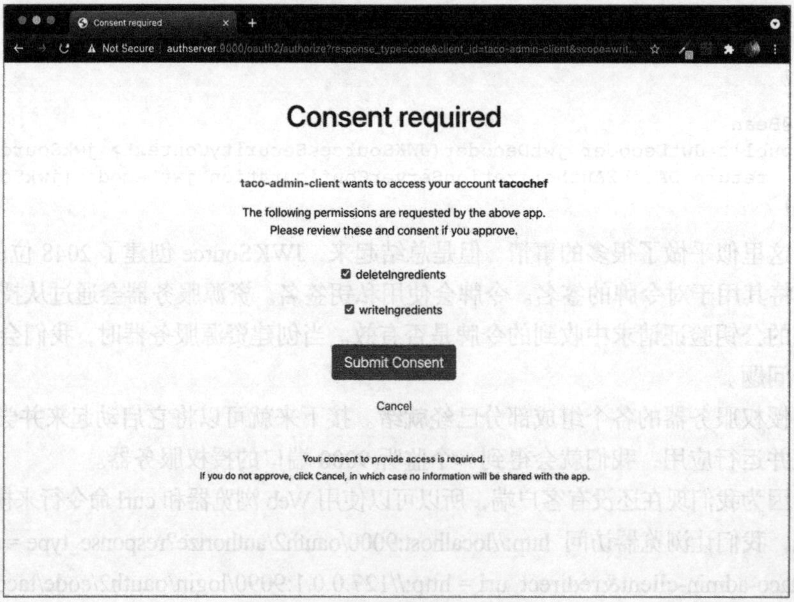

图 8.3 授权服务器的许可页面

在授予许可之后，浏览器将会重定向回客户端 URL。我们目前还没有客户端，也就没有回调页面，所以我们会接收到一个错误。但是，这没关系，我们是在模拟客户端，可以从 URL 本身获取授权码。

请查看浏览器的地址栏，我们会发现 URL 上有一个 code 参数。复制该参数的完整值，并使用它来替换如下 curl 命令行的$code：

```
$ curl localhost:9000/oauth2/token \
    -H"Content-type: application/x-www-form-urlencoded" \
    -d"grant_type = authorization_code" \
    -d"redirect_uri = http://127.0.0.1:9090/login/oauth2/code/taco-admin-
     client"\
    -d"code = $code" \
    -u taco-admin-client:secret
```

在这里，我们使用所接收到的授权码去交换访问令牌。请求体的载荷是“application/x-www-form-urlencoded”格式，并且要发送授权类型（“authorization_code”）、重定向 URL（为了实现额外的安全性）和授权码本身。如果一切顺利，我们将会得到如下所示的 JSON 响应（调整了格式）：

```
{
  "access_token":"eyJraWQ...",
  "refresh_token":"HOzHA5s...",
  "scope":"deleteIngredients writeIngredients",
  "token_type":"Bearer",
  "expires_in":"299"
}
```

其中，access_token 属性包含了客户端可以用来向 API 发送请求的访问令牌。实际上，它比这里所显示的要长得多。与之类似，refresh_token 在这里也被部分省略以节省空间。现在，我们可以使用访问令牌向资源服务器发送请求，以实现对需要“writeIngredients”或 “deleteIngredients” scope 的资源的访问。访问令牌将在 299 秒（或者说不到 5 分钟）后过期，因此我们如果想使用它，就必须迅速行动。如果它过期，我们可以使用刷新令牌去获取一个新的访问令牌，而不需要再经历一遍授权流程。

那么，我们该如何使用访问令牌呢？按照推测，我们在发往 Taco Cloud API 的请求中，将其作为 Authorization 的一部分，大致如下：

```
$ curl localhost:8080/ingredients \
  -H"Content-type: application/json" \
  -H"Authorization: Bearer eyJraWQ..." \
  -d'{"id":"FISH","name":"Stinky Fish", "type":"PROTEIN"}'
```

此时，访问令牌并不能帮我们做任何事情。这是因为 Taco Cloud API 目前还没有被设置为资源服务器。但是，为了代替实际的资源服务器和客户端 API，我们仍然可以复制访问令牌并将其粘贴到 JWT 网站，以探查它的内容，结果如图 8.4 所示。

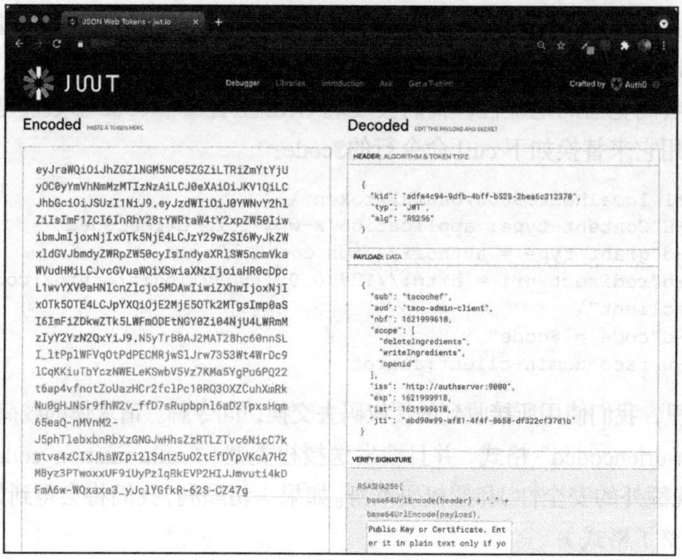

图 8.4　在 JWT 网站解码 JWT 令牌

可以看到，令牌被解码成了三部分，分别是头信息、载荷和签名。仔细看一下载荷可以发现，这个令牌是为名为 tacochef 的用户签发的，令牌具有“writeIngredients”和“deleteIngredients” scope。这正是我们所申请的。

大约 5 分钟后，访问令牌将会过期。我们依然可以在 JWT 网站探查它的内容，但是如果在真正发往 API 的请求中使用它，请求会被拒绝。但是，我们可以申请一个新的访问令牌，而不需再经历一遍授权码授权的流程。我们需要做的就是向授权服务器发送一个新的请求，使用 refresh_token 授权类型，并在 refresh_token 参数中将刷新令牌传递过去。如果使用 curl，这样的请求如下所示：

```
$ curl localhost:9000/oauth2/token \
    -H"Content-type: application/x-www-form-urlencoded" \
    -d"grant_type = refresh_token&refresh_token = HOzHA5s..." \
    -u taco-admin-client:secret
```

这个请求的响应与我们最初使用授权码交换访问令牌的响应相同，只是响应中会有一个全新的访问令牌。

虽然将访问令牌粘贴到 JWT 网站很有意思，但访问令牌的真正能力和使用它的目的是获得对 API 的访问。因此，接下来我们看一下如何在 Taco Cloud API 上启用资源服务器。

8.3 使用资源服务器保护 API

资源服务器实际上就是 API 前的一个过滤器，它确保对需要授权的资源的请求中包括一个有效的访问令牌和所需 scope。Spring Security 提供了 OAuth2 资源服务器的实现，我们可以将其添加到现有的 API 中。这需要在项目的构建文件中添加如下的依赖：

```
<dependency>
    <groupId>org.springframework.boot</groupId>
    <artifactId>spring-boot-starter-oauth2-resource-server</artifactId>
</dependency>
```

也可以在创建项目时，通过在 Initializr 中选择 OAuth2 Resource Server 将资源服务器依赖添加进来。

依赖准备就绪之后，接下来，我们就是声明对“/ingredients”的 POST 请求需要“writeIngredients” scope，并且对“/ingredients”的 DELETE 请求需要“deleteIngredients” scope。如下所示是项目中 SecurityConfig 类的代码片段，展示了如何实现这一点：

```
@Override
  protected void configure(HttpSecurity http) throws Exception {
    http
        .authorizeRequests()
       ...
        .antMatchers(HttpMethod.POST, "/api/ingredients")
            .hasAuthority("SCOPE_writeIngredients")
        .antMatchers(HttpMethod.DELETE, "/api//ingredients")
            .hasAuthority("SCOPE_deleteIngredients")
      ...
  }
```

对于每个端点，我们都可以调用“.hasAuthority()”方法来指定所需的 scope。请注意，这里 scope 的前缀是“SCOPE_”，表明它们应该与请求这些资源时所携带的访问令牌中的 OAuth 2 scope 进行匹配。

在相同的配置类中，我们还需要启用资源服务器：

```
@Override
protected void configure(HttpSecurity http) throws Exception {
  http
      ...
       .and()
         .oauth2ResourceServer(oauth2 -> oauth2.jwt())
   ...
}
```

这里的 oauth2ResourceServer()方法被赋予了一个 lambda 表达式，借助它，我们可以配置资源服务器。在这里，我们只启用了 JWT 令牌（与之相对的是 opaque 令牌），所以资源服务器会探查令牌的内容来确定它包含哪些安全要求（claim）。具体来讲，对于我们保护的两个端点，它将会查看令牌中是否包含“writeIngredients”或“deleteIngredients” scope。

不过，它不会相信令牌中表面上的值。为了确信令牌是由受信任的授权服务器代表用户的身份创建的，它会使用一个公钥校验令牌的签名，这个公钥是与创建令牌签名时所使用私钥配对的。不过，我们需要配置资源服务器从何处获取这个公钥。如下的属性会指定授权服务器上 JWK 集的 URL，资源服务器会从这里获取公钥：

```
spring:
  security:
    oauth2:
      resourceserver:
        jwt:
          jwk-set-uri: http://localhost:9000/oauth2/jwks
```

现在，我们的资源服务器已经准备就绪了！构建 Taco Cloud 应用并将其启动，使用 curl 进行如下的尝试：

```
$ curl localhost:8080/ingredients \
      -H"Content-type: application/json" \
      -d'{"id":"CRKT", "name":"Legless Crickets", "type":"PROTEIN"}'
```

请求将会失败，并且带有 HTTP 401 响应码。这是因为我们配置了该端点需要“writeIngredients”scope，但是在请求中，我们并没有提供包含该 scope 的合法访问令牌。

为了让请求成功并将这个新的配料添加进去，我们需要使用 8.2 节介绍的流程获取一个访问令牌，确保浏览器在重定向到授权服务器时请求获取“writeIngredients”和“deleteIngredients”的许可。然后，使用 curl 命令时，在“Authorization”头信息中提供访问令牌（请将“$token”替换为实际的访问令牌）：

```
$ curl localhost:8080/ingredients \
      -H"Content-type: application/json" \
      -d'{"id":"SHMP", "name":"Coconut Shrimp", "type":"PROTEIN"}' \
      -H"Authorization: Bearer $token"
```

这一次，新的配料就能创建了。可以使用 curl 或 HTTP 客户端对“/ingredients”端点发送 GET 请求进行校验：

```
$ curl localhost:8080/ingredients
[
    {
        "id": "FLTO",
        "name": "Flour Tortilla",
        "type": "WRAP"
    },
    ...
    {
        "id": "SHMP",
        "name": "Coconut Shrimp",
        "type": "PROTEIN"
    }
]
```

在“/ingredients”端点返回的配料列表的结尾处，可以看到 Coconut Shrimp。我们成功了！

回想一下，访问令牌会在5分钟后过期。令牌过期之后，请求将会再次返回HTTP 401响应。但是，借助与访问令牌一起得到的刷新令牌，可以向授权服务器发送请求从而获取新的访问令牌（请用实际的刷新令牌替换“$refreshToken”），如下所示：

```
$ curl localhost:9000/oauth2/token \
    -H"Content-type: application/x-www-form-urlencoded" \
    -d"grant_type = refresh_token&refresh_token = $refreshToken" \
    -u taco-admin-client:secret
```

借助这个新创建的访问令牌，我们可以按需创建新的配料了。

现在，我们已经可以确保 “/ingredients”端点的安全性。最好使用同样的技术来保护API中其他潜在的敏感端点。例如，“/orders”端点可能不应对任何类型的请求开放，即便是HTTP GET请求，因为这能让黑客轻松地获取客户的信息。我将决定权交给你自己，你可以自行决定如何保护“/orders”端点和API的其他组成部分。

使用curl来管理Taco Cloud应用程序，对于熟悉和了解OAuth 2令牌如何允许我们访问资源，是一种很好的方式。但是，最终我们想要有一个真正的可以管理配料的客户端应用。接下来，我们将关注点转移到创建支持OAuth的客户端，以获取访问令牌并对API发送请求上。

8.4 开发客户端

在OAuth 2认证的诸多参与者中，客户端应用的角色是获取访问令牌并以用户的身份向资源服务器发送请求。我们使用的是OAuth 2的授权码流程，这意味着当客户端应用确定用户尚未认证时，它会将用户的浏览器重定向到授权服务器以获取用户的许可。然后，授权服务器重定向回客户端时，客户端必须将其接收到的授权码替换为访问令牌。

首先，客户端需要在类路径中添加对Spring Security的OAuth 2客户端的支持。如下的starter依赖可以实现这一点：

```
<dependency>
  <groupId>org.springframework.boot</groupId>
  <artifactId>spring-boot-starter-oauth2-client</artifactId>
</dependency>
```

这不仅会给应用提供OAuth 2客户端的功能（我们稍后会使用这些功能），还会将Spring Security本身传递性地引入。这样我们就可以为应用编写一些安全配置了。如下的SecurityFilterChain bean设置了Spring Security，这样所有的请求都需要进行认证：

```
@Bean
SecurityFilterChain defaultSecurityFilterChain(HttpSecurity http) throws
     Exception {
  http
```

```
            .authorizeRequests(
                authorizeRequests -> authorizeRequests.anyRequest().authenticated()
            )
            .oauth2Login(
              oauth2Login ->
              oauth2Login.loginPage("/oauth2/authorization/taco-admin-client"))
            .oauth2Client(withDefaults());
        return http.build();
    }
```

除此之外，这个 SecurityFilterChain bean 还启用了 OAuth 2 客户端的一些功能。具体来说，它在“/oauth2/authorization/taco-admin-client”路径上设置了一个登录页面。但这个页面并不像普通登录页面那样需要用户名和密码，它接受一个授权码，将其替换为访问令牌，并使用访问令牌确定用户的身份。换句话说，它是授权服务器在用户授予权限之后所要重定向的路径。

我们还需要配置授权服务器的细节和应用的 OAuth 2 客户端细节。这可以在配置属性中实现。例如在下面的 application.yml 文件中，配置了一个名为 taco-admin-client 的客户端：

```
spring:
  security:
    oauth2:
      client:
        registration:
          taco-admin-client:
            provider: tacocloud
            client-id: taco-admin-client
            client-secret: secret
            authorization-grant-type: authorization_code
            redirect-uri:
              ➡ "http://127.0.0.1:9090/login/oauth2/code/{registrationId}"
            scope: writeIngredients,deleteIngredients,openid
```

这样会注册一个名为 taco-admin-client 的 Spring Security OAuth 2 客户端。注册细节包括客户端的凭证（client-id 和 client-secret 属性）、授权类型（authorization-grant-type 属性）、请求的 scope（scope 属性），以及重定向 URL（redirect-uri）。请注意，设置给 redirect-uri 属性的值中包含了一个占位符，它引用了客户端的注册 ID，也就是 taco-admin-client。因此，重定向 URL 实际被设置为 http://127.0.0.1:9090/login/oauth2/code/taco-admin-client，这与我们之前所配置的 OAuth 2 路径是相同的。

那么，怎么设置授权服务器？客户端应该将用户的浏览器重定向到何处？这就是 provider 属性的用武之地了，只不过它是间接配置的。在这里，provider 属性设置为 tacocloud，这是对一套单独配置的引用，这套配置描述了 tacocloud provider 的授权服务器。这个 provider 也在相同的 application.yml 文件中进行了配置，如下所示：

```yaml
spring:
  security:
    oauth2:
      client:
...
        provider:
          tacocloud:
            issuer-uri: http://authserver:9000
```

在这里，provider 唯一要配置的属性是 issuer-uri。这个属性确定了授权服务器的基础 URI。在本例中，它指向一个名为 authserver 的服务器主机。假设你在本地运行所有的样例，那么它就是 localhost 的一个别名。在大多数基于 UNIX 的操作系统中，我们可以在“/etc/hosts”文件中加入如下条目：

```
127.0.0.1 authserver
```

如果“/etc/hosts”方式在你的机器上不适用，那么请参阅操作系统文档，了解如何创建自定义主机条目。

在基础 URL 的基础上，Spring Security 的 OAuth 2 客户端会为授权 URL、令牌 URL 和授权服务器的具体细节设置合理的默认值。但是，如果由于某种原因，你使用的授权服务器与这些默认值不同，那么可以像这样明确地配置授权细节：

```yaml
spring:
  security:
    oauth2:
      client:
        provider:
          tacocloud:
            issuer-uri: http://authserver:9000
            authorization-uri: http://authserver:9000/oauth2/authorize
            token-uri: http://authserver:9000/oauth2/token
            jwk-set-uri: http://authserver:9000/oauth2/jwks
            user-info-uri: http://authserver:9000/userinfo
            user-name-attribute: sub
```

这些 URI 的大多数我们都已经看过，比如授权、令牌和 JWK 集的 URI。但是，user-info-uri 属性是新出现的。客户端会使用这个 URI 获取基本的用户信息，尤其是用户名。对该 URI 的请求应该返回一个 JSON 响应，其中会使用 user-name-attribute 所设置的属性来识别用户。然而，使用 Spring Authorization Server 时，我们不需要为该 URI 创建端点，Spring Authorization Server 将自动暴露 user-info 端点。

现在所有的组成部分都已准备就绪，应用可以从授权服务器上进行认证并获得访问令牌。我们不需要再做任何事情了，启动应用并向应用的任意 URL 发送请求，它会重定向到授权服务器进行授权。授权服务器重定向回来时，Spring Security 的 OAuth 2 客户端库会在内部将重定向中收到的授权码替换成一个访问令牌。那么，我们该如何使用这个令牌呢？

假设我们有一个服务 bean，它会使用 RestTemplate 与 Taco Cloud API 交互。如下所示的 RestIngredientService 实现展示了这个类。它提供了两个方法，其中一个用来获取配料列表，另一个用来保存新的配料：

```
package tacos;

import java.util.Arrays;
import org.springframework.web.client.RestTemplate;

public class RestIngredientService implements IngredientService {

  private RestTemplate restTemplate;

  public RestIngredientService() {
    this.restTemplate = new RestTemplate();
  }
  @Override
  public Iterable<Ingredient> findAll() {
    return Arrays.asList(restTemplate.getForObject(
        "http://localhost:8080/api/ingredients",
        Ingredient[].class));
  }

  @Override
  public Ingredient addIngredient(Ingredient ingredient) {
    return restTemplate.postForObject(
        "http://localhost:8080/api/ingredients",
        ingredient,
        Ingredient.class);
  }

}
```

对“/ingredients”端点的 HTTP GET 请求未被保护，所以 findAll()方法就能正常完成我们的要求，只要 Taco Cloud API 监听 localhost 的 8080 端口。但是，addIngredient()可能会因为 HTTP 401 响应而失败，因为我们对“/ingredients”的 POST 请求进行了保护，使其需要 writeIngredients scope。唯一的解决办法是在请求的 Authorization 头信息中提交一个 scope 为 writeIngredients 的访问令牌。

幸运的是，Spring Security 的 OAuth 2 客户端完成授权代码流程后，应该就会有访问令牌了。我们所要做的就是确保访问令牌最终出现在请求中。要做到这一点，可以修改其构造函数，在它创建的 RestTemplate 上添加一个请求拦截器：

```
public RestIngredientService(String accessToken) {
  this.restTemplate = new RestTemplate();
  if (accessToken != null) {
    this.restTemplate
        .getInterceptors()
        .add(getBearerTokenInterceptor(accessToken));
```

```
    }
  }
  private ClientHttpRequestInterceptor
            getBearerTokenInterceptor(String accessToken) {
    ClientHttpRequestInterceptor interceptor =
          new ClientHttpRequestInterceptor() {
      @Override
      public ClientHttpResponse intercept(
            HttpRequest request, byte[] bytes,
            ClientHttpRequestExecution execution) throws IOException {
        request.getHeaders().add("Authorization", "Bearer " + accessToken);
        return execution.execute(request, bytes);
      }
    };

    return interceptor;
  }
```

构造函数现在接受一个String类型的参数，也就是访问令牌。借助这个令牌，我们添加了一个客户端请求拦截器，将Authorization头信息添加到RestTemplate发出的每个请求中，头信息的值以“Bearer”开始，随后是实际的令牌。为了保持构造函数的整洁，客户端拦截器是在一个单独的private辅助方法中创建的。

现在，还有一个问题：访问令牌是从哪里来呢？正是下面的bean方法让一切顺利运行：

```
@Bean
@RequestScope
public IngredientService ingredientService(
              OAuth2AuthorizedClientService clientService) {
  Authentication authentication =
          SecurityContextHolder.getContext().getAuthentication();

  String accessToken = null;

  if (authentication.getClass()
            .isAssignableFrom(OAuth2AuthenticationToken.class)) {
    OAuth2AuthenticationToken oauthToken =
            (OAuth2AuthenticationToken) authentication;
    String clientRegistrationId =
            oauthToken.getAuthorizedClientRegistrationId();
    if (clientRegistrationId.equals("taco-admin-client")) {
      OAuth2AuthorizedClient client =
          clientService.loadAuthorizedClient(
              clientRegistrationId, oauthToken.getName());
      accessToken = client.getAccessToken().getTokenValue();
    }
  }
  return new RestIngredientService(accessToken);
}
```

首先，需要注意，这个bean借助@RequestScope注解声明为请求级别的作用域。这意味着每次请求时都会创建一个新的bean实例。这个bean必须是请求级别作用域的，因为它需要从 SecurityContext 中获取认证信息，而 SecurityContext 是由 Spring Security 的某个过滤器在每个请求中填充的。默认作用域的 bean 是在应用程序启动时创建的，此时并没有 SecurityContext。

在返回 RestIngredientService 实例之前，bean 方法会检查认证是不是以 OAuth2AuthenticationToken 的方式实现的。如果是，那么它会有一个令牌。然后，我们检查认证令牌是不是为“taco-admin-client”客户端创建的。如果是，就从授权的客户端中提取令牌，并将其以构造函数的形式传递给 RestIngredientService。有了令牌，RestIngredientService 就可以毫无阻碍地向 Taco Cloud API 的端点发送请求了。这个过程中，RestIngredientService 代表的就是授予该应用权限的用户。

小结

- OAuth 2 是确保 API 安全的一种常见方式，比简单的 HTTP Basic 认证更强大。
- 授权服务器为客户端发放访问令牌，客户端在向 API 发送请求时能够代表用户行事，而在客户端令牌流程中，客户端发送请求时则代表客户端本身。
- 资源服务器位于 API 之前，在访问 API 资源时，能够验证请求是否提供了包含所需 scope 的、合法的、未过期的令牌。
- Spring Authorization Server 是一个实验性的项目，实现了 OAuth 2 授权服务器。
- Spring Security 提供了对创建资源服务器和客户端的支持，客户端能够从授权服务器获得访问令牌，并在向资源服务器发出请求时传递这些令牌。

第 9 章　发送异步消息

本章内容：

- 异步化的消息；
- 使用 JMS、RabbitMQ 和 Kafka 发送消息；
- 从代理拉取消息；
- 监听消息。

假设现在是星期五 16 时 55 分，再有几分钟你就可以开始期待已久的休假了。现在，你的时间只够开车到机场赶上航班。但是在你离开之前，你需要确定领导和同事了解你目前的工作进展，这样他们就可以在星期一继续完成你留下的工作。不过，你的一些同事已经提前离开了，而你的领导正在忙于开会。你该怎么办呢？

要想既让你的工作状态有效传达又赶上飞机，最有效的方式就是给你的领导和同事发送一封电子邮件，详述工作进展并且承诺给他们寄张明信片。你不知道他们在哪里，也不知道他们什么时候才能真正读到你的邮件。但是你知道，他们终究会回到他们的办公桌旁，阅读你的邮件。而此时，你可能正在赶往机场的路上。

同步通信，比如我们在前面所看到的 REST，有它自己的适用场景。不过，对于开发者而言，这种通信方式并不是应用程序之间交互的唯一方式。异步消息是一个应用程序向另一个应用程序间接发送消息的一种方式，这种间接性能够为通信的应用带来更松散的耦合和更大的可伸缩性。

在本章中，我们将会使用异步消息从 Taco Cloud Web 站点发送订单信息到一个单独的应用——Taco Cloud 的厨房中。这也是我们制作 taco 的地方。我们会考虑 Spring 提供的 3 种异步消息方案：Java 消息服务（Java Message Service，JMS）、RabbitMQ 及高级消息队列协议（Advanced Message Queueing Protocol，AMQP）、Apache Kafka。除了基本的发送和接收消息，我们还会去了解 Spring 对消息驱动 POJO 的支持，它是一种与 EJB 的消息驱动 bean（Message-Driven Bean，MDB）类似的消息接收方式。

9.1 使用 JMS 发送消息

JMS 是一个 Java 标准，定义了使用消息代理（message broker）的通用 API，在 2001 年提出。长期以来，JMS 一直是 Java 中实现异步消息的首选方案。在 JMS 出现之前，每个消息代理都有其私有的 API，这就使得不同代理之间的消息代码很难互通。但是借助 JMS，所有遵从规范的实现都使用通用的接口，这就类似于 JDBC 为数据库操作提供了通用的接口。

Spring 通过基于模板的抽象为 JMS 功能提供了支持，这个模板就是 JmsTemplate。借助 JmsTemplate，能够非常容易地在消息生产方发送队列和主题消息，消费消息的一方也能够非常容易地接收这些消息。Spring 还支持消息驱动 POJO 的理念：这是一个简单的 Java 对象，能够以异步的方式响应队列或主题上到达的消息。

我们将会讨论 Spring 对 JMS 的支持，包括 JmsTemplate 和消息驱动 POJO。我们的关注点主要在于 Spring 对 JMS 消息的支持，如果你想要了解关于 JMS 的更多内容，请参阅 Bruce Snyder、Dejan Bosanac 和 Rob Davies 合著的 *ActiveMQ in Action*（Manning，2011 年）。

在发送和接收消息之前，我们首先需要一个消息代理（broker），它能够在消息的生产者和消费者之间传递消息。对 Spring JMS 的探索就从在 Spring 中搭建消息代理开始吧。

9.1.1 搭建 JMS 环境

在使用 JMS 之前，我们必须要将 JMS 客户端添加到项目的构建文件中。借助 Spring Boot，这再简单不过了。我们要做的就是添加一个 starter 依赖到构建文件中。但是，首先，我们需要决定该使用 Apache ActiveMQ 还是更新的 Apache ActiveMQ Artemis 代理。

如果使用 Apache ActiveMQ，那么需要添加如下的依赖到项目的 pom.xml 文件中：

```
<dependency>
  <groupId>org.springframework.boot</groupId>
  <artifactId>spring-boot-starter-activemq</artifactId>
</dependency>
```

如果使用 ActiveMQ Artemis，那么 starter 依赖如下所示：

```
<dependency>
  <groupId>org.springframework.boot</groupId>
  <artifactId>spring-boot-starter-artemis</artifactId>
</dependency>
```

在使用 Spring Initializr（或者使用 IDE 作为 Initializr 的前端）的时候，我们能够以 starter 依赖的方式为项目选择这两个方案。它们分别显示为“Spring for Apache ActiveMQ 5”和“Spring for Apache ActiveMQ Artemis”，如图 9.1 的截屏所示，该截屏来源于 Spring Initializr 网站。

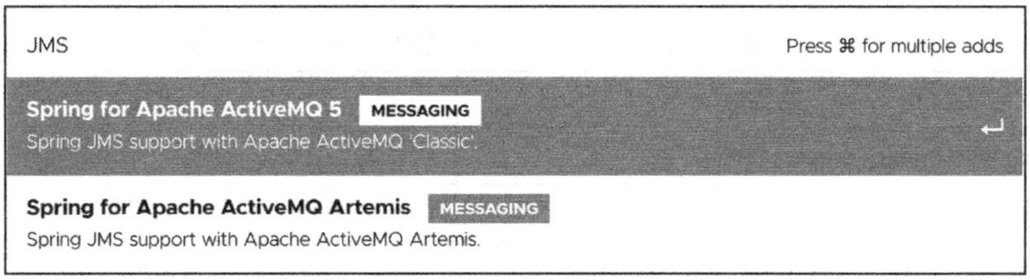

图 9.1　在 Spring Initializr 中可以选择 ActiveMQ 和 Artemis

Artemis 是重新实现的下一代 ActiveMQ，使 ActiveMQ 变成了遗留方案。因此，Taco Cloud 会选择使用 Artemis。但是在编写发送和接收消息的代码方面，选择哪种方案几乎没有什么区别。唯一需要注意的重要差异就是如何配置 Spring 创建到代理的连接。

运行 Artemis 代理

要运行本章中的代码，我们需要有一个 Artemis 代理。如果没有可运行的 Artemis 实例，可以参阅 Artemis 文档中的指南。

默认情况下，Spring 会假定 Artemis 代理在 localhost 的 61616 端口运行。对于开发来说，这样是没有问题的，但是一旦要将应用部署到生产环境，我们就需要设置一些属性来告诉 Spring 如何访问代理。常用的属性如表 9.1 所示。

表 9.1　配置 Artemis 代理的位置和凭证信息的属性

属性	描述
spring.artemis.host	代理的主机
spring.artemis.port	代理的端口
spring.artemis.user	用来访问代理的用户（可选）
spring.artemis.password	用来访问代理的密码（可选）

例如，如下的 application.yml 文件条目可以用于一个非开发的环境：

```
spring:
  artemis:
    host: artemis.tacocloud.com
```

```
      port: 61617
      user: tacoweb
      password: l3tm31n
```

这会让 Spring 创建到 Artemis 代理的连接，该 Artemis 代理监听 artemis.tacocloud.com 的 61617 端口。它还为应用设置了与代理交互的凭证信息。凭证信息是可选的，但是对于生产环境来说，我们推荐使用它们。

如果你选择使用 ActiveMQ 而不是 Artemis，那么需要使用 ActiveMQ 特定的属性，如表 9.2 所示：

表 9.2 配置 ActiveMQ 代理的位置和凭证信息的属性

属性	描述
spring.activemq.broker-url	代理的 URL
spring.activemq.user	用来访问代理的用户（可选）
spring.activemq.password	用来访问代理的密码（可选）
spring.activemq.in-memory	是否启用在内存中运行的代理（默认为 true）

需要注意，ActiveMQ 代理不是分别设置代理的主机和端口，而是使用了一个名为 spring.activemq.broker-url 的属性来指定代理的地址。URL 应该是“tcp://”协议的地址，如下面的 YMAL 片段所示：

```
spring:
  activemq:
    broker-url: tcp://activemq.tacocloud.com
    user: tacoweb
    password: l3tm31n
```

不管选择 Artemis 还是 ActiveMQ，在本地开发运行时，都不需要配置这些属性。

但是，使用 ActiveMQ 时，则需要将 spring.activemq.in-memory 属性设置为 false，防止 Spring 启动内存中运行的代理。内存中运行的代理看起来很有用，但是只有在同一个应用中发布和消费消息的情况下，才能使用它（这限制了它的用途）。

在继续下面的内容之前，我们要安装并启动一个 Artemis（或 ActiveMQ）代理，而不是选择使用嵌入式的代理。

现在，我们已经在构建文件中添加了对 JMS starter 依赖，代理也已经准备好将消息从一个应用传递到另一个应用，接下来，我们就可以开始发送消息了。

9.1.2 使用 JmsTemplate 发送消息

将 JMS starter 依赖（不管是 Artemis 还是 ActiveMQ）添加到构建文件之后，Spring Boot 会自动配置一个 JmsTemplate（以及其他内容），我们可以将它注入其他 bean，并使用它来发送和接收消息。

JmsTemplate 是 Spring 对 JMS 集成支持功能的核心。与 Spring 其他面向模板的组件类似，JmsTemplate 消除了大量传统使用 JMS 时所需的样板代码。如果没有 JmsTemplate，我们就需要编写代码来创建与消息代理的连接和会话，还要编写更多的代码来处理发送消息过程中可能出现的异常。JmsTemplate 能够让我们关注真正要做的事情：发送消息。

JmsTemplate 有多个用来发送消息的方法，包括：

```
// 发送原始的消息
void send(MessageCreator messageCreator) throws JmsException;
void send(Destination destination, MessageCreator messageCreator)
                                                throws JmsException;
void send(String destinationName, MessageCreator messageCreator)
                                                throws JmsException;
// 发送根据对象转换而成的消息
void convertAndSend(Object message) throws JmsException;
void convertAndSend(Destination destination, Object message)
                                                throws JmsException;
void convertAndSend(String destinationName, Object message)
                                                throws JmsException;

// 发送根据对象转换而成的消息，且带有后期处理的功能
void convertAndSend(Object message,
            MessagePostProcessor postProcessor) throws JmsException;
void convertAndSend(Destination destination, Object message,
            MessagePostProcessor postProcessor) throws JmsException;
void convertAndSend(String destinationName, Object message,
            MessagePostProcessor postProcessor) throws JmsException;
```

我们可以看到，上面的代码实际上只展示了两个方法，也就是 send()和 convertAndSend()，但每个方法都有重载形式以支持不同的参数。如果我们仔细观察一下，convertAndSend()的各种形式又可以分成两个子类。在考虑这些方法作用的时候，我们对它们进行细分：

- 3 个 send()方法都需要 MessageCreator 来生成 Message 对象；
- 3 个 convertAndSend()方法会接受 Object 对象，并且会在幕后自动将 Object 转换为 Message；
- 3 个 convertAndSend()会自动将 Object 转换为 Message，但同时还能接受一个 MessagePostProcessor 对象，用来在发送之前对 Message 进行自定义。

这 3 种方法分类都分别包含 3 个重载方法，它们的区别在于指定 JMS 目的地（队列或主题）的方式：

- 有 1 个方法不接受目的地参数，它会将消息发送至默认的目的地；
- 有 1 个方法接受 Destination 对象，该对象指定了消息的目的地；
- 有 1 个方法接受 String，它通过名字的形式指定了消息的目的地。

为了让这些方法真正发挥作用，我们看一下程序清单 9.1 中的 JmsOrderMessagingService。它使用了形式最简单的 send()方法。

程序清单 9.1 使用.send()方法将订单发送至默认的目的地

```
package tacos.messaging;
import javax.jms.JMSException;
import javax.jms.Message;
import javax.jms.Session;

import org.springframework.beans.factory.annotation.Autowired;
import org.springframework.jms.core.JmsTemplate;
import org.springframework.jms.core.MessageCreator;
import org.springframework.stereotype.Service;

@Service
public class JmsOrderMessagingService implements OrderMessagingService {
  private JmsTemplate jms;

  @Autowired
  public JmsOrderMessagingService(JmsTemplate jms) {
    this.jms = jms;
  }

  @Override
  public void sendOrder(TacoOrder order) {
    jms.send(new MessageCreator() {
               @Override
               public Message createMessage(Session session)
                                             throws JMSException {
                 return session.createObjectMessage(order);
               }
             }
    );
  }
}
```

sendOrder()方法调用了 jms.send()，并传递了 MessageCreator 接口的一个匿名内部类实现。这个实现类重写了 createMessage()方法，从而能够通过给定的 TacoOrder 对象创建新的消息对象。

因为面向 JMS 功能的 JmsOrderMessagingService 实现了更通用的 OrderMessagingService 接口，所以为了使用这个类，我们可以将其注入 OrderApiController，并在创建订单的时候调用 sendOrder()方法，如下所示：

```
@RestController
@RequestMapping(path = "/api/orders",
                produces = "application/json")
@CrossOrigin(origins = "http://localhost:8080")
public class OrderApiController {

  private OrderRepository repo;
  private OrderMessagingService messageService;

  public OrderApiController(
```

```
        OrderRepository repo,
        OrderMessagingService messageService) {
    this.repo = repo;
    this.messageService = messageService;
  }

  @PostMapping(consumes = "application/json")
  @ResponseStatus(HttpStatus.CREATED)
  public TacoOrder postOrder(@RequestBody TacoOrder order) {
    messageService.sendOrder(order);
    return repo.save(order);
  }

  ...

}
```

现在，我们通过 Taco Cloud 的 Web 站点创建订单时，就会有一条消息发送至代理，以便将其路由至另外一个接收订单的应用。不过，我们还没有任何接收消息的功能。即便如此，依然可以使用 Artemis 控制台来查看队列的内容。请参阅 Artemis 文档了解实现的细节。

不知道你的感觉如何，但是我认为程序清单 9.1 中的代码虽然比较简单，但还是有点啰唆。声明匿名内部类的过程使得原本很简单的方法调用变得很复杂。我们发现 MessageCreator 是一个函数式接口，所以可以通过 lambda 表达式简化 sendOrder()方法：

```
@Override
public void sendOrder(TacoOrder order) {
  jms.send(session -> session.createObjectMessage(order));
}
```

但是需要注意，对 jms.send()的调用并没有指定目的地。为了让它能够运行，我们需要通过名为 spring.jms.template.default-destination 的属性声明一个默认的目的地名称。例如，可以在 application.yml 文件中这样设置该属性：

```
spring:
  jms:
    template:
      default-destination: tacocloud.order.queue
```

在很多场景下，使用默认的目的地是最简单的可选方案。借助它，我们只声明一次目的地名称就可以了，代码只关心发送消息，而不关心消息会发到哪里。但是，如果要将消息发送至默认目的地之外的其他地方，那么就需要通过为 send()设置参数来指定。

其中一种方式是传递 Destination 对象作为 send()方法的第一个参数。最简单的方式就是声明一个 Destination bean 并将其注入处理消息的 bean。例如，如下的 bean 声明了 Taco Cloud 订单队列的 Destination：

```
@Bean
public Destination orderQueue() {
  return new ActiveMQQueue("tacocloud.order.queue");
}
```

在需要通过 JMS 发送和接收消息的应用中，这个 bean 方法可以添加到任意的配置类里面。但是为了良好的代码组织，最好将其添加到一个专为消息相关的配置所创建的配置类中，比如 MessagingConfig。

很重要的一点是，这里的 ActiveMQQueue 来源于 Artemis（来自 org.apache.activemq.artemis.jms.client 包）。如果你使用 ActiveMQ（而不是 Artemis），同样会找到一个名为 ActiveMQQueue 的类（来自 org.apache.activemq.command 包）。

Destination bean 注入 JmsOrderMessagingService 之后，调用 send()的时候，我们就可以使用它来指定目的地了：

```
private Destination orderQueue;

@Autowired
public JmsOrderMessagingService(JmsTemplate jms,
                               Destination orderQueue) {
  this.jms = jms;
  this.orderQueue = orderQueue;
}

...

@Override
public void sendOrder(TacoOrder order) {
  jms.send(
      orderQueue,
      session -> session.createObjectMessage(order));
}
```

通过 Destination 指定目的地时，其实可以设置 Destination 的更多属性，而不仅仅是目的地的名称。但是，在实践中，除了目的地名称，我们几乎不会设置其他的属性。因此，使用名称作为 send()的第一个参数会更加简单：

```
@Override
public void sendOrder(TacoOrder order) {
  jms.send(
      "tacocloud.order.queue",
      session -> session.createObjectMessage(order));
}
```

尽管 send()方法使用起来并不是特别困难（通过 lambda 表达式来实现 MessageCreator 更是如此），但是它要求我们提供 MessageCreator，还是有些复杂。如果能够只指定要发送的对象（以及可能要用到的目的地），岂不是更简单？这其实就是 convertAndSend()的工作原理。接下来，我们看一下这种方式。

消息发送之前进行转换

JmsTemplates 的 convertAndSend()方法简化了消息的发布，因为它不再需要 MessageCreator。我们将要发送的对象直接传递给 convertAndSend()，这个对象在发送之前会被转换成 Message。

例如，在如下重新实现的 sendOrder()方法中，使用 convertAndSend()将 TacoOrder 对象发送到给定名称的目的地：

```
@Override
public void sendOrder(TacoOrder order) {
  jms.convertAndSend("tacocloud.order.queue", order);
}
```

与 send()方法类似，convertAndSend()将会接受一个 Destination 对象或 String 值来确定目的地，我们也可以完全忽略目的地，这样一来，消息会发送到默认目的地上。

不管使用哪种形式的 convertAndSend()，传递给 convertAndSend()的 TacoOrder 都会在发送之前转换成 Message。在底层，这是通过 MessageConverter 的实现类来完成的，它替我们完成了将对象转换成 Message 的任务。

配置消息转换器

MessageConverter 是 Spring 定义的接口，它只有两个需要实现的方法：

```
public interface MessageConverter {
  Message toMessage(Object object, Session session)
                    throws JMSException, MessageConversionException;
  Object fromMessage(Message message)
}
```

尽管这个接口实现起来很简单，但我们通常并没有必要创建自定义的实现。Spring 已经提供了多个实现，如表 9.3 所示。

表 9.3 Spring 为通用的转换任务提供了多个消息转换器（所有的消息转换器都位于 org.springframework.jms.support.converter 包中）

消息转换器	功能
MappingJackson2MessageConverter	使用 Jackson 2 JSON 库实现消息与 JSON 格式的相互转换。
MarshallingMessageConverter	使用 JAXB 库实现消息与 XML 格式的相互转换。
MessagingMessageConverter	对于消息载荷，使用底层的 MessageConverter 实现抽象 Message 与 javax.jms.Message.Message 的相互转换，同时会使用 JmsHeaderMapper 实现 JMS 头信息与标准消息头信息的相互转换。
SimpleMessageConverter	实现 String 与 TextMessage 的相互转换、字节数组与 BytesMessage 的相互转换、Map 与 MapMessage 的相互转换，以及 Serializable 对象与 ObjectMessage 的相互转换。

默认情况下，将会使用 SimpleMessageConverter，但是它需要被发送的对象实现 Serializable。这种办法也不错，但有时候我们可能想要使用其他的消息转换器来消除这种限制，比如 MappingJackson2MessageConverter。

为了使用不同的消息转换器，我们必须将选中的消息转换器实例声明为一个 bean。例如，如下的 bean 声明将会使用 MappingJackson2MessageConverter 替代 SimpleMessageConverter：

```
@Bean
public MappingJackson2MessageConverter messageConverter() {
  MappingJackson2MessageConverter messageConverter =
                          new MappingJackson2MessageConverter();
  messageConverter.setTypeIdPropertyName("_typeId");
  return messageConverter;
}
```

在需要通过 JMS 发送和接收消息的应用中，这个 bean 方法可以添加到任意的配置类里面，包括定义 Destination 的 MessagingConfig 中。

需要注意，在返回之前，我们调用了 MappingJackson2MessageConverter 的 setTypeIdPropertyName()方法。这非常重要，因为这样能够让接收者知道传入的消息需要转换成什么类型。默认情况下，它会包含要转换的类型的全限定类名。但是，这要求接收端也包含相同的类型，并且具有相同的全限定类名，未免不够灵活。

为了提升灵活性，我们可以通过调用消息转换器的 setTypeIdMappings()方法将一个合成类型名映射到实际类型上。举例来说，消息转换器 bean 方法的如下代码变更会将一个合成的 TacoOrder 类型 ID 映射为 TacoOrder 类：

```
@Bean
public MappingJackson2MessageConverter messageConverter() {
  MappingJackson2MessageConverter messageConverter =
                          new MappingJackson2MessageConverter();
  messageConverter.setTypeIdPropertyName("_typeId");

  Map<String, Class<?>> typeIdMappings = new HashMap<String, Class<?>>();
  typeIdMappings.put("order", TacoOrder.class);
  messageConverter.setTypeIdMappings(typeIdMappings);

  return messageConverter;
}
```

这样，消息的_typeId 属性中就不会发送全限定类型，而是会发送 TacoOrder 值了。在接收端的应用中会配置类似的消息转换器，将 TacoOrder 映射为它自己能够理解的订单类型。在接收端的订单可能位于不同的包中、有不同的类名，甚至可以只包含发送者 Order 属性的一个子集。

对消息进行后期处理

假设在经营利润丰厚的 Web 业务之外，Taco Cloud 还决定开几家实体的连锁 taco 店。

鉴于任何一家餐馆都可能成为 Web 业务的运行中心，需要有一种方式告诉厨房订单的来源。这样一来，厨房的工作人员就能为店面里的订单和 Web 上的订单执行不同的流程。

我们可以在 TacoOrder 对象上添加一个新的 source 属性，让它携带订单来源的相关信息：如果是在线订单，就将其设置为 WEB；如果是店面里的订单，就将其设置为 STORE。但是，这需要我们同时修改 Web 站点的 TacoOrder 类和厨房应用的 TacoOrder 类，但实际上，只有准备 taco 的人需要该信息。

有种更简单的方案是为消息添加一个自定义的头部，让它携带订单的来源。如果使用 send()方法来发送 taco 订单，就可以通过调用 Message 对象的 setStringProperty()方法非常容易地实现该功能：

```
jms.send("tacocloud.order.queue",
    session -> {
        Message message = session.createObjectMessage(order);
        message.setStringProperty("X_ORDER_SOURCE", "WEB");
    });
```

但是，这里的问题在于我们并没有使用 send()。使用 convertAndSend()方法时，Message 是在底层创建的，我们无法访问到它。

幸好，还有一种方式能够在发送之前修改底层创建的 Message 对象。我们可以传递一个 MessagePostProcessor 作为 convertAndSend()的最后一个参数，借助它，我们可以在 Message 创建之后做任何想做的事情。如下的代码依然使用了 convertAndSend()，但是它能够在消息发送之前，使用 MessagePostProcessor 添加 X_ORDER_SOURCE 头信息：

```
jms.convertAndSend("tacocloud.order.queue", order, new MessagePostProcessor(){
  @Override
  public Message postProcessMessage(Message message) throws JMSException {
    message.setStringProperty("X_ORDER_SOURCE", "WEB");
    return message;
  }
});
```

你可能已经发现，MessagePostProcessor 是一个函数式接口。这意味着我们可以将匿名内部类替换为 lambda 表达式，进一步简化它：

```
jms.convertAndSend("tacocloud.order.queue", order,
    message -> {
      message.setStringProperty("X_ORDER_SOURCE", "WEB");
      return message;
    });
```

尽管在这里我们只是将这个特殊的 MessagePostProcessor 用到了本次 convertAndSend()方法调用中，但是你可能会发现代码在不同的地方多次调用 convertAndSend()，它们均会用到相同的 MessagePostProcessor。在这种情况下，方法引用是比 lambda 表达式更好的方案，因为它能避免不必要的代码重复：

```
@GetMapping("/convertAndSend/order")
public String convertAndSendOrder() {
  TacoOrder order = buildOrder();
  jms.convertAndSend("tacocloud.order.queue", order,
      this::addOrderSource);
  return "Convert and sent order";
}

private Message addOrderSource(Message message) throws JMSException {
  message.setStringProperty("X_ORDER_SOURCE", "WEB");
  return message;
}
```

我们已经看到了多种发送消息的方式。但是如果只发送消息而无人接收，那么这其实没有什么价值。接下来，我们看一下如何使用 Spring 和 JMS 接收消息。

9.1.3 接收 JMS 消息

在消费消息时，我们可以选择遵循拉取模式（pull model）或推送模式（push model），前者会在我们的代码中请求消息并一直等到消息到达，而后者则会在消息可用的时候自动在你的代码中执行。

JmsTemplate 提供了多种方式来接收消息，但它们使用的都是拉取模式。我们可以调用其中的某个方法来请求消息，这样线程会一直阻塞直到一个消息抵达为止（这可能马上发生，也可能需要等待一会儿）。

另外，我们也可以使用推送模式。在这种情况下，我们会定义一个消息监听器，每当有消息可用时，它就会被调用。

这两种方案适用于不同使用场景。通常人们觉得推送模式是更好的方案，因为它不会阻塞线程。但是，在某些场景下，如果消息抵达的速度太快，监听器可能会过载，而拉取模式允许消费者声明自己何时为接收新消息做好准备。

我们首先关注 JmsTemplate 提供的拉取模式。

使用 JmsTemplate 接收消息

JmsTemplate 提供了多个对代理的拉取方法，其中包括：

```
Message receive() throws JmsException;
Message receive(Destination destination) throws JmsException;
Message receive(String destinationName) throws JmsException;

Object receiveAndConvert() throws JmsException;
Object receiveAndConvert(Destination destination) throws JmsException;
Object receiveAndConvert(String destinationName) throws JmsException;
```

我们可以看到，这 6 个方法简直就是 JmsTemplate 中 send()和 convertAndSend()方法的镜像。receive()方法接收原始的 Message，而 receiveAndConvert()则会使用一个配置好

的消息转换器将消息转换成领域对象。对于其中的每种方法，我们都可以指定 Destination 或者包含目的地名称的 String 值，若不指定，则从默认目的地拉取消息。

为了实际看一下它是如何运行的，我们编写代码从 tacocloud.order.queue 目的地拉取一个 TacoOrder 对象。程序清单 9.2 展现了 OrderReceiver，这个服务组件会使用 JmsTemplate.receive()来接收订单数据。

程序清单 9.2 从队列拉取订单

```
package tacos.kitchen.messaging.jms;
import javax.jms.Message;
import org.springframework.beans.factory.annotation.Autowired;
import org.springframework.jms.core.JmsTemplate;
import org.springframework.jms.support.converter.MessageConverter;
import org.springframework.stereotype.Component;

@Component
public class JmsOrderReceiver implements OrderReceiver {
  private JmsTemplate jms;
  private MessageConverter converter;

  @Autowired
  public JmsOrderReceiver(JmsTemplate jms, MessageConverter converter) {
    this.jms = jms;
    this.converter = converter;
  }
  public TacoOrder receiveOrder() {
    Message message = jms.receive("tacocloud.order.queue");
    return (TacoOrder) converter.fromMessage(message);
  }
}
```

这里我们使用 String 值来指定从哪个目的地拉取订单。receive()返回的是没有经过转换的 Message，但是，我们真正需要的是 Message 中的 TacoOrder，所以接下来要做的事情就是使用注入的消息转换器对消息进行转换。消息中的 type ID 属性将会指导转换器将消息转换成 TacoOrder，但它返回的是 Object，因此在最终返回之前要进行类型转换。

如果要探查消息的属性和消息头信息，接收原始的 Message 对象可能会非常有用。但是，通常来讲，我们只需要消息的载荷。将载荷转换成领域对象是一个需要两步操作的过程，而且它需要将消息转换器注入到组件中。如果只关心载荷，那么使用 receiveAndConvert()会更简单一些。程序清单 9.3 展现了如何使用 receiveAndConvert()替换 receive()来重新实现 JmsOrderReceiver。

程序清单 9.3 接收已经转换好的 TacoOrder 对象

```
package tacos.kitchen.messaging.jms;

import org.springframework.jms.core.JmsTemplate;
```

```
import org.springframework.stereotype.Component;
import tacos.TacoOrder;
import tacos.kitchen.OrderReceiver;

@Component
public class JmsOrderReceiver implements OrderReceiver {

  private JmsTemplate jms;

  public JmsOrderReceiver(JmsTemplate jms) {
    this.jms = jms;
  }

  @Override
  public TacoOrder receiveOrder() {
    return (TacoOrder) jms.receiveAndConvert("tacocloud.order.queue");
  }

}
```

新版本的 JmsOrderReceiver 的 receieveOrder()方法简化到了只包含一行代码。同时，我们不再需要注入 MessageConverter，因为所有的操作都会在 receiveAndConvert()方法的“幕后”完成。

在继续下面的内容学习之前，我们考虑一下如何在 Taco Cloud 厨房应用中使用 receiveOrder()。Taco Cloud 厨房中的厨师可能会按下一个按钮或者采取其他操作，表明准备好制作 taco。此时，receiveOrder()会被调用，然后对 receive()或 receiveAndConvert()的调用会阻塞。在订单消息抵达之前，这里不会发生任何的事情。一旦订单抵达，对 receiveOrder()的调用会把该订单的信息返回，订单的详细信息会展现给厨师，这样他就可以开始制作了。对于拉取模式来说，这似乎是一种很自然的选择。

接下来，我们看一下如何通过声明 JMS 监听器来实现推送模式。

声明消息监听器

拉取模式需要显式调用 receive()或 receiveAndConvert()接收消息，与之不同，消息监听器是一个被动的组件。在消息抵达之前，它会一直处于空闲状态。

要创建能够对 JMS 消息做出反应的消息监听器，我们需要为组件中的某个方法添加@JmsListener 注解。程序清单 9.4 展示了一个新的 OrderListener 组件。它会被动地监听消息，而不主动请求消息。

程序清单 9.4 监听订单消息的 OrderListener 组件

```
package tacos.kitchen.messaging.jms.listener;

import org.springframework.beans.factory.annotation.Autowired;
import org.springframework.context.annotation.Profile;
import org.springframework.jms.annotation.JmsListener;
```

```
import org.springframework.stereotype.Component;

import tacos.TacoOrder;
import tacos.kitchen.KitchenUI;

@Profile("jms-listener")
@Component
public class OrderListener {

  private KitchenUI ui;

  @Autowired
  public OrderListener(KitchenUI ui) {
    this.ui = ui;
  }

  @JmsListener(destination = "tacocloud.order.queue")
  public void receiveOrder(TacoOrder order) {
    ui.displayOrder(order);
  }

}
```

receiveOrder()方法使用了 JmsListener 注解，这样它就会监听 tacocloud.order.queue 目的地的消息。该方法不需要使用 JmsTemplate，也不会被我们的应用显式调用。相反，Spring 中的框架代码会等待消息抵达指定的目的地，当消息到达时，receiveOrder()方法会自动调用，并且会将消息中的 TacoOrder 载荷作为参数。

在很多方面，@JmsListener 注解都和 Spring MVC 中的请求映射注解很相似，比如@GetMapping 或@PostMapping。在 Spring MVC 中，带有请求映射注解的方法会响应指定路径的请求。与之类似，使用@JmsListener 注解的方法会对到达指定目的地的消息做出响应。

消息监听器通常被视为最佳选择，因为它不会导致阻塞，并且能够快速处理多个消息。但是在 Taco Cloud 中，它可能并不是最佳的方案。在系统中，厨师是一个重要的瓶颈。他可能无法在接收到订单的时候立即准备 taco。当新订单出现在屏幕上的时候，上一个订单可能刚刚完成一半。厨房用户界面需要在订单到达时进行缓冲，避免给厨师带来过重的负载。

这并不是说消息监听器不好。相反，如果消息能够快速得到处理，那这是非常适合的方案。但是，如果消息处理器需要根据自己的时间请求更多消息，那么 JmsTemplate 提供的拉取模式会更加合适。

JMS 是由标准 Java 规范定义的，所以它得到了众多代理实现的支持，在 Java 中实现消息时，它是很常见的可选方案。但是 JMS 有一些缺点，尤其是作为 Java 规范的它只能用在 Java 应用中。RabbitMQ 和 Kafka 等较新的消息传递方案克服了这些缺点，可以用于 JVM 之外的其他语言和平台。让我们把 JMS 放在一边，看看如何使用 RabbitMQ 实现 taco 订单的消息传递。

9.2 使用 RabbitMQ 和 AMQP

RabbitMQ 可以说是 AMQP 最杰出的实现，它提供了比 JMS 更高级的消息路由策略。JMS 消息需要使用目的地名称来寻址，接收者会从这里检索消息，而 AMQP 消息使用交换机（exchange）和路由键（routing key）来寻址，这样可以使消息与接收者要监听的队列解耦。交换机和队列的关系如图 9.2 所示。

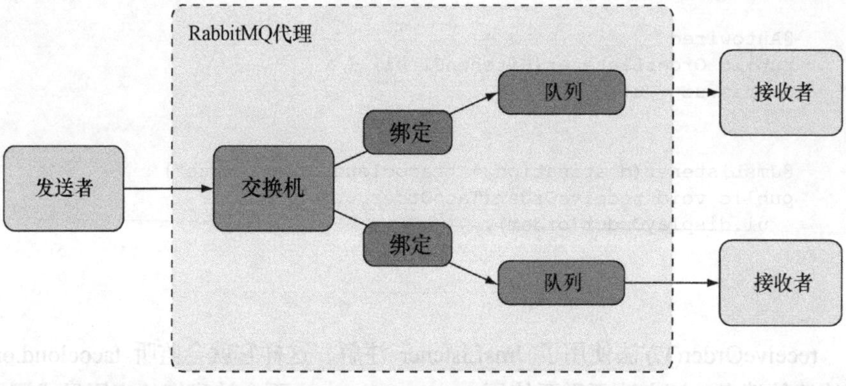

图 9.2 发送到 RabbitMQ 交换机的消息会基于路由键和绑定被路由到一个或多个队列上

消息抵达 RabbitMQ 代理时，会进入为其设置的交换机上。交换机负责将它路由到一个或多个队列中，这个过程会基于交换机的类型、交换机与队列间的绑定，以及消息的路由键进行。

这方面有多个不同类型的交换机，具体如下。

- Default：这是代理创建的特殊交换机。它会将消息路由至名字与消息的路由键相同的队列。所有的队列都会自动绑定至 Default 类型的交换机。
- Direct：如果消息的路由键与队列的绑定键相同，消息会路由到该队列上。
- Topic：如果消息的路由键与队列的绑定键（可能会包含通配符）匹配，消息会路由到一个或多个这样的队列上。
- Fanout：不管路由键和绑定键是什么，消息都会路由到所有绑定队列上。
- Headers：与 Topic 类型类似，只不过要基于消息的头信息进行路由，而不是路由键。
- Dead letter：捕获所有无法投递（也就是它们无法匹配所有已定义的交换机和队列的绑定关系）的消息。

最简单的交换机形式是 Default 和 Fanout，因为它们大致对应了 JMS 中的队列和主题。但是其他的交换机允许我们定义更加灵活的路由模式。

这里最重要的是要明白消息会通过路由键发送至交换机，而消息要在队列中被消费。它们如何从交换机路由至队列取决于绑定的定义，以及哪种方式最适合我们的使用场景。

至于使用哪种交换机类型，以及如何定义从 Exchange 到队列的绑定，这本身与如何在 Spring 应用中发送和接收消息关系不大。因此，我们更关心如何编写使用 Rabbit 发送和接收消息的代码。

注意：关于如何绑定队列到交换机的更详细讨论，请参考 Gavin Roy 编写的 *RabbitMQ in Depth*（Manning，2017 年）或者 Alvaro Videla 和 Jason J.W. Williams 合著的 *RabbitMQ in Action*（Manning，2012 年）。

9.2.1 添加 RabbitMQ 到 Spring 中

在使用 Spring 发送和接收 RabbitMQ 消息之前，我们需要将 Spring Boot 的 AMQP starter 依赖添加到构建文件中，替换上文中的 Artemis 或 ActiveMQ starter：

```
<dependency>
    <groupId>org.springframework.boot</groupId>
    <artifactId>spring-boot-starter-amqp</artifactId>
</dependency>
```

添加 AMQP starter 到构建文件中将会触发自动配置功能，这样会为我们创建一个 AMQP 连接工厂、RabbitTemplate bean 及其他支撑组件。要使用 Spring 发送和接收 RabbitMQ 代理的消息，只需要添加这项依赖。但是，还有一些有用的属性需要我们掌握，如表 9.4 所示。

表 9.4 配置 RabbitMQ 代理位置和凭证的属性

属性	描述
spring.rabbitmq.addresses	逗号分隔的 RabbitMQ 代理地址列表
spring.rabbitmq.host	代理的主机（默认为 localhost）
spring.rabbitmq.port	代理的端口（默认为 5672）
spring.rabbitmq.username	访问代理所使用的用户名（可选）
spring.rabbitmq.password	访问代理所使用的密码（可选）

对于开发来说，我们可能会使用不需要认证的 RabbitMQ 代理，它运行在本地机器上并监听 5672 端口。在开发阶段，这些属性可能没有太大的用处，但是当应用程序投入生产环境时，它们无疑是非常有用的。

运行 RabbitMQ 代理

如果没有可供使用的 RabbitMQ 代理，有多种在本地机器上运行 RabbitMQ 的方案。请参阅官方的 RabbitMQ 文档以了解运行 RabbitMQ 的最新指南。

例如，假设我们要将应用投入生产环境，RabbitMQ 代理位于名为 rabbit.tacocloud.com 服务器上，监听 5673 端口并且需要认证。在这种情况下，当 prod profile 处于激活状态时，application.yml 文件中的如下配置将会设置这些属性：

```
spring:
  profiles: prod
  rabbitmq:
    host: rabbit.tacocloud.com
    port: 5673
    username: tacoweb
    password: l3tm31n
```

在我们的应用中，RabbitMQ 已经配置好了，接下来就可以使用 RabbitTemplate 发送消息了。

9.2.2 通过 RabbitTemplate 发送消息

Spring 对 RabbitMQ 消息支持的核心是 RabbitTemplate。RabbitTemplate 与 JmsTemplate 类似,提供了一组相似的方法。但是,我们会看到,这里有一些细微的差异。这与 RabbitMQ 独特的运行方式有关。

在使用 RabbitTemplate 发送消息方面，可以使用与 JmsTemplate 中同名的 send()和 convertAndSend()方法。但是,与 JmsTemplate 的方法只能将消息路由至队列或主题不同, RabbitTemplate 会按照交换机和绑定键来发送消息。如下列出了关于使用 RabbitTemplate 发送消息最重要的一些方法[①]：

```
// 发送原始的消息
void send(Message message) throws AmqpException;
void send(String routingKey, Message message) throws AmqpException;
void send(String exchange, String routingKey, Message message)
                      throws AmqpException;

// 发送根据对象转换而成的消息
void convertAndSend(Object message) throws AmqpException;
void convertAndSend(String routingKey, Object message)
                      throws AmqpException;
void convertAndSend(String exchange, String routingKey,
                Object message) throws AmqpException;
// 发送根据对象转换而成的消息，且带有后期处理的功能
void convertAndSend(Object message, MessagePostProcessor mPP)
                      throws AmqpException;
void convertAndSend(String routingKey, Object message,
               MessagePostProcessor messagePostProcessor)
               throws AmqpException;
void convertAndSend(String exchange, String routingKey,
```

① 这些方法是由 AmqpTemplate 定义的，RabbitTemplate 实现了该接口。

```
                Object message,
                MessagePostProcessor messagePostProcessor)
                throws AmqpException;
```

我们可以看到，这些方法与 JmsTemplate 中对应的方法遵循了相同的模式。开始的 3 个 send()方法都是发送原始的 Message 对象。接下来的 3 个 convertAndSend()方法会接受一个对象，这个对象会在发送之前在幕后转换成 Message。最后的 3 个 convertAndSend()方法与之类似，但还会接受一个 MessagePostProcessor 对象，这个对象能够在 Message 发送至代理之前对其进行操作。

这些方法与 JmsTemplate 对应方法的不同之处在于，它们会接受 String 类型的值以指定交换机和路由键，而不像 JmsTemplate 那样接受目的地名称（或 Destination）。没有接受交换机参数的方法会将消息发送至 Default 交换机。与之类似，如果没有指定路由键的方法，消息会被路由至默认的路由键。

接下来，我们看一下如何使用 RabbitTemplate 发送 taco 订单。有种方式是使用 send()方法，如程序清单 9.5 所示。但是，在调用 send()之前，需要将 TacoOrder 对象转换为 Message。RabbitTemplate 能够通过 getMessageConverter()方法获取其消息转换器，否则，这项工作会非常无聊。

程序清单 9.5 使用 RabbitTemplate.send()发送消息

```
package tacos.messaging;
import org.springframework.amqp.core.Message;
import org.springframework.amqp.core.MessageProperties;
import org.springframework.amqp.rabbit.core.RabbitTemplate;
import
   org.springframework.amqp.support.converter.MessageConverter;
import org.springframework.beans.factory.annotation.Autowired;
import org.springframework.stereotype.Service;
import tacos.Order;

@Service
public class RabbitOrderMessagingService
       implements OrderMessagingService {
  private RabbitTemplate rabbit;

  @Autowired
  public RabbitOrderMessagingService(RabbitTemplate rabbit) {
    this.rabbit = rabbit;
  }

  public void sendOrder(TacoOrder order) {
    MessageConverter converter = rabbit.getMessageConverter();
    MessageProperties props = new MessageProperties();
    Message message = converter.toMessage(order, props);
    rabbit.send("tacocloud.order", message);
  }
}
```

你可能已经注意到，RabbitOrderMessagingService 实现了 OrderMessagingService 接口，这与 JmsOrderMessagingService 类似。这意味着我们可以按照相同的方式将它注入 OrderApiController，在提交订单时发送订单消息。我们目前还无法接收这些消息，但是可以使用基于浏览器的 RabbitMQ 管理控制台。

有了 MessageConverter 之后，将 TacoOrder 转换成 Message 就是非常简单的任务了。我们必须要通过 MessageProperties 来提供消息属性，但是如果我们不需要设置任何这样的属性，可以使用默认的 MessageProperties 实例。剩下的就是调用 send()，并将交换机和路由键（这两者都是可选的）连同消息一起传递过去。在本例中，我们只指定了路由键（即 tacocloud.order）和消息本身，这样一来，就会使用默认的交换机。

至于默认的交换机，它的名字是""（也就是空字符串），这对应了 RabbitMQ 代理自动生成的 Default 交换机。与之相似，默认的路由键也是""（它的路由将会取决于交换机以及相应的绑定）。我们可以通过设置 spring.rabbitmq.template.exchange 和 spring.rabbitmq.template.routing-key 属性重写这些默认值：

```
spring:
  rabbitmq:
    template:
      exchange: tacocloud.order
      routing-key: kitchens.central
```

在本例中，所有的未指明交换机的消息会自动发送至名为 tacocloud.order 的交换机。如果调用 send()或 convertAndSend()时也没有指定路由键，消息将会使用值为 kitchens.central 的路由键。

通过消息转换器创建 Message 对象是非常简单的，但是使用 convertAndSend()让 RabbitTemplate 处理所有的转换操作会更加简单：

```
public void sendOrder(TacoOrder order) {
  rabbit.convertAndSend("tacocloud.order", order);
}
```

配置消息转换器

默认情况下，消息转换是通过 SimpleMessageConverter 来实现的，它能够将简单类型（如 String）和 Serializable 对象转换成 Message 对象。但是，Spring 为 RabbitTemplate 提供了多个消息转换器，如下所示。

- Jackson2JsonMessageConverter：使用 Jackson 2 JSON 处理器实现对象和 JSON 的相互转换。
- MarshallingMessageConverter：使用 Spring 的 Marshaller 和 Unmarshaller 进行转换。
- SerializerMessageConverter：使用 Spring 的 Serializer 和 Deserializer 转换 String 和任意种类的原生对象。

- SimpleMessageConverter：转换 String、字节数组和 Serializable 类型。
- ContentTypeDelegatingMessageConverter：基于 contentType 头信息，将转换功能委托给另外一个 MessageConverter。
- MessagingMessageConverter：将消息转换功能委托给另外一个 MessageConverter，并将头信息的转换委托给 AmqpHeaderConverter。

如果需要变更消息转换器，可以配置一个类型为 MessageConverter 的 bean。例如，对于基于 JSON 的转换，我们可以按照如下的方式配置 Jackson2JsonMessageConverter：

```
@Bean
public Jackson2JsonMessageConverter messageConverter() {
  return new Jackson2JsonMessageConverter();
}
```

Spring Boot 的自动配置功能会发现这个 bean，并将它注入 RabbitTemplate，替换默认的消息转换器。

设置消息属性

与在 JMS 中一样，我们可能需要在发送的消息中添加一些头信息，例如为所有通过 Taco Cloud Web 站点提交的订单添加一个 X_ORDER_SOURCE 信息。我们自行创建 Message 时，可以通过 MessageProperties 实例设置头信息，随后将这个对象传递给消息转换器。回到程序清单 9.5 的 sendOrder()方法，我们需要做的就是添加设置头信息的代码：

```
public void sendOrder(TacoOrder order) {
  MessageConverter converter = rabbit.getMessageConverter();
  MessageProperties props = new MessageProperties();
  props.setHeader("X_ORDER_SOURCE", "WEB");
  Message message = converter.toMessage(order, props);
  rabbit.send("tacocloud.order", message);
}
```

但是，使用 convertAndSend()时，我们无法快速访问 MessageProperties 对象。不过，此时 MessagePostProcessor 可以帮助我们：

```
public void sendOrder(TacoOrder order) {
    rabbit.convertAndSend("tacocloud.order.queue", order,
        new MessagePostProcessor() {
          @Override
          public Message postProcessMessage(Message message)
              throws AmqpException {
            MessageProperties props = message.getMessageProperties();
            props.setHeader("X_ORDER_SOURCE", "WEB");
            return message;
          }
        });
  }
```

在这里，我们为 convertAndSend()提供了一个实现 MessagePostProcessor 接口的匿名

内部类。在 postProcessMessage()中，我们从 Message 中拉取 MessageProperties 对象，然后通过 setHeader()方法设置 X_ORDER_SOURCE 头信息。

我们已经看到了如何通过 RabbitTemplate 发送消息，接下来我们转换视角看一下如何接收来自 RabbitMQ 队列的消息。

9.2.3 接收来自 RabbitMQ 的消息

使用 RabbitTemplate 发送消息与使用 JmsTemplate 发送消息并没有太大差别。实际上，接收来自 RabbitMQ 队列的消息也与接收来自 JMS 的消息没有很大差别。

与 JMS 类似，我们有两个可选方案：

- 使用 RabbitTemplate 从队列拉取消息；
- 将消息推送至带有@RabbitListener 注解的方法中。

我们首先看一下基于拉取的 RabbitTemplate.receive()方法。

使用 RabbitTemplate 接收消息

RabbitTemplate 提供了多个从队列拉取消息的方法。其中，较为有用的方法如下所示：

```
// 接收消息
Message receive() throws AmqpException;
Message receive(String queueName) throws AmqpException;
Message receive(long timeoutMillis) throws AmqpException;
Message receive(String queueName, long timeoutMillis) throws AmqpException;

// 接收由消息转换而成的对象
Object receiveAndConvert() throws AmqpException;
Object receiveAndConvert(String queueName) throws AmqpException;
Object receiveAndConvert(long timeoutMillis) throws AmqpException;
Object receiveAndConvert(String queueName, long timeoutMillis)
                                                          throws AmqpException;

// 接收由消息转换而成且类型安全的对象
<T> T receiveAndConvert(ParameterizedTypeReference<T> type)
                                                            throws AmqpException;
<T> T receiveAndConvert(
      String queueName, ParameterizedTypeReference<T> type)
                                                          throws AmqpException;
<T> T receiveAndConvert(
      long timeoutMillis, ParameterizedTypeReference<T> type)
                                                          throws AmqpException;
<T> T receiveAndConvert(String queueName, long timeoutMillis,
      ParameterizedTypeReference<T> type)
                                                          throws AmqpException;
```

这些方法对应于前文所述的 send()和 convertAndSend()方法。send()用于发送原始的 Message 对象，而 receive()则会接收来自队列的原始 Message 对象。与之类似，

receiveAndConvert()接收消息，并在返回之前使用一个消息转换器将它们转换为领域对象。

但是，这些方法在方法签名上体现出明显的不同。首先，这些方法都不会接收交换机和路由键作为参数。这是因为交换机和路由键是用来将消息路由至队列的，一旦消息进入队列，它们的目的地就是将它们从队列中拉取下来的消费者。消费消息的应用本身并不需要关心交换机和路由键，只需要知道队列信息。

你可能会注意到，很多方法都接收一个 long 类型的参数，用来指定接收消息的超时时间。默认情况下，接收消息的超时时间是 0 毫秒。也就是说，调用 receive()会立即返回。如果没有可用消息，返回值是 null。这是与 JmsTemplate 的 receive()的一个显著差异。通过传入一个超时时间的值，我们就可以让 receive()和 receiveAndConvert()阻塞，直到消息抵达或者超时。但是，即便设置了非零的超时时间，代码中依然要处理 null 返回值的场景。

接下来看一下如何实际使用它们。程序清单 9.6 展现了一个新的基于 Rabbit 的 OrderReceiver 实现，它使用 RabbitTemplate 来接收订单。

程序清单 9.6　通过 RabbitTemplate，从 RabbitMQ 中拉取订单

```
package tacos.kitchen.messaging.rabbit;
import org.springframework.amqp.core.Message;
import org.springframework.amqp.rabbit.core.RabbitTemplate;
import org.springframework.amqp.support.converter.MessageConverter;
import org.springframework.beans.factory.annotation.Autowired;
import org.springframework.stereotype.Component;

@Component
public class RabbitOrderReceiver {
  private RabbitTemplate rabbit;
  private MessageConverter converter;

  @Autowired
  public RabbitOrderReceiver(RabbitTemplate rabbit) {
    this.rabbit = rabbit;
    this.converter = rabbit.getMessageConverter();
  }

  public TacoOrder receiveOrder() {
    Message message = rabbit.receive("tacocloud.order");
    return message != null
           ? (TacoOrder) converter.fromMessage(message)
           : null;
  }
}
```

所有的操作都发生在 receiveOrder()方法中。它调用了被注入的 RabbitTemplate 对象的 receive()方法，从名为 tacocloud.order 的队列中拉取一个订单。它并没有提供超时时间，所以我们只能假定这个调用会马上返回，要么会得到 Message 对象，要么返回 null。

如果返回 Message 对象，我们使用 RabbitTemplate 中的 MessageConverter 将 Message 转换成一个 TacoOrder 对象；如果 receive()方法返回 null，我们就将 null 作为返回值。

根据使用场景，我们也许能够容忍一定的延迟。例如，在 Taco Cloud 厨房悬挂的显示器中，如果没有订单，我们可以稍等一会儿。假设我们决定等待 30 秒再放弃。那么可以修改 receiveOrder()方法，传递 30000 毫秒的延迟给 receive()方法：

```
public TacoOrder receiveOrder() {
  Message message = rabbit.receive("tacocloud.order.queue", 30000);
  return message != null
      ? (TacoOrder) converter.fromMessage(message)
      : null;
}
```

如果你觉得使用这样一个硬编码的数字会让人觉得不舒服，认为更好的方案是创建一个带有@ConfigurationProperties 注解的类，并使用 Spring Boot 的配置属性来设置超时时间，那么在这一点上，我的想法和你一样，只不过 Spring Boot 已经为我们提供了一个这样的配置属性。想要通过配置来设置超时时间，只需要在调用 receive()时移除超时值，并将超时时间设置为 spring.rabbitmq.template.receive-timeout 属性：

```
spring:
  rabbitmq:
    template:
      receive-timeout: 30000
```

回到 receiveOrder()方法。我们必须要使用 RabbitTemplate 中的消息转换器，才能将传入的 Message 对象转换成 TacoOrder 对象。但是，RabbitTemplate 既然已经携带了消息转换器，为什么不能自动为我们转换呢？这就是 receiveAndConvert()方法所做的事情。借助 receiveAndConvert()，可以将 receiveOrder()重写为：

```
public TacoOrder receiveOrder() {
  return (TacoOrder) rabbit.receiveAndConvert("tacocloud.order.queue");
}
```

看起来简单了许多，对吧？唯一让我觉得麻烦的就是从 Object 到 TacoOrder 的类型转换。不过，这种转换还有另一种实现方式：我们可以传递一个 ParameterizedTypeReference 引用给 receiveAndConvert()，这样就可以直接得到 TacoOrder 对象了：

```
public TacoOrder receiveOrder() {
  return rabbit.receiveAndConvert("tacocloud.order.queue",
                 new ParameterizedTypeReference<Order>() {});
}
```

关于这种方式是否真的比类型转换更好，依然还有争论，但是它确实能够更加确保类型安全。唯一需要注意的是，要在 receiveAndConvert()中使用 ParameterizedTypeReference，消息转换器必须要实现 SmartMessageConverter，目前 Jackson2JsonMessageConverter 是唯一可选的内置实现。

RabbitTemplate 提供的拉取模式适用于很多使用场景，但在另一些场景中，监听消息并在消息抵达时对其进行处理会更好一些。接下来，我们看一下如何编写消息驱动的 bean，让它对 RabbitMQ 消息做出回应。

使用监听器处理 RabbitMQ 的消息

Spring 提供了 RabbitListener 实现消息驱动的 RabbitMQ bean，它对应于 JMS 的 JmsListener。为了声明消息抵达 RabbitMQ 队列时应该调用某个方法，可以为 bean 的方法添加@RabbitListener 注解。

例如，程序清单 9.7 展现了 OrderReceiver 的 RabbitMQ 实现，它通过注解声明要监听订单消息，而不是使用 RabbitTemplate 进行轮询。

程序清单 9.7　将方法声明为 RabbitMQ 的消息监听器

```
package tacos.kitchen.messaging.rabbit.listener;

import org.springframework.amqp.rabbit.annotation.RabbitListener;
import org.springframework.beans.factory.annotation.Autowired;
import org.springframework.stereotype.Component;
import tacos.TacoOrder;
import tacos.kitchen.KitchenUI;

@Component
public class OrderListener {

  private KitchenUI ui;

  @Autowired
  public OrderListener(KitchenUI ui) {
    this.ui = ui;
  }

  @RabbitListener(queues = "tacocloud.order.queue")
  public void receiveOrder(TacoOrder order) {
    ui.displayOrder(order);
  }

}
```

你肯定会发现，程序清单 9.7 与程序清单 9.4 的代码非常相似。确实如此：从程序清单 9.4 到程序清单 9.7，唯一的变更就是监听器的注解从@JmsListener 变成了@RabbitListener。尽管@RabbitListener 注解非常棒，但是几乎重复的代码无法体现@RabbitListener 具有哪些在@JmsListener 中还没有提到的功能。当消息从各自的代理推送过来时，我们可以分别使用这两个注解编写对应的处理逻辑，其中@JmsListener 对应的是 JMS 代理，而@RabbitListener 对应的是 RabbitMQ 代理。

你可能曾对@RabbitListener 感到兴味索然，但是这并非我的本意。实际上，@RabbitListener 和@JmsListener 的运行方式非常相似，这意味着我们使用 RabbitMQ 替代 Artemis 或 ActiveMQ 的时候，不需要学习全新的编程模型。同样令人兴奋的是，RabbitTemplate 和 JmsTemplate 之间也具有这样的相似性。

让我们暂且保持一下这种兴奋，在本章结束之前，我们看一下 Spring 支持的另一个消息方案：Apache Kafka。

9.3 使用 Kafka 的消息

Apache Kafka 是我们在本章研究的最新的消息方案。乍看上去，Kafka 是与 ActiveMQ、Artemis、Rabbit 类似的消息代理，但是，Kafka 有一些独特的技巧。

按照设计，Kafka 是集群运行的，能够实现很强的可扩展性。通过将主题在集群的所有实例上进行分区（partition），它具有更强的弹性。RabbitMQ 主要处理交换机中的队列，而 Kafka 使用主题实现消息的发布和订阅。

Kafka 主题会被复制到集群的所有代理上。集群中的每个节点会担任一个或多个主题的首领（leader），负责该主题的数据并将其复制到集群中的其他节点上。

更进一步来讲，每个主题可以划分为多个分区。在这种情况下，集群中的每个节点是某个主题一个或多个分区的首领，但并不是整个主题的首领。主题的责任会拆分到所有节点。图 9.3 阐述了它的运行方式。

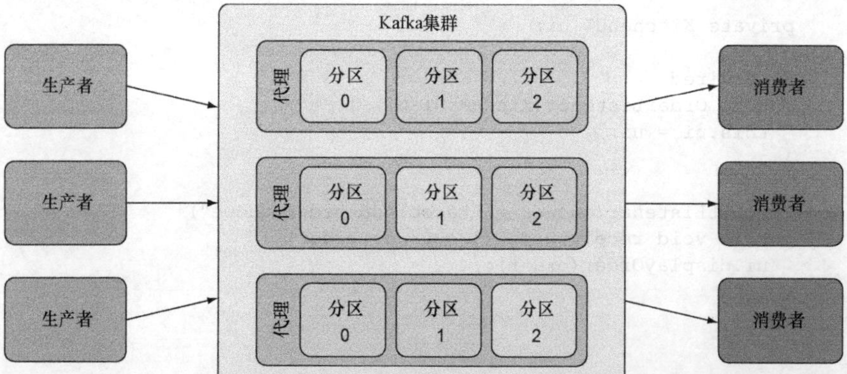

图 9.3 Kafka 集群由多个代理组成，每个代理作为主题分区的首领

关于 Kafka 的独特架构，我建议你阅读 Dylan Scott 编写的 *Kafka in Action*（Manning，2017 年）。在本节，我们会关注如何通过 Spring 发送和接收 Kafka 的消息。

9.3.1 为 Spring 搭建支持 Kafka 消息的环境

为了搭建 Kafka 的消息环境，需要在构建文件中添加对应的依赖。但是，与 JMS 和 RabbitMQ 方案不同，并没有针对 Kafka 的 Spring Boot starter。不过，不用担心，我们只需要添加一项依赖：

```
<dependency>
     <groupId>org.springframework.kafka</groupId>
     <artifactId>spring-kafka</artifactId>
</dependency>
```

这项依赖会为我们的项目引入 Kafka 所需的内容。另外，它的出现会触发 Spring Boot 对 Kafka 的自动配置，还会在 Spring 应用上下文中创建一个 KafkaTemplate。我们所需要做的就是注入 KafkaTemplate 并使用它来发布和接收消息。

但是，在发送和接收消息之前，我们还需要注意 Kafka 的一些特性。具体来讲，KafkaTemplate 默认会使用 localhost 上监听 9092 端口的 Kafka 代理。开发应用时，在本地启动 Kafka 代理没有什么问题，但是在投入生产时，需要配置不同的主机和端口。

安装 Kafka 集群

想要运行本章代码，需要拥有一个 Kafka 集群。借助 Kafka 文档，我们能够很好地掌握如何在本地运行 Kafka。

spring.kafka.bootstrap-servers 属性能够设置一个或多个 Kafka 服务器的地址，系统将会使用它来建立到 Kafka 集群的初始连接。例如，如果集群中有某个服务器运行在 kafka.tacocloud.com 上并监听 9092 端口，我们可以按照如下的方式在 YAML 中配置它的位置：

```
spring:
  kafka:
    bootstrap-servers:
    - kafka.tacocloud.com:9092
```

但是需要注意，spring.kafka.bootstrap-servers 是复数形式，能接受列表。所以，我们可以提供集群中的多个 Kafka 服务器：

```
spring:
  kafka:
    bootstrap-servers:
    - kafka.tacocloud.com:9092
    - kafka.tacocloud.com:9093
    - kafka.tacocloud.com:9094
```

这些配置适用于名为 kafka.tacocloud.com 的主机上的 Kafka 服务器。若想在本地运行 Kafka（通常会在开发期这样做），需要将其配置为 localhost，如下所示：

```
spring:
  kafka:
    bootstrap-servers:
    - localhost:9092
```

Kafka 在项目中准备就绪之后，我们就可以发送和接收消息了。我们首先使用 KafkaTemplate 发送 TacoOrder 对象到 Kafka 中。

9.3.2 通过 KafkaTemplate 发送消息

KafkaTemplate 在很多方面都与 JMS 和 RabbitMQ 对应的模板非常相似，但也有一些差异。在发送消息的时候，这一点非常明显：

```
ListenableFuture<SendResult<K, V>> send(String topic, V data);
ListenableFuture<SendResult<K, V>> send(String topic, K key, V data);
ListenableFuture<SendResult<K, V>> send(String topic,
                                    Integer partition, K key, V data);
ListenableFuture<SendResult<K, V>> send(String topic,
                        Integer partition, Long timestamp, K key, V data);
ListenableFuture<SendResult<K, V>> send(ProducerRecord<K, V> record);
ListenableFuture<SendResult<K, V>> send(Message<?> message);

ListenableFuture<SendResult<K, V>> sendDefault(V data);
ListenableFuture<SendResult<K, V>> sendDefault(K key, V data);
ListenableFuture<SendResult<K, V>> sendDefault(Integer partition,
                                               K key, V data);
ListenableFuture<SendResult<K, V>> sendDefault(Integer partition,
                                   Long timestamp, K key, V data);
```

我们首先可能会发现，这里没有 convertAndSend()方法。这是因为，KafkaTemplate 是通过泛型类型化的，在发送消息的时候，它能够直接处理领域类型。这样一来，所有的 send()方法都完成了 convertAndSend()的任务。

你可能也会注意到，send()和 sendDefault()的参数与 JMS 和 Rabbit 有很大的差异。使用 Kafka 发送消息时，可以使用如下参数设置消息该如何发送：

- 消息要发送到的主题（send()方法的必选参数）；
- 主题要写入的分区（可选）；
- 记录上要发送的 key（可选）；
- 时间戳（可选，默认为 System.currentTimeMillis()）；
- 载荷（必选）。

主题和载荷是其中最重要的两个参数。分区和 key 对于如何使用 KafkaTemplate 几乎没有影响，只是作为额外的信息提供给 send()和 sendDefault()。对于我们的场景，我们只关心将消息载荷发送到给定的主题，不用担心分区和 key 的问题。

对于 send()方法，我们还可以选择发送一个 ProducerRecord 对象。这是一个简单类型，将上述的参数放到了一个对象中。我们还可以发送 Message 对象，但这需要我们将领域对象转换成 Message 对象。相比创建和发送 ProducerRecord 和 Message 对象，使用其他方法会更简单一些。

借助 KafkaTemplate 及其 send()方法，我们可以编写一个基于 Kafka 实现的 OrderMessagingService 实现。程序清单 9.8 展现了该实现类。

程序清单 9.8 使用 KafkaTemplate 发送订单

```
package tacos.messaging;

import org.springframework.beans.factory.annotation.Autowired;
import org.springframework.kafka.core.KafkaTemplate;
import org.springframework.stereotype.Service;
import tacos.TacoOrder;

@Service
public class KafkaOrderMessagingService
                                  implements OrderMessagingService {

  private KafkaTemplate<String, TacoOrder> kafkaTemplate;

  @Autowired
  public KafkaOrderMessagingService(
          KafkaTemplate<String, TacoOrder> kafkaTemplate) {
    this.kafkaTemplate = kafkaTemplate;
  }

  @Override
  public void sendOrder(TacoOrder order) {
    kafkaTemplate.send("tacocloud.orders.topic", order);
  }

}
```

在这个 OrderMessagingService 的新实现中，sendOrder()使用被注入的 KafkaTemplate 对象的 send()方法，将 TacoOrder 发送到名为 tacocloud.orders.topic 的主题中。除了代码中随处可见的“Kafka”之外，这其实与为 JMS 和 Rabbit 编写的代码并没有太大的差异。与 OrderMessagingService 其他的实现类似，它可以被注入 OrderApiController，我们通过“/api/orders”端点提交订单时，就可以向 Kafka 发送订单了。

创建 Kafka 版本的消息接收者之前，我们可以使用一个控制台来查看发送的消息。有多个这样的 Kafka 管理控制台供我们选择，包括 Offset Explorer 和 Confluent 的 Apache Kafka UI。

如果想要设置默认主题，可以稍微简化一下 sendOrder()。首先，通过 spring.kafka.template.default-topic 属性，可以将默认主题设置为 tacocloud.orders.topic：

```
spring:
  kafka:
    bootstrap-servers:
    - localhost:9092
```

```
    template:
      default-topic: tacocloud.orders.topic
```

然后，在 sendOrder()方法中，就可以调用 sendDefault()而不是 send()了。这样不需要指定主题的名称：

```
@Override
public void sendOrder(TacoOrder order) {
  kafkaTemplate.sendDefault(order);
}
```

现在，我们已经编写完发送消息的代码了，接下来，我们转移一下注意力，编写从 Kafka 中接收消息的代码。

9.3.3 编写 Kafka 监听器

除了 send()和 sendDefault()特有的方法签名，KafkaTemplate 与 JmsTemplate（或 RabbitTemplate）的另外一个不同之处在于前者没有提供接收消息的方法。这意味着在 Spring 中，想要消费来自 Kafka 主题的消息只有一种办法，那就是编写消息监听器。

对于 Kafka 消息，消息监听器是通过带有@KafkaListener 注解的方法来实现的。@KafkaListener 大致对应于@JmsListener 和@RabbitListener，并且二者的使用方式也基本相同。程序清单 9.9 展示了为 Kafka 编写的基于监听器的订单接收器。

程序清单 9.9 使用@KafkaListener 接收订单

```
package tacos.kitchen.messaging.kafka.listener;
import org.springframework.beans.factory.annotation.Autowired;
import org.springframework.kafka.annotation.KafkaListener;
import org.springframework.stereotype.Component;
import tacos.Order;
import tacos.kitchen.KitchenUI;

@Component
public class OrderListener {

  private KitchenUI ui;

  @Autowired
  public OrderListener(KitchenUI ui) {
    this.ui = ui;
  }

  @KafkaListener(topics = "tacocloud.orders.topic")
  public void handle(TacoOrder order) {
    ui.displayOrder(order);
  }

}
```

handle()方法使用了@KafkaListener 注解，表明当有消息抵达名为 tacocloud.orders.topic 的主题时，该方法将会被调用。程序清单 9.9 中，我们只将 TacoOrder（载荷）对象传递给了 handle()方法。但是，如果想要获取消息中其他的元数据，我们也可以接受 ConsumerRecord 或 Message 对象。

例如，如下的 handle()实现了接受 ConsumerRecord，这样我们就能在日志中将消息的分区和时间戳记录下来：

```
@KafkaListener(topics = "tacocloud.orders.topic")
public void handle(
        TacoOrder order, ConsumerRecord<String, TacoOrder> record) {
  log.info("Received from partition {} with timestamp {}",
      record.partition(), record.timestamp());
  ui.displayOrder(order);
}
```

类似地，使用 Message 对象替代 ConsumerRecord，也能够达到相同的目的：

```
@KafkaListener(topics = "tacocloud.orders.topic")
public void handle(Order order, Message<Order> message) {
  MessageHeaders headers = message.getHeaders();
  log.info("Received from partition {} with timestamp {}",
      headers.get(KafkaHeaders.RECEIVED_PARTITION_ID),
      headers.get(KafkaHeaders.RECEIVED_TIMESTAMP));
  ui.displayOrder(order);
}
```

值得一提的是，消息载荷也可以通过 ConsumerRecord.value()或 Message.getPayload()获取。这意味着我们可以通过这些对象获取 TacoOrder，而不必直接将其作为 handle()的参数。

小结

- 异步消息在需要通信的应用程序之间提供了一个中间层，这样能够实现更松散的耦合和更强的可扩展性。
- Spring 支持使用 JMS、RabbitMQ 或 Apache Kafka 实现异步消息。
- 应用程序可以使用基于模板的客户端（JmsTemplate、RabbitTemplate 或 KafkaTemplate）向消息代理发送消息。
- 接收消息的应用程序可以借助基于模板的客户端拉取模式消费消息。
- 借助消息监听器注解（@JmsListener、@RabbitListener 或@KafkaListener），消息也可以推送至消费者的 bean 方法中。

第 10 章　Spring 集成

本章内容：

- 实时处理数据；
- 定义集成流；
- 使用 Spring Integration 的 Java DSL 定义；
- 与电子邮件、文件系统和其他外部系统进行集成。

在旅行时，最让我感到沮丧的一件事就是长途飞行时的互联网连接非常差，或者根本就没有。我喜欢利用空中时间完成一些工作，这本书的很多内容就是这样写出来的。但是，如果没有网络连接，而我恰好又想获取某个库或者查看一个 JavaDoc 文档，就无能为力了。因此，我现在会随身带一本书，以便在这种场合下阅读。

就像我们需要连接互联网才能提高生产效率一样，很多应用都需要连接外部系统才能完成它们的功能。应用程序可能需要读取或发送电子邮件、与外部 API 交互或者对写入数据库的数据做出反应。而且，由于数据是在外部系统读取或写入的，应用可能需要以某种方式处理这些数据，将其转换为应用程序自己的领域类。

在本章中，我们会看到如何使用 Spring Integration 实现通用的集成模式。Spring Integration 是众多集成模式的现成实现，这些模式在 Gregor Hohpe 和 Bobby Woolf 编写的 *Enterprise Integration Patterns*（Addison-Wesley，2003 年）中进行了归类。每个模式都实现为一个组件，消息会通过该组件在管道中传递数据。借助 Spring 配置，可以将这些组件组装成一个管道，数据可以通过这个管道来流动。我们从定义一个简单的集成流开始，这个流包含了 Spring Integration 的众多特性和特点。

10.1 声明一个简单的集成流

通常来讲， Spring Integration 可以创建集成流，通过集成流，应用程序能够接收或向应用程序之外的资源发送数据。应用程序可能集成的资源之一就是文件系统。因此，Spring Integration 的很多组件都有读入和写入文件的通道适配器（channel adapter）。

为了熟悉 Spring Integration，我们会创建一个集成流，这个流会写入数据到文件系统中。首先，需要添加 Spring Integration 到项目的构建文件中。对于 Maven 构建来讲，必要的依赖如下所示：

```
<dependency>
    <groupId>org.springframework.boot</groupId>
    <artifactId>spring-boot-starter-integration</artifactId>
</dependency>
<dependency>
    <groupId>org.springframework.integration</groupId>
    <artifactId>spring-integration-file</artifactId>
</dependency>
```

第一项依赖是 Spring Integration 的 Spring Boot starter。不管我们与哪种流进行交互，对于 Spring Integration 流的开发来讲，这个依赖都是必需的。与所有的 Spring Boot starter 一样，在 Initializr 表单中，这个依赖也可以通过复选框选择。

第二项依赖是 Spring Integration 的文件端点模块。这个模块是与外部系统集成的 20 余个模块之一。我们会在 10.2.9 小节中更加详细地讨论端点模块。但是目前，我们只需要知道，文件端点模块提供了将文件从文件系统导入集成流和将流中的数据写入文件系统的能力。

接下来，我们需要为应用创建一种方法，让它能够发送数据到集成流中，这样它才能写入文件。为了实现这一点，我们需要创建一个网关接口，这样的网关接口如程序清单 10.1 所示。

程序清单 10.1 将方法调用转换成消息的消息网关接口

```
package sia6;

import org.springframework.integration.annotation.MessagingGateway;
import org.springframework.integration.file.FileHeaders;
import org.springframework.messaging.handler.annotation.Header;

@MessagingGateway(defaultRequestChannel = "textInChannel")   // 声明消息网关
public interface FileWriterGateway {

  void writeToFile(
      @Header(FileHeaders.FILENAME) String filename,   // 写入文件
      String data);
}
```

尽管这只是一个很简单的 Java 接口，但是关于 FileWriterGateway，有很多东西需要介绍。我们首先看到，它使用了@MessagingGateway 注解。这个注解会告诉 Spring Integration 要在运行时生成该接口的实现，这与 Spring Data 在运行时生成存储库接口的实现非常类似。其他地方的代码在希望写入文件时将会调用它。

@MessagingGateway 的 defaultRequestChannel 属性表明接口方法调用时所返回的消息要发送至给定的消息通道（message channel）。在本例中，我们声明调用 writeToFile()所形成的消息应该发送至名为 textInChannel 的通道中。

对于 writeToFile()方法来说，它以 String 类型的形式接受一个文件名，另外一个 String 包含了要写入文件的文本。关于这个方法的签名，还需要注意 filename 参数上带有@Header。在本例中，@Header 注解表明传递给 filename 的值应该包含在消息头信息中（通过 FileHeaders.FILENAME 声明，它将会被解析成 file_name），而不是放到消息载荷（payload）中。

现在，我们已经有了消息网关，接下来就需要配置集成流了。尽管我们往构建文件中添加的 Spring Integration starter 依赖能够启用 Spring Integration 的自动配置功能，但是满足应用需求的流定义则需要我们自行编写额外的配置。在声明集成流方面，我们有 3 种配置方案可供选择：

- XML 配置；
- Java 配置；
- 使用 DSL 的 Java 配置。

我们会依次了解 Spring Integration 的这 3 种配置风格，从较为老式的 XML 配置开始。

10.1.1 使用 XML 定义集成流

尽管在本书中，我尽量避免使用 XML 配置，但是 Spring Integration 有使用 XML 定义集成流的漫长历史。所以，我认为至少展现一个 XML 定义集成流的样例还是很有价值的。程序清单 10.2 展现了如何使用 XML 配置示例集成流。

程序清单 10.2 使用 Spring XML 配置定义集成流

```
<?xml version="1.0" encoding = "UTF-8"?><beans
    xmlns="http://www.springframework.org/schema/beans"
  xmlns:xsi="http://www.w3.org/2001/XMLSchema-instance"
  xmlns:int="http://www.springframework.org/schema/integration"
  xmlns:int-file="http://www.springframework.org/schema/integration/file"
  xsi:schemaLocation="http://www.springframework.org/schema/beans
    http://www.springframework.org/schema/beans/spring-beans.xsd
    http://www.springframework.org/schema/integration
    http://www.springframework.org/schema/integration/spring-integration.xsd
    http://www.springframework.org/schema/integration/file
    http://www.springframework.org/schema/integration/file/spring-
```

```
        integration-file.xsd">

    <int:channel id="textInChannel" />                 <-- 声明 textInChannel

    <int:transformer id="upperCase"
        input-channel="textInChannel"
        output-channel="fileWriterChannel"
        expression="payload.toUpperCase()" />          <-- 转换文本

    <int:channel id="fileWriterChannel" />             <-- 声明 fileWriterChannel

    <int-file:outbound-channel-adapter id="writer"
        channel="fileWriterChannel"
        directory="/tmp/sia6/files"
        mode="APPEND"
        append-new-line="true" />                      <-- 将文本写入文件

</beans>
```

将程序清单 10.2 中的 XML 拆分讲解一下。

- 我们首先配置了一个名为 textInChannel 的通道。可以发现，它就是 FileWriterGateway 的请求通道。当 FileWriterGateway 的 writeToFile()方法被调用的时候，结果形成的消息会发布到这个通道上。
- 我们还配置了一个转换器（transformer），它会从 textInChannel 接收消息。它使用 Spring 表达式语言（Spring Expression Language，SpEL）为消息载荷调用 toUpperCase()方法。进行大写操作之后的结果会发布到 fileWriterChannel 上。
- 随后，我们配置了名为 fileWriterChannel 的通道。这个通道会作为一根导线，将转换器与出站通道适配器（outbound channel adapter）连接在一起。
- 最后，我们使用 int-file 命名空间配置了出站通道适配器。这个 XML 命名空间是由 Spring Integration 的文件模块提供的，实现文件写入的功能。按照我们的配置，它从 fileWriterChannel 接收消息，并将消息的载荷写入一个文件，这个文件的名称是由消息头信息中的 file_name 属性指定的，而存入的目录则是由这里的 directory 属性指定的。如果文件已经存在，会以新行的方式进行追加文件内容，而不会覆盖原文件。

图 10.1 使用 *Enterprise Integration Patterns* 中的图形元素样式阐述了这个流。

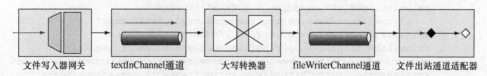

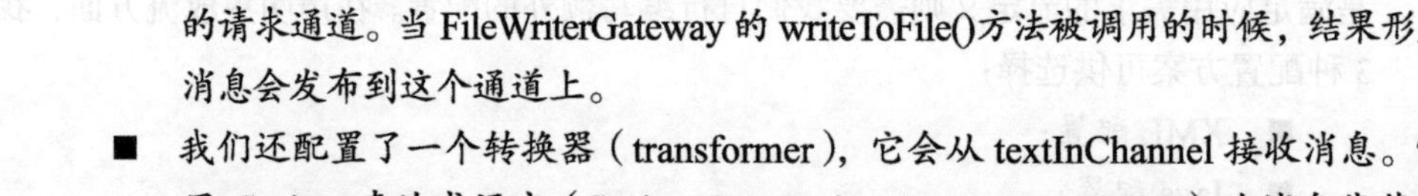

图 10.1 文件写入器的集成流

这个流包含了 5 个组件：一个网关、两个通道、一个转换器和一个通道适配器。能够组装到集成流中的组件有很多，这只是其中很少的一部分。我们会在 10.2 节讨论这些组件以及 Spring Integration 支持的其他组件。

如果想要在 Spring Boot 应用中使用 XML 配置，需要将 XML 作为源导入 Spring 应用。最简单的实现方式就是在应用的某个 Java 配置类上使用 Spring 的@ImportResource 注解：

```
@Configuration
@ImportResource("classpath:/filewriter-config.xml")
public class FileWriterIntegrationConfig { ... }
```

尽管基于 XML 的配置能够很好地用于 Spring Integration，但是大多数的开发人员对于 XML 的使用越来越谨慎。（正如我所言，在本书中，我会尽量避免使用 XML 配置。）现在，我们抛开尖括号，看一下 Spring Integration 的 Java 配置风格。

10.1.2 使用 Java 配置集成流

大多数的现代 Spring 应用程序都会避免使用 XML 配置，而更加青睐 Java 配置。实际上，在 Spring Boot 应用中，Java 配置是自动化配置功能更自然的补充形式。因此，如果要为 Spring Boot 应用添加集成流，最好使用 Java 来定义流程。

程序清单 10.3 展示了使用 Java 配置编写集成流的一个样例。这里的代码依然是功能相同的文件写入集成流，但是这次我们使用 Java 来实现。

程序清单 10.3 使用 Java 配置来定义集成流

```
package sia6;

import java.io.File;
import org.springframework.context.annotation.Bean;
import org.springframework.context.annotation.Configuration;
import org.springframework.integration.annotation.ServiceActivator;
import org.springframework.integration.annotation.Transformer;
import org.springframework.integration.file.FileWritingMessageHandler;
import org.springframework.integration.file.support.FileExistsMode;
import org.springframework.integration.transformer.GenericTransformer;

@Configuration
public class FileWriterIntegrationConfig {

  @Bean
  @Transformer(inputChannel = "textInChannel",     <-- 声明转换器
               outputChannel = "fileWriterChannel")
  public GenericTransformer<String, String> upperCaseTransformer() {
    return text -> text.toUpperCase();
  }

  @Bean
  @ServiceActivator(inputChannel = "fileWriterChannel")    声明文件写入器
  public FileWritingMessageHandler fileWriter() {     <--
    FileWritingMessageHandler handler =
```

```
        new FileWritingMessageHandler(new File("/tmp/sia6/files"));
    handler.setExpectReply(false);
    handler.setFileExistsMode(FileExistsMode.APPEND);
    handler.setAppendNewLine(true);
    return handler;
  }

}
```

在 Java 配置中，我们声明了两个 bean：一个转换器和一个文件写入消息处理器。这里的转换器是 GenericTransformer。因为 GenericTransformer 是函数式接口，所以我们可以使用 lambda 表达式为其提供实现，这里调用了消息文本的 toUpperCase()方法。我们为转换器 bean 使用了@Transformer 注解，这样会将其声明成集成流中的一个转换器。它接受来自 textInChannel 通道的消息，然后将消息写入名为 fileWriterChannel 的通道。

而负责文件写入的 bean 则使用了@ServiceActivator 注解，表明它会接受来自 fileWriterChannel 的消息，并且会将消息传递给 FileWritingMessageHandler 实例所定义的服务。FileWritingMessageHandler 是一个消息处理器，可以将消息的载荷写入特定目录下的文件，而文件的名称是通过消息的 file_name 头信息指定的。与 XML 样例类似，FileWritingMessageHandler 也配置为以新行的方式为文件追加内容。

FileWritingMessageHandler bean 的一个独特之处在于它调用了 setExpectReply(false)方法，能够通过这个方法告知服务激活器（service activator）不要期望存在答复通道（reply channel，通过这样的通道，我们可以将某个值返回到流中的上游组件）。如果我们不调用 setExpectReply(false)，那么文件写入 bean 的默认值是 true，尽管管道的功能和预期一样，但是在日志中会看到一些错误信息，提示我们没有设置答复通道。

你会发现，我们在这里没有必要显式声明通道。如果名为 textInChannel 和 fileWriterChannel 的 bean 不存在，这两个通道将会自动创建。但是，如果想要更加精确地控制通道如何配置，可以按照如下的方式显式构建这些 bean：

```
@Bean
public MessageChannel textInChannel() {
  return new DirectChannel();
}
...
@Bean
public MessageChannel fileWriterChannel() {
  return new DirectChannel();
}
```

基于 Java 的配置方案可能更易于阅读、更简洁，也符合我在本书中倡导的纯 Java 配置风格。但是，如果使用 Spring Integration 的 Java DSL 配置风格，配置过程可以更加流畅[①]。

① DSL 代表 domain-specific language，即领域特定语言。

10.1.3 使用 Spring Integration 的 DSL 配置

我们再次尝试文件写入集成流的定义。这一次，我们依然使用 Java 进行定义，但是会使用 Spring Integration 的 Java DSL。我们不再将流中的每个组件都声明为单独的 bean，而是使用一个 bean 来定义整个流，如程序清单 10.4 所示。

程序清单 10.4 为集成流的设计提供一个流畅的 API

```
package sia6;

import java.io.File;
import org.springframework.context.annotation.Bean;
import org.springframework.context.annotation.Configuration;
import org.springframework.integration.dsl.IntegrationFlow;
import org.springframework.integration.dsl.IntegrationFlows;
import org.springframework.integration.dsl.MessageChannels;
import org.springframework.integration.file.dsl.Files;
import org.springframework.integration.file.support.FileExistsMode;
@Configuration
public class FileWriterIntegrationConfig {

  @Bean
  public IntegrationFlow fileWriterFlow() {
    return IntegrationFlows
        .from(MessageChannels.direct("textInChannel"))    <-- 入站通道
        .<String, String>transform(t -> t.toUpperCase())    <-- 声明转换器
        .handle(Files                                       <-- 处理文件写入
            .outboundAdapter(new File("/tmp/sia6/files"))
            .fileExistsMode(FileExistsMode.APPEND)
            .appendNewLine(true))
         .get();
  }

}
```

这种新的配置方式在一个 bean 方法中定义了整个流，做到了尽可能简洁。IntegrationFlows 类初始化构建器 API，我们可以通过这个 API 来定义流。

在程序清单 10.4 中，我们首先从名为 textInchannel 的通道接收消息，然后，消息进入一个转换器，这个转换器会将消息载荷转换成大写形式。在转换器之后，消息会交由出站通道适配器处理，这个适配器是由 Spring Integration file 模块的 Files 类型创建的。最后，通过对 get()的调用返回要构建的 IntegrationFlow。简言之，这个 bean 方法定义了与 XML 和 Java 配置样例相同的集成流。

你可能已经发现，与 Java 配置样例类似，我们不需要显式声明通道 bean。我们引用了 textInChannel，如果该名字对应的通道不存在，Spring Integration 会自动创建它。不过，我们也可以显式声明 bean。

对于连接转换器和出站通道适配器的通道，我们甚至没有通过名字引用它。如果需

要显式配置通道，可以在流定义的时候，通过调用 channel()来引用它的名称：

```
@Bean
public IntegrationFlow fileWriterFlow() {
  return IntegrationFlows
      .from(MessageChannels.direct("textInChannel"))
      .<String, String>transform(t -> t.toUpperCase())
      .channel(MessageChannels.direct("FileWriterChannel"))
      .handle(Files
          .outboundAdapter(new File("/tmp/sia6/files"))
          .fileExistsMode(FileExistsMode.APPEND)
          .appendNewLine(true))
      .get();
}
```

使用 Spring Integration 的 Java DSL（与其他的 fluent API 类似）时，必须要巧妙地使用空格来保持可读性。在这里的样例中，我小心翼翼地使用缩进来保证代码块的可读性。对于更长、更复杂的流，我们甚至可以考虑将流的一部分抽取到单独的方法或子流中，以实现更好的可读性。

现在，我们已经看到了如何使用 3 种不同的方式来定义一个简单的流，接下来，我们回过头来看一下 Spring Integration 的全景。

10.2 Spring Integration 功能概览

Spring Integration 涵盖了大量的集成场景。如果想将所有的内容放到一章中，就像把一头大象装进信封一样不现实。在这里，我只会向你展示 Spring Integration 这头大象的照片，而不是对 Spring Integration 进行面面俱到的讲解，目的就是让你能够了解它是如何运行的。随后，我们会再创建一个集成流，为 Taco Cloud 应用添加新的功能。

集成流是由一个或多个如下介绍的组件组成的。在继续编写代码之前，我们先看一下这些组件在集成流中所扮演的角色。

- 通道（channel）：将消息从一个元素传递到另一个元素。
- 过滤器（filter）：基于某些断言，条件化地允许某些消息通过流。
- 转换器（transformer）：改变消息的值、将消息载荷从一种类型转换成另一种类型。
- 路由器（router）：将消息路由至一个或多个通道，通常会基于消息的头信息进行路由。
- 切分器（splitter）：将传入的消息切分成两份或更多份，然后发送至不同的通道。
- 聚合器（aggregator）：与切分器的操作相反，将来自不同通道的多个消息合并成一个消息。
- 服务激活器（service activator）：将消息传递给某个 Java 方法处理，并将返回值发布到输出通道上。

- 通道适配器（channel adapter）：将通道连接到某些外部系统或传输方式。可以接受输入，也可以写出到外部系统。
- 网关（gateway）：通过接口，将数据传递到集成流中。

在定义文件写入集成流时，我们已经看过其中的一些组件了。FileWriterGateway 是一个网关，通过它，应用可以提交要写入文件的文本。我们还定义了一个转换器，将给定的文本转换成大写的形式，随后，我们定义了一个出站通道适配器，它执行将文本写入文件的任务。这个流有两个通道：textInChannel 和 fileWriterChannel，它们将应用中的其他组件连接在一起。现在，我们按照承诺快速看一下这些集成流组件。

10.2.1 消息通道

消息通道是消息穿行集成通道的一种方式（如图 10.2 所示）。它们是连接 Spring Integration 其他组成部分的管道。

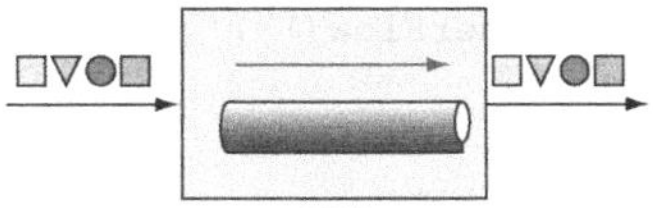

图 10.2 消息通道是集成流中数据在其他组件之间流动的管道

Spring Integration 提供了多种通道实现。

- PublishSubscribeChannel：发送到 PublishSubscribeChannel 的消息会传递到一个或多个消费者中。如果有多个消费者，则它们都会接收到消息。
- QueueChannel：发送到 QueueChannel 的消息会存储到一个队列中，按照 FIFO 的方式被拉取①。如果有多个消费者，只有其中的一个消费者会接收到消息。
- PriorityChannel：与 QueueChannel 类似，但它不是 FIFO 的方式，而是会基于消息的 priority 头信息被消费者拉取。
- RendezvousChannel：与 QueueChannel 类似，但是发送者会一直阻塞通道，直到消费者接收到消息。它实际上会同步发送者和消费者。
- DirectChannel：与 PublishSubscribeChannel 类似，但是消息只会发送至一个消费者。它会在与发送者相同的线程中调用消费者。这种方式允许跨通道的事务。
- ExecutorChannel：与 DirectChannel 类似，但消息分发是通过 TaskExecutor 实现的，这样会在与发送者独立的线程中执行。这种通道类型不支持跨通道的事务。
- FluxMessageChannel：反应式流的发布者消息通道，基于 Reactor 项目的 Flux。（我们会在第 11 章讨论反应式流、Reactor 和 Flux。）

① FIFO 代表 first-in, first-out，即先进先出。

在 Java 配置和 Java DSL 中，输入通道都是自动创建的，默认使用 DirectChannel。但是，如果想要使用不同的通道实现，就需要将通道声明为 bean 并在集成流中引用它。例如，要声明 PublishSubscribeChannel，需要声明如下的@Bean 方法：

```
@Bean
public MessageChannel orderChannel() {
  return new PublishSubscribeChannel();
}
```

随后，可以在集成流定义中根据通道名称引用它。例如，如果这个通道要被一个服务激活器 bean 所消费，我们可以在@ServiceActivator 注解的 inputChannel 属性中引用它：

```
@ServiceActivator(inputChannel = "orderChannel")
```

或者，使用 Java DSL 配置风格，可以调用 channel()来引用它：

```
@Bean
public IntegrationFlow orderFlow() {
  return IntegrationFlows
      ...
      .channel("orderChannel")
      ...
      .get();
}
```

很重要的一点是，如果使用 QueueChannel，消费者必须配置一个 poller。例如，假设我们声明了一个这样的 QueueChannel bean：

```
@Bean
public MessageChannel orderChannel() {
  return new QueueChannel();
}
```

那么，我们需要确保消费者配置成轮询该通道的消息。如果是消息激活器，@ServiceActivator 注解可能会如下所示：

```
@ServiceActivator(inputChannel = "orderChannel",
                  poller = @Poller(fixedRate = "1000"))
```

在本例中，服务激活器每秒（或者说每 1000 毫秒）都会轮询名为 orderChannel 的通道。

10.2.2 过滤器

过滤器放置于集成管道的中间，它能够根据断言允许或拒绝消息进入流程的下一步（如图 10.3 所示）。

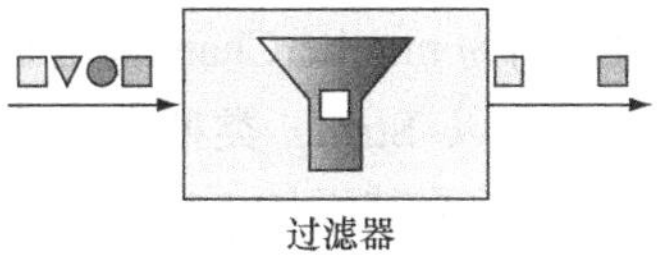

图 10.3 过滤器会基于某个断言，允许或拒绝消息在管道中进行处理

例如，假设消息包含了整型的值，要通过名为 numberChannel 进行发布，但是我们只想让偶数进入名为 evenNumberChannel 的通道。在这种情况下，可以使用@Filter 注解定义一个过滤器：

```
@Filter(inputChannel = "numberChannel",
        outputChannel = "evenNumberChannel")
public boolean evenNumberFilter(Integer number) {
  return number % 2 == 0;
}
```

作为替代方案，如果使用 Java DSL 配置风格来定义集成流，可以按照如下的方式来调用 filter()：

```
@Bean
public IntegrationFlow evenNumberFlow(AtomicInteger integerSource) {
  return IntegrationFlows
      ...
      .<Integer>filter((p) -> p % 2 == 0)
      ...
      .get();
}
```

在本例中，我们使用 lambda 表达式来实现过滤器。但实际上，filter()方法会接受 GenericSelector 作为参数。这意味着，如果我们的过滤器过于复杂，不适合放到一个简单的 lambda 表达式中，那么我们可以实现 GenericSelector 接口作为替代方案。

10.2.3 转换器

转换器会对消息执行一些操作，一般会导致不同的消息形成，还有可能会产生不同的载荷类型（如图 10.4 所示）。转换过程可以非常简单，比如执行数字的数学运算或者操作 String 值。转换过程也可以比较复杂，比如根据代表 ISBN 的 String 值查询并返回对应图书的详细信息。

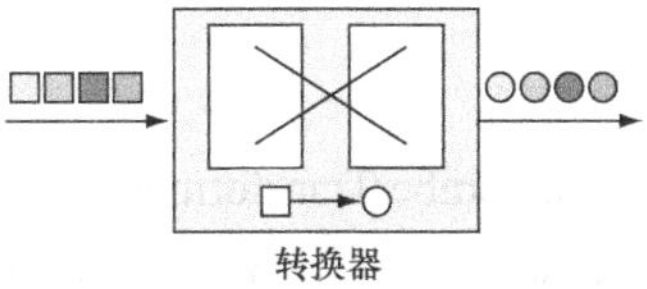

图 10.4 转换器会改变流经集成流的消息

例如，假设整型值会通过名为 numberChannel 的通道进行发布，我们希望将这些数字转换成它们的罗马数字形式，以 String 类型来表示。在这种情况下，可以声明一个 GenericTransformer 类型的 bean 并为其添加@Transformer 注解：

```
@Bean
@Transformer(inputChannel = "numberChannel",
            outputChannel = "romanNumberChannel")
public GenericTransformer<Integer, String> romanNumTransformer() {
  return RomanNumbers::toRoman;
}
```

@Transformer 注解可以将这个 bean 声明为转换器 bean，它会从名为 numberChannel 的通道接收 Integer 值，然后使用静态方法 toRoman()进行转换（toRoman()是静态方法，定义在名为 RomanNumbers 的类中，这里使用方法引用来使用它）。转换后的结果会发布到名为 romanNumberChannel 的通道中。

在 Java DSL 配置风格中，调用 transform()会更加简单，我们只需将对 toRoman()的方法引用传递进来：

```
@Bean
public IntegrationFlow transformerFlow() {
  return IntegrationFlows
      ...
      .transform(RomanNumbers::toRoman)
      ...
      .get();
}
```

尽管这两个转换器代码中都使用了方法引用，但是转换器也可以使用 lambda 表达式声明。或者，如果转换器足够复杂，需要使用一个单独的类，那么可以将其作为一个 bean 注入流定义，并将引用传递给 transform()方法：

```
@Bean
public RomanNumberTransformer romanNumberTransformer() {
  return new RomanNumberTransformer();
}

@Bean
public IntegrationFlow transformerFlow(
                  RomanNumberTransformer romanNumberTransformer) {
  return IntegrationFlows
      ...
      .transform(romanNumberTransformer)
      ...
      .get();
}
```

在这里，我们声明了 RomanNumberTransformer 类型的 bean，它本身是 Spring Integration Transformer 或 GenericTransformer 接口的实现。这个 bean 注入了 transformerFlow()方法，并且在定义集成流的时候传递给了 transform()方法。

10.2.4 路由器

路由器能够基于某个路由断言，实现集成流的分支，从而将消息发送至不同的通道上，如图 10.5 所示。

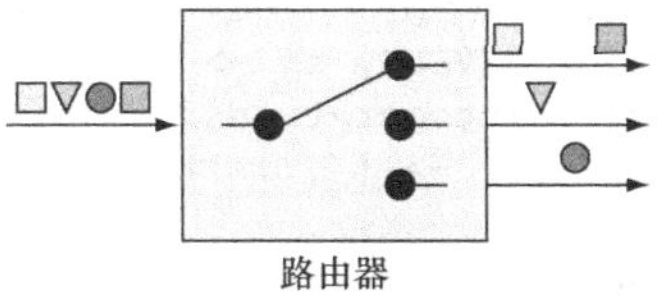

图 10.5 路由器会根据应用于消息的断言，将消息定向至不同的通道

例如，假设我们有一个名为 numberChannel 的通道，它会传输整型值。我们想要将带有偶数的消息定向到名为 evenChannel 的通道，将带有奇数的消息定向到名为 oddChannel 的通道。要在集成流中创建这样一个路由器，我们可以声明一个 AbstractMessageRouter 类型的 bean，并为其添加@Router 注解：

```
@Bean
@Router(inputChannel = "numberChannel")
public AbstractMessageRouter evenOddRouter() {
  return new AbstractMessageRouter() {
    @Override
    protected Collection<MessageChannel>
              determineTargetChannels(Message<?> message) {
      Integer number = (Integer) message.getPayload();
      if (number % 2 == 0) {
        return Collections.singleton(evenChannel());
      }
      return Collections.singleton(oddChannel());
    }
  };
}

@Bean
public MessageChannel evenChannel() {
  return new DirectChannel();
}

@Bean
public MessageChannel oddChannel() {
  return new DirectChannel();
}
```

这里定义的 AbstractMessageRouter 接收名为 numberChannel 的输入通道的消息。它的实现以匿名内部类的形式检查消息的载荷，如果是偶数，返回名为 evenChannel 的通道（在路由器 bean 之后同样以 bean 的方式进行了声明）。否则，通道载荷中的数字必然是奇数，在这种情况下，返回名为 oddChannel 的通道（同样以 bean 方法的形式进行了声明）。

在 Java DSL 风格中，路由器是通过在流定义中调用 route()方法来声明的，如下所示：

```
@Bean
public IntegrationFlow numberRoutingFlow(AtomicInteger source) {
  return IntegrationFlows
    ...
      .<Integer, String>route(n -> n%2 = =0 ? "EVEN":"ODD", mapping -> mapping
        .subFlowMapping("EVEN", sf -> sf
            .<Integer, Integer>transform(n -> n * 10)
            .handle((i,h) -> { ... })
            )
         .subFlowMapping("ODD", sf -> sf
            .transform(RomanNumbers::toRoman)
            .handle((i,h) -> { ... })
            )
        )
      .get();
}
```

尽管我们依然可以定义 AbstractMessageRouter 并将其传递到 route()，但是在这个样例中使用了 lambda 表达式来确定消息载荷是偶数还是奇数：对于偶数，返回 EVEN；对于奇数，返回 ODD。然后这些值会用来确定该使用哪个子映射处理消息。

10.2.5 切分器

在集成流中，有时候将一个消息切分为多个消息独立处理可能会非常有用。切分器将会负责切分并处理这些消息，如图 10.6 所示。

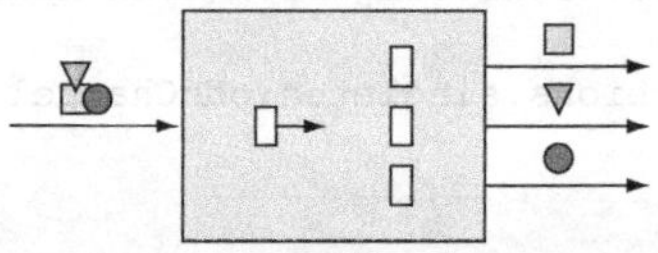

图 10.6 切分器会将消息拆分为两个或更多独立的消息，它们可以由独立的子流分别进行处理

在很多场景中，切分器都非常有用，尤其是以下两种特殊的场景。

- 消息载荷中包含了相同类型条目的一个列表。我们希望将它们作为单独的消息载荷来进行处理。例如，消息中携带了一个商品列表，可以切分为多个消息，每个消息的载荷分别对应一件商品。
- 消息载荷所携带的信息尽管有所关联，但是可以拆分为两个或更多个不同类型的消息。例如，一个购买订单可能会包含投递信息、账单、商品项的信息。可以将投递细节交由某个子流来处理，账单交由另一个子流来处理，而商品项再交由其他的子流来处理。在这种情况下，切分器后面通常会紧跟一个路由器，根据消息的载荷类型进行路由，确保数据都由正确的子流处理。

在我们将消息载荷切分为两个或更多个不同类型的消息时，通常定义一个 POJO 就足够了。它提取传入消息不同的组成部分，并将其以元素集合的形式返回。

例如，假设我们想要将带有购买订单的消息切分为两个消息，其中一个会携带账单信息，另一个携带商品项的信息。如下的 OrderSplitter 就可以完成该任务：

```
public class OrderSplitter {
  public Collection<Object> splitOrderIntoParts(PurchaseOrder po) {
    ArrayList<Object> parts = new ArrayList<>();
    parts.add(po.getBillingInfo());
    parts.add(po.getLineItems());
    return parts;
  }
}
```

接下来，我们声明一个 OrderSplitter bean，并通过@Splitter 注解将其作为集成流的一部分：

```
@Bean
@Splitter(inputChannel = "poChannel",
          outputChannel = "splitOrderChannel")
public OrderSplitter orderSplitter() {
  return new OrderSplitter();
}
```

在这里，购买订单会到达名为 poChannel 的通道，它们会被 OrderSplitter 切分。然后，所返回集合中的每个条目都会作为集成流中独立的消息发布到名为 splitOrderChannel 的通道中。此时，我们可以在流中声明一个 PayloadTypeRouter，将账单信息和商品项分别路由至它们自己的子流：

```
@Bean
@Router(inputChannel = "splitOrderChannel")
public MessageRouter splitOrderRouter() {
  PayloadTypeRouter router = new PayloadTypeRouter();
  router.setChannelMapping(
      BillingInfo.class.getName(), "billingInfoChannel");
  router.setChannelMapping(
      List.class.getName(), "lineItemsChannel");
  return router;
}
```

顾名思义，PayloadTypeRouter 会根据消息的载荷将它们路由至不同的通道。按照这里的配置，载荷为 BillingInfo 类型的消息将会被路由至名为 billingInfoChannel 的通道，供后续进行处理。至于商品项，它们会放到一个 java.util.List 集合中，因此，我们将 List 类型的载荷映射到名为 lineItemsChannel 的通道中。

按照目前的状况，流将会被切分成两个子流，一个是 BillingInfo 对象的流，另一个则是 List<LineItem>的流。假设我们想要进一步进行拆分，例如不想处理 LineItems 的列表，而是想要分别处理每个 LineItem，又该怎么办呢？要将商品列表拆分为多个消息，其中每个消息包含一个条目，只需要编写一个方法（而不是一个 bean），这个方法带有@Splitter 注解并且返回 LineItem 的集合，如下所示：

```
@Splitter(inputChannel="lineItemsChannel", outputChannel="lineItemChannel")
public List<LineItem> lineItemSplitter(List<LineItem> lineItems) {
  return lineItems;
}
```

当带有 List<LineItem>载荷的消息抵达名为 lineItemsChannel 通道时，消息会进入 lineItemSplitter()。按照切分器的规则，这个方法必须要返回切分后条目的集合。在本例中，我们已经有了 LineItem 的集合，所以我们直接返回这个集合就可以了。这样做的结果是，集合中的每个 LineItem 都会发布到一个消息中，这些消息会被发送到名为 lineItemChannel 的通道中。

如果想要使用 Java DSL 声明相同的 splitter/router 配置，则可以通过调用 split()和 route()来实现：

```
return IntegrationFlows
  ...
    .split(orderSplitter())
    .<Object, String> route(
        p -> {
          if (p.getClass().isAssignableFrom(BillingInfo.class)) {
            return "BILLING_INFO";
          } else {
            return "LINE_ITEMS";
          }
        }, mapping -> mapping
          .subFlowMapping("BILLING_INFO", sf -> sf
              .<BillingInfo> handle((billingInfo, h) -> {
                ...
              }))
          .subFlowMapping("LINE_ITEMS", sf -> sf
              .split()
              .<LineItem> handle((lineItem, h) -> {
                ...
              }))
        )
    .get();
```

DSL 所组成的流定义相当简洁，但是可能有点难以理解。它使用与 Java 配置样例相同的 OrderSplitter 来切分订单。我们可以将 lambda 表达式抽取到方法中，使其更为整洁，例如使用如下所示的 3 个方法来取代流定义中的 lambda 表达式：

```
private String route(Object p) {
  return p.getClass().isAssignableFrom(BillingInfo.class)
      ? "BILLING_INFO"
      : "LINE_ITEMS";
}

private BillingInfo handleBillingInfo(
```

```
        BillingInfo billingInfo, MessageHeaders h) {
  // ...
}

private LineItem handleLineItems(
        LineItem lineItem, MessageHeaders h) {
  // ...
}
```

然后，使用方法引用重写集成流：

```
return IntegrationFlows
  ...
    .split()
    .route(
      this::route,
      mapping -> mapping
        .subFlowMapping("BILLING_INFO", sf -> sf
          .<BillingInfo> handle(this::handleBillingInfo))
        .subFlowMapping("LINE_ITEMS", sf -> sf
          .split()
          .<LineItem> handle(this::handleLineItems)));
```

不管采用哪种方式，都会像 Java 配置样例那样，使用相同的 OrderSplitter 的切分订单。在订单切分之后，根据类型路由至两个独立的子流。

10.2.6 服务激活器

服务激活器接收来自输入通道的消息并将这些消息发送至一个 MessageHandler 的实现，如图 10.7 所示。

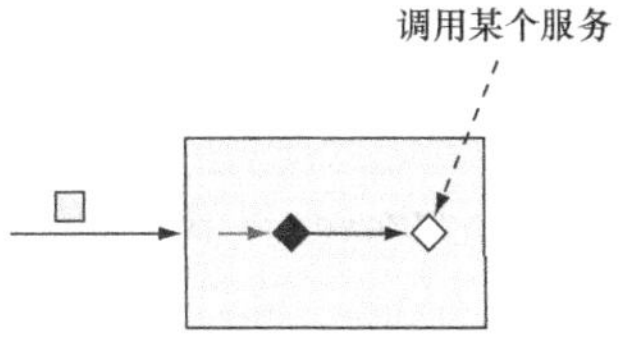

图 10.7 在接收到消息时，服务激活器会通过 MessageHandler 调用某个服务

Spring Integration 提供了多个“开箱即用”的 MessageHandler（PayloadTypeRouter 甚至就是 MessageHandler 的一个实现），但是我们通常会需要为其提供一些自定义的实现作为服务激活器。作为样例，如下的代码展现了如何声明 MessageHandler bean 并将其配置为服务激活器：

```
@Bean
@ServiceActivator(inputChannel = "someChannel")
public MessageHandler sysoutHandler() {
  return message -> {
```

```
    System.out.println("Message payload: " + message.getPayload());
  };
}
```

这个 bean 使用了@ServiceActivator 注解，表明它会作为一个服务激活器处理来自 someChannel 通道的消息。对于 MessageHandler 本身，它是通过一个 lambda 表达式实现的。这是一个简单的 MessageHandler，当得到消息之后，它会将消息的载荷打印至标准输出流。

我们还可以声明一个服务激活器，让它在返回新载荷之前处理输入消息中的数据。在这种情况下，bean 应该是 GenericHandler，而不是 MessageHandler：

```
@Bean
@ServiceActivator(inputChannel = "orderChannel",
                  outputChannel = "completeChannel")
public GenericHandler<EmailOrder> orderHandler(
                              OrderRepository orderRepo) {
  return (payload, headers) -> {
    return orderRepo.save(payload);
  };
}
```

在本例中，服务激活器是一个 GenericHandler，它会接收载荷类型为 EmailOrder 的消息。订单抵达时，我们会通过一个存储库将它保存起来，并返回保存之后的 EmailOrder，这个 EmailOrder 随后被发送至名为 completeChannel 的输出通道。

你可能已经注意到了，GenericHandler 不仅能够得到载荷，还能得到消息头（虽然我们这个样例根本没有用到这些头信息）。我们还可以在 Java DSL 配置风格中使用服务激活器，只需将 MessageHandler 或 GenericHandler 传递到流定义的 handle()方法中：

```
public IntegrationFlow someFlow() {
  return IntegrationFlows
    ...
      .handle(msg -> {
        System.out.println("Message payload: " + msg.getPayload());
       })
      .get();
}
```

在本例中，MessageHandler 会得到一个 lambda 表达式，但是我们也可以为其提供一个方法引用，甚至实现 MessageHandler 接口的类实例。如果想要为其提供 lambda 表达式或方法引用，需要记住它们均接受消息作为其参数。

类似地，如果不想将服务激活器作为流的终点，handle()还可以接受 GenericHandler。如果要将前面提到的订单保存服务激活器添加进来，可以按照如下的形式使用 Java DSL 配置流：

```
public IntegrationFlow orderFlow(OrderRepository orderRepo) {
  return IntegrationFlows
```

```
    ...
        .<EmailOrder>handle((payload, headers) -> {
            return orderRepo.save(payload);
        })
    ...
        .get();
}
```

使用 GenericHandler 时，lambda 表达式或方法引用会接受消息载荷和头信息作为参数。如果选择使用 GenericHandler 作为流的终点，就需要其返回 null，否则就会出现错误，提示没有指定输出通道。

10.2.7 网关

通过网关，应用可以提交数据到集成流中，并且能够可选地接收流的结果作为响应。网关会声明为接口，借助 Spring Integration 的实现，应用可以调用它来向集成流发送消息（如图 10.8 所示）。

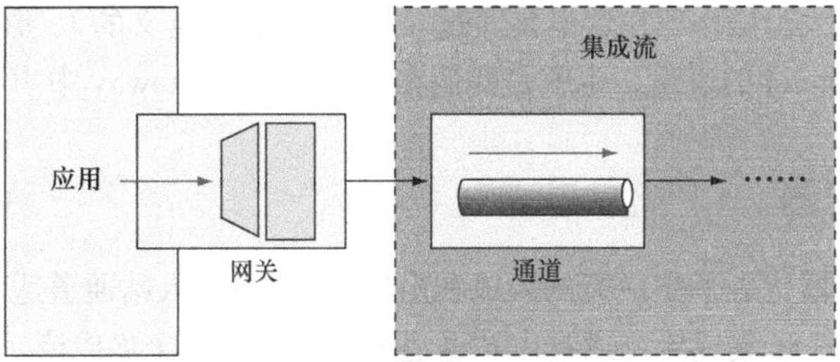

图 10.8 服务网关是接口，应用可以借助它向集成流提交消息

我们已经看过消息网关的样例，也就是 FileWriterGateway。FileWriterGateway 是一个单向的网关，有一个接受 String 类型的方法，该方法会将文本写入到文件中，并返回 void。编写双向的网关同样简单。在编写网关接口时，需要确保方法要返回某个值以便推送到集成流中。

作为样例，假设网关面对的是一个简单的集成流，这个流会接受一个 String 并将给定的 String 转换成全大写的形式。这个网关接口大致如下所示：

```
package sia6;
import org.springframework.integration.annotation.MessagingGateway;
import org.springframework.stereotype.Component;

@Component
@MessagingGateway(defaultRequestChannel = "inChannel",
                  defaultReplyChannel = "outChannel")
public interface UpperCaseGateway {
  String uppercase(String in);
}
```

让人开心的是，这个接口不需要实现。Spring Integration 会在运行时自动提供一个通过特定通道发送和接收消息的实现。

当 uppercase()被调用时，给定的 String 会发布到集成流中，进入名为 inChannel 的通道。不管流是如何定义的、干了些什么，当数据进入名为 outChannel 通道时，都会从 uppercase()方法返回。

我们这个用以转换大写格式的集成流是一个非常简单的流，只需要一个将 String 转换成大写格式的步骤。它可以通过 Java DSL 配置声明如下：

```
@Bean
public IntegrationFlow uppercaseFlow() {
  return IntegrationFlows
    .from("inChannel")
    .<String, String> transform(s -> s.toUpperCase())
    .channel("outChannel")
    .get();
}
```

按照这里的定义，这个流随着进入 inChannel 通道的数据开始。消息载荷会由转换器处理，执行大写操作（在这里是通过 lambda 表达式定义的）。形成的结果消息会发送到名为 outChannel 的通道，也就是我们在 UpperCaseGateway 中声明的答复通道。

10.2.8 通道适配器

通道适配器代表了集成流的入口和出口。数据通过入站通道适配器（inbound channel adapter）进入一个集成流，通过出站通道适配器离开一个集成流。如图 10.9 所示。

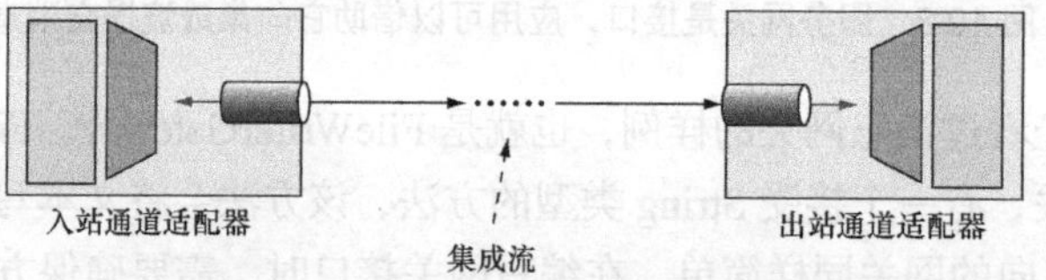

图 10.9 通道适配器是集成流的入口和出口

根据要引入集成流的数据源，入站通道适配器可以有很多形式。例如，我们可以声明一个入站通道适配器，将来自 AtomicInteger 的、不断递增的数字引入流。使用 Java 配置，则如下所示：

```
@Bean
@InboundChannelAdapter(
    poller = @Poller(fixedRate = "1000"), channel = "numberChannel")
public MessageSource<Integer> numberSource(AtomicInteger source) {
  return () -> {
    return new GenericMessage<>(source.getAndIncrement());
  };
}
```

这个@Bean 方法通过@InboundChannelAdapter 注解声明了一个入站通道适配器，它根据注入的 AtomicInteger 每隔一秒（也就是 1000 毫秒）提交一个数字给名为 numberChannel 的通道[①]。

使用 Java 配置时，我们可以通过@InboundChannelAdapter 注解声明入站通道适配器，而使用 Java DSL 定义集成流时，我们需要使用 from()方法完成同样的事情。如下的流定义展现了类似的入站通道适配器，它是使用 Java DSL 定义的：

```
@Bean
public IntegrationFlow someFlow(AtomicInteger integerSource) {
  return IntegrationFlows
      .from(integerSource, "getAndIncrement",
          c -> c.poller(Pollers.fixedRate(1000)))
    ...
      .get();
}
```

通常，通道适配器是由 Spring Integration 的众多端点模块提供的。假设我们需要一个入站通道适配器监控一个特定的目录，并将写入该目录的文件以消息的形式提交到 file-channel 通道中。如下的 Java 配置使用来自 Spring Integration file 端点模块的 FileReadingMessageSource 实现该功能：

```
@Bean
@InboundChannelAdapter(channel="file-channel",
                       poller = @Poller(fixedDelay="1000"))
public MessageSource<File> fileReadingMessageSource() {
  FileReadingMessageSource sourceReader = new FileReadingMessageSource();
  sourceReader.setDirectory(new File(INPUT_DIR));
  sourceReader.setFilter(new SimplePatternFileListFilter(FILE_PATTERN));
  return sourceReader;
}
```

如果要使用 Java DSL 编写同等功能的入站通道适配器，可以使用 Files 类的 inboundAdapter()方法。出站通道适配器是集成流的终点，会将最终的消息传递给应用或其他外部系统：

```
@Bean
public IntegrationFlow fileReaderFlow() {
  return IntegrationFlows
      .from(Files.inboundAdapter(new File(INPUT_DIR))
          .patternFilter(FILE_PATTERN))
      .get();
}
```

① 在多线程场景中，AtomicInteger 对实现递增的计数器非常有用，比如在这里可能有多个消息同时到达通道。

我们通常会将消息激活器实现为消息处理器，让它作为出站通道适配器，对数据需要传递给应用本身的情况更是如此。我们已经讨论过消息激活器，这里就没有必要重复讨论了。

但是，需要注意，Spring Integration 端点模块为多个通用场景提供了消息处理器。在程序清单 10.3 中，我们已经见过这种出站通道适配器的样例 FileWritingMessageHandler。提到 Spring Integration 端点模块，不妨看一下都有哪些直接可用的集成端点模块。

10.2.9 端点模块

Spring Integration 允许我们创建自己的通道适配器，这一点非常好，但更棒的是 Spring Integration 提供了 20 余个包含通道适配器（同时包括入站和出站的适配器）的端点模块，用于和各种常见的外部系统实现集成，我们将其列到了表 10.1 中。

表 10.1 Spring Integration 提供的端点模块

模块	依赖的 artifact ID（Group ID：org.springframework.integration）
AMQP	spring-integration-amqp
应用事件	spring-integration-event
Atom 和 RSS	spring-integration-feed
电子邮件	spring-integration-mail
文件系统	spring-integration-file
FTP/FTPS	spring-integration-ftp
GemFire	spring-integration-gemfire
HTTP	spring-integration-http
JDBC	spring-integration-jdbc
JMS	spring-integration-jms
JMX	spring-integration-jmx
JPA	spring-integration-jpa
Kafka	spring-integration-kafka
MongoDB	spring-integration-mongodb
MQTT	spring-integration-mqtt
R2DBC	spring-integration-r2dbc
Redis	spring-integration-redis
RMI	spring-integration-rmi
RSocket	spring-integration-rsocket
SFTP	spring-integration-sftp
STOMP	spring-integration-stomp

续表

模块	依赖的 artifact ID（Group ID：org.springframework.integration）
Stream	spring-integration-stream
Syslog	spring-integration-syslog
TCP/UDP	spring-integration-ip
WebFlux	spring-integration-webflux
Web Services	spring-integration-ws
WebSocket	spring-integration-websocket
XMPP	spring-integration-xmpp
ZeroMQ	spring-integration-zeromq
ZooKeeper	spring-integration-zookeeper

从表 10.1 中可以清楚地看到，Spring Integration 提供了用途广泛的一组组件，能够满足非常多的集成需求。虽然大多数应用程序使用的功能只是 Spring Integration 所提供功能的九牛一毛，但我们最好知道 Spring Integration 能够提供哪些功能。

另外，我不可能在一章的篇幅中介绍表 10.1 中的所有的通道适配器。我们已经看到了如何使用文件系统模块写入文件的样例。我们随后将会看到如何使用 email 模块来读取电子邮件。

对于每个端点模块的通道适配器，我们可以在 Java 配置中将其声明为 bean，也可以在 Java DSL 配置中以静态方法的方式引用它们。我建议你探索一下自己最感兴趣的其他端点模块。你会发现它们在使用方式上是非常一致的。但是，现在，我们关注一下 email 端点模块，看一下如何将它用到 Taco Cloud 应用中。

10.3 创建电子邮件集成流

我们决定让 Taco Cloud 允许客户通过电子邮件提交 taco 设计和创建订单。我们发放传单并在报纸上刊登广告，邀请每个人通过电子邮件发送 taco 订单。这非常成功！但是，令人遗憾的是，它过于成功了。有太多的电子邮件涌了进来，我们不得不申请雇佣别人阅读所有的电子邮件并将订单提交到订单系统中。

在本节，我们会实现一个集成流，它会轮询 Taco Cloud 的 taco 订单的收件箱、解析电子邮件中的订单细节，并将订单提交给 Taco Cloud 处理。简言之，在我们所创建的集成流中，入站通道适配器将会使用 email 端点模块将 Taco Cloud 收件箱中的电子邮件摄取到集成流中。

集成流的下一步是将电子邮件解析为订单对象，这些订单对象会传递给另一个处理器，从而将订单提交至 Taco Cloud 的 REST API 中。在这里，我们会像处理其他订单那样处理它们。首先，我们定义一个简单的配置属性类，它会捕获并处理 Taco Cloud 的电子邮件中的特定信息：

```
package tacos.email;

import org.springframework.boot.context.properties.ConfigurationProperties;
import org.springframework.stereotype.Component;
import lombok.Data;

@Data
@ConfigurationProperties(prefix = "tacocloud.email")
@Component
public class EmailProperties {

  private String username;
  private String password;
  private String host;
  private String mailbox;
  private long pollRate = 30000;
  public String getImapUrl() {
    return String.format("imaps://%s:%s@%s/%s",
        this.username, this.password, this.host, this.mailbox);
  }

}
```

我们可以看到，EmailProperties 会捕获生成 IMAP URL 的属性。这个流会使用这个 URL 连接 Taco Cloud 电子邮件服务器并轮询电子邮件。捕获的属性包括电子邮件用户的用户名和密码、IMAP 服务器的主机、要轮询的邮箱，以及轮询的频率（默认为 30 秒）。

EmailProperties 在类级别使用了@ConfigurationProperties 注解，并将 prefix 属性设置为 tacocloud.email。这意味着我们可以在 application.yml 文件中按照下述方式配置使用电子邮件的详细信息：

```
tacocloud:
  email:
    host: imap.tacocloud.com
    mailbox: INBOX
    username: taco-in-flow
    password: 1L0v3T4c0s
    poll-rate: 10000
```

当然，这里显示的电子邮件服务器的配置是虚构的。你需要将其调整为你使用的电子邮件服务器。

另外，你可能还会在 IDE 中看到“unknown property”警告。这是因为 IDE 会尝试寻找它所需要的元数据，以便了解这些属性的含义。这些警告不会影响实际的代码，如果愿意，你可以忽略它们，也可以在构建文件中添加如下的依赖项（或在 Spring Initializr 的选项中选中“Spring Configuration Processor”进行添加），从而让它们消失：

```
<dependency>
  <groupId>org.springframework.boot</groupId>
  <artifactId>spring-boot-configuration-processor</artifactId>
  <optional>true</optional>
</dependency>
```

这个依赖提供了为自定义配置属性（比如我们为配置电子邮件服务器细节所定义的属性）自动生成元数据的支持。

现在，使用 EmailProperties 来配置集成流。我们想要创建的流大致如图 10.10 所示。

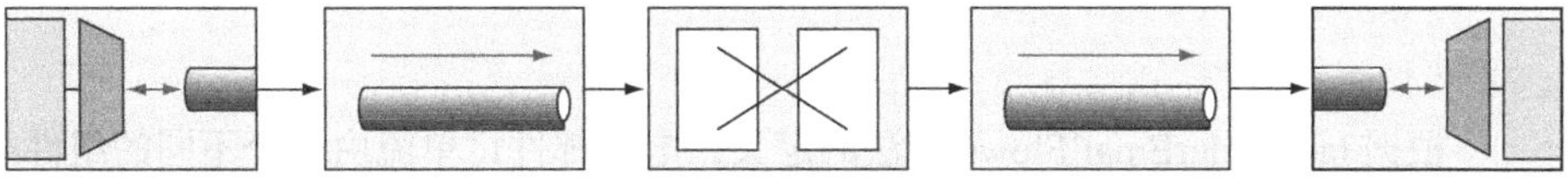

图 10.10 通过电子邮件接受 taco 订单的集成流

有两种方案可以定义这个流。

- 在 Taco Cloud 应用中进行定义：在流的结束点，服务激活器要调用我们之前定义的创建订单的存储库。
- 在单独的应用中进行定义：在流的结束点，服务激活器要发送 POST 请求到 Taco Cloud API 以提交 taco 订单。

方案的选择会影响服务激活器的实现方式，但对流本身的影响并不大。但是，因为我们需要一些表示 taco、订单和配料的类型，并且它们与 Taco Cloud 主应用可能会略有差异，所以我们会在单独的应用中定义集成流，避免与已有的领域类型相混淆。

我们可以选择使用 XML 配置、Java 配置或 Java DSL 来定义流。我喜欢 DSL 的优雅，所以在这里会使用这种方案。如果你想要一些额外的挑战，可以选择其他配置风格编写流的定义。现在，我们看一下电子邮件订单流的 Java DSL 配置，如程序清单 10.5 所示。

程序清单 10.5 定义接收电子邮件并将其提交为订单的集成流

```java
package tacos.email;

import org.springframework.context.annotation.Bean;
import org.springframework.context.annotation.Configuration;
import org.springframework.integration.dsl.IntegrationFlow;
import org.springframework.integration.dsl.IntegrationFlows;
import org.springframework.integration.dsl.Pollers;
import org.springframework.integration.mail.dsl.Mail;

@Configuration
public class TacoOrderEmailIntegrationConfig {

  @Bean
  public IntegrationFlow tacoOrderEmailFlow(
```

```
        EmailProperties emailProps,
        EmailToOrderTransformer emailToOrderTransformer,
        OrderSubmitMessageHandler orderSubmitHandler) {

    return IntegrationFlows
        .from(Mail.imapInboundAdapter(emailProps.getImapUrl()),
            e -> e.poller(
                Pollers.fixedDelay(emailProps.getPollRate())))
        .transform(emailToOrderTransformer)
        .handle(orderSubmitHandler)
        .get();
    }
}
```

根据 tacoOrderEmailFlow()方法的定义，电子邮件订单流由 3 个不同的组件组成。

- IMAP 电子邮件入站通道适配器：这个通道适配器是使用 IMAP URL 创建的，而 URL 则是根据 EmailProperties 的 getImapUrl()方法创建的，它会根据 EmailProperties 中设置的 pollRate 属性进行轮询。传入的电子邮件会传递给一个通道，然后连接到转换器。
- 将电子邮件转换成订单对象的转换器：转换器是通过 EmailToOrderTransformer 实现的，它会注入 tacoOrderEmailFlow()方法。转换所形成的订单会通过另一个通道传递给最后一个组件。
- 处理器（作为出站通道适配器）：处理器接受订单对象并将其提交至 Taco Cloud 的 REST API。

只有将电子邮件端点模块作为依赖项添加到项目构建文件中，才能调用 Mail.imapInboundAdapter()。Maven 依赖如下所示：

```
<dependency>
  <groupId>org.springframework.integration</groupId>
  <artifactId>spring-integration-mail</artifactId>
</dependency>
```

EmailToOrderTransformer 是 Spring Integration Transformer 接口的实现。它扩展了 AbstractMailMessageTransformer，如程序清单 10.6 所示。

程序清单 10.6 使用集成转换器将传入的电子邮件转换为 taco 订单

```
package tacos.email;

import java.io.IOException;
import java.util.ArrayList;
import java.util.List;
import javax.mail.Message;
import javax.mail.MessagingException;
import javax.mail.internet.InternetAddress;
import org.apache.commons.text.similarity.LevenshteinDistance;
import org.slf4j.Logger;
```

```java
import org.slf4j.LoggerFactory;
import org.springframework.integration.mail.transformer
                                            .AbstractMailMessageTransformer;
import org.springframework.integration.support

     .AbstractIntegrationMessageBuilder;
import org.springframework.integration.support.MessageBuilder;
import org.springframework.stereotype.Component;

@Component
public class EmailToOrderTransformer
     extends AbstractMailMessageTransformer<EmailOrder> {
private static Logger log =
        LoggerFactory.getLogger(EmailToOrderTransformer.class);

private static final String SUBJECT_KEYWORDS = "TACO ORDER";

@Override
protected AbstractIntegrationMessageBuilder<EmailOrder>
              doTransform(Message mailMessage) throws Exception {
  EmailOrder tacoOrder = processPayload(mailMessage);
  return MessageBuilder.withPayload(tacoOrder);
}

private EmailOrder processPayload(Message mailMessage) {
  try {
    String subject = mailMessage.getSubject();
    if (subject.toUpperCase().contains(SUBJECT_KEYWORDS)) {
      String email =
            ((InternetAddress) mailMessage.getFrom()[0]).getAddress();
      String content = mailMessage.getContent().toString();
      return parseEmailToOrder(email, content);
    }
  } catch (MessagingException e) {
      log.error("MessagingException: {}", e);
  } catch (IOException e) {
      log.error("IOException: {}", e);
  }
  return null;
}
private EmailOrder parseEmailToOrder(String email, String content) {
  EmailOrder order = new EmailOrder(email);
  String[] lines = content.split("\\r?\\n");
  for (String line : lines) {
    if (line.trim().length() > 0 && line.contains(":")) {
      String[] lineSplit = line.split(":");
      String tacoName = lineSplit[0].trim();
      String ingredients = lineSplit[1].trim();
      String[] ingredientsSplit = ingredients.split(",");
      List<String> ingredientCodes = new ArrayList<>();
      for (String ingredientName : ingredientsSplit) {
        String code = lookupIngredientCode(ingredientName.trim());
        if (code != null) {
          ingredientCodes.add(code);
```

```
      }
    }
    Taco taco = new Taco(tacoName);
    taco.setIngredients(ingredientCodes);
    order.addTaco(taco);
  }
}
return order;
}

private String lookupIngredientCode(String ingredientName) {
  for (Ingredient ingredient : ALL_INGREDIENTS) {
    String ucIngredientName = ingredientName.toUpperCase();
    if (LevenshteinDistance.getDefaultInstance()
              .apply(ucIngredientName, ingredient.getName()) < 3 ||
        ucIngredientName.contains(ingredient.getName()) ||
        ingredient.getName().contains(ucIngredientName)) {
      return ingredient.getCode();
    }
  }
  return null;
}

private static Ingredient[] ALL_INGREDIENTS = new Ingredient[] {
    new Ingredient("FLTO", "FLOUR TORTILLA"),
    new Ingredient("COTO", "CORN TORTILLA"),
    new Ingredient("GRBF", "GROUND BEEF"),
    new Ingredient("CARN", "CARNITAS"),
    new Ingredient("TMTO", "TOMATOES"),
    new Ingredient("LETC", "LETTUCE"),
    new Ingredient("CHED", "CHEDDAR"),
    new Ingredient("JACK", "MONTERREY JACK"),
    new Ingredient("SLSA", "SALSA"),
    new Ingredient("SRCR", "SOUR CREAM")
  };
}
```

AbstractMailMessageTransformer 是一个很便利的基类，适用于处理载荷为电子邮件的消息。它会抽取传入消息中的电子邮件信息，并将其放到一个 Message 对象中，这个对象会传递给 doTransform()方法。

在 doTransform()方法中，我们将 Message 对象传递给一个名为 processPayload()的 private 方法，这个方法会将电子邮件解析为 EmailOrder 对象。这个 Order 对象尽管和主 Taco Cloud 应用中的 TacoOrder 对象有些相似，但二者并不完全相同，这里的对象更加简单一些：

```
package tacos.email;
import java.util.ArrayList;
import java.util.List;
import lombok.Data;

@Data
```

```
public class EmailOrder {

  private final String email;
  private List<Taco> tacos = new ArrayList<>();

  public void addTaco(Taco taco) {
    this.tacos.add(taco);
  }

}
```

这个 EmailOrder 类不包含客户完整的投递信息和账单信息，只携带了客户的电子邮件地址，这是通过传入的电子邮件获取到的。

将电子邮件解析成订单是一项非常重要的任务。实际上，即便最简单的实现也需要几十行代码。这些代码对于进一步讨论 Spring Integration 和转换器的实现并没有任何助益。所以，为了节省空间，我在这里省略了 processPayload()方法的细节。

EmailToOrderTransformer 做的最后一件事情就是返回一个 MessageBuilder，并让消息的载荷中包含 EmailOrder 对象。MessageBuilder 生成的消息会发送至集成流的最后一个组件：将订单提交至 Taco Cloud API 的消息处理器。OrderSubmitMessageHandler 实现了 Spring Integration 的 GenericHandler 接口，它会处理带有 EmailOrder 载荷的消息，如程序清单 10.7 所示。

程序清单 10.7 通过消息处理器将订单提交至 Taco Cloud API

```
package tacos.email;

import org.springframework.integration.handler.GenericHandler;
import org.springframework.messaging.MessageHeaders;
import org.springframework.stereotype.Component;
import org.springframework.web.client.RestTemplate;

@Component
public class OrderSubmitMessageHandler
       implements GenericHandler<EmailOrder> {

  private RestTemplate rest;
  private ApiProperties apiProps;

  public OrderSubmitMessageHandler(ApiProperties apiProps, RestTemplate rest) {
    this.apiProps = apiProps;
    this.rest = rest;
}

  @Override
  public Object handle(EmailOrder order, MessageHeaders headers) {
    rest.postForObject(apiProps.getUrl(), order, String.class);
    return null;
  }
}
```

为了满足 GenericHandler 接口的要求，OrderSubmitMessageHandler 重写了 handle()方法，接收传入的 EmailOrder 对象，并使用注入的 RestTemplate 利用 POST 请求将 EmailOrder 提交至 ApiProperties 对象指定的 URL。最后，handle()方法返回 null，表明这个处理器是流的终点。

这里使用 ApiProperties 避免在 postForObject()时硬编码 URL。它是一个配置属性类，如下所示：

```
package tacos.email;

import org.springframework.boot.context.properties.ConfigurationProperties;
import org.springframework.stereotype.Component;
import lombok.Data;

@Data
@ConfigurationProperties(prefix = "tacocloud.api")
@Component
public class ApiProperties {
  private String url;
}
```

在 application.yml 中，Taco Cloud API 的 URL 可能会配置如下：

```
tacocloud:
  api:
    url: http://localhost:8080/orders/fromEmail
```

为了让这个应用能够使用 RestTemplate 并自动注入 OrderSubmitMessageHandler，我们需要在项目的构建文件中添加 Spring Boot web starter 依赖：

```
<dependency>
  <groupId>org.springframework.boot</groupId>
  <artifactId>spring-boot-starter-web</artifactId>
</dependency>
```

这不仅会将 RestTemplate 添加到类路径中，还会触发 Spring MVC 的自动配置功能。作为独立的 Spring Integration 流，这个应用并不需要 Spring MVC，更不需要自动配置提供的嵌入式 Tomcat。所以，我们可以在 application.yml 中通过如下的配置条目禁用 Spring MVC 的自动配置：

```
spring:
  main:
    web-application-type: none
```

spring.main.web-application-type 属性可以设置为 servlet、reactive 或 none。当 Spring MVC 位于类路径之中时，自动配置功能会将其设置为 servlet。但是，我们在这里将其重写为 none，所以 Spring MVC 和 Tomcat 不会自动配置（我会在第 12 章介绍反应式 Web 应用是什么样子的）。

小结

- 借助 Spring Integration 能够定义流，在进入和离开应用时对数据进行处理。
- 集成流可以使用 XML、Java 或简洁的 Java DSL 配置风格定义。
- 消息网关和通道适配器会作为集成流的入口和出口。
- 在流动的过程中，消息可以进行转换、切分、聚合、路由，也可以由消息激活器处理；
- 消息通道连接集成流中的各个组件。

第 3 部分

反应式 Spring

在第 3 部分，我们会探索 Spring 对反应式编程提供的支持。第 11 章讨论了使用 Reactor 项目进行反应式编程的基本知识，Reactor 项目是支撑 Spring 5 反应式特性的反应式编程库。第 11 章还会介绍 Reactor 中一些最常用的反应式操作。第 12 章会重新探讨 REST API 的开发，介绍 Web 框架 Spring WebFlex，该框架借用了很多 Spring MVC 的理念，为 Web 开发提供了新的反应式模型。第 13 章介绍了如何通过 Spring Data 来对 Cassandra 和 Mongo 数据库进行读写，实现反应式数据持久化。第 14 章是第 3 部分的最后一章，介绍了 RSocket。它实现了反应式的通信协议，致力于取代 HTTP。

第 11 章　理解反应式编程

本章内容：

- 反应式编程概览；
- Reactor 项目简介；
- 反应式地处理数据。

你有过订阅报纸或者杂志的经历吗？互联网的确从传统的出版发行商那儿分得了一杯羹，但是在过去，订阅报纸确实是了解时事的最佳方式。那时，我们每天早上都会收到一份最新的报纸，并在早饭时间或上班路上阅读。

现在假设一下，在支付完订阅费用之后，几天的时间过去了，你却没有收到任何报纸。又过了几天，你打电话给报社的销售部门询问为什么还没有收到报纸，他们告诉你，因为你支付的是一整年的订阅费用，而现在这一年还没有结束，当这一年结束时，你肯定可以一次性完整地收到它们，你会觉得他们有多么不可理喻。

值得庆幸的是，这并非订阅的真正运作方式。报纸都具有一定的时效性。在出版后，报纸需要及时投递，以确保读者阅读到的内容仍然是新鲜的。此外，你在阅读最新一期的报纸时，记者们正在为未来的某一期报纸撰写内容，同时印刷机正在满速运转，印刷下一期的内容——一切都是并行的。

在开发应用程序代码时，我们可以编写两种风格的代码——命令式和反应式。

- 命令式（imperative）的代码非常像上文所提到的那个荒谬的、假想的报纸订阅方式。它由一组串行的任务组成，每次只运行一项任务，每个任务又都依赖于前面的任务。数据会按批次进行处理，在前一项任务还没有完成对当前数据批次的处理时，不能将这些数据递交给下一项处理任务。

- 反应式（reactive）的代码则很像真实的报纸订阅方式。它会定义一组用来处理数据的任务，但是这些任务可以并行。每项任务处理数据的一个子集，并且在将结果交给处理流程中下一项任务的同时，继续处理数据的另一个子集。

在本章中，我们将暂别 Taco Cloud 应用程序，转而探索 Reactor 项目。Reactor 是一个反应式编程库，同时也是 Spring 家族的一部分。由于它是 Spring 反应式编程功能的基础，所以在学习使用 Spring 构建反应式控制器和存储库之前，理解 Reactor 是非常重要的。现在，我们花点时间研究一下反应式编程的基本要素。

11.1 反应式编程概览

反应式编程是一种可以替代命令式编程的编程范式。这种可替代性得以存在的原因在于：反应式编程解决了命令式编程中的一些限制。理解这些限制，有助于你更好地理解反应式编程模型的优点。

注意： 反应式编程不是万能的。我们不应该从这一章或者其他任何关于反应式编程的讨论中得出“命令式编程一无是处，反应式编程才是救星”的结论。如同我们作为开发者学习到的任何技术一样，反应式编程对于某些使用场景的确十分好用，但是在另一些场景中可能不那么适合。建议以实用主义为原则选择编程范式。

你如果和我及大量开发者一样，从命令式编程入行，那么你现在编写的大部分（或者所有）代码在将来很可能依然是命令式的。命令式编程相当直观，没有编程经验的学生可以在学校的 STEM 教育课程中轻松地学习它。命令式编程也足够强大，驱动大型企业的代码大部分都是命令式的。

它的理念很简单：你可以按照顺序逐一将代码编写为需要遵循的指令列表。在某项任务开始执行之后，程序在开始下一项任务之前需要等待当前任务完成。在整个处理过程中的每一步，要处理的数据都必须是完全可用的，以便将它们作为一个整体处理。

一开始一切都很美好，但我们最终会遇到问题：执行一项任务，特别是 I/O 任务（将数据写入到数据库或者从远程服务器获取数据）时，触发这项任务的线程实际上是阻塞的，在任务完成之前不能做任何事情。坦白来说，阻塞线程是一种浪费。

大多数编程语言（包括 Java）都支持并发编程。在 Java 中创建另一个线程并让它执行某些操作相当容易，而此时调用线程则可以继续执行其他工作。虽然创建线程很简单，但是这些线程中，多半最终都会阻塞。管理多线程中的并发极具挑战，而更多线程则意味着更高的复杂性。

相比之下，反应式编程本质上是函数式和声明式的。反应式编程不再描述一组依次执行的步骤，而是描述数据会流经的管道或流。反应式流不再要求将被处理的数据作为一个整体进行处理，而能够在数据可用时立即开始处理。实际上，传入的数据可能是无限的（比如某个地理位置的实时温度测量数据的恒定流）。

注意：如果你是 Java 函数式编程的新手，可以参阅 Pierre-Yves Saumont 的 *Functional Programming in Java*（Manning，2017 年）或 Micha Pachta 的 *Grokking Functional Programming*（Manning，2021 年）。

类比现实世界，可以将命令式编程看作水气球，而将反应式编程看作是花园里的软管。在夏天，这两者都是捉弄毫无戒心的朋友的好方式。但是它们的运作方式却不同：

- 水气球只能一次性地填满有效载荷，并在撞到目标时将其打湿。水气球的容量也有限，如果想打湿更多人（或者将同一个人打得更湿一些），就需要增加水气球的数量。
- 软管的有效载荷则是从水龙头到喷嘴的水流。在特定的时间点，花园软管的容量可能是有限的，但是在打水仗的过程中它能供应的水流却是“无限”的。只要水源源不断地从龙头流入软管，那么水也会继续源源不断地从喷嘴喷出去。同一个软管也非常好扩展，你可以尽情和更多的朋友打水仗。

虽然使用水气球（或者应用命令式编程）没有什么固有的问题，但是持有软管（或者应用反应式编程）通常可以扩大伸缩性和性能方面的优势。

定义反应式流

反应式流（reactive streams）是 Netflix、Lightbend 和 Pivotal（Spring 背后的公司）的工程师于 2013 年底开始制定的一种规范。反应式流旨在提供无阻塞回压的异步流处理标准。

我们已经接触到反应式编程的异步特性，它使我们能够并行执行任务从而实现更高的可伸缩性。通过回压，数据消费者可以限制它们想要处理的数据量，避免被过快的数据源产生的数据淹没。

Java 的流和反应式流

Java 的流和反应式流之间有着很许多相似之处。它们的名字中都有流（stream）这个词。它们也都提供了用于处理数据的函数式 API。事实上，正如我们会在 Reactor 项目中看到的那样，它们甚至可以共享许多操作。

然而，Java 的流通常都是同步的，并且只能处理有限的数据集。本质上来说，它们只是使用函数来对集合进行迭代的一种方式。

反应式流支持异步处理任意大小的数据集，包括无限的数据集。只要数据就绪，它们就能实时地处理数据，并且通过回压来避免压垮数据消费者。

JDK 9 中的 Flow API 对应反应式流，其中的 Flow.Publisher、Flow.Subscriber、Flow.Subscription 和 Flow.Processor 类型分别直接映射到反应式流中的 Publisher、Subscriber、Subscription 和 Processor。也就是说，JDK 9 的 Flow API 并不是反应式流的实际实现。

反应式流规范可以总结为 4 个接口，即 Publisher、Subscriber、Subscription 和 Processor。Publisher 负责生成数据，并将数据发送给 Subscription（每个 Subscriber 对应一个 Subscription）。Publisher 接口声明了一个方法 subscribe()，Subscriber 可以通过该方法向 Publisher 发起订阅。

```
public interface Publisher<T> {
  void subscribe(Subscriber<? super T> subscriber);
}
```

Subscriber 一旦订阅成功，就可以接收来自 Publisher 的事件。这些事件是通过 Subscriber 接口上的方法发送的：

```
public interface Subscriber<T> {
  void onSubscribe(Subscription sub);
  void onNext(T item);
  void onError(Throwable ex);
  void onComplete();
}
```

Subscriber 收到的第一个事件是通过对 onSubscribe()方法的调用接收的。Publisher 调用 onSubscribe()方法时，它将 Subscription 对象传递给 Subscriber。通过 Subscription，Subscriber 可以管理其订阅情况：

```
public interface Subscription {
  void request(long n);
  void cancel();
}
```

Subscriber 可以通过调用 request()方法来请求 Publisher 发送数据，也可以通过调用 cancel()方法来表明它不再对数据感兴趣并且取消订阅。当调用 request()时，Subscriber 可以传入一个 long 类型的值以表明它愿意接受多少数据。这也是回压能够发挥作用的地方——避免 Publisher 发送超过 Subscriber 处理能力的数据量。在 Publisher 发送完所请求数量的数据项之后，Subscriber 可以再次调用 request()方法来请求更多的数据。

Subscriber 请求数据之后，数据就会开始流经反应式流。Publisher 发布的每个数据项都会通过调用 Subscriber 的 onNext()方法递交给 Subscriber。如果有任何的错误，则会调用 onError()方法。如果 Publisher 目前没有更多的数据，而且也不会继续产生更多的数据，那么它将会调用 Subscriber 的 onComplete()方法来告知 Subscriber 它已经结束。

至于 Processor 接口，它是 Subscriber 和 Publisher 的组合：

```
public interface Processor<T, R>
       extends Subscriber<T>, Publisher<R> {}
```

当作为 Subscriber 时，Processor 会接收数据并以某种方式对数据进行处理。然后，它会将角色转变为 Publisher，将处理的结果发布给它的 Subscriber。

正如你所看到的，反应式流的规范非常简单。看起来，很容易就能构建一个以 Publisher 作为开始的数据处理管道，并让数据通过零个或多个 Processor，然后将最终结果投递给 Subscriber。

然而，反应式流规范的接口本身并不支持以函数式的方式组成这样的流。Reactor 项目是反应式流规范的一个实现，它提供了一组用于组装反应式流的函数式 API。我们将会在后面的内容中看到，Reactor 构成了 Spring 反应式编程模型的基础。接下来，我们会探讨 Reactor 项目（并且，我敢说这个过程非常有意思）。

11.2 初识 Reactor

反应式编程要求我们采取和命令式编程不同的思维方式。反应式编程意味着我们不再描述每一步要进行的步骤，而要构建数据将要流经的管道。当数据流经管道时，可以使用它们，也可以对它们进行某种形式的修改。

例如，假设我们想要接受一个英文人名，然后将所有的字母都转换为大写，用得到的结果创建一个问候消息，最终打印它。使用命令式编程模型，代码看起来如下所示：

```
String name = "Craig";
String capitalName = name.toUpperCase();
String greeting = "Hello, " + capitalName + "!";
System.out.println(greeting);
```

使用命令式编程模型，每行代码执行一个步骤，按部就班。各个步骤在同一个线程中执行，并且每一步在自身执行完成之前都会阻止执行线程执行下一步。

与之不同，如下的函数式、反应式代码完成了相同的事情：

```
Mono.just("Craig")
    .map(n -> n.toUpperCase())
    .map(cn -> "Hello, " + cn + "!")
    .subscribe(System.out::println);
```

不用过度关心这个例子中的细节，因为我们很快将会详细讨论 just()、map()、和 subscribe() 方法。现在，重要的是要理解，虽然这个反应式的例子看起来依然保持着按步骤执行的模型，但实际上数据会流经处理管线。在处理管线的每一步，数据都进行了某种形式的加工，但是我们不能判断数据会在哪个线程上执行这些操作。它们可能在同一个线程，也可能在不同的线程。

这个例子中的 Mono 是 Reactor 的两种核心类型之一，另一个类型是 Flux。两者都实现了反应式流的 Publisher 接口。Flux 代表具有零个、一个或者多个（可能是无限个）数据项的管道，而 Mono 是一种特殊的反应式类型，针对数据项不超过一个的场景进行了优化。

Reactor 与 RxJava（ReactiveX）的对比

你如果熟悉 RxJava 或者 ReactiveX，可能认为 Mono 和 Flux 类似于 Observable 和 Single。事实上它们不仅在语义上大致相同，还共享了很多相同的操作符。

虽然我们在本书中主要介绍 Reactor，但是 Reactor 和 RxJava 的类型可以互相转换，我相信你会对这一点感到开心。接下来的章节中我们还会看到，Spring 甚至可以使用 RxJava 的类型。

实际上，在前面的例子中有 3 个 Mono，其中 just()操作创建了第一个。当该 Mono 发送一个值的时候，这个值传递给用于将字母转换为大写的 map()操作，据此又创建了另一个 Mono。当第二个 Mono 发布它的数据时，数据传递给第二个 map()操作，并且会在此接受一些字符串连接操作，而结果将用于创建第三个 Mono。最后，调用第三个 Mono 上的 subscribe()方法时，方法会接收数据并将数据打印出来。

11.2.1 绘制反应式流图

反应式流程通常使用弹珠图（marble diagrams）表示。弹珠图的展现形式非常简单，如图 11.1 所示，顶部描述了数据流经 Flux 或者 Mono 的时间线，在中间描述了要执行的操作，在底部描述了结果形成的 Flux 或者 Mono 的时间线。我们将会看到，当数据流经原始的 Flux 时，一些操作会对其进行处理，并产生一个新的 Flux，已经处理的数据将会在新 Flux 中流动。

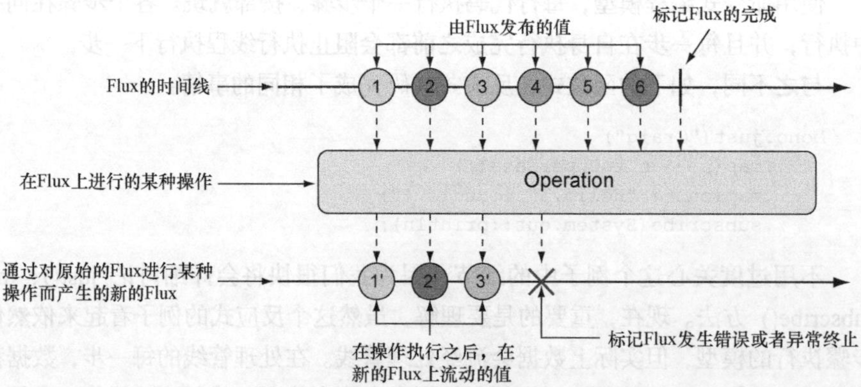

图 11.1 描绘 Flux 基本流程的弹珠图

图 11.2 展示了一个类似的弹珠图，但是针对的是 Mono。我们可以看到，这里主要的不同是 Mono 将会有零个或者一个数据项，或者一个错误。

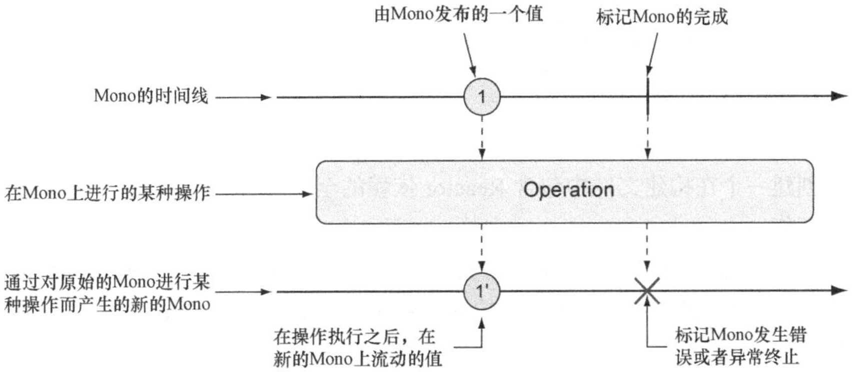

图 11.2 描绘 Mono 基本流程的弹珠图

在 11.3 节，我们将会探索 Flux 和 Mono 支持的许多操作，还将使用弹珠图来可视化它们的工作原理。

11.2.2 添加 Reactor 依赖

要开始使用 Reactor，我们首先要将下面的依赖项添加到项目的构建文件中：

```
<dependency>
  <groupId>io.projectreactor</groupId>
  <artifactId>reactor-core</artifactId>
</dependency>
```

Reactor 还提供了非常棒的测试支持。我们将会围绕 Reactor 代码编写大量的测试，因此需要将下面的依赖添加到构建文件中：

```
<dependency>
  <groupId>io.projectreactor</groupId>
  <artifactId>reactor-test</artifactId>
  <scope>test</scope>
</dependency>
```

如果你计划将这些依赖添加到一个 Spring Boot 工程中，那么 Spring Boot 工程会替你管理依赖。但是，如果要在非 Spring Boot 项目中使用 Reactor，则需要在构建文件中设置 Reactor 的物料清单（Bill Of Materials，BOM）。下面的依赖管理条目将会把 Reactor 的“2020.0.4”版本添加到构建文件中：

```
<dependencyManagement>
    <dependencies>
        <dependency>
            <groupId>io.projectreactor</groupId>
            <artifactId>reactor-bom</artifactId>
            <version>2020.0.4</version>
            <type>pom</type>
```

```
            <scope>import</scope>
        </dependency>
    </dependencies>
</dependencyManagement>
```

我们将在本章中使用一些独立的样例，与之前的 Taco Cloud 项目没有关系。因此，最好创建一个在构建文件中包含 Reactor 依赖的全新的 Spring 项目，并基于此开始接下来的工作。

现在 Reactor 已经位于项目的构建文件中，我们可以开始使用 Mono 和 Flux 来创建反应式的处理管线了。在本章的剩余部分，我们将介绍 Mono 和 Flux 提供的一些操作。

11.3 使用常见的反应式操作

Flux 和 Mono 是 Reactor 提供的最基础的构建块，这两种反应式类型所提供的操作就像黏合剂，使我们能够据此创建数据流的管道。Flux 和 Mono 共有超过 500 个操作，这些操作大致可以归类为：

- 创建操作；
- 组合操作；
- 转换操作；
- 逻辑操作。

虽然逐一介绍这 500 多个操作会非常有趣，但是本章的篇幅有限，所以我在本节中选择了一些相对实用的操作来进行说明。让我们从创建操作开始吧。

注意： Mono 的例子呢？ Mono 和 Flux 的很多操作都是相同的，我们没有必要分别针对 Mono 和 Flux 进行介绍。此外，虽然 Mono 的操作也很有用，但是相比而言，Flux 上的操作更有趣。我们的大多数示例都会使用 Flux，你只需要知道，Mono 通常都具有相同的名称的操作。

11.3.1 创建反应式类型

在 Spring 中使用反应式类型时，我们通常可以从存储库或服务中获得 Flux 或 Mono，并不需要自行创建。但偶尔，我们可能需要创建一个新的反应式 Publisher。

Reactor 提供了多种创建 Flux 和 Mono 的操作。本节将介绍一些创建操作。

根据对象创建

如果我们有一个或多个对象，并想据此创建 Flux 或 Mono，那么可以使用 Flux 或 Mono 上的静态 just()方法来创建一个反应式类型，它们的数据会由这些对象来驱动。例如，下面的测试方法基于 5 个 String 对象创建了 Flux：

```
@Test
public void createAFlux_just() {
  Flux<String> fruitFlux = Flux
      .just("Apple", "Orange", "Grape", "Banana", "Strawberry");
}
```

现在，我们已经创建了 Flux，但是它还没有订阅者。如果没有任何的订阅者，那么数据将不会流动。回想一下花园软管的比喻，假设我们已经将花园软管连接到水龙头上，水龙头的另一侧是来自水厂的水，但是在打开水龙头之前，水不会流动。订阅反应式类型就如同打开数据流的水龙头。

要添加一个订阅者，我们可以在 Flux 上调用 subscribe()方法：

```
fruitFlux.subscribe(
  f -> System.out.println("Here's some fruit: " + f)
);
```

这里传递给 subscribe()方法的 lambda 表达式实际上是一个 java.util.Consumer，用来创建反应式流的 Subscriber。在调用 subscribe()之后，数据会开始流动。在这个例子中，没有中间操作，所以数据从 Flux 直接流向订阅者。

将来自 Flux 或 Mono 的数据项打印到控制台是观察反应式类型运行方式的好办法，但实际测试 Flux 或 Mono 的更好的方法是使用 Reactor 提供的 StepVerifier。对于给定的 Flux 或 Mono，StepVerifier 将会订阅该反应式类型，在数据流过时对数据使用断言，并在最后验证反应式流是否按预期完成。

例如，要验证预定义的数据流经 fruitFlux，可以编写如下所示的测试代码：

```
StepVerifier.create(fruitFlux)
    .expectNext("Apple")
    .expectNext("Orange")
    .expectNext("Grape")
    .expectNext("Banana")
    .expectNext("Strawberry")
    .verifyComplete();
```

在这个例子中，StepVerifier 订阅了 fruitFlux，然后断言 Flux 中的每个数据项是否与预期的水果名称相匹配。最后，它验证 Flux 在发布完“Strawberry”之后，整个 fruitFlux 正常完成。

对于本章的其他例子，我们都可以使用 StepVerifier 来编写测试，验证 Flux 或者 Mono 行为，研究相应的工作原理，从而帮助我们学习和了解 Reactor 中最有用的操作。

根据集合创建

我们还可以根据数组、Iterable 或者 Java Stream 创建 Flux。图 11.3 使用弹珠图展示了如何使用这种方式进行创建。

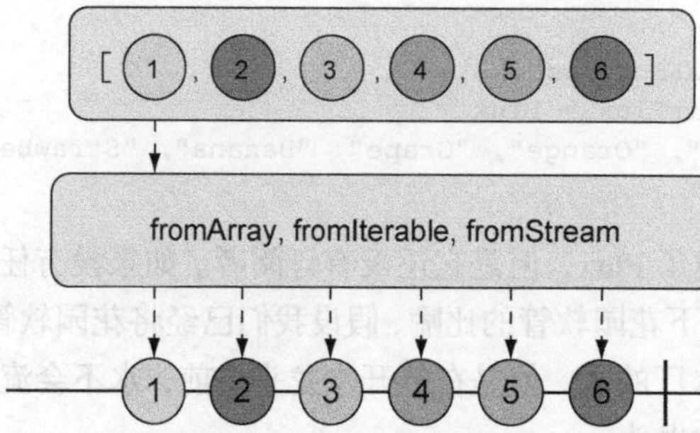

图 11.3　可以根据数组、Iterable 或者 Java Stream 创建 Flux

要根据数组创建 Flux，可以调用 Flux 上的静态方法 fromArray()，并为其传入一个源数组：

```
@Test
public void createAFlux_fromArray() {
  String[] fruits = new String[] {
      "Apple", "Orange", "Grape", "Banana", "Strawberry" };

  Flux<String> fruitFlux = Flux.fromArray(fruits);

  StepVerifier.create(fruitFlux)
      .expectNext("Apple")
      .expectNext("Orange")
      .expectNext("Grape")
      .expectNext("Banana")
      .expectNext("Strawberry")
      .verifyComplete();
}
```

该源数组包含的水果名称与之前使用对象列表创建 Flux 时的水果名称是相同的，所以该 Flux 发布的数据会有相同的值。因此，我们可以使用和之前相同的 StepVerifier 来验证该 Flux。

如果需要根据 java.util.List、java.util.Set 或者其他任意 java.lang.Iterable 的实现来创建 Flux，那么可以将其传递给静态的 fromIterable()方法：

```
@Test
public void createAFlux_fromIterable() {
  List<String> fruitList = new ArrayList<>();
  fruitList.add("Apple");
  fruitList.add("Orange");
  fruitList.add("Grape");
  fruitList.add("Banana");
  fruitList.add("Strawberry");

  Flux<String> fruitFlux = Flux.fromIterable(fruitList);

  StepVerifier.create(fruitFlux)
```

```
        .expectNext("Apple")
        .expectNext("Orange")
        .expectNext("Grape")
        .expectNext("Banana")
        .expectNext("Strawberry")
        .verifyComplete();
}
```

如果我们有一个 Java Stream，并且希望将其用作 Flux 源，那么可以调用 fromStream()方法：

```
@Test
 public void createAFlux_fromStream() {
   Stream<String> fruitStream =
        Stream.of("Apple", "Orange", "Grape", "Banana", "Strawberry");
     Flux<String> fruitFlux = Flux.fromStream(fruitStream);

     StepVerifier.create(fruitFlux)
         .expectNext("Apple")
         .expectNext("Orange")
         .expectNext("Grape")
         .expectNext("Banana")
         .expectNext("Strawberry")
         .verifyComplete();
}
```

同样，我们可以使用和之前一样的 StepVerifier 来验证该 Flux 发布的数据。

生成 Flux 的数据

有时候我们根本没有可用的数据，只是想使用 Flux 作为一个计数器，使它每次发送新值时自增 1。要创建计数器 Flux，我们可以使用静态方法 range()。图 11.4 说明了 range()方法的工作原理。

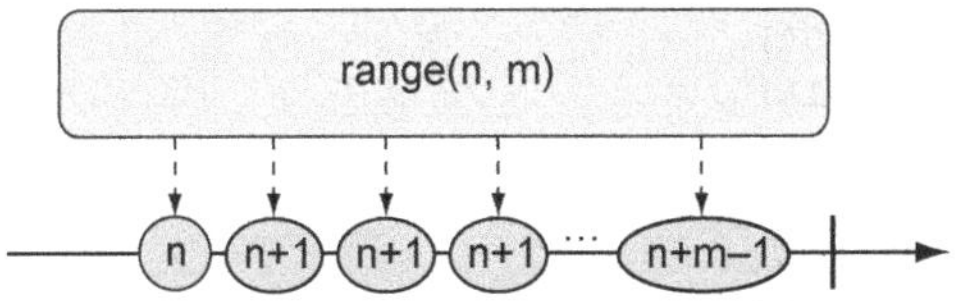

图 11.4　基于区间创建的 Flux 会以类似计数器的方式发布消息

下面的测试方法展示了如何创建一个区间 Flux：

```
@Test
public void createAFlux_range() {
  Flux<Integer> intervalFlux =
      Flux.range(1, 5);

StepVerifier.create(intervalFlux)
    .expectNext(1)
    .expectNext(2)
```

```
        .expectNext(3)
        .expectNext(4)
        .expectNext(5)
        .verifyComplete();
}
```

在这个例子中，我们创建了一个区间 Flux，它的起始值为 1，结束值为 5。StepVerifier 证明了它将发布 5 个条目，即整数 1 到 5。

另一个与 range()方法类似的 Flux 创建方法是 interval()。与 range()方法一样，interval()方法会创建一个发布递增值的 Flux。但是，interval()的特殊之处在于，我们不是为它设置起始值和结束值，而是指定一个间隔时间，明确应该每隔多长时间发出值。图 11.5 展示了 interval()方法创建 Flux 原理的弹珠图。

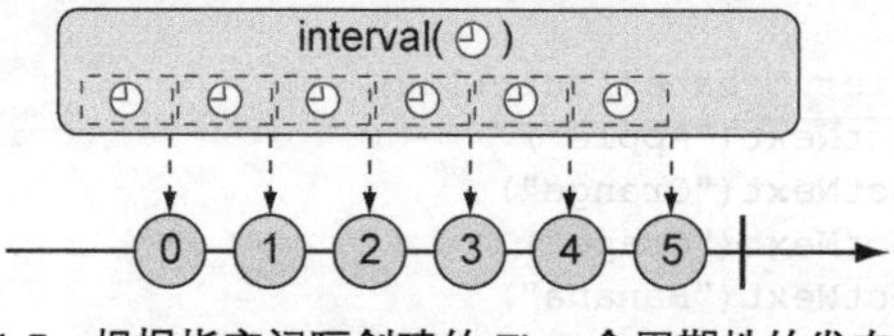

图 11.5 根据指定间隔创建的 Flux 会周期性的发布条目

例如，要创建一个每秒发布一个值的 Flux，可以使用 Flux 上的静态 interval()方法，如下所示：

```
@Test
public void createAFlux_interval() {
  Flux<Long> intervalFlux =
      Flux.interval(Duration.ofSeconds(1))
          .take(5);

  StepVerifier.create(intervalFlux)
      .expectNext(0L)
      .expectNext(1L)
      .expectNext(2L)
      .expectNext(3L)
      .expectNext(4L)
      .verifyComplete();
}
```

需要注意的是，通过 interval()方法创建的 Flux 会从 0 开始发布值，并且后续的条目依次递增。此外，interval()方法没有指定最大值，所以可能会永远运行。我们可以使用 take()方法来将结果限制为前 5 个条目。我们将在 11.3.3 小节中详细讨论 take()方法。

11.3.2 组合反应式类型

有时候，我们可能需要操作两种反应式类型，并以某种方式合并它们。或者，在其他情况下，我们可能需要将 Flux 拆分为多种反应式类型。在本小节，我们将研究组合及拆分 Reactor 的 Flux 和 Mono 的操作。

合并反应式类型

假设我们有两个 Flux 流，并且需要据此创建一个能在任意一个上游 Flux 流可用时产生相同数据的 Flux。要将一个 Flux 与另一个 Flux 合并，可以使用 mergeWith()方法，如图 11.6 所示。

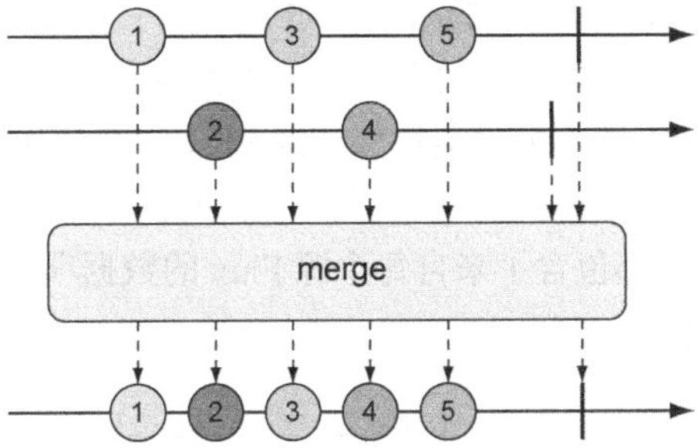

图 11.6 合并两个 Flux 流，使它们的消息交错合并为一个新的 Flux

例如，假设有一个以影视作品中的角色名为值的 Flux，还有一个以这些角色喜欢的食物为值的 Flux。如下所示的测试方法展示了如何使用 mergeWith()方法合并两个 Flux 对象：

```
@Test
public void mergeFluxes() {

  Flux<String> characterFlux = Flux
      .just("Garfield", "Kojak", "Barbossa")
      .delayElements(Duration.ofMillis(500));
  Flux<String> foodFlux = Flux
      .just("Lasagna", "Lollipops", "Apples")
      .delaySubscription(Duration.ofMillis(250))
      .delayElements(Duration.ofMillis(500));

  Flux<String> mergedFlux = characterFlux.mergeWith(foodFlux);

  StepVerifier.create(mergedFlux)
      .expectNext("Garfield")
      .expectNext("Lasagna")
      .expectNext("Kojak")
      .expectNext("Lollipops")
      .expectNext("Barbossa")
      .expectNext("Apples")
      .verifyComplete();
}
```

通常，Flux 会尽可能快地发布数据。所以，在这里，我们在两个 Flux 流上使用

delayElements()方法来减慢它们的速度，使它们每 500 毫秒发布一个条目。此外，为了使食物 Flux 开始流式传输的时间在角色名 Flux 之后，我们调用了食物 Flux 上的 delaySubscription 方法，使它在订阅后 250 毫秒才开始发布数据。

在合并了两个 Flux 对象后，将会得到一个新的 Flux。StepVerifier 订阅这个合并后的 Flux 时，它将依次订阅两个源 Flux 流并启动数据流。

对于合并后的 Flux 来说，其数据项的发布顺序与源 Flux 的发布时间一致。因为两个 Flux 对象都设置为以固定速率发布数据，所以这些值在合并后的 Flux 中会交错在一起，形成角色名和食物交替出现的结果。如果任何一个 Flux 的发布时机发生变化，那么就可能会看到 Flux 接连发布了两个角色名或者两个食物。

因为 mergeWith()方法不能完美地保证源 Flux 之间的先后顺序，所以我们可以考虑使用 zip()方法。当两个 Flux 对象压缩在一起的时候，它将会产生一个新的发布元组的 Flux，其中每个元组中都包含了来自每个源 Flux 的数据项。图 11.7 说明了如何将两个 Flux 对象压缩在一起。

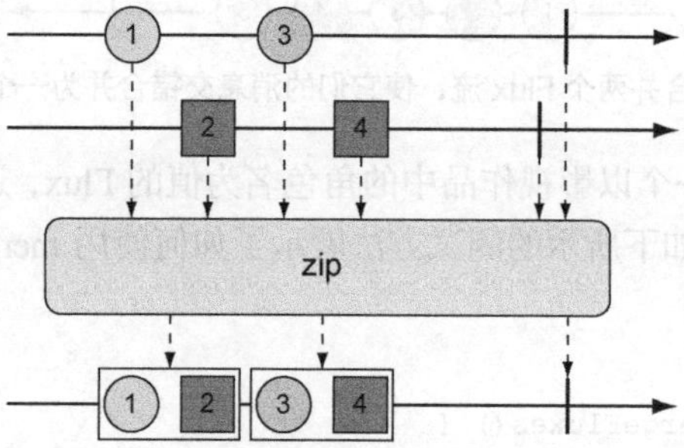

图 11.7 通过 zip()方法合并两个 Flux 流，这将会产生一个包含元组的 Flux，每个元组都包含了来自各个源 Flux 的数据项

要查看 zip()操作实际是如何运行的，可以考虑使用如下的测试方法，它将角色 Flux 和食物 Flux 合并在了一起：

```
@Test
public void zipFluxes() {
  Flux<String> characterFlux = Flux
      .just("Garfield", "Kojak", "Barbossa");
  Flux<String> foodFlux = Flux
      .just("Lasagna", "Lollipops", "Apples");

  Flux<Tuple2<String, String>> zippedFlux =
     Flux.zip(characterFlux, foodFlux);

StepVerifier.create(zippedFlux)
      .expectNextMatches(p ->
          p.getT1().equals("Garfield") &&
          p.getT2().equals("Lasagna"))
```

```
        .expectNextMatches(p ->
            p.getT1().equals("Kojak") &&
            p.getT2().equals("Lollipops"))
        .expectNextMatches(p ->
            p.getT1().equals("Barbossa") &&
            p.getT2().equals("Apples"))
        .verifyComplete();
}
```

需要注意的是，与 mergeWith()方法不同，zip()方法是一个静态的创建操作。创建出来的 Flux 在角色名和角色喜欢的食物之间会完美对齐。从这个合并后的 Flux 发出的每个条目都是一个 Tuple2（一个容纳两个其他对象的容器对象）的实例，其中包含了来自每个源 Flux 的数据项，并保持着它们发布的顺序。

如果你不想使用 Tuple2，而想使用其他类型，可以为 zip 方法提供一个合并函数来生成你想要的任何对象，合并函数会传入这两个数据项（如图 11.8 所示）。

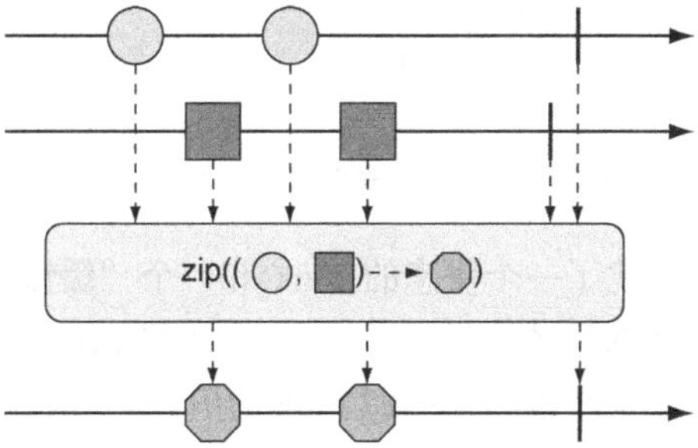

图 11.8 zip()操作的另一种形式，从每个传入 Flux 中各取一个元素，然后创建消息对象，并产生这些消息组成的 Flux

例如，下面的测试方法展示了角色名 Flux 与食物 Flux 如何合并在一起，并生成一个包含 String 对象的 Flux：

```
@Test
public void zipFluxesToObject() {
  Flux<String> characterFlux = Flux
      .just("Garfield", "Kojak", "Barbossa");
  Flux<String> foodFlux = Flux
      .just("Lasagna", "Lollipops", "Apples");

  Flux<String> zippedFlux =
      Flux.zip(characterFlux, foodFlux, (c, f) -> c + " eats " + f);

  StepVerifier.create(zippedFlux)
        .expectNext("Garfield eats Lasagna")
        .expectNext("Kojak eats Lollipops")
        .expectNext("Barbossa eats Apples")
        .verifyComplete();
}
```

传递给 zip()方法（在这里是一个 lambda 表达式）的 Function 会简单地将两个数据项组装成一个句子，然后通过合并后的 Flux 发布。

选择第一个反应式类型进行发布

假设有两个 Flux 对象，但我们并不想将它们合并在一起，而是想要创建一个新的 Flux，将第一个产生数值的 Flux 中的数值发布出去。如图 11.9 所示，first 操作会在两个 Flux 对象中选择第一个发布值的 Flux，并再次发布它的值。

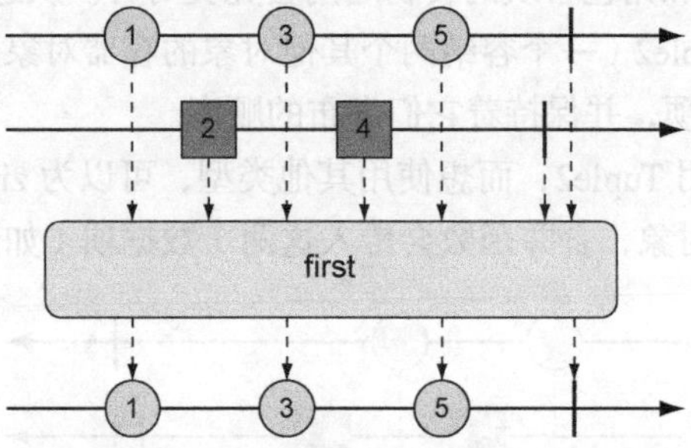

图 11.9 first 操作选择发布来自第一个发布消息的 Flux 的值

下面的测试方法创建了一个快速的 Flux 和一个“缓慢”的 Flux（其中“缓慢”意味着它在被订阅后 100 毫秒才会发布数据项）。使用 first 操作的相关方法，则会创建一个新的 Flux，只发布第一个发布值的源 Flux 的值：

```
@Test
public void firstWithSignalFlux() {

  Flux<String> slowFlux = Flux.just("tortoise", "snail", "sloth")
      .delaySubscription(Duration.ofMillis(100));
  Flux<String> fastFlux = Flux.just("hare", "cheetah", "squirrel");

  Flux<String> firstFlux = Flux.firstWithSignal(slowFlux, fastFlux);

  StepVerifier.create(firstFlux)
      .expectNext("hare")
      .expectNext("cheetah")
      .expectNext("squirrel")
      .verifyComplete();
}
```

在这种情况下，因为慢速 Flux 会在快速 Flux 开始发布之后的 100 毫秒才发布值，所以新创建的 Flux 将会简单地忽略慢的 Flux，并仅发布来自快速 Flux 的值。

11.3.3 转换和过滤反应式流

在数据流经一个流时，我们通常需要过滤掉某些值并对其他的值进行处理。在本小节，我们将介绍流经反应式流的数据转换和过滤操作。

从反应式类型中过滤数据

数据从 Flux 流出时，对其进行过滤的一个基本方法是简单地忽略指定数目的前几个数据项。skip()操作（如图 11.10 所示）就能完成这样的工作。

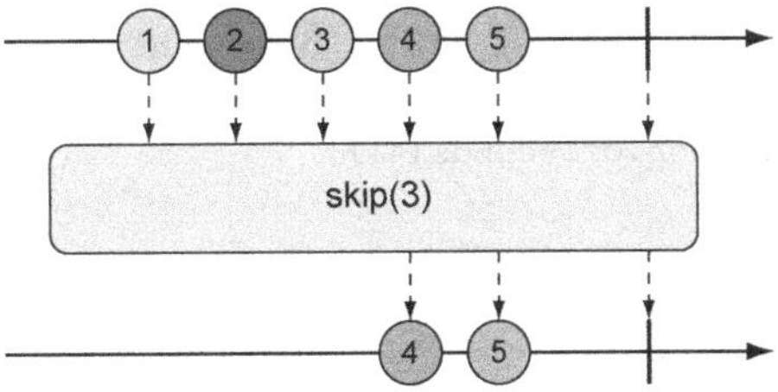

图 11.10 skip()操作跳过指定数目的前几个消息并将剩下的消息继续在生成的 Flux 上传递

针对具有多个数据项的 Flux，skip()操作将创建一个新的 Flux，首先跳过指定数量的前几个数据项，然后从源 Flux 中发布剩余的数据项。下面的测试方法展示了如何使用 skip()方法：

```
@Test
public void skipAFew() {
  Flux<String> countFlux = Flux.just(
      "one", "two", "skip a few", "ninety nine", "one hundred")
      .skip(3);

  StepVerifier.create(countFlux)
      .expectNext("ninety nine", "one hundred")
      .verifyComplete();
}
```

在本例中下，我们有一个包含 5 个 String 数据项的 Flux。在这个 Flux 上调用 skip(3)方法后会产生一个新的 Flux，跳过前 3 个数据项，只发布最后 2 个数据项。

但是，你可能并不想跳过特定数量的条目，而是想要跳过一段时间之内出现的数据。这是 skip()操作的另一种形式。如图 11.11 所示，该操作会产生一个新 Flux，它会等待一段指定的时间后发布来自源 Flux 中的数据条目。

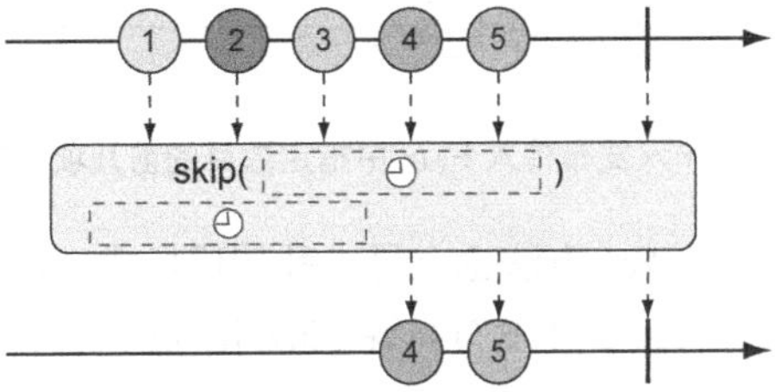

图 11.11 skip()操作的另一种形式，在将消息传递给生成的 Flux 之前会等待一段时间

下面的测试方法使用 skip()操作创建了一个在发布值之前等待 4 秒的 Flux。因为该 Flux 是基于一个在发布数据项之间有一秒间隔的 Flux 创建的（使用了 delayElements()操作），所以它只会发布出最后两个数据项：

```
@Test
public void skipAFewSeconds() {
  Flux<String> countFlux = Flux.just(
      "one", "two", "skip a few", "ninety nine", "one hundred")
      .delayElements(Duration.ofSeconds(1))
      .skip(Duration.ofSeconds(4));

  StepVerifier.create(countFlux)
      .expectNext("ninety nine", "one hundred")
      .verifyComplete();
}
```

我们已经看过了 take()操作的示例，但是根据对 skip()操作的描述来看，take()可以认为是与 skip()相反的操作。skip()操作会跳过前几个数据项，而 take()操作只发布指定数量的前几个数据项（如图 11.12 所示）：

```
@Test
public void take() {
  Flux<String> nationalParkFlux = Flux.just(
      "Yellowstone", "Yosemite", "Grand Canyon", "Zion", "Acadia")
      .take(3);

  StepVerifier.create(nationalParkFlux)
      .expectNext("Yellowstone", "Yosemite", "Grand Canyon")
      .verifyComplete();
}
```

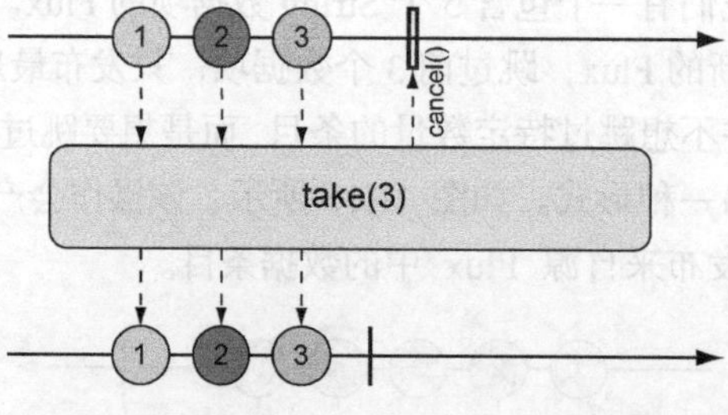

图 11.12 take()操作只发布传入 Flux 中指定数目的前几项，然后将取消订阅

与 skip()方法一样，take()方法也有另一种替代形式，基于间隔时间而不是数据项数量。它将在某段时间之内接受并发布与源 Flux 相同的数据项，之后 Flux 就会完成。如图 11.13 所示。

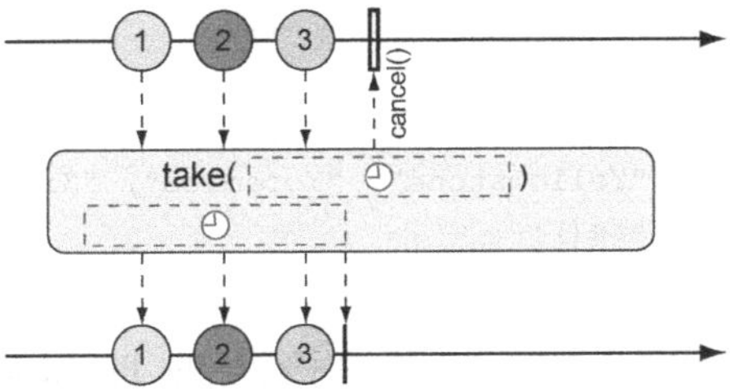

图 11.13 take()操作的另一种形式（在指定的时间过期之前，一直将消息传递给结果 Flux）

下面的测试方法使用了这种形式的 take()方法，它将会在订阅之后的 3.5 秒内发布数据条目。

```
@Test
public void takeForAwhile() {
  Flux<String> nationalParkFlux = Flux.just(
      "Yellowstone", "Yosemite", "Grand Canyon", "Zion", "Grand Teton")
      .delayElements(Duration.ofSeconds(1))
      .take(Duration.ofMillis(3500));

  StepVerifier.create(nationalParkFlux)
      .expectNext("Yellowstone", "Yosemite", "Grand Canyon")
      .verifyComplete();
}
```

skip()操作和 take()操作都可以认为是过滤操作，其过滤条件基于计数或者持续时间。而 Flux 值的更通用过滤操作则是 filter()。

在使用 filter()操作时，我们需要指定一个 Predicate，用于决定数据项是否能通过 Flux，该操作能够让我们根据任意条件进行选择性地发布消息。图 11.14 展示了 filter()操作的工作原理。

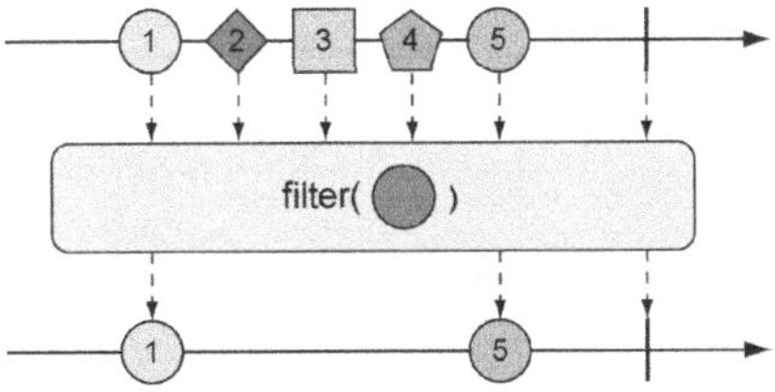

图 11.14 对传入的 Flux 进行过滤，这样结果 Flux 将只发布满足指定 Predicate 的消息

要查看 filter()的实际效果，可以参考下面的测试方法：

```
@Test +
public void filter() {
  Flux<String> nationalParkFlux = Flux.just(
      "Yellowstone", "Yosemite", "Grand Canyon", "Zion", "Grand Teton")
```

```
        .filter(np -> !np.contains(" "));

    StepVerifier.create(nationalParkFlux)
        .expectNext("Yellowstone", "Yosemite", "Zion")
        .verifyComplete();
}
```

在这里，我们将只接受不包含空格的字符串的 Predicate 作为 lambda 表达式传给 filter()方法。因此在结果 Flux 中，“Grand Canyon”和“Grand Teton”被过滤掉了。

我们可能还想要过滤掉已经接收过的数据项。distinct()操作生成的 Flux 只会发布源 Flux 中尚未发布过的数据项，如图 11.15 所示。

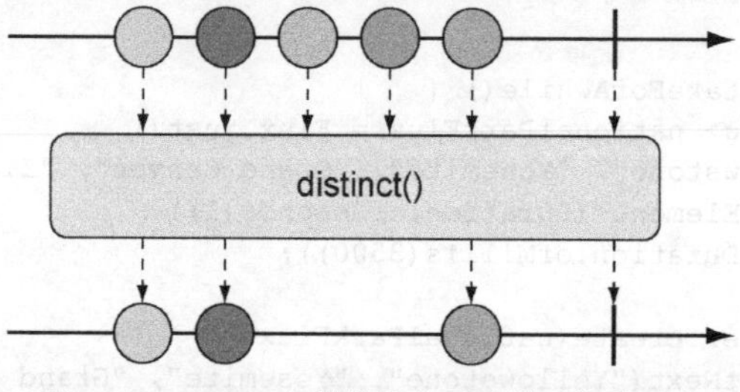

图 11.15 distinct()操作将会过滤掉重复的消息

在下面的测试中，调用 distinct()方法产生的 Flux 只会发布不同 String 值：

```
@Test
public void distinct() {
  Flux<String> animalFlux = Flux.just(
      "dog", "cat", "bird", "dog", "bird", "anteater")
      .distinct();

  StepVerifier.create(animalFlux)
      .expectNext("dog", "cat", "bird", "anteater")
      .verifyComplete();
}
```

虽然“dog”和“bird”从源 Flux 中都发布了 2 次，但是在调用 distinct()方法产生的 Flux 中，它们只发布一次。

映射反应式数据

在 Flux 或 Mono 中的一个常见操作是将已发布的数据项转换为其他的形式或类型。Reactor 的反应式类型（Flux 和 Mono）为此提供了 map()和 flatMap()操作。

map()操作会创建一个新的 Flux，该 Flux 在重新发布它所接收到的每个对象之前，会对其执行由给定 Function 预先定义的转换。图 11.16 说明了 map()操作的工作原理。

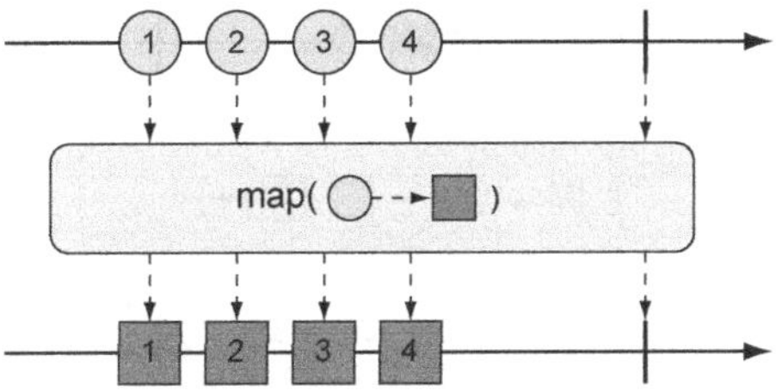

图 11.16 map()操作将传入的消息转换为结果流上的新消息

在下面的测试方法中，包含篮球运动员名字的 String 值的 Flux 被转换为一个包含 Player 对象的新 Flux。

```
@Test
public void map() {
  Flux<Player> playerFlux = Flux
    .just("Michael Jordan", "Scottie Pippen", "Steve Kerr")
    .map(n -> {
      String[] split = n.split("\\s");
      return new Player(split[0], split[1]);
    });

  StepVerifier.create(playerFlux)
      .expectNext(new Player("Michael", "Jordan"))
      .expectNext(new Player("Scottie", "Pippen"))
      .expectNext(new Player("Steve", "Kerr"))
      .verifyComplete();
}

@Data
private static class Player {
  private final String firstName;
  private final String lastName;
}
```

以 lambda 表达式形式传递给 map()方法的函数会将传入的 String 值按照空格拆分，并使用生成的 String 数组来创建 Player 对象。用 just()方法创建的 Flux 包含 String 对象，但 map()方法产生的 Flux 则包含 Player 对象。

其中重要的一点在于，在每个数据项被源 Flux 发布时，map()操作是同步执行的，如果想要执行异步的转换操作，那么应该考虑使用 flatMap()操作。

对于 flatMap()操作，我们可能需要一些思考和练习才能完全掌握。如图 11.17 所示，flatMap()并不像 map()操作那样简单地将一个对象转换到另一个对象，而是将对象转换为新的 Mono 或 Flux。结果形成的 Mono 或 Flux 会扁平化为新的 Flux。当与 subscribeOn()方法结合使用时，flatMap()操作可以释放 Reactor 反应式的异步能力。

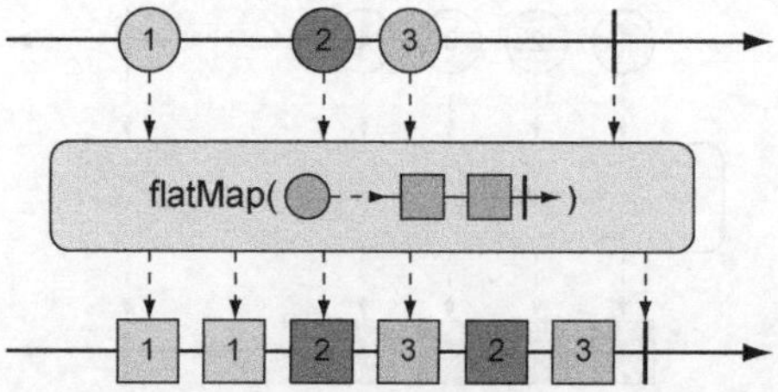

图 11.17　flatMap()操作使用一个 Flux 过渡，从而实现异步转换

下面的测试方法展示了如何使用 flatMap()方法和 subscribeOn()方法：

```
@Test
public void flatMap() {
  Flux<Player> playerFlux = Flux
    .just("Michael Jordan", "Scottie Pippen", "Steve Kerr")
    .flatMap(n -> Mono.just(n)
        .map(p -> {
            String[] split = p.split("\\s");
            return new Player(split[0], split[1]);
        })
        .subscribeOn(Schedulers.parallel())
      );

  List<Player> playerList = Arrays.asList(
      new Player("Michael", "Jordan"),
      new Player("Scottie", "Pippen"),
      new Player("Steve", "Kerr"));

  StepVerifier.create(playerFlux)
      .expectNextMatches(p -> playerList.contains(p))
      .expectNextMatches(p -> playerList.contains(p))
      .expectNextMatches(p -> playerList.contains(p))
      .verifyComplete();
}
```

需要注意的是，我们为 flatMap()方法指定了一个 lambda 表达式，将传入的 String 转换为Mono类型的String。然后，map()操作在这个Mono上执行，将String转换为Player。每个内部 Flux 上的 String 被映射到一个 Player 后，再被发布到由 flatMap()返回的单一 Flux 中，从而完成结果的扁平化。

如果我们到此为止，那么产生的 Flux 将同样包含 Player 对象，与使用 map()操作的例子相同，顺序同步地生成。但是我们对 Mono 做的最后一件事情是调用 subscribeOn()方法声明每个订阅都应该在并行线程中进行，因此可以异步并行地执行多个 String 对象的转换操作。

尽管 subscribeOn()方法的命名与 subscribe()方法类似，但二者的含义却完全不同。subscribe()方法更像一个动作，可以订阅并驱动反应式流，而 subscribeOn()方法则更具描述性，用于指定如何并发地处理订阅。Reactor 本身并不强制使用特定的并发模型。

调用 subscribeOn()方法时，我们可以使用 Schedulers 中的任意一个静态方法来指定并发模型。在这个例子中，我们使用了 parallel()方法，它使用来自固定线程池（大小与 CPU 核心数量相同）的工作线程。但是 Scheduler 支持多种并发模型，如表 11.1 所示。

表 11.1 Schedulers 支持的并发模型

Schedulers 方法	描述
.immediate()	在当前的线程中执行订阅
.single()	在一个可复用的线程中执行订阅。对所有的调用者复用相同的线程
.newSingle()	针对每个调用，使用专用的线程执行订阅
.elastic()	从无界弹性线程池中拉取的工作者线程中执行订阅。它会根据需要创建新的工作线程，并销毁空闲的工作者线程（默认情况下，会在线程空闲 60 秒后销毁）
.parallel()	从一个固定大小的线程池中拉取的工作者线程中执行订阅。该线程池的大小和 CPU 的核心数一致

使用 flatMap()和 subscribeOn()的优势在于，我们可以在多个并行线程之间拆分工作，从而增加流的吞吐量。但是，鉴于工作是并行完成的，无法保证哪项工作首先完成，所以结果 Flux 中数据项的发布顺序是未知的。因此，StepVerifier 只能验证发出的每个数据项是否存在于预期的 Player 对象列表中，并且在 Flux 完成之前会有 3 个这样的数据项。

在反应式流上缓冲数据

在处理流经 Flux 的数据时，将数据流拆分为小块可能会带来一定的收益。如图 11.18 所示的 buffer()操作可以帮助我们实现这个目的。

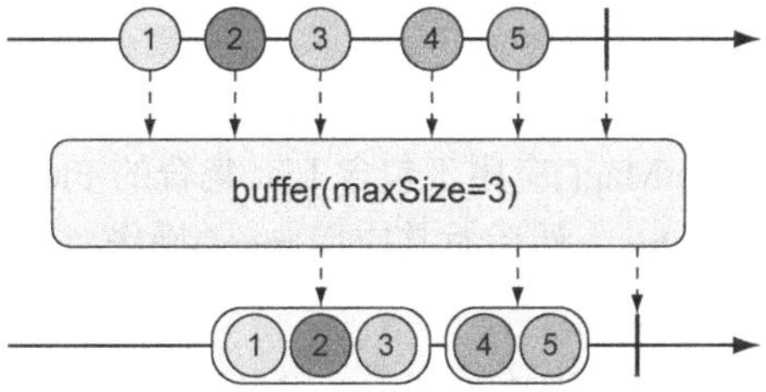

图 11.18 buffer 操作会产生一个新的 Flux，其中是具备最大限制长度的列表。列表中包含了从传入的 Flux 中收集的数据

假设给定一个包含多个 String 值的 Flux，其中每个值代表一种水果。我们可以创建一个新的由 List 集合组成的 Flux，其中每个 List 包含不超过指定数量的元素：

```
@Test
public void buffer() {
  Flux<String> fruitFlux = Flux.just(
```

```
        "apple", "orange", "banana", "kiwi", "strawberry");

    Flux<List<String>> bufferedFlux = fruitFlux.buffer(3);

    StepVerifier
        .create(bufferedFlux)
        .expectNext(Arrays.asList("apple", "orange", "banana"))
        .expectNext(Arrays.asList("kiwi", "strawberry"))
        .verifyComplete();
}
```

在本例中，String 元素的 Flux 被缓冲到一个新的由 List 集合组成的 Flux 中，其中每个集合的元素数量不超过 3 个。因此，发出 5 个 String 值的原始 Flux 会转换为新的 Flux，这个新的 Flux 会发出 2 个 List 集合，其中一个包含 3 个水果，而另一个包含 2 个水果。

这有什么意义？将反应式的 Flux 缓冲到非反应式的 Flux 中看起来与本章的目的南辕北辙。但在组合使用 buffer()方法和 flatMap()方法时，这样做可以使每一个 List 集合都可以被并行处理：

```
@Test
public void bufferAndFlatMap() throws Exception {
  Flux.just(
        "apple", "orange", "banana", "kiwi", "strawberry")
        .buffer(3)
        .flatMap(x ->
          Flux.fromIterable(x)
            .map(y -> y.toUpperCase())
            .subscribeOn(Schedulers.parallel())
            .log()
        ).subscribe();
}
```

在这个新例子中，我们仍然将具有 5 个 String 值的 Flux 缓冲到一个新的由 List 集合组成的 Flux 中，但将 flatMap()应用于包含 List 集合的 Flux。这样会为每个 List 缓冲区中的元素创建一个新的 Flux，然后对其应用 map()操作。因此，每个 List 缓冲区都会在各个线程中被进一步并行处理。

为了观察实际效果，代码中还包含了一个 log()操作，用于每个子 Flux。log()操作记录了所有的反应式事件，以便观察实际发生了什么事情。日志将会记录如下的条目（为简洁起见，删除了时间戳）：

```
[main] INFO reactor.Flux.SubscribeOn.1 -
                    onSubscribe(FluxSubscribeOn.SubscribeOnSubscriber)
[main] INFO reactor.Flux.SubscribeOn.1 - request(32)
[main] INFO reactor.Flux.SubscribeOn.2 -
                    onSubscribe(FluxSubscribeOn.SubscribeOnSubscriber)
[main] INFO reactor.Flux.SubscribeOn.2 - request(32)
```

```
[parallel-1] INFO reactor.Flux.SubscribeOn.1 - onNext(APPLE)
[parallel-2] INFO reactor.Flux.SubscribeOn.2 - onNext(KIWI)
[parallel-1] INFO reactor.Flux.SubscribeOn.1 - onNext(ORANGE)
[parallel-2] INFO reactor.Flux.SubscribeOn.2 - onNext(STRAWBERRY)
[parallel-1] INFO reactor.Flux.SubscribeOn.1 - onNext(BANANA)
[parallel-1] INFO reactor.Flux.SubscribeOn.1 - onComplete()
[parallel-2] INFO reactor.Flux.SubscribeOn.2 - onComplete()
```

正如日志记录所清晰展示的，第一个缓冲区中的水果（apple、orange 和 banana）在 parallel-1 线程中处理。与此同时，第二个缓冲区中的水果（kiwi 和 strawberry）在 parallel-2 线程中处理。从缓冲区中交织的日志记录可以明显看出，对两个缓冲区的处理是并行执行的。

如果由于某些原因需要将 Flux 发布的所有数据项都收集到一个 List 中，那么可以使用不带参数的 buffer()方法：

```
Flux<List<String>> bufferedFlux = fruitFlux.buffer();
```

这会产生一个新的 Flux。这个 Flux 将会发布一个 List，其中包含源 Flux 发布的所有数据项。我们也可以使用 collectList()操作实现相同的功能，如图 11.19 所示。

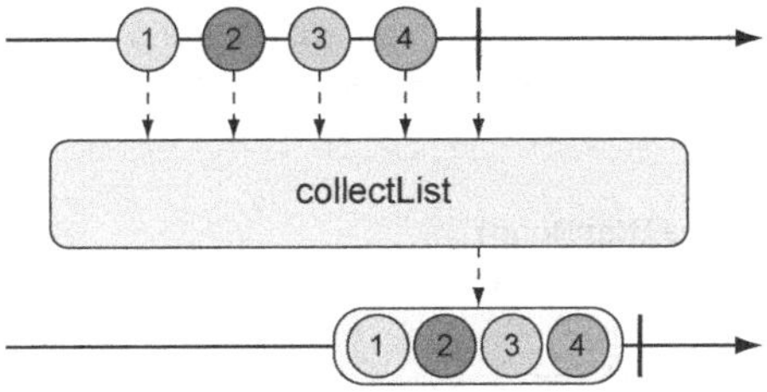

图 11.19 collectList()操作将产生一个包含传入 Flux 发布的所有消息的 Mono

collectList()方法会产生 Mono 而不是 Flux，以发布 List 集合。下面的测试方法展示了它的用法：

```
@Test
public void collectList() {
  Flux<String> fruitFlux = Flux.just(
      "apple", "orange", "banana", "kiwi", "strawberry");

  Mono<List<String>> fruitListMono = fruitFlux.collectList();

  StepVerifier
      .create(fruitListMono)
      .expectNext(Arrays.asList(
          "apple", "orange", "banana", "kiwi", "strawberry"))
      .verifyComplete();
}
```

有一种更有趣的方法可以收集 Flux 所发出的数据项：将它们收集到 Map 中。如

图 11.20 所示，collectMap()操作将会产生一个发布 Map 的 Mono。Map 中会填充一些数据项，数据项的键会由给定的 Function 计算得出。

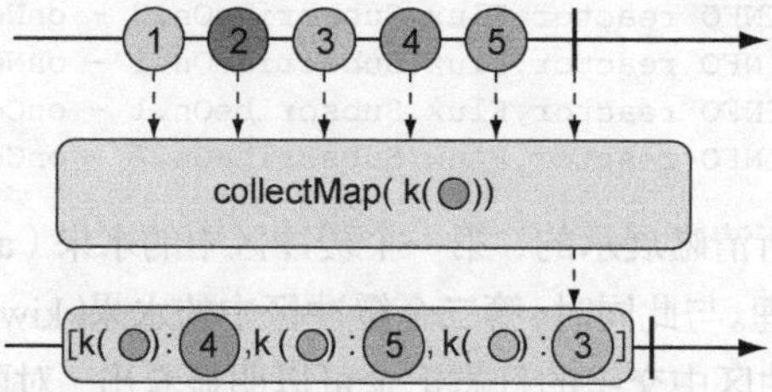

图 11.20 collectMap()操作将会产生 Mono（包含由传入 Flux 所发出的消息产生的 Map，这个 Map 的键是由传入消息的某些特征衍生的）

要查看 collectMap()的效果，请参考下面的测试方法：

```
@Test
public void collectMap() {
  Flux<String> animalFlux = Flux.just(
    "aardvark", "elephant", "koala", "eagle", "kangaroo");

  Mono<Map<Character, String>> animalMapMono =
      animalFlux.collectMap(a -> a.charAt(0));

  StepVerifier
      .create(animalMapMono)
      .expectNextMatches(map -> {
        return
            map.size() == 3 &&
            map.get('a').equals("aardvark") &&
            map.get('e').equals("eagle") &&
            map.get('k').equals("kangaroo");
      })
      .verifyComplete();
}
```

源 Flux 会发布一些动物名称。基于这个 Flux，我们使用 collectMap()创建了一个发布 Map 的新 Mono，其中键由动物名称的首字母确定，而值则为动物名称本身。如果两个动物名称以相同的字母开头（如 elephant 和 eagle、koala 和 kangaroo），那么最后一个流经该流的条目将会覆盖先前的条目。

11.3.4 在反应式类型上执行逻辑操作

有时候我们想要知道由 Mono 或者 Flux 发布的条目是否满足某些条件。all()和 any()操作可以实现这样的逻辑。图 11.21 和图 11.22 分别展示了 all()和 any()的工作方式。

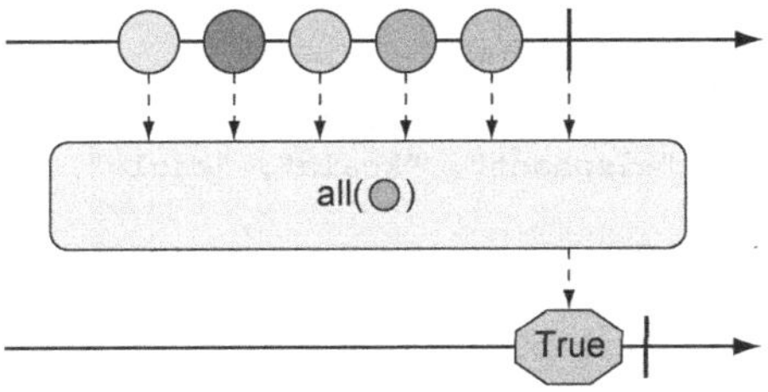

图 11.21 使用 all()操作来确保 Flux 中的所有消息都满足某些条件

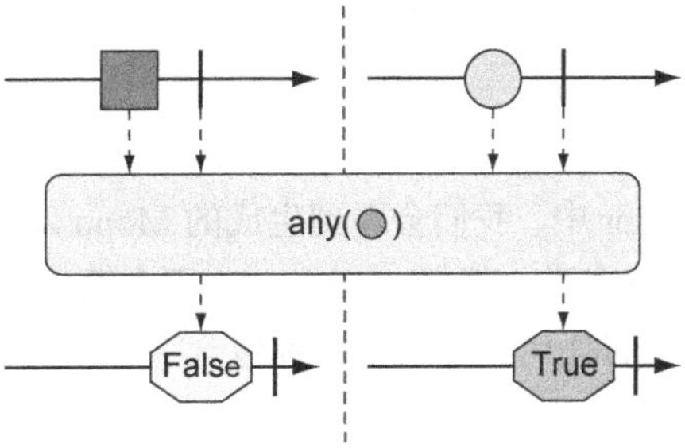

图 11.22 使用 any()操作来确保 Flux 中至少有一个消息满足某些条件

假设我们想知道 Flux 发布的每个 String 中是否都包含了字母 a 和字母 k。下面的测试展示了如何使用 all()方法来检查这个条件：

```
@Test
public void all() {
  Flux<String> animalFlux = Flux.just(
      "aardvark", "elephant", "koala", "eagle", "kangaroo");

  Mono<Boolean> hasAMono = animalFlux.all(a -> a.contains("a"));
  StepVerifier.create(hasAMono)
    .expectNext(true)
    .verifyComplete();

  Mono<Boolean> hasKMono = animalFlux.all(a -> a.contains("k"));
  StepVerifier.create(hasKMono)
    .expectNext(false)
    .verifyComplete();
}
```

在第一个 StepVerifier 中，我们检查了字母 a。all()方法应用于源 Flux，会产生布尔类型的 Mono。在本例中，所有动物名称都包含了字母 a，所以从生成的 Mono 中会发布 true。但是在第二个 StepVerifier 中，产生的 Mono 将会发出 false，因为并非所有动物名称都包含了字母 k。

如果至少有一个元素匹配条件即可，而不是要求所有元素均满足条件。那么在这种情况下，我们所需的操作就是 any()。下面这个新的测试用例使用 any()来检查字母 t 和字母 z：

```
@Test
public void any() {
  Flux<String> animalFlux = Flux.just(
      "aardvark", "elephant", "koala", "eagle", "kangaroo");

  Mono<Boolean> hasTMono = animalFlux.any(a -> a.contains("t"));

  StepVerifier.create(hasTMono)
    .expectNext(true)
    .verifyComplete();
  Mono<Boolean> hasZMono = animalFlux.any(a -> a.contains("z"));
  StepVerifier.create(hasZMono)
    .expectNext(false)
    .verifyComplete();
}
```

在第一个 StepVerifier 中，我们会看到生成的 Mono 发布了 true，因为有至少一种动物名称具有字母 t（具体来讲，就是 elephant）。而在第二个场景中，生成的 Mono 发布了 false，因为用例中没有任何一种动物名称包含字母 z。

小结

- 反应式编程需要创建数据流过的处理管道。
- 反应式流规范定义了 4 种类型：Publisher、Subscriber、Subscription、Processor（即 Publisher 和 Subscriber 的组合）。
- Reactor 项目实现了反应式流规范，将反应式流的定义抽象为两个主要的类型，即 Flux 和 Mono，并为每种类型都提供数百个操作。
- Spring 借助 Reactor 项目提供了对反应式控制器、存储库、REST 客户端，以及其他反应式框架的支持。

第 12 章　开发反应式 API

本章内容：
- 使用 Spring WebFlux；
- 编写和测试反应式的控制器与客户端；
- 消费 REST API；
- 保护反应式 Web 应用。

我们已经了解了反应式编程和 Reactor 项目，现在可以开始在 Spring 应用程序中使用这些技术了。在本章中，我们将利用 Spring 的反应式编程模型重新讨论在第 7 章中编写的控制器。

具体来讲，我们将一起探讨 Spring 中新添加的反应式 Web 框架，即 Spring WebFlux。很快你就会发现，Spring WebFlux 与 Spring MVC 非常相似，这使得它非常易于使用。我们已经掌握的在 Spring 中构建 REST API 的知识依然有用。

12.1 使用 Spring WebFlux

传统的基于 Servlet 的 Web 框架，如 Spring MVC，本质上都是阻塞式和多线程的，每个连接都会使用一个线程。在请求处理的时候，会在线程池中拉取一个工作者（worker）线程来对请求进行处理。同时，请求线程是阻塞的，直到工作者线程提示它已经完成。

这样的后果就是阻塞式 Web 框架面临大量请求时无法有效地扩展。缓慢的工作者线程带来的延迟会使情况变得更糟，因为它需要花费更长的时间才能将工作者线程送回池中，以处理另外的请求。在某些场景中，这种设计完全可以接受。事实上，十多年来，大多数 Web 应用程序的开发方式基本上都是这样的，但是时代在变化。

以前，这些 Web 应用程序的客户是偶尔浏览网站的人，而现在这些人会频繁消费内容并使用与 HTTP API 协作的应用程序。如今，所谓的物联网中有汽车、喷气式发动机和其他非传统的客户端（甚至不需要人类），它们会持续地与 Web API 交换数据。随着消费 Web 应用的客户端越来越多，可扩展性比以往任何时候都更加重要。

相比之下，异步 Web 框架能够以更少的线程获得更高的可扩展性，通常它们只需要与 CPU 核心数量相同的线程。通过使用所谓的事件轮询（event looping）机制（如图 12.1 所示），这些框架能够用一个线程处理很多请求，使得每次连接的成本更低。

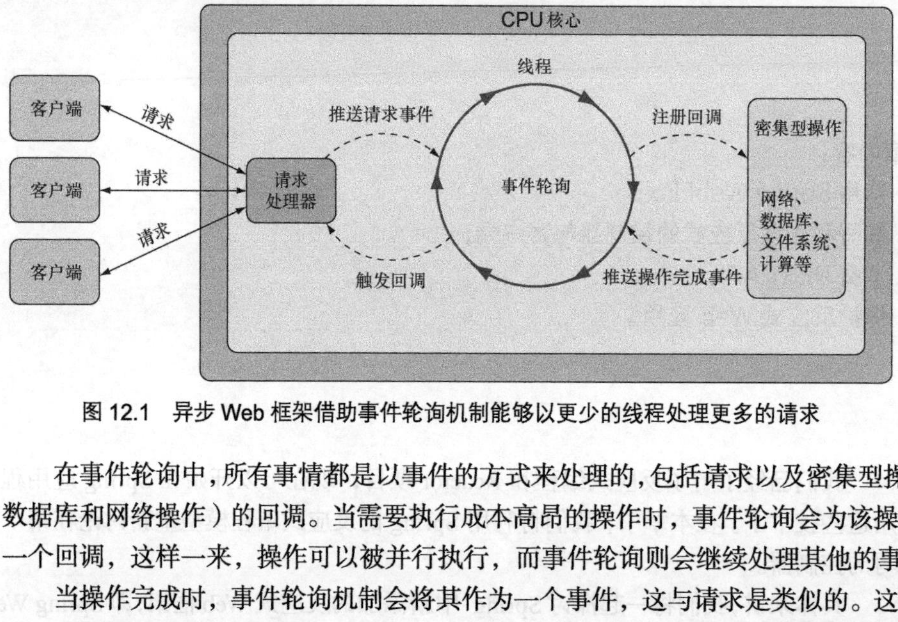

图 12.1 异步 Web 框架借助事件轮询机制能够以更少的线程处理更多的请求

在事件轮询中，所有事情都是以事件的方式来处理的，包括请求以及密集型操作（如数据库和网络操作）的回调。当需要执行成本高昂的操作时，事件轮询会为该操作注册一个回调，这样一来，操作可以被并行执行，而事件轮询则会继续处理其他的事件。

当操作完成时，事件轮询机制会将其作为一个事件，这与请求是类似的。这样的效果是，在面临大量请求负载时，异步 Web 框架能够以更少的线程实现更好的可扩展性，从而减少线程管理的开销。

Spring 提供了一个主要基于 Reactor 项目的非阻塞、异步 Web 框架，以解决 Web 应用和 API 中更多的可扩展性需求。接下来我们看一下 Spring WebFlux，一种面向 Spring 的反应式 Web 框架。

12.1.1 Spring WebFlux 简介

当 Spring 团队在思考如何向 Web 层添加反应式编程模型时，很快就发现如果不在 Spring MVC 中做大量工作，就很难实现这一点。这涉及在代码中产生分支以决定是否要以反应式的方式来处理请求。本质上，这样做会将两个 Web 框架打包成一个，并用 if 语句来区分反应式和非反应式。

与其将反应式编程模型硬塞进 Spring MVC 中，还不如创建一个单独的反应式 Web 框架，并尽可能多地借鉴 Spring MVC。Spring WebFlux 应运而生。Spring 定义的完整 Web 开发技术栈如图 12.2 所示。

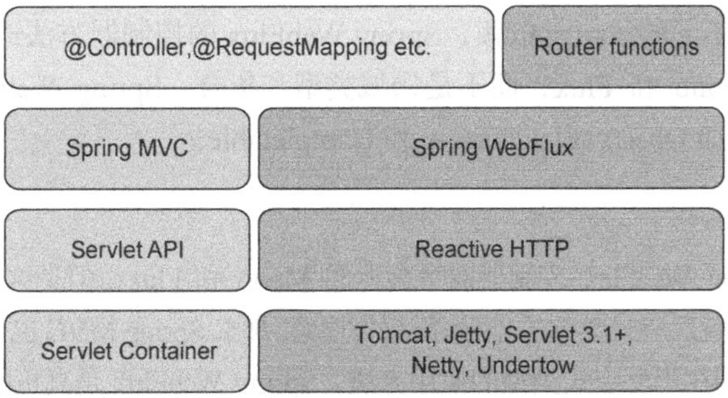

图 12.2 Spring 通过名为 WebFlux 的新 Web 框架来支持反应式 Web 应用，它与 Spring MVC 相似，二者共享许多核心组件

在图 12.2 的左侧，我们会看到 Spring MVC 技术栈，这是 Spring 框架 2.5 版本就引入的。Spring MVC（在第 2 章和第 7 章已经讨论过）建立在 Java Servlet API 之上，因此需要 Servlet 容器（比如 Tomcat）才能执行。

与之不同，Spring WebFlux（在图 12.2 右侧）并不会绑定 Servlet API，所以它构建在 Reactive HTTP API 之上，这个 API 与 Servlet API 具有相同的功能，只不过是采用了反应式的方式。因为 Spring WebFlux 没有与 Servlet API 耦合，所以它的运行并不需要 Servlet 容器。它可以运行在任意非阻塞 Web 容器中，包括 Netty、Undertow、Tomcat、Jetty 或任意 Servlet 3.1 及以上的容器。

在图 12.2 中，最值得注意的是左上角，它代表了 Spring MVC 和 Spring WebFlux 公用的组件，主要用来定义控制器的注解。因为 Spring MVC 和 Spring WebFlux 会使用相同的注解，所以 Spring WebFlux 与 Spring MVC 在很多方面并没有区别。

右上角的方框表示另一种编程模型，它使用函数式编程范式来定义控制器，而不是使用注解。在 12.2 节中，我们会详细地讨论 Spring 的函数式 Web 编程模型。

Spring MVC 和 Spring WebFlux 最显著的区别在于需要添加到构建文件中的依赖项不同。在使用 Spring WebFlux 时，我们需要添加 Spring Boot WebFlux starter 依赖项，而不是标准的 Web starter（例如，spring-boot-starter-web）。在项目的 pom.xml 文件中，如下所示：

```
<dependency>
  <groupId>org.springframework.boot</groupId>
  <artifactId>spring-boot-starter-webflux</artifactId>
</dependency>
```

注意：与 Spring Boot 的大多数 starter 依赖类似，这个 starter 也可以在 Initializr 中通过选中 Reactive Web 复选框添加到项目中。

使用 WebFlux 有一个很有意思的副作用，即 WebFlux 的默认嵌入式服务器是 Netty 而不是 Tomcat。Netty 是一个异步、事件驱动的服务器，非常适合 Spring WebFlux 这样的反应式 Web 框架。

除了使用不同的 starter 依赖，Spring WebFlux 的控制器方法通常要接受和返回反应式类型，如 Mono 和 Flux，而不是领域类型和集合。Spring WebFlux 控制器也能处理 RxJava 类型，如 Observable、Single 和 Completable。

反应式 Spring MVC

尽管 Spring WebFlux 控制器通常会返回 Mono 和 Flux，但是这并不意味着使用 Spring MVC 就无法体验反应式类型的乐趣。如果你愿意，那么 Spring MVC 也可以返回 Mono 和 Flux。

它们的区别在于反应式类型的使用方法。Spring WebFlux 是真正的反应式 Web 框架，允许在事件轮询中处理请求，而 Spring MVC 是基于 Servlet 的，依赖多线程来处理多个请求。

接下来，我们让 Spring WebFlux 运行起来，借助 Spring WebFlux 重新编写 Taco Cloud 的 API 控制器。

12.1.2 编写反应式控制器

你可能还记得在第 7 章中我们为 Taco Cloud 的 REST API 创建了一些控制器，这些控制器中包含请求处理方法，这些方法会以领域类型（如 TacoOrder 和 Taco）或领域类型集合的方式处理输入和输出。作为提醒，我们看一下第 7 章中的 TacoController 片段：

```
@RestController
@RequestMapping(path = "/api/tacos",
                produces = "application/json")
@CrossOrigin(origins = "*")
public class TacoController {
...
  @GetMapping(params = "recent")
  public Iterable<Taco> recentTacos() {
    PageRequest page = PageRequest.of(
          0, 12, Sort.by("createdAt").descending());
    return tacoRepo.findAll(page).getContent();
  }
...
}
```

按照上述编写形式，recentTacos()控制器会处理对“/api/tacos? recent”的 HTTP GET 请求，返回最近创建的 taco 列表。具体来讲，它会返回 Taco 类型的 Iterable 对象。这主要是因为存储库的 findAll()方法返回的就是该类型，或者更准确地说，这个结果来自 findAll()方法所返回的 Page 对象的 getContent()方法。

这样的形式运行起来很顺畅，但 Iterable 并不是反应式类型。我们不能对它使用任何反应式操作，也不能让框架将它视为反应式类型，从而将工作切分到多个线程中。我们希望 recentTacos()方法能够返回 Flux<Taco>。

这里有一个简单但效果有限的方案：重写 recentTacos()，将 Iterable 转换为 Flux。而且，在重写的时候，我们可以去掉分页代码，将其替换为调用 Flux 的 take()：

```
@GetMapping(params = "recent")
public Flux<Taco> recentTacos() {
  return Flux.fromIterable(tacoRepo.findAll()).take(12);
}
```

借助 Flux.fromIterable()，我们可以将 Iterable<Taco>转换为 Flux<Taco>。既然我们可以使用 Flux，那么就能使用 take 操作将 Flux 返回的值限制为最多 12 个 Taco 对象。这样不仅使代码更加简洁，也使我们能够处理反应式的 Flux，而不是简单的 Iterable。

到目前为止，我们编写反应式代码一切都很顺利。但是，如果存储库一开始就给我们一个 Flux 那就更好了——这样就没有必要进行转换了。如果是这样，那么 recentTacos()将会写成如下形式：

```
@GetMapping(params = "recent")
public Flux<Taco> recentTacos() {
  return tacoRepo.findAll().take(12);
}
```

这样就更好了！在理想情况下，反应式控制器会位于反应式端到端栈的顶部，这个栈包括了控制器、存储库、数据库，以及任何可能介于两者之间的服务。这样的端到端反应式栈如图 12.3 所示。

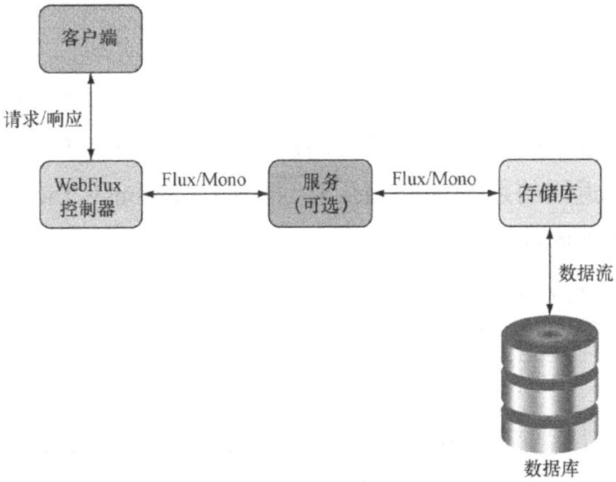

图 12.3　控制器应该成为完整的端到端反应式栈的一部分，这样能够最大化反应式 Web 框架的收益

这样的端到端技术栈要求存储库返回 Flux，而不是 Iterable。在第 13 章中，我们会详细研究如何编写反应式存储库，这里可以先看一下反应式 TacoRepository 大致是什么样子的：

```
package tacos.data;

import org.springframework.data.repository.reactive.ReactiveCrudRepository;
import tacos.Taco;

public interface TacoRepository
        extends ReactiveCrudRepository<Taco, Long> {
}
```

此时，最需要注意的事情在于，除了使用 Flux 来替换 Iterable 以及获取 Flux 的方法外，定义反应式 WebFlux 控制器的编程模型与非反应式 Spring MVC 控制器并没有什么差异。它们都使用了@RestController 注解以及类级别的@RequestMapping 注解。在方法级别，它们都有使用@GetMapping 注解的请求处理函数。真正重要的是处理器方法返回了什么类型。

另外值得注意的是，尽管我们从存储库得到了 Flux<Taco>，但是我们直接将它返回了，并没有调用 subscribe()。框架将会为我们调用 subscribe()。这意味着处理“/api/tacos?recent”请求时，recentTacos()方法会被调用，且在数据真正从数据库取出之前就能立即返回。

返回单个值

作为另外一个样例，我们思考一下在第 7 章中编写的 TacoController 的 tacoById()方法：

```
@GetMapping("/{id}")
public Taco tacoById(@PathVariable("id") Long id) {
  Optional<Taco> optTaco = tacoRepo.findById(id);
  if (optTaco.isPresent()) {
    return optTaco.get();
  }
  return null;
}
```

在这里，该方法处理对“/tacos/{id}”的 GET 请求并返回单个 Taco 对象。因为存储库的 findById()返回的是 Optional，所以我们必须编写一些笨拙的代码去处理它。但设想一下，findById()返回的是 Mono<Taco>，而不是 Optional<Taco>，那么我们可以按照如下的方式重写控制器的 tacoById()：

```
@GetMapping("/{id}")
public Mono<Taco> tacoById(@PathVariable("id") Long id) {
  return tacoRepo.findById(id);
}
```

这样看上去简单多了。更重要的是，通过返回 Mono<Taco>来替代 Taco，我们能够让 Spring WebFlux 以反应式的方式处理响应。这样做的结果就是我们的 API 在面临高负载的时候可以更灵活。

使用 RxJava 类型

值得一提的是，在使用 Spring WebFlux 时，虽然使用 Flux 和 Mono 是自然而然的选择，但是我们也可以使用像 Observable 和 Single 这样的 RxJava 类型。例如，假设在 TacoController 和后端存储库之间有一个服务处理 RxJava 类型，那么 recentTacos()方法可以编写为：

```
@GetMapping(params = "recent")
public Observable<Taco> recentTacos() {
  return tacoService.getRecentTacos();
}
```

类似地，tacoById()方法可以编写成处理 RxJava Single 类型，而不是 Mono 类型：

```
@GetMapping("/{id}")
public Single<Taco> tacoById(@PathVariable("id") Long id) {
  return tacoService.lookupTaco(id);
}
```

除此之外，Spring WebFlux 控制器方法还可以返回 RxJava 的 Completable，后者等价于 Reactor 中的 Mono<Void>。WebFlux 也可以返回 RxJava 的 Flowable，以替换 Observable 或 Reactor 的 Flux。

实现输入的反应式

到目前为止，我们只关心了控制器方法返回什么样的反应式类型。但是，借助 Spring WebFlux，我们还可以接受 Mono 或 Flux 以作为处理器方法的输入。为了阐述这一点，我们看一下 TacoController 中原始的 postTaco()实现：

```
@PostMapping(consumes = "application/json")
@ResponseStatus(HttpStatus.CREATED)
public Taco postTaco(@RequestBody Taco taco) {
  return tacoRepo.save(taco);
}
```

按照原始的编写方式，postTaco()不仅会返回一个简单的 Taco 对象，还会接受一个绑定了请求体中内容的 Taco 对象。这意味着在请求载荷完成解析并初始化为 Taco 对象之前 postTaco()方法不会被调用，也意味着在对存储库的 save()方法的阻塞调用返回之前 postTaco()不能返回。简言之，这个请求阻塞了两次，分别在进入 postTaco()时和在 postTaco()调用的过程中发生。通过为 postTaco()添加一些反应式代码，我们能够将它变成完全非阻塞的请求处理方法：

```
@PostMapping(consumes = "application/json")
@ResponseStatus(HttpStatus.CREATED)
public Mono<Taco> postTaco(@RequestBody Mono<Taco> tacoMono) {
  return tacoRepo.saveAll(tacoMono).next();
}
```

在这里，postTaco()接受一个 Mono<Taco>并调用了存储库的 saveAll()方法，该方法能够接受任意的 Reactive Streams Publisher 实现，包括 Mono 或 Flux。saveAll()方法返回 Flux<Taco>，但由于我们提供的是 Mono，我们知道该 Flux 最多只能发布一个 Taco，所以调用 next()方法之后，postTaco()方法返回的就是我们需要的 Mono<Taco>。

通过接受 Mono<Taco>作为输入，该方法会立即调用，而不再等待 Taco 从请求体中解析生成。另外，存储库也是反应式的，它接受一个 Mono 并立即返回 Flux<Taco>，所以我们调用 Flux 的 next()来获取最终的 Mono<Taco>。方法在请求真正处理之前就能返回。

我们也可以像这样实现 postTaco()：

```
@PostMapping(consumes = "application/json")
@ResponseStatus(HttpStatus.CREATED)
public Mono<Taco> postTaco(@RequestBody Mono<Taco> tacoMono) {
  return tacoMono.flatMap(tacoRepo::save);
}
```

这种方法颠倒了事情的顺序，使 tacoMono 成为行动的驱动者。tacoMono 中的 Taco 通过 flatMap()方法交给了存储库中的 save()方法，并返回一个新的 Mono<Taco>作为结果。

上述两种方法都是可行的。可能还有其他方式来实现 postTaco()。请自行选择对你来说运行效果最好、最合理的方式。

Spring WebFlux 是一个非常棒的 Spring MVC 替代方案，提供了与 Spring MVC 相同的开发模型，用于编写反应式 Web 应用。其实 Spring 还有另外一项技巧，下面让我们看看如何使用 Spring 的函数式编程风格创建反应式 API。

12.2 定义函数式请求处理器

Spring MVC 基于注解的编程模型从 Spring 2.5 就存在了，而且这种模型非常流行，但是它也有一些缺点。

首先，所有基于注解的编程方式都会存在注解该做什么以及注解如何做之间的割裂。注解本身定义了该做什么，而具体如何去做则是在框架代码的其他部分定义的。如果想要进行自定义或扩展，编程模型就会变得很复杂，因为这样的变更需要修改注解之外的代码。除此之外，调试这种代码也是比较麻烦的，因为我们无法在注解上设置断点。

其次，随着 Spring 变得越来越流行，很多熟悉其他语言和框架的 Spring 新手会觉得基于注解的 Spring MVC（和 WebFlux）与他们之前掌握的工具有很大的差异。作为注解式 WebFlux 的一种替代方案，Spring 引入了定义反应式 API 的新方法：函数式编程模型。

这个新的编程模型使用起来更像是一个库，而不是一个框架，能够让我们在不使用注解的情况下将请求映射到处理器代码中。使用 Spring 的函数式编程模型编写 API 会涉及 4 个主要的类型：

- RequestPredicate，声明要处理的请求类型；
- RouterFunction，声明如何将请求路由到处理器代码中；
- ServerRequest，代表一个 HTTP 请求，包括对请求头和请求体的访问；
- ServerResponse，代表一个 HTTP 响应，包括响应头和响应体信息。

下面是一个将所有类型组合在一起的 Hello World 样例：

```
package hello;

import static org.springframework.web
                .reactive.function.server.RequestPredicates.GET;
import static org.springframework.web
                .reactive.function.server.RouterFunctions.route;
import static org.springframework.web
                .reactive.function.server.ServerResponse.ok;
import static reactor.core.publisher.Mono.just;
import org.springframework.context.annotation.Bean;
import org.springframework.context.annotation.Configuration;
import org.springframework.web.reactive.function.server.RouterFunction;

@Configuration
public class RouterFunctionConfig {

  @Bean
  public RouterFunction<?> helloRouterFunction() {
    return route(GET("/hello"),
        request -> ok().body(just("Hello World!"), String.class))
      ;
  }
}
```

需要注意的第一件事情是，这里静态导入了一些辅助类，可以使用它们来创建前文所述的函数式类型。我们还以静态方式导入了 Mono，从而能够让剩余的代码更易于阅读和理解。

在这个@Configuration 类中，我们有一个类型为 RouterFunction<?>的@Bean 方法。按照前文所述，RouterFunction 能够声明一个或多个 RequestPredicate 对象，并处理与之匹配的请求的函数之间的映射关系。

RouterFunctions 的 route()方法接受两个参数：RequestPredicate 和处理与之匹配的请求的函数。在本例中，RequestPredicates 的 GET()方法声明一个 RequestPredicate，后者会匹配针对“/hello”的 HTTP GET 请求。

至于处理器函数，则写成了 lambda 表达式的形式，当然它也可以使用方法引用。尽管这里没有显式声明，但是处理器 lambda 表达式会接受一个 ServerRequest 作为参数。它通过 ServerResponse 的 ok()方法和 BodyBuilder 的 body()方法返回了一个 ServerResponse。BodyBuilder 对象是由 ok()所返回的。这样一来，就会创建出状态码为 HTTP 200 (OK)并且响应体载荷为“Hello World!”的响应。

按照这种编写形式，helloRouterFunction()方法所声明的 RouterFunction 只能处理一种类型的请求。如果想要处理不同类型的请求，那么我们没有必要编写另外一个@Bean（当然也可以这样做），仅需调用 andRoute()声明另一个 RequestPredicate 到函数的映射。例如，为“/bye”的 GET 请求添加一个处理器：

```
@Bean
public RouterFunction<?> helloRouterFunction() {
  return route(GET("/hello"),
      request -> ok().body(just("Hello World!"), String.class))
      .andRoute(GET("/bye"),
      request -> ok().body(just("See ya!"), String.class))
    ;
}
```

Hello World 这种级别的样例只能用来简单体验一些新东西。接下来，我们看一下如何使用 Spring 的函数式 Web 编程模型处理接近真实场景的请求。

为了阐述如何在真实应用中使用函数式编程模型，我们会使用函数式风格重塑 TacoController 的功能。如下的配置类是 TacoController 的函数式实现：

```
package tacos.web.api;

import static org.springframework.web.reactive.function.server
    .RequestPredicates.GET;
import static org.springframework.web.reactive.function.server
    .RequestPredicates.POST;
import static org.springframework.web.reactive.function.server
    .RequestPredicates.queryParam;
import static org.springframework.web.reactive.function.server
    .RouterFunctions.route;

import java.net.URI;

import org.springframework.beans.factory.annotation.Autowired;
import org.springframework.context.annotation.Bean;
import org.springframework.context.annotation.Configuration;
import org.springframework.web.reactive.function.server.RouterFunction;
import org.springframework.web.reactive.function.server.ServerRequest;
import org.springframework.web.reactive.function.server.ServerResponse;

import reactor.core.publisher.Mono;
import tacos.Taco;
import tacos.data.TacoRepository;
@Configuration
public class RouterFunctionConfig {

  @Autowired
  private TacoRepository tacoRepo;

  @Bean
  public RouterFunction<?> routerFunction() {
```

```
    return route(GET("/api/tacos").
              and(queryParam("recent", t->t != null )),
              this::recents)
       .andRoute(POST("/api/tacos"), this::postTaco);
}
  public Mono<ServerResponse> recents(ServerRequest request) {
    return ServerResponse.ok()
        .body(tacoRepo.findAll().take(12), Taco.class);
}

public Mono<ServerResponse> postTaco(ServerRequest request) {
  return request.bodyToMono(Taco.class)
      .flatMap(taco -> tacoRepo.save(taco))
      .flatMap(savedTaco -> {
          return ServerResponse
              .created(URI.create(
                  "http://localhost:8080/api/tacos/" +
                  savedTaco.getId()))
              .body(savedTaco, Taco.class);
      });
  }
}
```

我们可以看到，routerFunction()方法声明了一个 RouterFunction<?> bean，这与 Hello World 样例类似。但是，它们之间的差异在于要处理什么类型的请求、如何处理。在本例中，我们创建的 RouterFunction 处理针对"/api/tacos?recent"的 GET 请求和针对"/api/tacos"的 POST 请求。

更明显的差异在于，路由是由方法引用处理的。如果 RouterFunction 背后的行为相对简捷，那么 lambda 表达式是很不错的选择。在很多场景下，最好将功能提取到一个单独的方法中（甚至提取到一个独立类的方法中），以保持代码的可读性。

就我们的需求而言，针对"/api/tacos?recent"的 GET 请求将由 recents()方法来处理。它使用注入的 TacoRepository 得到一个 Flux<Taco>，然后从中得到 12 个数据项。随后，它将 Flux<Taco>包装到一个 Mono<ServerResponse>中，这样我们就可以通过调用 ServerResponse 中的 ok()来返回一个 HTTP 200 (OK)状态的响应。有很重要的一点需要我们注意：即使有多达 12 个 Taco 需要返回，我们也只会有一个服务器响应，这就是为什么它会以 Mono 而不是 Flux 的形式返回。在内部，Spring 仍然会将 Flux<Taco>作为 Flux 流向客户端。

针对"/api/tacos"的 POST 请求由 postTaco()方法处理，它从传入的 ServerRequest 的请求体中提取 Mono<Taco>。随后 postTaco()方法使用一系列 flatMap()操作将该 taco 保存到 TacoRepository 中，并创建一个状态码为 HTTP 201 (CREATED)的 ServerResponse，在响应体中包含了已保存的 Taco 对象。

flatMap()操作能够确保在流程中的每一步中映射的结果都包装在一个 Mono 中，从第一个 flatMap()之后的 Mono<Taco>开始，以 postTaco()返回的 Mono<ServerResponse>结束。

12.3 测试反应式控制器

在反应式控制器的测试方面，Spring 并没有忽略我们的需求。实际上，Spring 引入了 WebTestClient。这是一个新的测试工具类，让 Spring WebFlux 编写的反应式控制器的测试代码变得非常容易。为了了解如何使用 WebTestClient 编写测试，我们首先使用它测试 12.1.2 小节中编写的 TacoController 中的 recentTacos()方法。

12.3.1 测试 GET 请求

对于 recentTacos()方法，我们想断言，如果针对“/api/tacos?recent”路径发送 HTTP GET 请求,那么会得到 JSON 载荷的响应并且 taco 的数量不会超过 12 个。程序清单 12.1 中的测试类是一个很好的起点。

程序清单 12.1　使用 WebTestClient 测试 TacoController

```
package tacos.web.api;
import static org.mockito.ArgumentMatchers.any;
import static org.mockito.Mockito.when;
import java.util.ArrayList;
import java.util.List;
import org.junit.jupiter.api.Test;
import org.mockito.Mockito;
import org.springframework.http.MediaType;
import org.springframework.test.web.reactive.server.WebTestClient;
import reactor.core.publisher.Flux;
import reactor.core.publisher.Mono;
import tacos.Ingredient;
import tacos.Ingredient.Type;
import tacos.Taco;
import tacos.data.TacoRepository;

public class TacoControllerTest {

  @Test
  public void shouldReturnRecentTacos() {
    Taco[] tacos = {
        testTaco(1L), testTaco(2L),
        testTaco(3L), testTaco(4L),     <-- 创建测试数据
        testTaco(5L), testTaco(6L),
        testTaco(7L), testTaco(8L),
        testTaco(9L), testTaco(10L),
        testTaco(11L), testTaco(12L),
        testTaco(13L), testTaco(14L),
        testTaco(15L), testTaco(16L)};
    Flux<Taco> tacoFlux = Flux.just(tacos);

    TacoRepository tacoRepo = Mockito.mock(TacoRepository.class);
    when(tacoRepo.findAll()).thenReturn(tacoFlux);  <-- 模拟 TacoRepository

    WebTestClient testClient = WebTestClient.bindToController(
```

```
        new TacoController(tacoRepo))
        .build();                        <—— 创建 WebTestClient
                                                        请求最近的 tacos
    testClient.get().uri("/api/tacos?recent")
      .exchange()                                  <——
      .expectStatus().isOk()              <—— 验证响应是否符合预期
      .expectBody()
        .jsonPath("$").isArray()
        .jsonPath("$").isNotEmpty()
        .jsonPath("$[0].id").isEqualTo(tacos[0].getId().toString())
        .jsonPath("$[0].name").isEqualTo("Taco 1")
        .jsonPath("$[1].id").isEqualTo(tacos[1].getId().toString())
        .jsonPath("$[1].name").isEqualTo("Taco 2")
        .jsonPath("$[11].id").isEqualTo(tacos[11].getId().toString())
        .jsonPath("$[11].name").isEqualTo("Taco 12")
        .jsonPath("$[12]").doesNotExist();
  }

  ...

}
```

shouldReturnRecentTacos()方法做的第一件事情就是以 Flux<Taco>的形式创建了一些测试数据。这个 Flux 随后作为 mock TacoRepository 的 findAll()方法的返回值。

Flux 发布的 Taco 对象是由一个名为 testTaco()的方法创建的。这个方法会根据一个数字生成一个 Taco，其 ID 和名称都是基于该数字生成的。testTaco()方法的实现如下所示：

```
private Taco testTaco(Long number) {
  Taco taco = new Taco();
  taco.setId(number != null ? number.toString(): "TESTID");
  taco.setName("Taco " + number);
  List<Ingredient> ingredients = new ArrayList<>();
  ingredients.add(
      new Ingredient("INGA", "Ingredient A", Type.WRAP));
  ingredients.add(
      new Ingredient("INGB", "Ingredient B", Type.PROTEIN));
  taco.setIngredients(ingredients);
  return taco;
}
```

为简单起见，所有的测试 taco 都有两种相同的配料，但是它们的 ID 和名称是根据传入的数字确定的。

回到 shouldReturnRecentTacos()方法，我们实例化了一个 TacoController 并将 mock 的 TacoRepository 注入构造器。这个控制器传递给了 WebTestClient.bindToController()方法，以便生成 WebTestClient 实例。

所有的环境搭建工作完成后，就可以使用 WebTestClient 提交 GET 请求至“/api/tacos?recent”，并校验响应是否符合我们的预期。对 get().uri("/api/tacos?recent")的调用描述了我们想要发送的请求。随后，对 exchange()的调用会真正提交请求，这个请求将会由 WebTestClient 绑定的控制器（TacoController）来进行处理。

最后，我们可以验证响应是否符合预期。通过调用 expectStatus()，我们可以断言响应具有 HTTP 200 (OK)状态码。然后，我们多次调用 jsonPath()断言响应体中的 JSON 包含它应该具有的值。最后一个断言检查第 12 个元素（在从 0 开始计数的数组中）是否真的不存在，以此判断结果不超过 12 个元素。

如果返回的 JSON 比较复杂，比如有大量的数据或多层嵌套的数据，那么使用 jsonPath()会变得非常烦琐。实际上，为了节省空间，在程序清单 12.1 中，我省略了很多对 jsonPath()的调用。在这种情况下，使用 jsonPath()会变得非常枯燥烦琐，WebTestClient 提供了 json()方法。这个方法可以传入一个 String 参数（包含响应要对比的 JSON）。

举例来说，假设我们在名为 recent-tacos.json 的文件中创建了完整的响应 JSON 并将它放到了类路径的"/tacos"路径下，那么可以按照如下的方式重写 WebTestClient 断言：

```
ClassPathResource recentsResource =
    new ClassPathResource("/tacos/recent-tacos.json");
String recentsJson = StreamUtils.copyToString(
    recentsResource.getInputStream(), Charset.defaultCharset());

testClient.get().uri("/api/tacos?recent")
  .accept(MediaType.APPLICATION_JSON)
  .exchange()
  .expectStatus().isOk()
  .expectBody()
    .json(recentsJson);
```

因为 json()接受的是一个 String，所以我们必须先将类路径资源加载为 String。借助 Spring 中 StreamUtils 的 copyToString()方法，这一点很容易实现。copyToString()方法返回的 String 就是我们的请求所预期响应的 JSON 内容。我们将其传递给 json()方法，就能验证控制器的输出。

WebTestClient 提供的另一种可选方案就是它允许将响应体与值的列表进行对比。expectBodyList()方法会接受一个代表列表中元素类型的 Class 或 ParameterizedTypeReference，并且会返回 ListBodySpec 对象，来基于该对象进行断言。借助 expectBodyList()，我们可以重写测试类，使用创建 mock TacoRepository 时的测试数据的子集来进行验证：

```
testClient.get().uri("/api/tacos?recent")
  .accept(MediaType.APPLICATION_JSON)
  .exchange()
  .expectStatus().isOk()
  .expectBodyList(Taco.class)
    .contains(Arrays.copyOf(tacos, 12));
```

在这里，我们断言响应体包含测试方法开头创建的原始 Taco 数组的前 12 个元素。

12.3.2 测试 POST 请求

WebTestClient 不仅能对控制器发送 GET 请求，还能用来测试各种 HTTP 方法，包括 GET、POST、PUT、PATCH、DELETE 和 HEAD 方法。表 12.1 表明了 HTTP 方法与 WebTestClient 方法的映射关系。

表 12.1 WebTestClient 能够测试针对 Spring WebFlux 控制器的各种请求

HTTP 方法	WebTestClient 方法
GET	.get()
POST	.post()
PUT	.put()
PATCH	.patch()
DELETE	.delete()
HEAD	.head()

作为测试 Spring WebFlux 控制器其他 HTTP 请求方法的样例，我们看一下针对 TacoController 的另一个测试。这一次，我们会编写一个对 taco 创建 API 的测试，提交 POST 请求到“/api/tacos”：

```
@SuppressWarnings("unchecked")
@Test
public void shouldSaveATaco() {
  TacoRepository tacoRepo = Mockito.mock(
              TacoRepository.class);                    <-- 模拟 TacoRepository

  WebTestClient testClient = WebTestClient.bindToController(   <-- 创建 WebTestClient
      new TacoController(tacoRepo)).build();
  Mono<Taco> unsavedTacoMono = Mono.just(testTaco(1L));
  Taco savedTaco = testTaco(1L);
  Flux<Taco> savedTacoMono = Flux.just(savedTaco);
                                                              创建测试数据
  when(tacoRepo.saveAll(any(Mono.class))).thenReturn(savedTacoMono); <--

                                          POST taco 请求
  testClient.post()  <--
      .uri("/api/tacos")
      .contentType(MediaType.APPLICATION_JSON)
      .body(unsavedTacoMono, Taco.class)
      .exchange()
      .expectStatus().isCreated()  <-- 校验响应是否符合预期
      .expectBody(Taco.class)
      .isEqualTo(savedTaco);
}
```

与上面的测试方法类似，shouldSaveATaco()首先创建一些测试数据和 mock TacoRepository，创建 WebTestClient，并将其绑定到控制器。随后，它使用 WebTestClient

提交 POST 请求到"/design"，并且将请求体声明为 application/json 类型，请求载荷为 Taco 的 JSON 序列化形式，放到未保存的 Mono 中。在执行 exchange()之后，该测试断言响应状态为 HTTP 201 (CREATED)并且响应体中的载荷与已保存的 Taco 对象相同。

12.3.3 使用实时服务器进行测试

到目前为止，我们所编写的测试都依赖于 Spring WebFlux 的 mock 实现，所以并不需要真正的服务器。但是，我们可能需要在服务器（如 Netty 或 Tomcat）环境中测试 WebFlux 控制器，也许还会需要存储库或其他的依赖。换句话说，我们有可能要编写集成测试。

编写 WebTestClient 的集成测试与编写其他 Spring Boot 集成测试类似，首先需要我们为测试类添加@RunWith 和@SpringBootTest 注解：

```
package tacos;

import java.io.IOException;
import org.junit.jupiter.api.Test;
import org.junit.jupiter.api.extension.ExtendWith;
import org.springframework.beans.factory.annotation.Autowired;
import org.springframework.boot.test.context.SpringBootTest;
import org.springframework.boot.test.context.SpringBootTest.WebEnvironment;
import org.springframework.http.MediaType;
import org.springframework.test.context.junit.jupiter.SpringExtension;
import org.springframework.test.web.reactive.server.WebTestClient;

@ExtendWith(SpringExtension.class)
@SpringBootTest(webEnvironment = WebEnvironment.RANDOM_PORT)
public class TacoControllerWebTest {
  @Autowired
  private WebTestClient testClient;
}
```

通过将 webEnvironment 属性设置为 WebEnvironment.RANDOM_PORT，我们要求 Spring 启动一个运行时服务器并监听任意选择的端口①。

你可能也注意到，我们将 WebTestClient 自动装配到了测试类中。这意味着我们不仅不用在测试方法中创建它，而且在发送请求的时候也不需要指定完整的 URL。这是因为 WebTestClient 能够知道测试服务器在哪个端口上运行。现在，我们可以使用自动装配的 WebTestClient 将 shouldReturnRecentTacos()重写为集成测试：

```
@Test
public void shouldReturnRecentTacos() throws IOException {
  testClient.get().uri("/api/tacos?recent")
```

① 我们也可以将 webEnvironment 设置为 WebEnvironment.DEFINED_PORT，并利用配置属性指定一个端口，但是强烈建议不要这样做，因为这样做会带来并行运行服务器端口冲突的风险。

```
        .accept(MediaType.APPLICATION_JSON).exchange()
        .expectStatus().isOk()
        .expectBody()
            .jsonPath("$").isArray()
            .jsonPath("$.length()").isEqualTo(3)
            .jsonPath("$[?(@.name == 'Carnivore')]").exists()
            .jsonPath("$[?(@.name == 'Bovine Bounty')]").exists()
            .jsonPath("$[?(@.name == 'Veg-Out')]").exists();
}
```

我们发现，这个版本的 shouldReturnRecentTacos()代码要少得多。我们不再需要创建 WebTestClient，因为可以使用自动装配的实例。另外，也不需要 mockTacoRepository，因为 Spring 会创建 TacoController 实例并注入真正的 TacoRepository 实例。在这个版本的测试方法中，我们使用 JSONPath 表达式来校验数据库提供的值。

WebTestClient 在测试的时候非常有用，我们可以使用它消费 WebFlux 控制器所暴露的 API。但是，如果应用本身要消费某个 API，又该怎样处理呢？接下来，我们将注意力转向 Spring 反应式 Web 的客户端，看一下 WebClient 如何通过 REST 客户端来处理反应式类型，如 Mono 和 Flux。

12.4 反应式消费 REST API

在第 8 章中，我们使用 RestTemplate 将客户端请求发送到 Taco Cloud API 上。RestTemplate 有着很久的历史，从 Spring 3.0 版本开始引入。我们曾经使用它为应用发送了无数的请求，但是 RestTemplate 提供的方法处理的都是非反应式的领域类型和集合。这意味着，我们如果想要以反应式的方式使用响应数据，就需要使用 Flux 或 Mono 对其进行包装。如果已经有了 Flux 或 Mono，想要通过 POST 或 PUT 请求发送它们，那么需要在发送请求之前将数据提取到一个非反应式的类型中。

如果能够有一种方式让 RestTemplate 原生使用反应式类型就好了。不用担心，Spring 提供了 WebClient，它可以作为反应式版本的 RestTemplate。WebClient 能够让我们请求外部 API 时发送和接收反应式类型。

WebClient 的使用方式与 RestTemplate 有很大的差别。RestTemplate 有多个方法处理不同类型的请求，而 WebClient 有一个流畅（fluent）的构建者风格接口，能够让我们描述和发送请求。WebClient 的通用模式如下：

- 创建 WebClient 实例（或注入 WebClient bean）；
- 指定要发送请求的 HTTP 方法；
- 指定请求中 URI 和头信息；
- 提交请求；
- 消费响应。

接下来，我们实际看几个 WebClient 的例子，首先是如何使用 WebClient 发送 HTTP GET 请求。

12.4.1 获取资源

作为使用 WebClient 的样例，假设我们需要通过 Taco Cloud API 根据 ID 获取 Ingredient 对象。如果使用 RestTemplate，那么我们可能会使用 getForObject()方法。但是，借助 WebClient，我们会构建请求、获取响应并提取一个会发布 Ingredient 对象的 Mono：

```
Mono<Ingredient> ingredient = WebClient.create()
    .get()
    .uri("http://localhost:8080/ingredients/{id}", ingredientId)
    .retrieve()
    .bodyToMono(Ingredient.class);

ingredient.subscribe(i -> { ... });
```

在这里，我们首先使用 create()创建了一个新的 WebClient 实例，然后使用 get()和 uri()定义对 http://localhost:8080/ingredients/{id}的 GET 请求，其中{id}占位符会被 ingredientId 的值替换。接着，retrieve()会执行请求。最后，我们调用 bodyToMono()将响应体的载荷提取到 Mono<Ingredient>中，就可以继续执行 Mono 的其他操作了。

为了对 bodyToMono()返回 Mono 执行其他的操作，很重要的一点是要在请求发送之前订阅。发送请求来获取值的集合是非常容易的。例如，如下的代码片段将获取所有配料：

```
Flux<Ingredient> ingredients = WebClient.create()
    .get()
    .uri("http://localhost:8080/ingredients")
    .retrieve()
    .bodyToFlux(Ingredient.class);

ingredients.subscribe(i -> { ... });
```

获取多个条目与获取单个条目的大部分代码都是相同的。最大的差异在于我们不再使用 bodyToMono()将响应体提取为 Mono，而是使用 bodyToFlux()将其提取为一个 Flux。与 bodyToMono()类似，bodyToFlux()返回的 Flux 还没有被订阅。在数据流过之前，我们可以对 Flux 添加一些额外的操作（过滤、映射等）。因此，非常重要的一点就是要订阅结果所形成的 Flux，否则请求将始终不会发送。

使用基础 URI 发送请求

你可能会发现，很多请求都会使用一个通用的基础 URI。这样一来，创建 WebClient bean 的时候设置一个基础 URI 并将其注入所需的位置就是非常有帮助的。这样的 bean 可以按照如下的方式来声明：

```
@Bean
public WebClient webClient() {
  return WebClient.create("http://localhost:8080");
}
```

然后，在想要使用基础 URI 的任意地方，我们都可以将 WebClient bean 注入，并按照如下的方式来使用：

```
@Autowired
WebClient webClient;

public Mono<Ingredient> getIngredientById(String ingredientId) {
  Mono<Ingredient> ingredient = webClient
    .get()
    .uri("/ingredients/{id}", ingredientId)
    .retrieve()
    .bodyToMono(Ingredient.class);

  ingredient.subscribe(i -> { ... });
}
```

因为 WebClient 已经创建好了，所以我们可以通过 get()方法直接使用它。对于 URI 来说，我们只需要调用 uri()指定相对于基础 URI 的相对路径。

对长时间运行的请求进行超时处理

我们需要考虑的一件事情就是，网络并不是始终可靠的，或者并不像我们预期的那么快，远程服务器在处理请求时有可能会非常缓慢。理想情况下，对远程服务的请求会在一个合理的时间内返回。即使无法正常返回，我们也希望客户端能够避免陷入长时间等待响应的窘境。

为了避免客户端请求被缓慢的网络或服务阻塞，我们可以使用 Flux 或 Mono 的 timeout()方法，为等待数据发布的过程设置一个时长限制。作为样例，我们考虑一下如何为获取配料数据使用 timeout()方法：

```
Flux<Ingredient> ingredients = webclient
    .get()
    .uri("/ingredients")
    .retrieve()
    .bodyToFlux(Ingredient.class);

ingredients
  .timeout(Duration.ofSeconds(1))
  .subscribe(
      i -> { ... },
      e -> {
        // handle timeout error
      });
```

可以看到，在订阅 Flux 之前，我们调用了 timeout()方法，将持续时间设置成了 1

秒。如果请求能够在 1 秒内返回，就不会有任何问题。如果请求耗时超过 1 秒，程序就会超时，从而调用传递给 subscribe()的第二个参数——错误处理器。

12.4.2 发送资源

使用 WebClient 发送数据与接收数据并没有太大的差异。作为样例，假设我们有一个 Mono<Ingredient>,并且想要将 Mono 发布的 Ingredient 对象以 POST 请求的形式发送到相对路径为“/ingredients”的 URI 上。我们需要做的就是使用 post()方法来替换 get()，并通过 body()方法指明要使用 Mono 来填充请求体：

```
Mono<Ingredient> ingredientMono = Mono.just(
   new Ingredient("INGC", "Ingredient C", Ingredient.Type.VEGGIES));

Mono<Ingredient> result = webClient
   .post()
   .uri("/ingredients")
   .body(ingredientMono, Ingredient.class)
   .retrieve()
   .bodyToMono(Ingredient.class);

result.subscribe(i -> { ... });
```

如果没有要发送的 Mono 或 Flux，而只有原始的领域对象，那么可以使用 bodyValue()方法。例如，假设我们没有 Mono<Ingredient>，而有一个想要在请求体中发送的 Ingredicnt 对象，那么可以这样做：

```
Ingedient ingredient = ...;

Mono<Ingredient> result = webClient
   .post()
   .uri("/ingredients")
   .bodyValue(ingredient)
   .retrieve()
   .bodyToMono(Ingredient.class);

result.subscribe(i -> { ... });
```

如果我们不使用 POST 请求，而是使用 PUT 请求更新一个 Ingredient，就可以用 put()来替换 post()，并相应地调整 URI 路径：

```
Mono<Void> result = webClient
   .put()
   .uri("/ingredients/{id}", ingredient.getId())
   .bodyValue(ingredient)
   .retrieve()
   .bodyToMono(Void.class);

result.subscribe();
```

PUT 请求的响应载荷一般是空的，所以我们必须要求 bodyToMono()返回一个 Void 类型的 Mono。一旦订阅该 Mono，请求就会立即发送。

12.4.3 删除资源

WebClient 还支持通过其 delete()方法移除资源。例如，根据 ID 删除配料：

```
Mono<Void> result = webClient
  .delete()
  .uri("/ingredients/{id}", ingredientId)
  .retrieve()
  .bodyToMono(Void.class);

result.subscribe();
```

与 PUT 请求类似，DELETE 请求的响应不会有载荷。同样，返回并订阅 Mono<Void> 就会发送请求。

12.4.4 处理错误

到目前为止，所有的 WebClient 样例都假设有正常的结果，而没有 400 级别和 500 级别的状态码。如果出现这两种类型的错误状态，WebClient 会记录失败信息，然后继续执行后续的操作。

如果我们需要处理这种错误，那么可以调用 onStatus()来指定处理各种类型 HTTP 状态码的方式。onStatus()接受两个函数，其中一个断言函数来匹配 HTTP 状态，另一个函数会得到 ClientResponse 对象，并返回 Mono<Throwable>。

为了阐述如何使用 onStatus()创建自定义的错误处理器，请参考如下使用 WebClient 根据 ID 获取配料的样例：

```
Mono<Ingredient> ingredientMono = webClient
    .get()
    .uri("http://localhost:8080/ingredients/{id}", ingredientId)
    .retrieve()
    .bodyToMono(Ingredient.class);
```

如果 ingredientId 的值能够匹配已知的资源，那么结果得到的 Mono 在订阅时会发布一个 Ingredient。如果找不到匹配的配料呢？

当订阅可能会出现错误的 Mono 或 Flux 时，很重要的一点就是在调用 subscribe()注册数据消费者的同时注册一个错误消费者：

```
ingredientMono.subscribe(
    ingredient -> {
      // handle the ingredient data
      ...
```

```
    },
    error-> {
      // deal with the error
      ...
    });
```

如果能够找到配料资源，则调用传递给 subscribe()的第一个 lambda 表达式（数据消费者），并且将匹配的 Ingredient 对象传递过来。但是，如果找不到资源，那么请求将会得到一个 HTTP 404 (NOT FOUND)状态码的响应，它将会导致第二个 lambda 表达式（错误消费者）被调用，并且传递默认的 WebClientResponseException。

WebClientResponseException 最大的问题在于它无法明确指出导致 Mono 失败的原因。它的名字表明在 WebClient 发起的请求中出现了响应错误，但是我们需要深入 WebClientResponseException 才能知道哪里出现了错误。如果给错误信息的消费者所提供的异常能够更加专注业务领域而不是专注 WebClient，那就更好了。

我们可以添加一个自定义的错误处理器，并在这个处理器中提供将状态码转换为自己所选择的 Throwable 的代码。如果请求配料资源时试图获取 Mono 失败，就生成一个 UnknownIngredientException。可以在调用 retrieve()之后添加一个对 onStatus()的调用，从而实现这一点：

```
Mono<Ingredient> ingredientMono = webClient
    .get()
    .uri("http://localhost:8080/ingredients/{id}", ingredientId)
    .retrieve()
    .onStatus(HttpStatus::is4xxClientError,
            response -> Mono.just(new UnknownIngredientException()))
    .bodyToMono(Ingredient.class);
```

调用 onStatus()时第一个参数是断言，它接收 HttpStatus，如果状态码是我们想要处理的，则会返回 true。如果状态码匹配，响应将会传递给第二个参数的函数并按需处理，最终返回 Throwable 类型的 Mono。

在样例中，如果状态码是 400 级别的（比如客户端错误），则会返回包含 UnknownIngredientException 的 Mono。这会导致 ingredientMono 因为该异常而失败。

需要注意，HttpStatus::is4xxClientError 是对 HttpStatus 的 is4xxClientError 的方法引用。这意味着此时会基于 HttpStatus 对象调用该方法。我们也可以使用 HttpStatus 的其他方法作为方法引用，还可以以 lambda 表达式或方法引用的形式提供其他能够返回 boolean 值的函数。

例如，在错误处理中，我们可以更加精确地检查 HTTP 404 (NOT FOUND)状态，只需将对 onStatus()的调用修改成如下形式：

```
Mono<Ingredient> ingredientMono = webClient
    .get()
    .uri("http://localhost:8080/ingredients/{id}", ingredientId)
    .retrieve()
```

```
    .onStatus(status -> status == HttpStatus.NOT_FOUND,
            response -> Mono.just(new UnknownIngredientException()))
    .bodyToMono(Ingredient.class);
```

值得注意的是，可以按需调用 onStatus()任意次，以便处理响应中可能返回的各种 HTTP 状态码。

12.4.5 交换请求

到目前为止，在使用 WebClient 的时候，我们都是使用它的 retrieve()方法发送请求。在这些场景中，retrieve()方法会返回一个 ResponseSpec 类型的对象，通过调用它的 onStatus()、bodyToFlux()和 bodyToMono()方法，我们就能处理响应。对于简单的场景，使用 ResponseSpec 就足够了，但是它在很多方面都有局限性。如果我们想要访问响应的头信息或 cookie 的值，那么 ResponseSpec 就无能为力了。

在使用 ResponseSpec 遇到困难时，可以通过调用 exchangeToMono()或 exchangeToFlux()方法来代替 retrieve()。exchangeToMono()方法会返回 ClientResponse 类型的 Mono，我们可以对它采用各种反应式操作，以便探测和使用整个响应中的数据，包括载荷、头信息和 cookie。exchangeToFlux()方法的工作方式大致与此相同，但为了处理响应中的多个数据项，该方法会返回 ClientResponse 类型的 Flux 对象。

在了解 exchangeToMono()和 exchangeToFlux()方法与 retrieve()的差异之前，我们先看一下它们之间的相似之处。如下的代码片段通过 WebClient 和 exchangeToMono()方法，根据 ID 获取配料：

```
Mono<Ingredient> ingredientMono = webClient
    .get()
    .uri("http://localhost:8080/ingredients/{id}", ingredientId)
    .exchangeToMono(cr -> cr.bodyToMono(Ingredient.class));
```

这几乎与使用 retrieve()的样例相同：

```
Mono<Ingredient> ingredientMono = webClient
    .get()
    .uri("http://localhost:8080/ingredients/{id}", ingredientId)
    .retrieve()
    .bodyToMono(Ingredient.class);
```

在 exchangeToMono()样例中，我们不是使用 ResponseSpec 对象的 bodyToMono()方法来获取 Mono<Ingredient>，而是得到了一个 Mono<ClientResponse>，通过调用它的 bodyToMono()获取到我们想要的 Mono。

现在，我们看一下 exchangeToMono()与 retrieve()的差异在什么地方。假设请求的响应中包含一个名为 X_UNAVAILABLE 的头信息，如果它的值为 true，则表明该配料是不可用的（因为某种原因）。为了讨论方便，假设我们希望在这个头信息存在的情况下得到空的 Mono，即不返回任何内容。通过添加另外一个 flatMap()调用，我们就能实现这一点。WebClient 的完整调用过程如下所示：

```
Mono<Ingredient> ingredientMono = webClient
    .get()
    .uri("http://localhost:8080/ingredients/{id}", ingredientId)
    .exchangeToMono(cr -> {
      if (cr.headers().header("X_UNAVAILABLE").contains("true")) {
        return Mono.empty();
      }
      return Mono.just(cr);
    })
    .flatMap(cr -> cr.bodyToMono(Ingredient.class));
```

exchangeToMono()的调用会探查给定 ClientRequest 对象的响应头，查看是否存在值为 true 的 X_UNAVAILABLE 头信息。如果存在，就返回一个空的 Mono；否则，返回一个包含 ClientResponse 的新 Mono。不管是哪种情况，返回的 Mono 都会成为后续 flatMap()操作所要使用的那个 Mono。

12.5 保护反应式 Web API

自 Spring Security 诞生以来（甚至可以追溯到它叫作 Acegi Security 的时代），它的 Web 安全模型就是基于 Servlet Filter 构建的。毕竟，这样做是有道理的。如果我们希望拦截基于 Servlet 技术的 Web 框架的请求，以确保该请求得到了恰当的授权，那么 Servlet Filter 是显而易见的可行方案。但是，Spring WebFlux 并不适用于这种方式。

使用 Spring WebFlux 编写 Web 应用时，我们甚至不能保证会用到 Servlet。实际上，反应式 Web 应用很有可能构建在 Netty 或其他非 Servlet 容器上。这是否意味着基于 Servlet Filter 的 Spring Security 不能用来保护我们的 Spring WebFlux 应用了呢？

对于保护 Spring WebFlux 应用，Servlet Filter 确实不是可行方案。但是，Spring Security 依然可以胜任这项任务。从 5.0.0 版本开始，Spring Security 就既能保护基于 Servlet 的 Spring MVC，又能保护反应式的 Spring WebFlux 应用了。它使用了 Spring 的 WebFilter 实现这一目的，这是 Spring 模仿 Servlet Filter 的类似方案，但不依赖于 Servlet API。

然而，更值得注意的是，反应式 Spring Security 的配置模型与我们在第 4 章中看到的没有太大不同。事实上，应用对 Spring WebFlux 与对 Spring MVC 的依赖是完全独立的，但 Spring Security 是作为同一个 Spring Boot security starter 提供的，也就是说，不管我们想要使用它来保护 Spring MVC Web 应用，还是保护使用 Spring WebFlux 编写的应用，都需要添加这项依赖，security starter 如下所示：

```
<dependency>
  <groupId>org.springframework.boot</groupId>
  <artifactId>spring-boot-starter-security</artifactId>
</dependency>
```

也就是说，Spring Security 的反应式和非反应式配置模型仅有几项很小的差异。我们快速对比一下这两种配置模型。

12.5.1 配置反应式 Web 应用的安全性

回忆一下，配置 Spring Security 来保护 Spring MVC Web 应用通常需要创建一个扩展自 WebSecurityConfigurerAdapter 的新配置类，并使用@EnableWebSecurity 注解。这样的配置类将重写 configuration()方法，以指定 Web 安全的细节，例如特定的请求路径需要哪些权限。下面这个简单的 Spring Security 配置类可以帮助我们回忆如何为非反应式 Spring MVC 应用进行安全配置：

```
@Configuration
@EnableWebSecurity
public class SecurityConfig extends WebSecurityConfigurerAdapter {

  @Override
  protected void configure(HttpSecurity http) throws Exception {
    http
      .authorizeRequests()
        .antMatchers("/api/tacos", "/orders").hasAuthority("USER")
        .antMatchers("/**").permitAll();
  }
}
```

现在，我们看一下相同的配置如何用到反应式 Spring WebFlux 应用中。程序清单 12.2 展现了一个反应式安全配置类，它的功能与前文的安全配置大致相同。

程序清单 12.2 为 Spring WebFlux 配置 Spring Security

```
@Configuration
@EnableWebFluxSecurity
public class SecurityConfig {

  @Bean
  public SecurityWebFilterChain securityWebFilterChain(
                                          ServerHttpSecurity http) {
    return http
        .authorizeExchange()
          .pathMatchers("/api/tacos", "/orders").hasAuthority("USER")
          .anyExchange().permitAll()
        .and()
          .build();
  }

}
```

可以看到，它们有很多类似的地方，同时也有所差异。这个新的配置类没有使用

@EnableWebSecurity 注解，而使用了@EnableWebFluxSecurity。除此之外，配置类没有扩展 WebSecurityConfigurerAdapter 或其他的基类，因此也就没有必要重写 configure()方法。

为了取代 configure()的功能，我们通过 securityWebFilterChain()方法声明了一个 SecurityWebFilterChain 类型的 bean。securityWebFilterChain()与前面配置的 configure()没有太大的差异，但是也有微小的修改。

最重要的是，配置是通过给定的 ServerHttpSecurity 对象声明的，而不是通过 HttpSecurity 对象。借助 ServerHttpSecurity，我们可以调用 authorizeExchange()，它大致等价于 authorizeRequests()，都是用来声明请求级的安全性的。

注意：ServerHttpSecurity 是 Spring Security 5 新引入的，在反应式编程中，它模拟了 HttpSecurity 的功能。

在映射路径的时候，我们依然可以使用 Ant 风格的通配符路径，但是这里要使用 pathMatchers()，而不是 antMatchers()。这样做的结果就是，我们不再需要声明 Ant 风格的路径"/**"来捕获所有请求，因为 anyExchange()会映射所有路径。

最后，因为我们将 SecurityWebFilterChain 声明为一个 bean，而不是重写框架方法，所以我们需要调用 build()方法将所有的安全规则聚合到一个要返回的 SecurityWebFilterChain 对象中。

除了这些微小的差异外，配置 Spring WebFlux 和 Spring MVC 的 Web 安全性并没有太多不同。那么如何获取用户的详情信息呢?

12.5.2 配置反应式的用户详情服务

在扩展 WebSecurityConfigurerAdapter 的时候，我们会重写一个 configure()方法以声明安全规则，也会重写另一个 configure()方法来配置认证逻辑，这通常需要我们定义一个 UserDetails 对象。为了帮助你回忆，如下的代码重写了 configure()方法，并且在 UserDetailsService 的匿名实现中，使用了注入的 UserRepository 对象以提供根据用户名查找用户的功能：

```
@Autowired
UserRepository userRepo;

@Override
protected void
    configure(AuthenticationManagerBuilder auth)
    throws Exception {
  auth
    .userDetailsService(new UserDetailsService() {
      @Override
      public UserDetails loadUserByUsername(String username)
```

```
                                    throws UsernameNotFoundException {
        User user = userRepo.findByUsername(username)
        if (user == null) {
          throw new UsernameNotFoundException(
                         username " + not found")
        }
        return user.toUserDetails();
      }
    });
  }
```

在这个非反应式的配置中，我们重写了 UserDetailsService 要求的唯一方法，也就是 loadUserByUsername()。在这个方法内部，我们使用给定的 UserRepository，实现根据用户名查找用户的功能。如果没有找到具有该用户名的用户，就会抛出 UsernameNotFound Exception；如果能够找到，就调用一个辅助方法 toUserDetails()，返回最终的 UserDetails 对象。

在反应式的安全配置中，我们不再重写 configure()方法，而是声明一个 ReactiveUserDetailsService bean。ReactiveUserDetailsService 是 UserDetailsService 的反应式等价形式。与 UserDetailsService 类似，ReactiveUserDetailsService 只需要实现一个方法。具体来讲，就是一个返回 Mono<UserDetails>的 findByUsername()方法，该方法返回的不再是 UserDetails 对象。

在下面的样例中，按照声明，ReactiveUserDetailsService bean 会使用一个给定的 UserRepository，我们假设它是一个反应式的 Spring Data 存储库（在第 13 章会详细讨论）：

```
@Bean
public ReactiveUserDetailsService userDetailsService(
                                         UserRepository userRepo) {
  return new ReactiveUserDetailsService() {
    @Override
    public Mono<UserDetails> findByUsername(String username) {
      return userRepo.findByUsername(username)
        .map(user -> {
          return user.toUserDetails();
        });
    }
  };
}
```

在这里，我们需要返回一个 Mono<UserDetails>，但是 UserRepository.findByUsername()方法返回的是 Mono<User>。这是一个 Mono，所以可以对它进行链式操作，比如 Mono<User>映射为 Mono<UserDetails>的 map()操作。

在本例中，map()操作使用了一个 lambda 表达式调用 Mono 所发布的 User 对象上的 toUserDetails()方法。这个方法会将 User 转换为 UserDetails。这样一来，“.map()”操作会返回一个 Mono<UserDetails>，恰好是 ReactiveUserDetailsService.findByUsername()方法所需要的。如果 findByUsername()不能找到匹配的用户，那么返回的 Mono 就会是空的，表示由于没有匹配的用户而认证失败。

小结

- Spring WebFlux 提供了一个反应式的 Web 框架，它的编程模型是与 Spring MVC 对应的。二者甚至共享了很多相同的注解。
- Spring 还提供了函数式编程模型，作为 Spring WebFlux 基于注解编程的替代方案。
- 反应式控制器可以使用 WebTestClient 进行测试。
- 在客户端，Spring 提供了 WebClient，也就是 Spring RestTemplate 的反应式等价实现。
- 在保护 Web 应用方面，尽管 WebFlux 在底层有一些区别，但是 Spring Security 5 为反应式安全所提供的编程模型与非反应式 Spring MVC 应用并没有很大差异。

第 13 章 反应式持久化数据

本章内容：

- 使用 R2DBC 实现反应式关系型数据的持久化；
- 为 Cassandra 和 MongoDB 定义反应式存储库；
- 测试反应式存储库。

如果说我们能在科幻作品中学到什么，那就是要想改善过去的糟糕体验，只需要进行一次时间旅行就行了。在电影《回到未来》（*Back to the Future*）、电影《复仇者联盟：终局之战》（*Avengers: Endgame*）、剧集《星际迷航》（*Star Trek*），以及斯蒂芬·金的小说《11.22.63》中都有类似的情节。（好吧，也许最后一个的结局并不令人满意，但你应该能够明白我想表达的意思。）

在本章，我们会联系第 3 章和第 4 章，再次审视为关系型数据库、MongoDB 和 Cassandra 创建的存储库（repository）。这一次，我们将利用 Spring Data 的一些反应式存储库的特性来改进它们，让这些存储库能够以非阻塞的方式工作。

我们从 Spring Data R2DBC 开始，这是一个 Spring Data JDBC 的反应式替代方案，用于持久化关系型数据库。

13.1 使用 R2DBC

反应式关系型数据库连接（reactive relational database connectivity）通常简称为

R2DBC,是使用反应式类型处理关系型数据库的一个相对较新的方案。它可以作为 JDBC 的替代方案，能够使传统的关系型数据库（如 MySQL、PostgreSQL、H2 和 Oracle）实现非阻塞的持久化操作。它建立在反应式流的基础之上，因此与 JDBC 有较大的不同。它是一个独立的规范，与 Java SE 无关。

Spring Data R2DBC 是 Spring Data 的一个子项目，提供了对 R2DBC 自动生成存储库的支持,这与我们在第 3 章中看到的 Spring Data JDBC 类似。然而,与 Spring Data JDBC 不同的是，Spring Data R2DBC 并不严格要求遵守领域驱动的设计理念。实际上，稍后我们就会看到，相对于 Spring Data JDBC，使用 Spring Data R2DBC 对聚合根进行数据持久化需要我们做更多的工作。

要使用 Spring Data R2DBC，需要在项目的构建文件中添加一个 starter 依赖。对于基于 Maven 构建的项目，该依赖如下所示：

```xml
<dependency>
    <groupId>org.springframework.boot</groupId>
    <artifactId>spring-boot-starter-data-r2dbc</artifactId>
</dependency>
```

如果使用 Initializr，创建项目时勾选 Spring Data R2DBC 复选框即可。

我们还需要一个关系型数据库（和对应的 R2DBC 驱动）来持久化数据。我们的项目将使用基于内存的 H2 数据库。因此，需要添加两个依赖项，即 H2 数据库本身和 H2 R2DBC 驱动，其 Maven 依赖项如下所示：

```xml
<dependency>
    <groupId>com.h2database</groupId>
    <artifactId>h2</artifactId>
    <scope>runtime</scope>
</dependency>
<dependency>
    <groupId>io.r2dbc</groupId>
    <artifactId>r2dbc-h2</artifactId>
    <scope>runtime</scope>
</dependency>
```

如果使用不同的数据库，那么需要为其添加对应的 R2DBC 驱动依赖。

现在，项目的依赖已经准备就绪，接下来我们看一下 Spring Data R2DBC 是如何运行的。我们从定义领域实体开始。

13.1.1 为 R2DBC 定义领域实体

为了学习 Spring Data R2DBC，我们只重建 Taco Cloud 应用的持久层，并且仅关注持久化 taco 和订单数据所需的组件，这包括为 TacoOrder、Taco 和 Ingredient 创建领域实体，以及每个领域实体对应的存储库。

我们要创建的第一个领域实体类是 Ingredient 类，如程序清单 13.1 所示。

程序清单 13.1 用于 R2DBC 持久化的 Ingredient 实体类

```
package tacos;

import org.springframework.data.annotation.Id;
import lombok.Data;
import lombok.EqualsAndHashCode;
import lombok.NoArgsConstructor;
import lombok.NonNull;
import lombok.RequiredArgsConstructor;

@Data
@NoArgsConstructor
@RequiredArgsConstructor
@EqualsAndHashCode(exclude = "id")
public class Ingredient {

  @Id
  private Long id;

  private @NonNull String slug;

  private @NonNull String name;
  private @NonNull Type type;

  public enum Type {
    WRAP, PROTEIN, VEGGIES, CHEESE, SAUCE
  }

}
```

可以看到，它与我们之前创建的 Ingredient 类的其他形式并没有太大的差异。不过，这里有两个地方需要我们格外注意。

- Spring Data R2DBC 要求属性有 setter 方法。因此，我们没有将大多数属性定义为 final 类型的，而是将它们定义为非 final 的。为了帮助 Lombok 创建一个包含所有必需参数的构造器，我们用@NonNull 注解来标注大部分的属性。这样一来，Lombok 和@RequiredArgsConstructor 注解在生成的构造器中就会包含这些属性。
- 当通过 Spring Data R2DBC 存储库保存对象时，如果该对象的 ID 属性不为空，那么该操作将被视为一个更新操作。在 Ingredient 中，id 原本为 String 类型，并且会在创建的时候被赋值，但是在 Spring Data R2DBC 中这样做会导致出现错误。所以，这里将原来 String 类型的 ID 转移到名为 slug 的新属性中，这个属性只是 Ingredient 的一个伪 ID。我们还使用了一个由数据库生成的、值为 Long 类型的 ID 属性。

相应的数据库表在 schema.sql 中是这样定义的：

```
create table Ingredient (
  id identity,
  slug varchar(4) not null,
  name varchar(25) not null,
  type varchar(10) not null
);
```

Taco 实体类与 Spring Data JDBC 中对应的类也很相似，如程序清单 13.2 所示。

程序清单 13.2 用于 R2DBC 持久化的 Taco 实体类

```
package tacos;

import java.util.HashSet;
import java.util.Set;
import org.springframework.data.annotation.Id;
import lombok.Data;
import lombok.NoArgsConstructor;
import lombok.NonNull;
import lombok.RequiredArgsConstructor;

@Data
@NoArgsConstructor
@RequiredArgsConstructor
public class Taco {

  @Id
  private Long id;

  private @NonNull String name;

  private Set<Long> ingredientIds = new HashSet<>();

  public void addIngredient(Ingredient ingredient) {
    ingredientIds.add(ingredient.getId());
  }

}
```

与 Ingredient 类相同，我们需要为实体的字段添加 setter 方法，因此这里使用了@NonNull 注解，并且没有将属性定义为 final 类型。

但这里特别有趣的一点在于，Taco 并没有使用 Ingredient 对象的集合，而是使用 Set<Long>来引用隶属于该 taco 的 Ingredient 对象的 ID。选择 Set 而不是 List 是为了保证唯一性，但是为什么我们必须使用 Set<Long>而不是 Set<Ingredient>作为配料的集合？

与其他 Spring Data 项目不同，Spring Data R2DBC 目前并不支持实体之间直接的关联关系（至少目前不支持）。作为一个相对较新的项目，Spring Data R2DBC 仍在努力攻克以非阻塞的方式处理关联关系的挑战。

Spring Data R2DBC 的未来版本中，这一点可能发生变化。但在此之前，我们不能让 Taco 引用一个 Ingredient 的集合，并期望持久化操作能够按照我们的预期运行。当涉及处理关联关系时，我们有如下方案可选。

- 在定义实体时，引用关联对象的 ID。在这种情况下，如果可能，将数据库表中相应的列应定义为数组类型。H2 和 PostgreSQL 数据库都支持将列定义为数组类型，但许多其他的数据库不支持。另外，即便数据库支持数组类型的列，我们也可能无法将实体定义为被引用表的外键，从而无法强制进行引用完整性的校验。

- 定义实体及其关联的数据库表，使其完全匹配。对于集合，这意味着被引用的对象会有一列将其映射回引用表。例如，Taco 对象的表需要有一列指向 TacoOrder，因为 Taco 是 TacoOrder 的一部分。
- 将被引用的实体序列化为 JSON，并将 JSON 存储在一个大的 VARCHAR 列中。如果不需要查询被引用的对象，那么这种方式非常有用。然而，由于 VARCHAR 列的长度限制，它对 JSON 序列化对象的大小有潜在的要求。此外，被引用的对象会存储为一个简单的字符串值，所以无法利用数据库模式来保证引用数据的完整性（这个字符串值可能会包含任意的内容）。

虽然这些方案都不理想，但权衡利弊之后，我们为 Taco 对象选择了第一个方案。Taco 类具有 Set<Long>属性，可以引用一个或多个 Ingredient 的 ID。这意味着，相应的表必须有一个数组类型的列来存储这些 ID。对于 H2 数据库，Taco 表是这样定义的：

```
create table Taco (
  id identity,
  name varchar(50) not null,
  ingredient_ids array
);
```

将 ingredient_ids 列定义为 array 类型适用于 H2 数据库。对于 PostgreSQL 来说，我们可以将该列定义为 integer[]类型。关于定义数组列的细节，请参阅所选择的数据库的文档。注意，并不是所有的数据库都支持数组列，所以可能需要选择其他方案来建立模型之间的关联关系。

最终，如程序清单 13.3 所示，为了实现基于 Spring Data R2DBC 的持久化，我们在 TacoOrder 类的定义中使用了许多在定义领域实体时使用过的技术。

程序清单 13.3 用于 R2DBC 持久化的 TacoOrder 实体类

```
package tacos;

import java.util.LinkedHashSet;
import java.util.Set;
import org.springframework.data.annotation.Id;
import lombok.Data;

@Data
public class TacoOrder {

  @Id
  private Long id;

  private String deliveryName;
  private String deliveryStreet;
  private String deliveryCity;
  private String deliveryState;
```

```
  private String deliveryZip;
  private String ccNumber;
  private String ccExpiration;
  private String ccCVV;

  private Set<Long> tacoIds = new LinkedHashSet<>();

  private List<Taco> tacos = new ArrayList<>();
  public void addTaco(Taco taco) {
    this.tacos.add(taco);
  }
}
```

可以看到，除了属性更多之外，TacoOrder 类遵循了与 Taco 类相同的模式。它通过一个 Set<Long>引用其子 Taco 对象。稍后，我们将看到如何将完整的 Taco 对象放入 TacoOrder，即使 Spring Data R2DBC 不能直接支持这种关联关系。

Taco_Order 数据库表的定义如下：

```
create table Taco_Order (
  id identity,
  delivery_name varchar(50) not null,
  delivery_street varchar(50) not null,
  delivery_city varchar(50) not null,
  delivery_state varchar(2) not null,
  delivery_zip varchar(10) not null,
  cc_number varchar(16) not null,
  cc_expiration varchar(5) not null,
  cc_cvv varchar(3) not null,
  taco_ids array
);
```

就像 Taco 表用 array 列引用配料数据一样，TacoOrder 表用定义为 array 类型的 taco_ids 列引用其子 taco。同样，这个模式是针对 H2 数据库的。关于是否支持 array 类型的列，以及如何创建它们，请查阅相关的数据库文档。

我们已经定义了实体及其对应的数据库模式，接下来我们会创建存储库，并通过它们保存和获取 taco 数据。

13.1.2 定义反应式存储库

在第 3 章和第 4 章中，我们将存储库定义为接口，并扩展 Spring Data 的 CrudRepository 接口。但是，这个基础的 CrudRepository 存储库接口处理的是单个对象和 Iterable 集合。现在，我们期望反应式存储库能够处理 Mono 和 Flux 对象。

Spring Data 提供了 ReactiveCrudRepository 来定义反应式存储库。ReactiveCrudRepository 的操作与 CrudRepository 非常相似。如果要创建一个存储库，只需要定义一个扩展 ReactiveCrudRepository 的接口，如下所示:

```
package tacos.data;

import org.springframework.data.repository.reactive.ReactiveCrudRepository;

import tacos.TacoOrder;

public interface OrderRepository
       extends ReactiveCrudRepository<TacoOrder, Long> {
}
```

从表面上看，这个 OrderRepository 与我们在第 3 章和第 4 章中定义的 OrderRepository 唯一的区别是它扩展自 ReactiveCrudRepository 而不是 CrudRepository。但根本的差异在于，它的方法返回的是 Mono 和 Flux，而不是单个的 TacoOrder 或 Iterable<TacoOrder> 集合。举例来说，findById()方法返回的是 Mono<TacoOrder>，而 findAll()方法返回的则是 Flux<TacoOrder>。

为了了解这个反应式存储库是如何运行的，假设我们想获取所有的 TacoOrder 对象并将它们的投递名称打印到标准输出流。此时，我们所编写的代码可以如程序清单 13.4 所示。

程序清单 13.4　调用反应式存储库的方法

```
@Autowired
OrderRepository orderRepo;

...

orderRepository.findAll()
    .doOnNext(order -> {
      System.out.println(
          "Deliver to: " + order.getDeliveryName());
    })
    .subscribe();
```

在这里，对 findAll()的调用会返回一个 Flux<TacoOrder>对象，在这个 Flux 对象上我们添加了 doOnNext()操作来打印投递名称。最后，对 subscribe()的调用启动了流经 Flux 的数据流。

在第 3 章 Spring Data JDBC 的样例中，Taco 是聚合中的一个子成员，而 TacoOrder 是包含有该子成员的聚合根。因此，Taco 对象作为 TacoOrder 的一部分被持久化，我们没有必要定义一个专门用于持久化 Taco 的存储库。但是 Spring Data R2DBC 并不支持这样的聚合根，所以我们需要一个用于持久化 Taco 的 TacoRepository。程序清单 13.5 展示了这样的存储库。

程序清单 13.5　使用反应式存储库持久化 Taco 对象

```
package tacos.data;

import org.springframework.data.repository.reactive.ReactiveCrudRepository;
```

```
import tacos.Taco;

public interface TacoRepository
         extends ReactiveCrudRepository<Taco, Long> {
}
```

可以看到，TacoRepository 与 OrderRepository 没有太大的差异。TacoRepository 扩展了 ReactiveCrudRepository，使我们在持久化 Taco 时可以使用反应式类型。在这里，TacoRepository 没有带给我们太多的惊喜。

IngredientRepository 会稍微有趣一些，如程序清单 13.6 所示。

程序清单 13.6 通过反应式存储库持久化 Ingredient 对象

```
package tacos.data;

import org.springframework.data.repository.reactive.ReactiveCrudRepository;
import reactor.core.publisher.Mono;
import tacos.Ingredient;

public interface IngredientRepository
       extends ReactiveCrudRepository<Ingredient, Long> {

  Mono<Ingredient> findBySlug(String slug);

}
```

和其他两个反应式存储库类似，IngredientRepository 也扩展了 ReactiveCrudRepository。但是，我们需要根据 slug 值去查找 Ingredient 对象，所以 IngredientRepository 中包含一个返回 Mono<Ingredient>对象的 findBySlug()方法①。

接下来，我们看一下如何编写测试以检验存储库是否能正常运行。

13.1.3 测试 R2DBC 存储库

Spring Data R2DBC 提供了为 R2DBC 存储库编写集成测试的支持。具体来说，当测试类使用@DataR2dbcTest 注解时，Spring 会创建一个应用上下文，并将自动生成的 Spring Data R2DBC 存储库以 bean 的形式注入测试类，配合 StepVerifier，就能为我们创建的所有存储库编写自动化测试了。

为简洁起见，我们将只关注一个测试类：IngredientRepositoryTest。这个类将测试 IngredientRepository 是否能够保存 Ingredient 对象、获取单个 Ingredient、获取所有已保存的 Ingredient 对象。程序清单 13.7 显示了这个测试类。

① 在第 3 章中，对于基于 JDBC 的存储库，我们不必使用这种方法，因为可以让 id 字段同时作为 ID 和 slug 使用。

程序清单 13.7 测试 Spring Data R2DBC 存储库

```
package tacos.data;

import static org.assertj.core.api.Assertions.assertThat;

import java.util.ArrayList;

import org.junit.jupiter.api.BeforeEach;
import org.junit.jupiter.api.Test;
import org.springframework.beans.factory.annotation.Autowired;
import org.springframework.boot.test.autoconfigure.data.r2dbc.DataR2dbcTest;

import reactor.core.publisher.Flux;
import reactor.test.StepVerifier;
import tacos.Ingredient;
import tacos.Ingredient.Type;
@DataR2dbcTest
public class IngredientRepositoryTest {

  @Autowired
  IngredientRepository ingredientRepo;

  @BeforeEach
  public void setup() {
      Flux<Ingredient> deleteAndInsert = ingredientRepo.deleteAll()
          .thenMany(ingredientRepo.saveAll(
              Flux.just(
                  new Ingredient("FLTO", "Flour Tortilla", Type.WRAP),
                  new Ingredient("GRBF", "Ground Beef", Type.PROTEIN),
                  new Ingredient("CHED", "Cheddar Cheese", Type.CHEESE)
           )));

      StepVerifier.create(deleteAndInsert)
                  .expectNextCount(3)
                  .verifyComplete();
  }

  @Test
  public void shouldSaveAndFetchIngredients() {

      StepVerifier.create(ingredientRepo.findAll())
          .recordWith(ArrayList::new)
          .thenConsumeWhile(x -> true)
          .consumeRecordedWith(ingredients -> {
            assertThat(ingredients).hasSize(3);
            assertThat(ingredients).contains(
                new Ingredient("FLTO", "Flour Tortilla", Type.WRAP));
            assertThat(ingredients).contains(
                new Ingredient("GRBF", "Ground Beef", Type.PROTEIN));
            assertThat(ingredients).contains(
```

```
                new Ingredient("CHED", "Cheddar Cheese", Type.CHEESE));
        })
        .verifyComplete();

    StepVerifier.create(ingredientRepo.findBySlug("FLTO"))
        .assertNext(ingredient -> {
            ingredient.equals(new Ingredient("FLTO", "Flour Tortilla",
  Type.WRAP));
        });
  }

}
```

setup()方法首先创建了一个由测试 Ingredient 对象组成的 Flux，并通过 saveAll()方法将其保存到注入的 IngredientRepository 中。随后，使用 StepVerifier 验证我们确实保存了 3 种配料。在内部，StepVerifier 会订阅配料的 Flux，从而打开数据流。

在 shouldSaveAndFetchIngredients()测试方法中，我们使用另一个 StepVerifier 来校验存储库 findAll()方法所返回的配料。它通过 recordWith()方法将配料收集到一个 ArrayList 中，然后在传递给 consumeRecordedWith()的 Lambda 表达式中探查 ArrayList 的内容，并验证其是否包含预期的 Ingredient 对象。

在 shouldSaveAndFetchIngredients()方法的最后，我们测试了存储库的 findBySlug()方法，它通过传入参数 FLTO 来获取单个配料，创建一个 Mono<Ingredient>。随后，我们使用 StepVerifier 验证 Mono 发布的下一个条目是 Ingredient 对象 Flour Tortilla。

虽然在这里我们只专注于测试 IngredientRepository，但同样的技术也可以用来测试 Spring Data R2DBC 生成的其他存储库。

目前一切都很顺利。我们定义了领域类和它们各自的存储库，还编写了测试类来测试它们是否能够运行。我们如果愿意，可以按照这样的方式使用它们。但是，存储库使 TacoOrder 的持久化变得很不方便，因为只有在创建并持久化作为该订单组成部分的 Taco 对象后，才能持久化引用子 Taco 对象的 TacoOrder 对象。此外，读取 TacoOrder 时，我们只能得到一个 Taco ID 的集合，而不是完整定义的 Taco 对象。

如果能将 TacoOrder 作为一个聚合根进行持久化，并使它和其子 Taco 对象一起持久化，那会非常便利。同理，如果我们获取 TacoOrder 时，能够获得包含完整定义的 Taco 对象，而不仅仅是 ID，就更好了。接下来，我们定义一个服务级别的类，将其放在 OrderRepository 和 TacoRepository 之前，并模仿第 3 章中 OrderRepository 的持久化行为。

13.1.4 定义 OrderRepository 的聚合根服务

要将 TacoOrder 和 Taco 对象一起持久化，并使 TacoOrder 作为聚合根，首先要为 TacoOrder 类添加一个 Taco 集合的属性，如程序清单 13.8 所示。

程序清单 13.8 添加一个 Taco 集合至 TacoOrder 对象

```
@Data
public class TacoOrder {

  ...

  @Transient
  private transient List<Taco> tacos = new ArrayList<>();

  public void addTaco(Taco taco) {
    this.tacos.add(taco);
    if (taco.getId() != null) {
      this.tacoIds.add(taco.getId());
    }
  }

}
```

除了向 TacoOrder 类添加名为 tacos 的 List<Taco>类型新属性外，现在的 addTaco()方法还会将给定的 Taco 添加到该列表中（同时，也会像以前一样将其 id 添加到 tacoIds 集合中）。

请注意，tacos 属性使用了@Transient 注解（同时还使用了 Java 的 transient 关键字）。这表明 Spring Data R2DBC 不应该尝试持久化这个属性。如果没有@Transient 注解，Spring Data R2DBC 就会试图持久化它，并引发错误，因为 Spring Data R2DBC 还不支持这样的关联关系数据。

保存 TacoOrder 时，只有 tacoIds 属性会写入数据库，而 tacos 属性会被忽略。即便如此，至少现在 TacoOrder 有一个地方可以存放 Taco 对象了。这对于在保存 TacoOrder 的同时保存 Taco 对象，以及在获取 TacoOrder 的同时读取 Taco 对象都是很有用的。

现在我们可以创建一个服务 bean 来保存和读取 TacoOrder 对象，以及它们各自的 Taco 对象。我们从保存 TacoOrder 开始。程序清单 13.9 中定义的 TacoOrderAggregateService 类有一个 save()方法，可以帮助我们实现这一点。

程序清单 13.9 将 TacoOrder 与 Taco 作为聚合保存

```
package tacos.web.api;

import java.util.ArrayList;
import java.util.List;

import org.springframework.stereotype.Service;

import lombok.RequiredArgsConstructor;
import reactor.core.publisher.Mono;
import tacos.Taco;
import tacos.TacoOrder;
import tacos.data.OrderRepository;
```

```
import tacos.data.TacoRepository;

@Service
@RequiredArgsConstructor
public class TacoOrderAggregateService {

  private final TacoRepository tacoRepo;
  private final OrderRepository orderRepo;

  public Mono<TacoOrder> save(TacoOrder tacoOrder) {
    return Mono.just(tacoOrder)
      .flatMap(order -> {
        List<Taco> tacos = order.getTacos();
        order.setTacos(new ArrayList<>());
        return tacoRepo.saveAll(tacos)
            .map(taco -> {
              order.addTaco(taco);
              return order;
            }).last();
      })
      .flatMap(orderRepo::save);
  }

}
```

尽管程序清单 13.9 中没有多少代码，但在 save()方法中，有很多事情需要详细解释。首先，以参数形式传入的 TacoOrder 会通过 Mono.just()方法包裹到一个 Mono 中。这样一来，在 save()方法的剩余部分，我们就可以将其作为一个反应式类型处理。

接下来，我们要做的事情是对刚刚创建的 Mono<TacoOrder>执行 flatMap()操作。map()和 flatMap()都能对通过 Mono 或 Flux 的数据对象进行转换，但我们在转换的过程中会产生 Mono<TacoOrder>，而 flatMap()操作能够确保我们在映射后可以继续得到 Mono<TacoOrder>而不是 Mono<Mono<TacoOrder>>，如果我们使用 map()来代替 flatMap()，就会得到后者。

映射的目的是确保 TacoOrder 最终包含子 Taco 对象的 ID，并在这个过程中保存这些 Taco 对象。对于新的 TacoOrder 来说，每个 Taco 对象的最初 ID 可能为 null，在 Taco 对象保存后，我们才能知道这些 ID。

在从 TacoOrder 中获取 List<Taco>（在保存 Taco 对象时会使用它）后，我们将 tacos 属性重置为空列表。在 Taco 保存并分配到 ID 之后，我们会用新的 Taco 对象重建这个列表。

通过在注入的 TacoRepository 上调用 saveAll()方法，可以保存所有 Taco 对象。saveAll()方法会返回一个 Flux<Taco>，我们通过 map()方法遍历它。这里主要是要将每个 Taco 对象都添加到 TacoOrder 中，转换是次要的。为了确保最终出现在 Flux 上的是 TacoOrder 而不是 Taco，映射操作返回了 TacoOrder 而不是 Taco。对 last()的调用确保我们不会因为映射操作而产生重复的 TacoOrder 对象（每个 Taco 一个）。

此时，所有 Taco 对象都已经保存到数据库，而且连同它们新分配的 ID 一起放回父 TacoOrder 对象。接下来要做的是保存 TacoOrder，这是最后一个 flatMap()调用要完成的任务。同样，这里选择使用 flatMap() 来确保调用 OrderRepository.save()返回的 Mono<TacoOrder> 不会包裹在另一个 Mono 中。我们希望自己的 save()方法返回 Mono<TacoOrder>而不是 Mono<Mono<TacoOrder>>。

接下来，我们看另一个方法：将通过 ID 读取一个 TacoOrder 对象，并组建 TacoOrder 中所有的子 Taco 对象。程序清单 13.10 展示了一个新的 findById()方法，它能够达成我们的要求。

程序清单 13.10 以聚合的方式读取 TacoOrder 和 Taco

```
public Mono<TacoOrder> findById(Long id) {
    return orderRepo
    .findById(id)
    .flatMap(order -> {
      return tacoRepo.findAllById(order.getTacoIds())
         .map(taco -> {
          order.addTaco(taco);
          return order;
        }).last();
    });
}
```

这个新的 findById()方法要比 save()方法更简短。但是，在这段短小的代码中仍然有很多内容需要我们仔细研究。

首先，通过调用 OrderRepository 的 findById()方法获取 TacoOrder。这样会返回一个 Mono<TacoOrder>对象，我们对其进行扁平化映射，使其从只包含 Taco ID 的 TacoOrder 转化为包括完整 Taco 对象的 TacoOrder。

传给 flatMap()方法的 lambda 表达式调用了 TacoRepository.findAllById()方法，以一次性地获取 tacoIds 属性中引用的所有 Taco 对象。该方法会产生一个 Flux<Taco>，我们通过 map()操作遍历它，将每个 Taco 对象添加到父 TacoOrder 对象中，就像我们在 save()方法中用 saveAll()保存所有的 Taco 对象一样。

同样，这里 map()操作更像用于迭代 Taco 对象的一种手段，而不是特定的转换操作。传给 map()的 lambda 表达式每次都返回父 TacoOrder，所以我们最终得到 Flux<TacoOrder>而不是 Flux<Taco>。对 last()的调用会获取 Flux 中最后一个条目，并返回一个 Mono<TacoOrder>，这就是我们需要 findById()方法返回的内容。

如果你还没有熟悉反应式的思维方式，那么 save()和 findById()方法中的代码可能会难以理解。反应式编程需要一种不同的思维方式，一开始可能会让人感到困惑，但随着反应式编程能力的增强，你会逐渐认识到它是非常优雅的。

就像对待任何代码一样（尤其是像 TacoOrderAggregateService 这样看起来有些令人

难以理解的代码），我们最好为其编写测试代码，以确保它能够按预期运行。测试代码也可以作为一个样例，阐述如何使用 TacoOrderAggregateService。程序清单 13.11 展示了 TacoOrderAggregateService 的测试代码。

程序清单 13.11 测试 TacoOrderAggregateService

```
package tacos.web.api;

import static org.assertj.core.api.Assertions.assertThat;

import org.junit.jupiter.api.BeforeEach;
import org.junit.jupiter.api.Test;
import org.springframework.beans.factory.annotation.Autowired;
import org.springframework.boot.test.autoconfigure.data.r2dbc.DataR2dbcTest;
import org.springframework.test.annotation.DirtiesContext;
import reactor.test.StepVerifier;
import tacos.Taco;
import tacos.TacoOrder;
import tacos.data.OrderRepository;
import tacos.data.TacoRepository;

@DataR2dbcTest
@DirtiesContext
public class TacoOrderAggregateServiceTests {

  @Autowired
  TacoRepository tacoRepo;

  @Autowired
  OrderRepository orderRepo;

  TacoOrderAggregateService service;

  @BeforeEach
  public void setup() {
    this.service = new TacoOrderAggregateService(tacoRepo, orderRepo);
  }

  @Test
  public void shouldSaveAndFetchOrders() {
    TacoOrder newOrder = new TacoOrder();
    newOrder.setDeliveryName("Test Customer");
    newOrder.setDeliveryStreet("1234 North Street");
    newOrder.setDeliveryCity("Notrees");
    newOrder.setDeliveryState("TX");
    newOrder.setDeliveryZip("79759");
    newOrder.setCcNumber("4111111111111111");
    newOrder.setCcExpiration("12/24");
    newOrder.setCcCVV("123");

    newOrder.addTaco(new Taco("Test Taco One"));
    newOrder.addTaco(new Taco("Test Taco Two"));

    StepVerifier.create(service.save(newOrder))
```

```
      .assertNext(this::assertOrder)
      .verifyComplete();

    StepVerifier.create(service.findById(1L))
      .assertNext(this::assertOrder)
      .verifyComplete();
  }

  private void assertOrder(TacoOrder savedOrder) {
    assertThat(savedOrder.getId()).isEqualTo(1L);
    assertThat(savedOrder.getDeliveryName()).isEqualTo("Test Customer");
    assertThat(savedOrder.getDeliveryName()).isEqualTo("Test Customer");
    assertThat(savedOrder.getDeliveryStreet()).isEqualTo("1234 North Street");
    assertThat(savedOrder.getDeliveryCity()).isEqualTo("Notrees");
    assertThat(savedOrder.getDeliveryState()).isEqualTo("TX");
    assertThat(savedOrder.getDeliveryZip()).isEqualTo("79759");
    assertThat(savedOrder.getCcNumber()).isEqualTo("4111111111111111");
    assertThat(savedOrder.getCcExpiration()).isEqualTo("12/24");
    assertThat(savedOrder.getCcCVV()).isEqualTo("123");
    assertThat(savedOrder.getTacoIds()).hasSize(2);
    assertThat(savedOrder.getTacos().get(0).getId()).isEqualTo(1L);
    assertThat(savedOrder.getTacos().get(0).getName())
            .isEqualTo("Test Taco One");
    assertThat(savedOrder.getTacos().get(1).getId()).isEqualTo(2L);
    assertThat(savedOrder.getTacos().get(1).getName())
            .isEqualTo("Test Taco Two");
    }

  }
```

程序清单 13.11 包含了很多代码，但其中大部分是在 assertOrder()方法中断言 TacoOrder 的内容。我们重点关注其他部分。

这个测试类使用了@DataR2dbcTest 注解，它会让 Spring 创建一个应用上下文，并将所有存储库都视为 bean。@DataR2dbcTest 会寻找一个带有@SpringBootConfiguration 注解的配置类来定义 Spring 的应用上下文。在单模块项目中，带有@SpringBootApplication 注解的引导类（它本身也使用了@SpringBootConfiguration 注解）可以承担此项任务。但在我们的多模块项目中，这个测试类与引导类并不在同一个项目中，所以需要一个这样的简单配置类：

```
package tacos;

import org.springframework.boot.SpringBootConfiguration;
import org.springframework.boot.autoconfigure.EnableAutoConfiguration;

@SpringBootConfiguration
@EnableAutoConfiguration
public class TestConfig {

}
```

这个类不仅满足了添加@SpringBootConfiguration 注解的需求，还启用了自动配置的功能，能够确保存储库（以及其他的内容）会自动创建。

单独运行 TacoOrderAggregateServiceTests 时，它应该能够顺利通过。但在 IDE 中，不同的测试运行环境可能会共享 JVM 和 Spring 应用上下文，如果与其他持久化测试一起运行这个测试，可能会导致有冲突的数据被写入内存 H2 数据库。我们在这里使用了@DirtiesContext 注解，确保 Spring 应用上下文在测试运行前被重置，从而在每次运行时使用一个新的、空的 H2 数据库。

setup()方法会使用注入测试类的 TacoRepository 和 OrderRepository 对象创建 TacoOrderAggregateService 实例。TacoOrderAggregateService 被分配给一个实例变量，以便测试方法使用。

现在终于可以测试聚合服务了。shouldSaveAndFetchOrders()代码的前几行构建了一个 TacoOrder 对象，而且我们使用几个测试 Taco 填充了该对象。然后，我们通过 TacoOrderAggregateService 的 save()方法保存 TacoOrder，该方法返回一个代表已保存订单的 Mono<TacoOrder>。借助 StepVerifier，我们能够断言返回的 Mono 中的 TacoOrder 及其包含的子 Taco 对象符合预期。

接下来调用服务的 findById()方法。它也会返回 Mono<TacoOrder>。与调用 save()相同，我们使用 StepVerifier 遍历返回的 Mono 中的每一个 TacoOrder（应该只有一个），并断言它符合我们的预期。

在这两个 StepVerifier 中，我们都调用 verifyComplete()了方法，确保 Mono 中没有更多的对象，并且该 Mono 已处于完成状态。

值得注意的是，尽管可以采用类似的聚合操作以确保 Taco 对象总是包含完整定义的 Ingredient 对象，但我们没有选择这样做。鉴于 Ingredient 是它自己的聚合根，它可能被多个 Taco 对象引用，所以每个 Taco 只会包含一个 Set<Long>来引用 Ingredient 的 ID，使得后续可以通过 IngredientRepository 单独查询。

尽管聚合实体可能需要更多的工作，但 Spring Data R2DBC 提供了一种方法，让我们能够以反应式的方式处理关系型数据。这并不是 Spring 提供的唯一的反应式持久化方案。接下来，我们看一下如何借助反应式的 Spring Data 存储库来使用 MongoDB。

13.2 反应式地持久化 MongoDB 文档数据

第 4 章中，我们使用 Spring Data MongoDB 来定义针对 MongoDB 文档数据库的基于文档的持久化操作。在本节，我们会借助 Spring Data 对 MongoDB 的反应式支持，回顾针对 MongoDB 的持久化操作。

在开始之前，需要使用 Spring Data Reactive MongoDB starter 创建一个项目。实际上，这也是在使用 Initalizr 创建项目时要选择的复选框的名称。当然，也可以使用以下依赖手动将其添加到 Maven 构建文件中：

```
<dependency>
    <groupId>org.springframework.boot</groupId>
    <artifactId>spring-boot-starter-data-mongodb-reactive</artifactId>
</dependency>
```

第 4 章中，我们还依靠 Flapdoodle 的嵌入式 MongoDB 数据库进行测试。但是，Flapdoodle 对反应式存储库时的支持并不理想。所以，运行测试时，我们需要一个真正的 Mongo 数据库运行并监听 27017 端口。

现在我们开始编写反应式持久化 MongoDB 的代码，从构成领域的文档类型开始。

13.2.1 定义领域文档类型

和以往一样，我们需要创建定义应用领域的类。在创建过程中，像第 4 章一样，需要用 Spring Data MongoDB 的@Document 注解来标注它们，以表明它们是将要存储在 MongoDB 中的文档。我们从 Ingredient 类开始，如程序清单 13.12 所示。

程序清单 13.12 使用 Mongo 持久化注解标注的 Ingredient 类

```java
package tacos;

import org.springframework.data.annotation.Id;
import org.springframework.data.mongodb.core.mapping.Document;

import lombok.AccessLevel;
import lombok.AllArgsConstructor;
import lombok.Data;
import lombok.NoArgsConstructor;

@Data
@AllArgsConstructor
@NoArgsConstructor(access = AccessLevel.PRIVATE, force = true)
@Document
public class Ingredient {

  @Id
  private String id;
  private String name;
  private Type type;

  public enum Type {
    WRAP, PROTEIN, VEGGIES, CHEESE, SAUCE
  }

}
```

你可能会敏锐地发现，这个 Ingredient 类与我们在第 4 章创建的 Ingredient 类是完全一样的。实际上，对于 MongoDB 的@Document 注解标注的类，无论通过反应式还是通过非反应式存储库进行持久化，都是一样的。这意味着，Taco 和 TacoOrder 类也与第 4 章中创建的相同。为完整起见，也为了让你不必回头再去翻看第 4 章，这里会再次定义它们。

程序清单 13.13 是一个类似的添加注解的 Taco 类。

程序清单 13.13 使用 Mongo 持久化注解标注的 Taco 类

```
package tacos;

import java.util.ArrayList;
import java.util.Date;
import java.util.List;
import javax.validation.constraints.NotNull;
import javax.validation.constraints.Size;

import org.springframework.data.annotation.Id;
import org.springframework.data.mongodb.core.mapping.Document;
import org.springframework.data.rest.core.annotation.RestResource;

import lombok.Data;

@Data
@RestResource(rel = "tacos", path = "tacos")
@Document
public class Taco {

  @Id
  private String id;

  @NotNull
  @Size(min = 5, message = "Name must be at least 5 characters long")
  private String name;

  private Date createdAt = new Date();

  @Size(min = 1, message = "You must choose at least 1 ingredient")
  private List<Ingredient> ingredients = new ArrayList<>();

  public void addIngredient(Ingredient ingredient) {
    this.ingredients.add(ingredient);
  }

}
```

需要注意，与 Ingredient 不同，Taco 类没有使用@Document 注解，这是因为它本身并不会作为一个文档来保存，而是会作为 TacoOrder 聚合根的一部分来保存。TacoOrder 是一个聚合根，所以它会使用@Document 注解，如程序清单 13.14 所示。

程序清单 13.14 使用 Mongo 持久化注解标注的 TacoOrder 类

```
package tacos;

import java.io.Serializable;
import java.util.ArrayList;
import java.util.Date;
import java.util.List;

import org.springframework.data.annotation.Id;
import org.springframework.data.mongodb.core.mapping.Document;

import lombok.Data;

@Data
@Document
public class TacoOrder implements Serializable {
  private static final long serialVersionUID = 1L;

  @Id
  private String id;
  private Date placedAt = new Date();

  private User user;

  private String deliveryName;

  private String deliveryStreet;

  private String deliveryCity;

  private String deliveryState;

  private String deliveryZip;

  private String ccNumber;

  private String ccExpiration;

  private String ccCVV;

  private List<Taco> tacos = new ArrayList<>();

  public void addTaco(Taco taco) {
    this.tacos.add(taco);
  }

}
```

面向反应式 MongoDB 存储库的领域文档类与面向非反应式的领域文档类并没有什么差异。接下来，我们会看到，反应式 MongoDB 存储库与非反应式的存储库略有差异。

13.2.2 定义反应式 MongoDB 存储库

现在我们需要定义两个存储库，其中一个用于 TacoOrder 聚合根，另一个用于 Ingredient。我们不需要为 Taco 构建存储库，因为它是 TacoOrder 聚合根的子成员。

相信你对如下的 IngredientRepository 接口已经很熟悉了：

```
package tacos.data;

import org.springframework.data.repository.reactive.ReactiveCrudRepository;
import org.springframework.web.bind.annotation.CrossOrigin;

import tacos.Ingredient;
@CrossOrigin(origins = "http://localhost:8080")
public interface IngredientRepository
         extends ReactiveCrudRepository<Ingredient, String> {

}
```

这个 IngredientRepository 接口与第 4 章中定义的接口只有一点不同：它扩展了 ReactiveCrudRepository 而不是 CrudRepository。与我们为 Spring Data R2DBC 持久化所创建的接口略有不同，它不包含 findBySlug()方法。

同样，除了这一点，OrderRepository 与第 4 章中创建的 MongoDB 存储库也是相同的：

```
package tacos.data;

import org.springframework.data.domain.Pageable;
import org.springframework.data.repository.reactive.ReactiveCrudRepository;

import reactor.core.publisher.Flux;
import tacos.TacoOrder;
import tacos.User;

public interface OrderRepository
         extends ReactiveCrudRepository<TacoOrder, String> {

  Flux<TacoOrder> findByUserOrderByPlacedAtDesc(
          User user, Pageable pageable);

}
```

反应式和非反应式 MongoDB 存储库的唯一区别体现为其要扩展 ReactiveCrudRepository 还是 CrudRepository。但是，在选择扩展 ReactiveCrudRepository 时，存储库的客户端必须要做好处理 Flux 和 Mono 等反应式类型的准备。在我们为反应式存储库编写测试代码时，这一点就会非常明显。

13.2.3 测试反应式 MongoDB 存储库

为 MongoDB 存储库编写测试代码的关键是用@DataMongoTest 注解来标注测试类。

这个注解的功能与 13.1 节中使用的@DataR2dbcTest 注解类似，会确保创建 Spring 应用上下文，并将自动生成的存储库作为 bean 注入测试代码。这样，测试代码就可以使用这些注入的存储库来设置测试数据，并对数据库执行其他操作。

例如程序清单 13.15 中的 IngredientRepositoryTest 类。它会测试 IngredientRepository，并断言 Ingredient 对象可以写入数据库和从数据库中读取。

程序清单 13.15 测试反应式 MongoDB 存储库

```
package tacos.data;

import static org.assertj.core.api.Assertions.assertThat;
import java.util.ArrayList;

import org.junit.jupiter.api.BeforeEach;
import org.junit.jupiter.api.Test;
import org.springframework.beans.factory.annotation.Autowired;
import org.springframework.boot.test.autoconfigure.data.mongo.DataMongoTest;
import reactor.core.publisher.Flux;
import reactor.test.StepVerifier;
import tacos.Ingredient;
import tacos.Ingredient.Type;

@DataMongoTest
public class IngredientRepositoryTest {

  @Autowired
  IngredientRepository ingredientRepo;

  @BeforeEach
  public void setup() {
      Flux<Ingredient> deleteAndInsert = ingredientRepo.deleteAll()
          .thenMany(ingredientRepo.saveAll(
              Flux.just(
                  new Ingredient("FLTO", "Flour Tortilla", Type.WRAP),
                  new Ingredient("GRBF", "Ground Beef", Type.PROTEIN),
                  new Ingredient("CHED", "Cheddar Cheese", Type.CHEESE)
          )));

     StepVerifier.create(deleteAndInsert)
                 .expectNextCount(3)
                 .verifyComplete();
  }

  @Test
  public void shouldSaveAndFetchIngredients() {

      StepVerifier.create(ingredientRepo.findAll())
          .recordWith(ArrayList::new)
          .thenConsumeWhile(x -> true)
          .consumeRecordedWith(ingredients -> {
            assertThat(ingredients).hasSize(3);
```

```
                assertThat(ingredients).contains(
                    new Ingredient("FLTO", "Flour Tortilla", Type.WRAP));
                assertThat(ingredients).contains(
                    new Ingredient("GRBF", "Ground Beef", Type.PROTEIN));
                assertThat(ingredients).contains(
                    new Ingredient("CHED", "Cheddar Cheese", Type.CHEESE));
              })
              .verifyComplete();
        StepVerifier.create(ingredientRepo.findById("FLTO"))
              .assertNext(ingredient -> {
                  ingredient.equals(new Ingredient("FLTO", "Flour Tortilla",
      Type.WRAP));
              });
    }
}
```

这个测试代码与我们已经编写的对基于 R2DBC 的存储库测试类似，但仍有一些差异。它首先向数据库写入 3 个 Ingredient 对象。然后，使用两个 StepVerifier 实例来验证 Ingredient 对象可以通过存储库来读取，先获取所有 Ingredient 对象的集合，再通过 ID 获取单个 Ingredient。

就像基于 R2DBC 的测试代码一样，@DataMongoTest 注解会寻找一个带有@SpringBootConfiguration 注解的类来创建应用上下文。与之前创建的测试一样，这也可以通过创建一个测试的配置类来实现。

这里的独特之处在于，第一个 StepVerifier 将所有 Ingredient 对象收集到一个 ArrayList 中，然后断言 ArrayList 包含每个 Ingredient。findAll()方法并不能保证结果文档的顺序是一致的，这样我们就无法使用 assertNext()或 expectNext()断言了。通过将所有的 Ingredient 对象收集到一个列表中，我们可以断言这个列表包含全部 3 个对象，无须关心它们的顺序如何。

OrderRepository 的测试看起来非常相似，如程序清单 13.16 所示。

程序清单 13.16 测试 Mongo OrderRepository

```
package tacos.data;

import org.junit.jupiter.api.BeforeEach;
import org.junit.jupiter.api.Test;
import org.springframework.beans.factory.annotation.Autowired;
import org.springframework.boot.test.autoconfigure.data.mongo.DataMongoTest;

import reactor.test.StepVerifier;
import tacos.Ingredient;
import tacos.Taco;
import tacos.TacoOrder;
import tacos.Ingredient.Type;

@DataMongoTest
public class OrderRepositoryTest {

  @Autowired
```

```
  OrderRepository orderRepo;

  @BeforeEach
  public void setup() {
    orderRepo.deleteAll().subscribe();
  }
  @Test
  public void shouldSaveAndFetchOrders() {
    TacoOrder order = createOrder();

    StepVerifier
      .create(orderRepo.save(order))
      .expectNext(order)
      .verifyComplete();

    StepVerifier
      .create(orderRepo.findById(order.getId()))
      .expectNext(order)
      .verifyComplete();

    StepVerifier
      .create(orderRepo.findAll())
      .expectNext(order)
      .verifyComplete();
  }

  private TacoOrder createOrder() {
    TacoOrder order = new TacoOrder();
      ...
    return order;
  }

}
```

shouldSaveAndFetchOrders()方法做的第一件事是构建一个订单，其中包括客户、支付信息，以及几个 taco（为简洁起见，这里省略了 createOrder()方法的细节）。然后，它使用 StepVerifier 保存 TacoOrder 对象，并断言 save()方法返回已保存的 TacoOrder。接下来，它试图通过 ID 来获取订单信息，并断言它收到了完整的 TacoOrder 对象。最后，它获取所有 TacoOrder 对象（应该只有一个）并断言它是预期的 TacoOrder。

如前所述，我们需要一个可用的 MongoDB 服务器并监听 27017 端口以运行这个测试。Flapdoodle 的嵌入式 MongoDB 与反应式存储库不能很好地协同运行。如果已经安装了 Docker，那么可以像这样轻松地启动一个暴露 27017 端口的 MongoDB 服务器。

```
$ docker run -p27017:27017 mongo
```

我们还可以采用其他的方式搭建 MongoDB，更多细节请参考官方文档。

现在我们已经看到了如何为 R2BDC 和 MongoDB 创建反应式存储库，接下来我们看一下 Spring Data 支持的另一个反应式持久化方案：Cassandra。

13.3 反应式地持久化 Cassandra 数据

要对 Cassandra 数据库进行反应式持久化，首先需要在项目构建文件中添加以下 starter 依赖。这个依赖关系会代替我们之前使用的 Mongo 或 R2DBC 依赖：

```
<dependency>
    <groupId>org.springframework.boot</groupId>
    <artifactId>spring-boot-starter-data-cassandra-reactive</artifactId>
</dependency>
```

然后，需要声明 Cassandra 键空间（keyspace）的细节和模式管理方式。在 application.yml 文件中，添加以下的代码：

```
spring:
  data:
    rest:
      base-path: /data-api
    cassandra:
      keyspace-name: tacocloud
      schema-action: recreate
      local-datacenter: datacenter1
```

这与第 4 章中使用非反应式 Cassandra 存储库的 YAML 配置大同小异。需要注意 keyspace-name 属性，因为我们需要在 Cassandra 集群中创建一个使用该名称的键空间。

我们需要在本地机器上运行一个 Cassandra 集群并监听 9042 端口。最简单的方法是使用 Docker，如下所示：

```
$ docker network create cassandra-net
$ docker run --name my-cassandra --network cassandra-net \
        -p 9042:9042 -d cassandra:latest
```

如果 Cassandra 集群运行在其他机器或端口上，我们需要在 application.yml 中指定联系点（contact point）和端口，这些内容我们在第 4 章已经讲解过。如果需要创建键空间，请运行 CQL shell 并使用 create keyspace 命令，如下所示：

```
$ docker run -it --network cassandra-net --rm cassandra cqlsh my-cassandra
cqlsh> create keyspace tacocloud
WITH replication = {'class': 'SimpleStrategy', 'replication_factor' : 1};
```

我们现在已经有了 Cassandra 集群和名为 tacocloud 的键空间，而且项目中包含了 Spring Data Cassandra Reactive starter 依赖，接下来就可以定义领域类了。

13.3.1 定义使用 Cassandra 持久化的领域类

与 Mongo 的持久化一样，无论选择反应式还是非反应式的 Cassandra 持久化，领域类的定义都毫无区别。我们使用的 Ingredient、Taco 和 TacoOrder 领域类都与第 4 章中创建的相同。程序清单 13.17 展示了基于 Cassandra 注解的 Ingredient 类。

程序清单 13.17 添加 Cassandra 持久化注解的 Ingredient 类

```
package tacos;

import org.springframework.data.cassandra.core.mapping.PrimaryKey;
import org.springframework.data.cassandra.core.mapping.Table;

import lombok.AccessLevel;
import lombok.AllArgsConstructor;
import lombok.Data;
import lombok.NoArgsConstructor;

@Data
@AllArgsConstructor
@NoArgsConstructor(access = AccessLevel.PRIVATE, force = true)
@Table("ingredients")
public class Ingredient {

  @PrimaryKey
  private String id;
  private String name;
  private Type type;

  public enum Type {
    WRAP, PROTEIN, VEGGIES, CHEESE, SAUCE
  }

}
```

至于 Taco 类，它添加 Cassandra 持久化注解之后如程序清单 13.18 所示。

程序清单 13.18 添加 Cassandra 持久化注解的 Taco 类

```
package tacos;

import java.util.ArrayList;
import java.util.Date;
import java.util.List;
import java.util.UUID;

import javax.validation.constraints.NotNull;
import javax.validation.constraints.Size;

import org.springframework.data.cassandra.core.cql.Ordering;
import org.springframework.data.cassandra.core.cql.PrimaryKeyType;
import org.springframework.data.cassandra.core.mapping.Column;
import org.springframework.data.cassandra.core.mapping.PrimaryKeyColumn;
import org.springframework.data.cassandra.core.mapping.Table;
```

```
import org.springframework.data.rest.core.annotation.RestResource;

import com.datastax.oss.driver.api.core.uuid.Uuids;

import lombok.Data;

@Data
@RestResource(rel = "tacos", path = "tacos")
@Table("tacos")
public class Taco {

  @PrimaryKeyColumn(type = PrimaryKeyType.PARTITIONED)
  private UUID id = Uuids.timeBased();

  @NotNull
  @Size(min = 5, message = "Name must be at least 5 characters long")
  private String name;

  @PrimaryKeyColumn(type = PrimaryKeyType.CLUSTERED,
                    ordering = Ordering.DESCENDING)
  private Date createdAt = new Date();

  @Size(min = 1, message = "You must choose at least 1 ingredient")
  @Column("ingredients")
  private List<IngredientUDT> ingredients = new ArrayList<>();

  public void addIngredient(Ingredient ingredient) {
      this.ingredients.add(new IngredientUDT(ingredient.getName(),
    ingredient.getType()));
  }

}
```

由于 Taco 通过一个用户自定义（user-defined）类型来引用 Ingredient 对象，所以我们还需要一个 IngredientUDT 类，如程序清单 13.19 所示。

程序清单 13.19　添加 Cassandra 持久化注解的 IngredientUDT 类

```
package tacos;

import org.springframework.data.cassandra.core.mapping.UserDefinedType;

import lombok.AccessLevel;
import lombok.AllArgsConstructor;
import lombok.Data;
import lombok.NoArgsConstructor;

@Data
@AllArgsConstructor
@NoArgsConstructor(access = AccessLevel.PRIVATE, force = true)
```

```
@UserDefinedType("ingredient")
public class IngredientUDT {
  private String name;
  private Ingredient.Type type;
}
```

最后，TacoOrder 类添加 Cassandra 持久化注解之后如程序清单 13.20 所示。

程序清单 13.20 添加 Cassandra 持久化注解的 TacoOrder 类

```
package tacos;

import java.io.Serializable;
import java.util.ArrayList;
import java.util.Date;
import java.util.List;
import java.util.UUID;

import org.springframework.data.cassandra.core.mapping.Column;
import org.springframework.data.cassandra.core.mapping.PrimaryKey;
import org.springframework.data.cassandra.core.mapping.Table;

import com.datastax.oss.driver.api.core.uuid.Uuids;

import lombok.Data;

@Data
@Table("tacoorders")
public class TacoOrder implements Serializable {
  private static final long serialVersionUID = 1L;

  @PrimaryKey
  private UUID id = Uuids.timeBased();
  private Date placedAt = new Date();

  @Column("user")
  private UserUDT user;

  private String deliveryName;

  private String deliveryStreet;

  private String deliveryCity;

  private String deliveryState;

  private String deliveryZip;

  private String ccNumber;

  private String ccExpiration;

  private String ccCVV;
```

```
  @Column("tacos")
  private List<TacoUDT> tacos = new ArrayList<>();

  public void addTaco(Taco taco) {
    this.addTaco(new TacoUDT(taco.getName(), taco.getIngredients()));
  }

  public void addTaco(TacoUDT tacoUDT) {
    this.tacos.add(tacoUDT);
  }

}
```

就像 Taco 通过用户自定义类型引用 Ingredient，TacoOrder 会通过 TacoUDT 类引用 Taco，如程序清单 13.21 所示。

程序清单 13.21 添加 Cassandra 持久化注解的 TacoUDT 类

```
package tacos;

import java.util.List;

import org.springframework.data.cassandra.core.mapping.UserDefinedType;

import lombok.Data;

@Data
@UserDefinedType("taco")
public class TacoUDT {

  private final String name;
  private final List<IngredientUDT> ingredients;

}
```

需要重申，这些模型类与非反应式的代码是完全相同的。我在这里再次展示它们，是为了让你不必翻到第 4 章来查阅。

现在，我们来创建持久化这些对象的存储库。

13.3.2 创建反应式 Cassandra 存储库

你可能已经在期待反应式Cassandra存储库和对应的非反应式存储库大同小异了——毕竟，如果真的是这样，那就太好了！你应该已经感受到了，无论存储库是否是反应式的，Spring Data 都会尽可能保持编程模型相似。

你可能已经料想到，使存储库变为反应式的关键点在于接口要扩展 ReactiveCrudRepository，如 IngredientRepository 接口所示：

```
package tacos.data;

import org.springframework.data.repository.reactive.ReactiveCrudRepository;

import tacos.Ingredient;

public interface IngredientRepository
        extends ReactiveCrudRepository<Ingredient, String> {

}
```

显而易见，OrderRepository 接口也是如此：

```
package tacos.data;

import java.util.UUID;

import org.springframework.data.domain.Pageable;
import org.springframework.data.repository.reactive.ReactiveCrudRepository;

import reactor.core.publisher.Flux;
import tacos.TacoOrder;
import tacos.User;

public interface OrderRepository
        extends ReactiveCrudRepository<TacoOrder, UUID> {

  Flux<TacoOrder> findByUserOrderByPlacedAtDesc(
          User user, Pageable pageable);

}
```

实际上，这些存储库不仅让人联想到它们的非反应式版本，而且与我们已经编写的 MongoDB 存储库也没有很大的区别。除了 Cassandra 对 TacoOrder 使用 UUID 而不是 String 作为 ID 类型，它们几乎是相同的。这再次证明了 Spring Data 项目（在可行的前提下）采用的一致性原则。

我们通过编写几个测试来验证它们能够正常运行,从而结束我们对反应式 Cassandra 存储库的研究。

13.3.3　测试反应式 Cassandra 存储库

测试反应式 Cassandra 存储库的方式与测试反应式 MongoDB 存储库很相似，这可能也在你的意料之中。例如，请观察程序清单 13.22 中的 IngredientRepositoryTest，你是否能发现它与程序清单 13.15 的区别?

程序清单 13.22　测试 Cassandra IngredientRepository

```
package tacos.data;

import static org.assertj.core.api.Assertions.assertThat;
```

```
import java.util.ArrayList;

import org.junit.jupiter.api.BeforeEach;
import org.junit.jupiter.api.Test;
import org.springframework.beans.factory.annotation.Autowired;
import org.springframework.boot.test.autoconfigure.data.cassandra
    .DataCassandraTest;

import reactor.core.publisher.Flux;
import reactor.test.StepVerifier;
import tacos.Ingredient;
import tacos.Ingredient.Type;

@DataCassandraTest
public class IngredientRepositoryTest {

  @Autowired
  IngredientRepository ingredientRepo;

  @BeforeEach
  public void setup() {
      Flux<Ingredient> deleteAndInsert = ingredientRepo.deleteAll()
          .thenMany(ingredientRepo.saveAll(
              Flux.just(
                  new Ingredient("FLTO", "Flour Tortilla", Type.WRAP),
                  new Ingredient("GRBF", "Ground Beef", Type.PROTEIN),
                  new Ingredient("CHED", "Cheddar Cheese", Type.CHEESE)
          )));

      StepVerifier.create(deleteAndInsert)
                  .expectNextCount(3)
                  .verifyComplete();
  }

  @Test
  public void shouldSaveAndFetchIngredients() {

      StepVerifier.create(ingredientRepo.findAll())
          .recordWith(ArrayList::new)
          .thenConsumeWhile(x -> true)
          .consumeRecordedWith(ingredients -> {
            assertThat(ingredients).hasSize(3);
            assertThat(ingredients).contains(
                new Ingredient("FLTO", "Flour Tortilla", Type.WRAP));
            assertThat(ingredients).contains(
                new Ingredient("GRBF", "Ground Beef", Type.PROTEIN));
            assertThat(ingredients).contains(
                new Ingredient("CHED", "Cheddar Cheese", Type.CHEESE));
          })
          .verifyComplete();

      StepVerifier.create(ingredientRepo.findById("FLTO"))
          .assertNext(ingredient -> {
              ingredient.equals(new Ingredient("FLTO", "Flour Tortilla",
```

```
        Type.WRAP));
          });
    }
}
```

发现它们的差异了吗？MongoDB 版本的测试使用的是@DataMongoTest 注解，而这个 Cassandra 版本使用的是@DataCassandraTest 注解。仅此而已！除此之外，这些测试都是相同的。

OrderRepositoryTest 的情况也是如此，除了使用@DataCassandraTest 替换@DataMongoTest，其他部分都是相同的：

```
@DataCassandraTest
public class OrderRepositoryTest {
    ...
}
```

各个 Spring Data 项目之间的一致性甚至延伸到了测试的编写方式。这样一来，如果我们的众多项目使用了不同的持久化技术，在它们之间进行切换就会非常容易，不需要我们过多考虑它们分别是如何开发的。

小结

- Spring Data 支持各种数据库类型的反应式持久化操作，包括关系型数据库（使用 R2DBC）、MongoDB 和 Cassandra。
- Spring Data R2DBC 为关系型数据库的持久化操作提供了一个反应式方案，但它目前还不能直接支持领域类中的关联。
- 由于缺乏对直接关联的支持，Spring Data R2DBC 存储库需要我们采用不同的方法来设计领域模型和相关的数据库表。
- Spring Data MongoDB 和 Spring Data Cassandra 为编写 MongoDB 和 Cassandra 数据库的反应式存储库提供了几乎相同的编程模型。
- 借助 Spring Data 测试注解和 StepVerifier，我们可以测试由 Spring 应用上下文自动创建的反应式存储库。

第 14 章 使用 RSocket

本章内容：

- 使用 RSocket 协议实现反应式网络通信；
- 使用 RSocket 协议的四种通信模式；
- 在 WebSocket 中传输 RSocket 协议。

在电话和现代化电子设备尚未出现的年代，想要与住在远方的朋友和家人沟通，人们往往需要写信并把它投进邮箱中。这并不是一种快捷的沟通方式，需要几天甚至几周的时间才能收到回复，但它确实有效，而且是当时几乎唯一可用的方案。

得益于亚历山大·格雷厄姆·贝尔的发明，电话提供了一种与远方的朋友和家人交流的新方式，这是一种近乎实时的同步通信方式。发明以来，电话已经有了相当大的发展，但仍然是保持联系的一种流行手段，使信几乎被人忘记。

当涉及应用之间的通信时，HTTP 和 REST 服务提供的请求-响应模式是很常见的，但它有一定的局限性。就像写信一样，请求-响应模式需要发送消息、等待响应，不易于实现异步通信。在异步模式下，服务器可能会以响应流的方式进行回应，或者允许使用一个开放的双向通道，使客户和服务器可以借此反复向对方发送数据。

在本章，我们将研究 RSocket 协议，这是一个相对较新的应用间通信协议，可以实现超越简单的请求-响应模式的通信。由于它本质上是反应式的，所以它的工作效率要远远高于阻塞式的 HTTP 请求。

在这个过程中，我们会看到如何在 Spring 中使用 RSocket 协议通信。但首先，我们高屋建瓴地了解一下 RSocket 协议，看看它与基于 HTTP 协议的通信有何不同。

14.1 RSocket 概览

RSocket 是一个二进制应用协议，它是异步的，并且基于反应式流（Reactive Streams）。换句话说，RSocket 提供了应用程序之间的异步通信，支持与第 12 章中我们学习的 Flux 和 Mono 等反应式类型一致的反应式模型。

作为 HTTP 协议通信的替代方案，RSocket 更加灵活，提供了 4 种不同的通信模式：请求-响应（request-response）、请求-流（request-stream）、即发即忘（fire-and-forget）和通道（channel）。

请求-响应是 RSocket 中最为人熟知的通信模型，它模仿了典型的 HTTP 通信方式。在请求-响应模型中，客户端向服务器发出单一请求，而服务器则以单一响应来回应，如图 14.1 所示。我们使用 Reactor 的 Mono 类型来定义请求和响应。

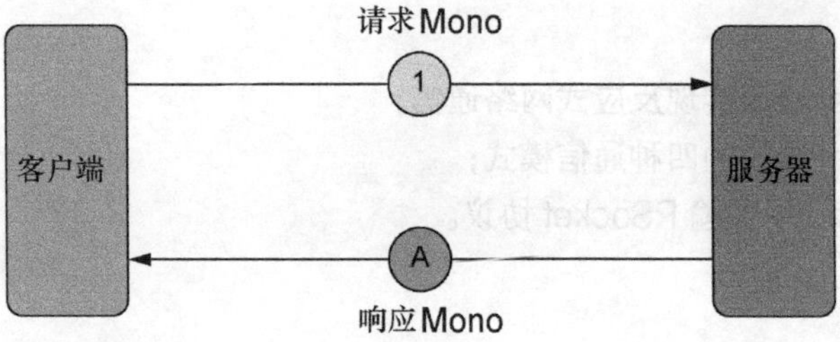

图 14.1 RSocket 的请求-响应通信模型

尽管请求-响应模型看起来与 HTTP 提供的通信模型一样，但重要的是，RSocket 本质上是非阻塞且基于反应式类型的模型。虽然客户端仍然会等待服务器的响应，但在“幕后”，一切都是非阻塞和反应式的，这样可以更高效地利用线程。

请求-流通信模型与请求-响应类似，但客户端向服务器发送了一个请求后，服务器会以流的方式响应，流中可以包含若干值，如图 14.2 所示。我们使用 Mono 进行请求，随后使用 Flux 进行响应。

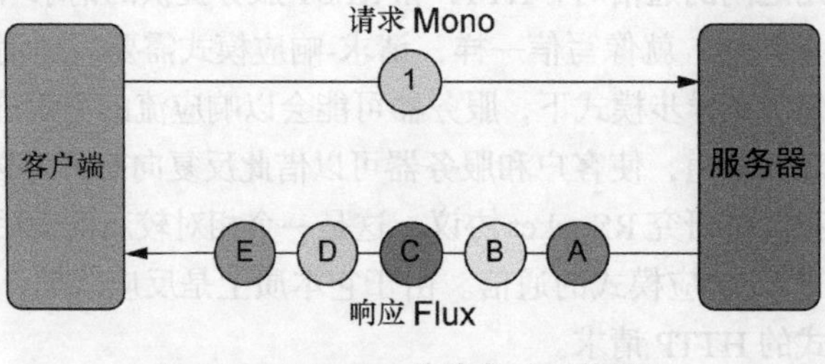

图 14.2 RSocket 的请求-流通信模型

在某些情况下，客户端可能需要向服务器发送数据，但不需要响应结果。RSocket 为这些情况提供了即发即忘模型，如图 14.3 所示。

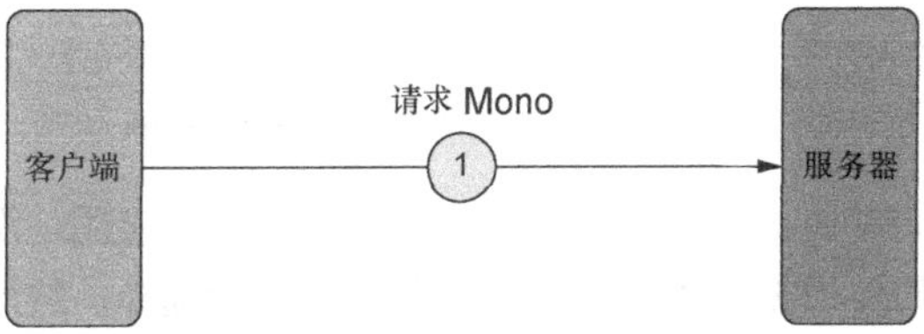

图 14.3 RSocket 的即发即忘通信模型

在即发即忘模型中，客户端向服务器发送一个请求，但服务器无须返回响应结果。

最后，RSocket 的通信模型中最灵活的是通道模型。在通道模型中，客户端与服务器之间会打开一个双向信道，双方都可以在任何时间向对方发送数据，如图 14.4 所示。

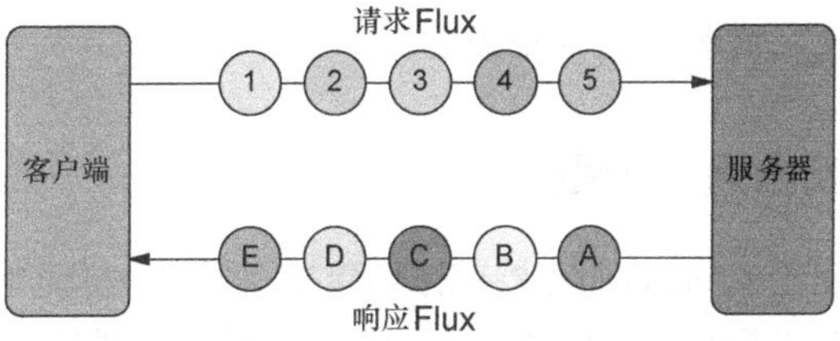

图 14.4 RSocket 的通道通信模型

RSocket 支持各种语言和平台，包括 Java、JavaScript、Kotlin、.NET、Go 和 C++①。最近的版本 Spring 为 RSocket 提供了良好的支持，使我们能够很容易地按照使用 Spring 的习惯创建服务器和客户端。

接下来，我们深入理解如何使用这 4 种通信模型创建 RSocket 服务器和客户端。

14.2 创建简单的 RSocket 服务器和客户端

Spring 为 RSocket 的消息传递提供了良好的支持，涵盖了所有的 4 种通信模型。要开始使用 RSocket，我们需要在项目构建文件中添加 Spring Boot RSocket starter。在 Maven 的 POM 文件中，RSocket starter 依赖如程序清单 14.1 所示。

程序清单 14.1 Spring Boot RSocket starter 依赖

```
<dependency>
    <groupId>org.springframework.boot</groupId>
    <artifactId>spring-boot-starter-rsocket</artifactId>
</dependency>
```

① 这只是 RSocket 网站列出的简短语言列表，RSocket 社区中可能还有针对其他语言的实现。

使用 RSocket 通信的服务器和客户端应用都需要相同的依赖。

注意：在从 Spring Initializr 中选择依赖时，你可能会看到一个类似 WebSocket 的依赖。尽管 RSocket 和 WebSocket 的名称很相似，而且使用 WebSocket 作为 RSocket 的传输方式也是可行的（14.3 节中会进一步介绍），但在使用 RSocket 时不需要选择 WebSocket 依赖。

接下来，我们需要决定哪种通信模型最适合我们的应用。没有最好的方案，只有最适合的方案，我们要根据应用所需的通信行为来权衡选择。然而，正如我们在接下来的几个例子中会看到的，各种通信模型的开发模式间并没有太大差异，所以我们即便没有一次选到最理想的方案，也可以轻松地改变选择。

我们分别看一下如何使用各种通信模型在 Spring 中创建 RSocket 服务器和客户端。由于 RSocket 的每种通信模型都是不同的，并且分别适用于特定的使用场景，因此我们暂时将 Taco Cloud 应用程序放在一边，看看如何在不同问题领域中使用 RSocket。首先，我们会看到如何使用请求-响应通信模型。

14.2.1 使用请求-响应通信模型

在 Spring 中创建 RSocket 服务器就像创建控制器类一样简单，这与 Web 应用或 REST 服务的创建方式基本相同。如程序清单 14.2 所示的控制器是一个 RSocket 服务的例子，它处理来自客户端的问候（greeting）请求，并以另一个问候作为响应。

程序清单 14.2 简单的 RSocket 请求-响应服务器

```java
package rsocket;
import org.springframework.messaging.handler.annotation.MessageMapping;
import org.springframework.stereotype.Controller;
import lombok.extern.slf4j.Slf4j;
import reactor.core.publisher.Mono;

@Controller
@Slf4j
public class GreetingController {

  @MessageMapping("greeting")
  public Mono<String> handleGreeting(Mono<String> greetingMono) {
      return greetingMono
          .doOnNext(greeting ->
              log.info("Received a greeting: {}", greeting))
          .map(greeting -> "Hello back to you!");
  }
}
```

我们可以看到，Web 控制器和 RSocket 控制器的关键区别在于，RSocket 控制器不是处理指定路径的 HTTP 请求（使用@GetMapping 或@PostMapping），而是使用

@MessageMapping 注解处理指定路由上的传入消息。在本例中，当一个请求从客户端发送到名为“greeting”的路由时，handleGreeting()方法会被调用。

handleGreeting()方法通过一个 Mono<String>参数接收来自客户端的消息载荷。在本例中，我们的问候内容很简单，使用字符串就足够了，但如果有需要，传入的载荷也可以是更复杂的类型。在收到 Mono<String>后，该方法简单地记录了它收到的问候内容，然后在 Mono 上使用 map()函数创建新的 Mono<String>，以携带返回给客户端的响应信息。

RSocket 控制器尽管不处理某个路径上的 HTTP 请求，但可以使路由名称具有与路径相类似的外观，包括可以传入处理器方法的变量占位符。例如，我们对 handleGreeting()方法做一些修改：

```
@MessageMapping("greeting/{name}")
public Mono<String> handleGreeting(
        @DestinationVariable("name") String name,
        Mono<String> greetingMono) {

    return greetingMono
        .doOnNext(greeting ->
            log.info("Received a greeting from {} : {}", name, greeting))
        .map(greeting -> "Hello to you, too, " + name);
}
```

在本例中，@MessageMapping 指定的路由中包含一个名为“name”的占位符变量。它是通过花括号表示的，与 Spring MVC 控制器中指定路径变量的方式相同。同样，该方法会接受一个用@DestinationVariable 注解标注的 String 参数，该参数会引用占位符变量的值。就像 Spring MVC 的@PathVariable 注解，@DestinationVariable 用来提取路由占位符中指定的值，并将其传入处理器方法。进入这个新版本的 handleGreeting()方法之后，路由中指定的名字将被用来向客户端返回更具个性化的问候响应。

另外，我们需要记得在创建 RSocket 服务器时指定要监听的端口。默认情况下，RSocket 服务是基于 TCP 的，并且服务器监听一个特定的端口。spring.rsocket.server.port 配置项可以设置 RSocket 服务器的端口，如下所示：

```
spring:
  rsocket:
    server:
      port: 7000
```

spring.rsocket.server.port 属性有两个作用：启用服务器、指定服务器需要监听的端口。如果没有设置该属性，那么 Spring 将认为该应用只作为客户端，没有服务器端口需要被监听。在本例中，我们要启动服务器，因此如前面的代码所示，设置 spring.rsocket.server.port 属性将启动一个监听端口为 7000 的服务器。

现在让我们把注意力转向 RSocket 客户端。在 Spring 中，RSocket 客户端是通过

RSocketRequester 实现的。Spring Boot 对 RSocket 的自动配置将在 Spring 应用上下文中自动创建一个 RSocketRequester.Builder 类型的 bean。你可以将该构建器 bean 注入需要它的其他 bean，以创建 RSocketRequester 的实例。

例如，如下是 ApplicationRunner bean 的初始代码，它注入了一个 RSocketRequester.Builder 实例。

```
package rsocket;
import org.springframework.boot.ApplicationRunner;
import org.springframework.context.annotation.Bean;
import org.springframework.context.annotation.Configuration;
import org.springframework.messaging.rsocket.RSocketRequester;

@Configuration
@Slf4j
public class RSocketClientConfiguration {

  @Bean
  public ApplicationRunner sender(RSocketRequester.Builder requesterBuilder)
     {
    return args -> {
      RSocketRequester tcp = requesterBuilder.tcp("localhost", 7000);

      // ... send messages with RSocketRequester ...

    };
  }
}
```

在本例中，构建器被用来创建一个监听 localhost 中 7000 端口的 RSocketRequester 实例。然后，生成的 RSocketRequester 实例即可用来向服务器发送消息。

在请求-响应模型中，请求需要（至少）指定路由和数据载荷。回忆一下，我们服务器的控制器正在等待处理那些路由至“greeting”的请求，并期待有 String 类型的输入。该控制器也会返回 String 类型的输出。如程序清单 14.3 所示的完整客户端代码展示了如何向服务器发送问候请求并处理响应。

程序清单 14.3 从客户端发送一个请求

```
RSocketRequester tcp = requesterBuilder.tcp("localhost", 7000);

// ... send messages with RSocketRequester ...
tcp
  .route("greeting")
  .data("Hello RSocket!")
  .retrieveMono(String.class)
  .subscribe(response -> log.info("Got a response: {}", response));
```

这将向“greeting”路由上的服务器发送内容为“Hello RSocket!”的问候数据。请注意，它预期返回 Mono<String>，这是在调用 retrieveMono()时指定的。随后 subscribe()方法订阅了返回的 Mono，并通过输出日志来处理其响应的载荷。

现在，假设你想向另一个路由发送一个问候数据，该路由在其路由配置中接受一个变量值。客户端代码的工作方式基本相同，只是在给 route()的参数值中包含了变量占位符，以及它应该包含的实际数据值，如下所示：

```
String who = "Craig";
tcp
  .route("greeting/{name}", who)
  .data("Hello RSocket!")
  .retrieveMono(String.class)
  .subscribe(response -> log.info("Got a response: {}", response));
```

此时，消息将被发送到名为"greeting/Craig"的路由中，它将由对应的控制器处理方法进行处理，该方法的@MessageMapping 注解指定了它能够处理的路由为"greeting/{name}"。虽然我们也可以在路由中硬编码路由名称，或者使用 String 拼接来创建路由名称，但在客户端使用占位符，可以很容易地插入一个值，而不会出现 String 拼接的杂乱情况。

请求-响应模型可能是 RSocket 通信模型中较容易理解的。这只是一个开始。接下来我们看看如何用请求-流模型处理可能返回多个响应的请求。

14.2.2 处理请求-流的消息

并非所有的交互特性都具有单一请求和单一响应。例如，在一个股票报价的场景中，针对特定的股票代码，如果能够得到一个股票的报价流，那会是非常有用的。若使用请求-响应模型，客户端就需要反复轮询当前的股票价格。但使用请求-流模型，客户只需询问一次股票价格，就能订阅一个定期更新报价的流。

为了阐述请求-流模型，我们将为股票报价场景实现服务器和客户端。首先，我们需要定义一个可以携带股票报价信息的对象。程序清单 14.4 中的 StockQuote 类可以帮助我们做到这一点。

程序清单 14.4 代表股票报价的模型类

```
package rsocket;
import java.math.BigDecimal;
import java.time.Instant;

import lombok.AllArgsConstructor;
import lombok.Data;

@Data
@AllArgsConstructor
public class StockQuote {
```

```
    private String symbol;
    private BigDecimal price;
    private Instant timestamp;
}
```

我们可以看到，StockQuote 类带有股票代码、价格，以及表示价格有效期的时间戳。为简洁起见，我们使用 Lombok 来创建构造器和访问器方法。

现在，我们写一个控制器来处理股票报价的请求。你会发现程序清单 14.5 中的 StockQuoteController 与 14.2.1 小节中的 GreetingController 非常相似。

程序清单 14.5 使用流来传递股票报价的 RSocket 控制器

```
package rsocket;
import java.math.BigDecimal;
import java.time.Duration;
import java.time.Instant;

import org.springframework.messaging.handler.annotation.DestinationVariable;
import org.springframework.messaging.handler.annotation.MessageMapping;
import org.springframework.stereotype.Controller;

import reactor.core.publisher.Flux;
@Controller
public class StockQuoteController {

    @MessageMapping("stock/{symbol}")
    public Flux<StockQuote> getStockPrice(
            @DestinationVariable("symbol") String symbol) {
        return Flux
            .interval(Duration.ofSeconds(1))
            .map(i -> {
                BigDecimal price = BigDecimal.valueOf(Math.random() * 10);
                return new StockQuote(symbol, price, Instant.now());
            });
    }
}
```

在这里，getStockPrice()方法处理来自“stock/{symbol}”路由的传入请求，并通过@DestinationVariable 注解接受路由中的股票代码。为简单起见，我们不去查询实际的股票价格，而是通过随机值计算以得到股票的价格（或许就能准确模拟一些实际股票的波动）。

对于 getStockPrice()方法，最值得注意的是，它返回 Flux<StockQuote>而不是 Mono<StockQuote>。这对 Spring 来说是一条线索，说明这个处理器方法支持请求-流模型。在内部，Flux 最初是使用一个间隔操作符（interval）创建的，每秒发布一次数据，这个 Flux 被映射到另一个随机产生的 StockQuote Flux 上。简单地说，由 getStockPrice()方法处理的请求会以每秒一次的频率返回多个值。

请求-流服务的客户端与请求-响应服务的客户端类似。唯一的重要差异是，请求-流服务的客户端需要调用 requester 的 retreiveFlux()方法而不是 retrieveMono()方法。股票报价服务的客户端看起来可能如下所示：

```
String stockSymbol = "XYZ";

RSocketRequester tcp = requesterBuilder.tcp("localhost", 7000);
tcp
    .route("stock/{symbol}", stockSymbol)
    .retrieveFlux(StockQuote.class)
    .doOnNext(stockQuote ->
        log.info(
                "Price of {} : {} (at {})",
                stockQuote.getSymbol(),
                stockQuote.getPrice(),
                stockQuote.getTimestamp())
    )
    .subscribe();
```

至此，我们已经看到如何创建处理单个或多个响应的 RSocket 服务器和客户端。但是，如果服务器没有响应要返回，或者客户端不需要响应，应该怎么办呢？接下来，我们看一下如何处理即发即忘的通信模型。

14.2.3 发送即发即忘的消息

想象一下，你现在正位于一艘星际舰船上，刚刚遭受了敌人舰船的攻击。你发出了全舰“红色警报”，所有人员都进入了战斗状态。你不需要等待舰上的计算机返回收到警报状态的响应，因为在这种情况下你根本没有时间等待和处理任何形式的响应。触发了警报后，你就必须要继续处理更重要的事情了。

这就是“即发即忘”的一个样例。尽管你可能不会忘记你正处于红色警报的状态，但鉴于目前的情况，处理战争危机比处理触发警报的响应更重要。

为了模拟这种情况，我们将创建一个 RSocket 服务器以处理警报状态但不返回任何内容。首先，我们需要定义一个携带请求载荷的类，如程序清单 14.6 的 Alert 类所示。

程序清单 14.6 代表警报的模型类

```
package rsocket;

import java.time.Instant;

import lombok.AllArgsConstructor;
import lombok.Data;

@Data
@AllArgsConstructor
public class Alert {
```

```
    private Level level;
    private String orderedBy;
    private Instant orderedAt;

    public enum Level {
        YELLOW, ORANGE, RED, BLACK
    }
}
```

Alert 对象包含了警报级别、下令触发警报的人，以及警报触发时刻的时间戳（定义为 Instant 类型）。同样，我们使用 Lombok 创建构造器和访问器方法以保持程序清单的简洁。

在服务器端，程序清单 14.7 中的 AlertController 会处理警报信息。

程序清单 14.7　用于处理警报的 RSocket 控制器

```
package rsocket;
import org.springframework.messaging.handler.annotation.MessageMapping;
import org.springframework.stereotype.Controller;
import lombok.extern.slf4j.Slf4j;
import reactor.core.publisher.Mono;
@Controller
@Slf4j
public class AlertController {

    @MessageMapping("alert")
    public Mono<Void> setAlert(Mono<Alert> alertMono) {
        return alertMono
            .doOnNext(alert ->
                log.info("{} alert ordered by {} at {}",
                        alert.getLevel(),
                        alert.getOrderedBy(),
                        alert.getOrderedAt())
            )
            .thenEmpty(Mono.empty());
    }
}
```

setAlert()方法会处理“alert”路由上的 Alert 消息。为了保持简洁（尽管在实际的战斗中这没有什么用处），该方法只会以日志的形式记录警报。但需要特别注意的是，它返回一个 Mono<Void>来表示没有响应，因此，这个处理器方法支持即发即忘模型。

在客户端，即发即忘模型的代码与请求-响应或请求-流模型没有太大区别，如下所示：

```
RSocketRequester tcp = requesterBuilder.tcp("localhost", 7000);
tcp
```

```
    .route("alert")
    .data(new Alert(
            Alert.Level.RED, "Craig", Instant.now()))
    .send()
    .subscribe();
log.info("Alert sent");
```

然而，需要注意，客户端没有调用 retrieveMono()或 retrieveFlux()，而只调用了 send()方法，表明我们预期无须得到响应。

现在，我们来看看如何处理通道通信模型。在这种模型中，服务器和客户端都能互相发送多条消息。

14.2.4 双向发送消息

目前我们看到的所有通信模型中，客户端都是发送单一的请求，而服务器则以零个、一个或多个响应来回应。在请求-流模型中，服务器能够向客户端以流的方式发送多个响应，但客户端仍然只能发送一个请求。不过，这种“乐趣”为什么是服务器独有的？难道客户端就不能发送多个请求吗？

这就是通道通信模型的用武之地了。在通道通信模型中，客户端可以通过流向服务器发送多个请求，服务器也可以在双方的双向对话中发送多个响应。这种模型是 RSocket 通信模型中最灵活的一种，当然也是最复杂的一种。

为了演示在 Spring 中如何使用 RSocket 通道模型进行通信，我们创建一个计算账单小费的服务，它能够接收请求 Flux 并返回响应 Flux。首先，我们需要定义代表请求和响应的模型对象。程序清单 14.8 展示的 GratuityIn 类代表了由客户端发送并由服务器接收的请求。

程序清单 14.8 代表小费计算请求的模型

```
package rsocket;

import java.math.BigDecimal;

import lombok.AllArgsConstructor;
import lombok.Data;

@Data
@AllArgsConstructor
public class GratuityIn {

    private BigDecimal billTotal;
    private int percent;

}
```

GratuityIn 带有计算小费所需的两个基本信息：账单总额和小费百分比。程序清单

14.9 展示的 GratuityOut 类表示响应，与 GratuityIn 中给出的值对应。该类同时还有一个代表小费数额的 gratuity 属性。

清单 14.9 代表小费计算结果的模型

```
package rsocket;
import java.math.BigDecimal;

import lombok.AllArgsConstructor;
import lombok.Data;

@Data
@AllArgsConstructor
public class GratuityOut {

    private BigDecimal billTotal;
    private int percent;
    private BigDecimal gratuity;
}
```

程序清单 14.10 中的 GratuityController 用于处理小费计算的请求，看起来与本章中我们编写的其他几个控制器很相似。

程序清单 14.10 处理通道上多个消息的 RSocket 控制器

```
package rsocket;
import java.math.BigDecimal;
import org.springframework.messaging.handler.annotation.MessageMapping;
import org.springframework.stereotype.Controller;

import lombok.extern.slf4j.Slf4j;
import reactor.core.publisher.Flux;

@Controller
@Slf4j
public class GratuityController {

    @MessageMapping("gratuity")
    public Flux<GratuityOut> calculate(Flux<GratuityIn> gratuityInFlux) {
        return gratuityInFlux
            .doOnNext(in -> log.info("Calculating gratuity: {}", in))
            .map(in -> {
                double percentAsDecimal = in.getPercent() / 100.0;
                BigDecimal gratuity = in.getBillTotal()
                        .multiply(BigDecimal.valueOf(percentAsDecimal));
                return new GratuityOut(
                    in.getBillTotal(), in.getPercent(), gratuity);
            });
    }
}
```

然而，它与前面的例子有一个明显的区别：它不仅返回 Flux，而且还接受 Flux 作为输入。与请求-流模型相同，返回的 Flux 使控制器能够将多个值以流的形式发送回客户端。但是，通道模型与请求-流模型的关键差异体现在传入 Flux 类型的参数上。使用 Flux 类型的参数允许控制器处理来自客户端的请求流，该请求流会被传入处理器方法。

使用通道模型的客户端与使用请求-流模型的客户端的差异在于前者需要向服务器发送一个 Flux<GratuityIn>而不是 Mono<GratuityIn>，如程序清单 14.11 所示。

程序清单 14.11　在开放通道上发送和接收多个信息的客户端

```
RSocketRequester tcp = requesterBuilder.tcp("localhost", 7000);

Flux<GratuityIn> gratuityInFlux =
        Flux.fromArray(new GratuityIn[] {
                new GratuityIn(BigDecimal.valueOf(35.50), 18),
                new GratuityIn(BigDecimal.valueOf(10.00), 15),
                new GratuityIn(BigDecimal.valueOf(23.25), 20),
                new GratuityIn(BigDecimal.valueOf(52.75), 18),
                new GratuityIn(BigDecimal.valueOf(80.00), 15)
        })
        .delayElements(Duration.ofSeconds(1));

        tcp
            .route("gratuity")
            .data(gratuityInFlux)
            .retrieveFlux(GratuityOut.class)
            .subscribe(out ->
                log.info(out.getPercent() + "% gratuity on "
                        + out.getBillTotal() + " is "
                        + out.getGratuity()));
```

在本例中，Flux<GratuityIn>是使用 fromArray()方法静态创建的，但它可以是从任何数据源创建的 Flux，也可以是从反应式数据存储库检索得到的。

你可能已经观察到了一种模式——服务器端控制器的处理方法所接受和返回的反应式类型决定了它所支持的 RSocket 通信模型。表 14.1 总结了服务器的输入输出类型和 RSocket 通信模型之间的关系。

表 14.1　RSocket 模型是由处理器方法的参数和返回类型决定的

RSocket 模型	处理器参数	处理器的返回值
请求-响应	Mono	Mono
请求-流	Mono	Flux
即发即忘	Mono	Mono<Void>
通道	Flux	Flux

你可能想知道，服务器是否可以接受 Flux 并返回 Mono。简单来说，没有这样的方

案。尽管我们可以想象出在传入的 Flux 上处理多个请求，并以 Mono<Void>进行响应，使其组合成一个通道和即发即忘模型混合体的场景，但并没有 RSocket 模型可以应对这种情况。因此，RSocket 不支持这种方式。

14.3 通过 WebSocket 传输 RSocket

默认情况下，RSocket 通信是通过 TCP 套接字进行的。但在有些情况下，TCP 协议并不是可行的方案。我们可以考虑以下两种情况：

- 客户端是用 JavaScript 编写的，在用户的 Web 浏览器中运行；
- 客户端必须穿过网关或防火墙边界才能到达服务器，而防火墙不允许通过任意端口进行通信。

此外，WebSocket 本身缺乏对路由的支持，需要我们在应用层定义路由配置的细节。通过将 RSocket 构建在 WebSocket 之上，WebSocket 能够从 RSocket 内置的路由支持中受益。

在这种情况下，RSocket 可以通过 WebSocket 传输。WebSocket 通信会使用 HTTP 实现，这是所有网络浏览器的主要通信手段，并且通常会被允许穿越防火墙。

要从 TCP 传输切换到 WebSocket 传输，我们只需要在服务器和客户端做一些小的改动。首先，由于 WebSocket 是通过 HTTP 传输的，需要确保服务器端的应用支持处理 HTTP 请求。简单地说，需要在项目的构建文件中添加以下 WebFlux starter 依赖（如果还没有添加）：

```
<dependency>
    <groupId>org.springframework.boot</groupId>
    <artifactId>spring-boot-starter-webflux</artifactId>
</dependency>
```

还需要通过设置 spring.rsocket.server.transport 属性来表明希望在服务器端配置中使用 WebSocket 进行传输。此外，需要通过设置 spring.rsocket.server.mapping-path 属性以配置 RSocket 通信时所使用的 HTTP 路径。在 application.yml 中，服务器的配置如下所示：

```
spring:
  rsocket:
    server:
      transport: websocket
      mapping-path: /rsocket
```

与通过特定端口进行通信的 TCP 传输不同，WebSocket 传输会使用 HTTP 路径。因此，我们不需要像在 TCP 上运行的 RSocket 那样设置 spring.rsocket.server.port 属性。

以上是在服务器端为 RSocket 启用 WebSocket 传输要做的一些特殊工作，其他工作与 TCP 方式完全相同。

对于客户端，只需进行一个小改动。我们需要通过调用 RSocketRequester.Builder 上的 websocket()方法来创建一个基于 WebSocket 的 requester，以取代基于 TCP 的 requester，如下所示：

```
RSocketRequester requester = requesterBuilder.websocket(
                    URI.create("ws://localhost:8080/rsocket"));

requester
    .route("greeting")
    .data("Hello RSocket!")
    .retrieveMono(String.class)
    .subscribe(response -> log.info("Got a response: {}", response));
```

这就是在 WebSocket 上传输 RSocket 所需的全部改动！

小结

- RSocket 是一个异步的二进制协议，提供了 4 种通信模式：请求-响应、请求-流、即发即忘和通道。
- Spring 通过控制器和带有@MessageHandler 注解的处理器方法支持服务器端的 RSocket。
- RSocketRequester 实现了客户端与 RSocket 服务器的通信。
- 在客户端和服务器端，Spring 的 RSocket 支持通过 Reactor 的 Flux 和 Mono 两种反应式类型实现完整的反应式通信。
- RSocket 通信默认使用 TCP 协议，但也可以通过 WebSocket 进行传输，从而突破防火墙的限制并兼容浏览器客户端。

第 4 部分

部署 Spring

在第 4 部分中，我会介绍如何为应用的部署做好准备、如何进行部署。第 15 章介绍了 Spring Boot Actuator，这是 Spring Boot 的一个扩展，它以 REST 端点和 JMX MBean 的形式暴露了正在运行中的应用的内部状况。在第 16 章中，我们会学习如何使用 Spring Boot Admin，它基于 Actuator 提供了一个用户友好的、基于浏览器的管理型应用。我们还会学习如何注册客户端应用，以及如何保护 Admin Server。第 17 章讨论了如何以 JMX MBean 的形式暴露和消费 Spring bean。在最后的第 18 章中，我们会看到如何将 Spring 应用部署到各种生产环境中，包括可以在 Kubernetes 中运行的容器化 Spring 应用。

第15章 使用Spring Boot Actuator

本章内容：

- 在 Spring Boot 项目中启用 Actuator；
- 探索 Actuator 的端点；
- 自定义 Actuator；
- 确保 Actuator 的安全。

你有没有试图猜测包装好的礼品盒中到底有什么东西的经历？你可能摇晃、掂量或者用尺子测量它。对于里面有什么东西，你可能会有一个明确的想法。但是，在真正将它打开之前，你无法完全确定。

运行中的应用有点像封好的礼品盒。你可以探测一下它，然后对里面的运行状况做出合理的猜测。但是，该如何确定呢？如果能有一种方式让我们窥探运行中的应用，查看它的行为、检查它的健康状况，甚至触发影响它运行的各种操作，那就太好了！

在本章中，我们将会讨论 Spring Boot 的 Actuator。Actuator 提供了生产环境可用的特性，包括可以监控 Spring Boot 应用和获取它的各种指标。Actuator 的特性是通过各种端点提供的，这些端点可以通过 HTTP 调用，也可以通过 JMX MBean 使用。在本章，我们主要关注 HTTP 端点，而第 17 章中我们会看到有关 JMX 端点的内容。

15.1 Actuator 概览

在机器领域中，执行机构（actuator）指的是负责控制和移动装置的组件。在 Spring

Boot 应用中，Spring Boot Actuator 扮演了相同的角色，它能够让我们看到一个运行中的应用的内部状况，而且能够在一定程度上控制应用的行为。

通过 Actuator 暴露的端点，我们可以获取一个正在运行中的应用的内部状态，如以下信息。

- 在应用环境中，都有哪些可用的配置属性？
- 在应用中，各个源码包的日志级别是什么？
- 应用消耗了多少内存？
- 给定的 HTTP 端点被请求了多少次？
- 应用本身以及与它协作的外部服务的健康状况如何？

为了在 Spring Boot 应用中启用 Actuator，我们需要在构建文件中添加对 Actuator starter 的依赖。在 Spring Boot 应用的 Maven pom.xml 文件中添加如下的<dependency>条目就能实现该目的：

```
<dependency>
  <groupId>org.springframework.boot</groupId>
  <artifactId>spring-boot-starter-actuator</artifactId>
</dependency>
```

将 Actuator starter 添加到项目的构建文件中后，应用就会具备一些“开箱即用”的 Actuator 端点，其中一部分如表 15.1 所示。

表 15.1 探查运行中 Spring Boot 应用的状态并对其进行操作的 Actuator 端点

HTTP 方法	路径	描述
GET	/auditevents	生成所有已触发的审计事件的报告
GET	/beans	描述 Spring 应用上下文中的所有 bean
GET	/conditions	生成一个自动配置条件通过或失败的报告，这些条件会指导应用上下文中 bean 的创建
GET	/configprops	描述所有的配置属性及当前的值
GET、POST、DELETE	/env	生成 Spring 应用可用的所有属性源及可用属性的报告
GET	/env/{toMatch}	描述某个环境属性的值
GET	/health	返回聚合的应用健康状态。如果可能，还会包含外部依赖应用的健康状态
GET	/heapdump	下载堆 dump 文件
GET	/httptrace	生成最近 100 个请求的跟踪结果
GET	/info	返回开发人员定义的关于该应用的信息
GET	/loggers	生成应用中源码包的列表，其中会包含配置的以及生效的日志级别

续表

HTTP 方法	路径	描述
GET、POST	/loggers/{name}	返回指定 logger 配置的和生效的日志级别，生效的日志级别可以通过 POST 请求修改
GET	/mappings	生成所有 HTTP 映射及其对应处理器方法的报告
GET	/metrics	返回所有指标分类的列表
GET	/metrics/{name}	返回给定指标的多维度值集
GET	/scheduledtasks	列出所有的调度任务
GET	/threaddump	返回所有应用线程的报告

除了基于 HTTP 的端点之外，表 15.1 中除“/heapdump”的其他端点都以 JMX MBean 的形式对外暴露了出来。我们会在第 17 章学习基于 JMX 的 Actuator。

15.1.1 配置 Actuator 的基础路径

默认情况下，表 15.1 中所有端点的路径都会带有“/actuator”前缀。这意味着，如果我们想要通过 Actuator 获取应用的健康信息，那么向“/actuator/health”发送 GET 请求即可。

Actuator 的路径前缀可以通过设置 management.endpoint.web.base-path 属性来修改。例如，想要将前缀设置为“/management”，可以通过如下的方式来设置 management.endpoint.web.base-path 属性：

```
management:
  endpoints:
    web:
      base-path: /management
```

按照上述属性，要获取应用的健康信息，需要向“/management/health”发送 GET 请求。

无论是否改变 Actuator 的基础路径，为简洁起见，本章中所有的 Actuator 端点都不包含基础路径。例如，“/health”端点指的是“/{base path}/health”，更准确地说，如果基础路径没有被改变过，那么该端点指向的应该是“/actuator/health”。

15.1.2 启用和禁用 Actuator 端点

默认情况下，只有“/health”端点是启用的。大多数 Actuator 端点会携带敏感信息，应该被保护起来。我们可以使用 Spring Security 来锁定 Actuator，但 Actuator 本身没有安全保护，所以大多数端点默认都是禁用的，需要我们选择对外暴露哪些端点。

有两个配置属性能够控制对外暴露哪些端点，分别是 management.endpoints.web.exposure.include 和 management.endpoints.web.exposure.exclude。通过 management.endpoints.web.exposure.include 属性，可以指定想要暴露的端点。例如，想要暴露“/health”“/info”“/beans”和“/conditions”端点，可以通过如下的配置来声明：

```
management:
  endpoints:
    web:
      exposure:
        include: health,info,beans,conditions
```

management.endpoints.web.exposure.include 属性也可以接受星号（*）作为通配符，表明所有的 Actuator 端点都会对外暴露：

```
management:
  endpoints:
    web:
      exposure:
        include: '*'
```

如果我们想暴露除了个别端点外的所有端点，那么一般来讲更简单的方式是通过通配符将它们全部包含，然后明确排除一部分。例如，我们想要暴露除了“/threaddump”和“/heapdump”之外的端点，那么可以按照如下的形式同时设置 management.endpoints.web.exposure.include 和 management.endpoints.web.exposure.exclude 属性：

```
management:
  endpoints:
    web:
      exposure:
        include: '*'
        exclude: threaddump,heapdump
```

如果想要对外公开比“/health”和“/info”更多的信息，那么最好配置 Spring Security 来限制对其他端点的访问。我们会在 15.4 节中了解如何保护 Actuator 端点。现在，我们看一下如何消费 Actuator 对外暴露的 HTTP 端点。

15.2 消费 Actuator 端点

Actuator 是真正的宝藏——我们可以通过表 15.1 列出的 HTTP 端点获取正在运行中的应用的有用信息。HTTP 端点可以像任意 REST API 那样被消费，而我们可以选择任意的 HTTP 客户端，包括 Spring 的 RestTemplate 和 WebClient、JavaScript 应用，以及简单的 curl 命令行客户端。

在探索 Actuator 端点的过程中，本章会使用 curl 命令行客户端。在第 16 章，我会介绍 Spring Boot Admin，一个构建在 Actuator 端点之上的用户友好的 Web 应用。

为了了解 Actuator 都提供哪些端点，可以向 Actuator 的基础路径发送一个 GET 请求，这样能够得到每个端点的 HATEOAS 链接。我如果使用 curl 向“/actuator”发送请求，就会看到如下所示的响应（为了节约篇幅，进行了删减）:

```
$ curl localhost:8080/actuator
{
  "_links": {
    "self": {
      "href": "http://localhost:8080/actuator",
      "templated": false
    },
    "auditevents": {
      "href": "http://localhost:8080/actuator/auditevents",
      "templated": false
    },
    "beans": {
      "href": "http://localhost:8080/actuator/beans",
      "templated": false
    },
    "health": {
      "href": "http://localhost:8080/actuator/health",
      "templated": false
    },
    ...
  }
}
```

因为不同的库可能会贡献自己的 Actuator 端点，而且某些端点可能没有对外暴露，所以不同应用之间的实际结果也许会有所差异。

不管在什么情况下，都可以将 Actuator 基础路径提供的链接集合看作 Actuator 所提供端点的一幅地图。我们首先从两个提供应用基本信息的端点开始探索 Actuator：“/health”和“/info”。

15.2.1 获取应用的基础信息

在去医院看病的时候，医生通常会首先问两个问题——你是谁？你感觉怎样？尽管医生或护士的表达方式会有所不同，但是他们的最终目的都是想要了解对方的身份以及他为什么要去医院找医生看病。

类似地，我们也要关注 Spring Boot“是谁”且“感觉怎样”，Actuator 的“/info”和“/health”端点为这些重要问题提供了答案。“/info”端点告诉我们关于应用的信息，而“/health”端点则告诉我们应用健康状况的信息。

请求关于应用的信息

要了解正在运行中的 Spring Boot 应用的信息，我们可以请求“/info”端点。但是，默认情况下，“/info”并不会提供任何信息。如下是我们使用 curl 发送请求后可能看到的效果：

```
$ curl localhost:8080/actuator/info
{}
```

虽然这样看起来，“/info”端点似乎没有太大的用处，但是我们最好将它视为一块干净的画布，我们可以在上面绘制任何想要展现的信息。

有多种为“/info”端点提供信息的方式，但是最简单直接的就是创建一个或多个属性名带有“info.”前缀的配置属性。例如我们希望在“/info”的响应中包含售后支持的联系信息，包括电子邮件地址和电话号码，可以在 application.yml 文件中配置如下的属性：

```
info:
  contact:
    email: support@tacocloud.com
    phone: 822-625-6831
```

对于 Spring Boot 或者其应用上下文中的 bean，info.contact.email 属性和 info.contact.phone 属性可能都没有什么特殊的意义。但是，因为它们的前缀是 info，所以“/info”端点将会在响应中包含这两个属性的值：

```
{
  "contact": {
    "email": "support@tacocloud.com",
    "phone": "822-625-6831"
  }
}
```

在 15.3.1 小节，我们会看到使用关于应用的有用信息来填充“/info”端点的其他几种方式。

探查应用的健康状况

发送 HTTP GET 请求到“/health”端点将会得到一个简单的 JSON 响应，其中包含了应用的健康状态。例如使用 curl 访问“/health”端点可能会看到如下响应：

```
$ curl localhost:8080/actuator/health
{"status":"UP"}
```

你可能会想，一个端点报告应用的状态是 UP 有什么用处呢。如果应用停掉，那么它又该报告什么呢?

实际上，这里显示的是一个或多个健康指示器的聚合状态。健康指示器会报告应用要与之交互的外部系统的健康状态，比如数据库、消息代理甚至 Spring Cloud 组件，比如 Eureka 和 Config Server。每个指示器的健康状态可能会是如下可选值中的某一个。

- UP：外部系统已经启动并且可以访问。
- DOWN：外部系统已经停机或者不可访问。

- UNKNOWN：外部系统的状态尚不清楚。
- OUT_OF_SERVICE：外部系统可以访问得到，但是目前不可用。

所有健康指示器的状态会聚合成应用整体的健康状态，这个过程中会使用如下的规则。

- 如果所有指示器都是 UP，那么应用的健康状态是 UP。
- 如果一个或多个健康指示器是 DOWN，那么应用的健康状态就是 DOWN。
- 如果一个或多个健康指示器是 OUT_OF_SERVICE，那么应用的健康状态就是 OUT_OF_SERVICE。
- 健康状态 UNKNOWN 会被忽略，不会计入应用的聚合状态中。

默认情况下，请求“/health”端点的响应中只会包含聚合的状态。但是，我们可以配置 management.endpoint.health.show-details 属性，以便展示所有健康指示器的完整细节：

```
management:
  endpoint:
    health:
      show-details: always
```

management.endpoint.health.show-details 属性的默认值是 never。我们可以将它设置成 always，从而使健康指示器的完整细节始终显示；我们也可以将其设置成 when-authorized，从而只在客户端经完整认证的情况下完整显示细节信息。

现在向“/health”端点发送 GET 请求，就会得到健康指示器的完整细节。如下是一个与 Mongo 文档数据库集成的服务样例：

```
{
  "status": "UP",
  "details": {
    "mongo": {
      "status": "UP",
      "details": {
        "version": "3.5.5"
      }
    },
    "diskSpace": {
      "status": "UP",
      "details": {
        "total": 499963170816,
        "free": 177284784128,
        "threshold": 10485760
      }
    }
  }
}
```

所有的应用都至少有一个针对文件系统的健康指示器 diskSpace。不管其外部依赖是什么，diskSpace 健康指示器能够显示文件系统的健康状况（并希望它是 UP 状态），这个状态的值是由磁盘的剩余空间决定的。如果可用磁盘空间低于阈值，那么它将会报告

DOWN 的状态。

在前面的样例中，还有一个 mongo 健康指示器，它报告了 Mongo 数据库的状态，包括 Mongo 数据库的版本等细节信息。

自动配置功能能够确保只有与应用程序相关的健康指示器才显示到“/health”端点的响应中。除了 mongo 和 diskSpace 健康指示器，Spring Boot 还为多个外部数据库和系统提供了健康指示器，包括：

- Cassandra；
- Config Server；
- Couchbase；
- Eureka；
- Hystrix；
- JDBC 数据源；
- Elasticsearch；
- InfluxDB；
- JMS 消息代理；
- LDAP；
- 电子邮件服务器；
- Neo4j；
- Rabbit 消息代理 ；
- Redis；
- Solr。

另外，第三方库可以贡献自己的健康指示器。我们会在 15.3.2 小节看到如何编写自定义的健康指示器。

我们可以看到“/info”和“/health”端点提供了正在运行的应用的基本信息，以及一些其他 Actuator 端点能够探查应用内部的配置信息。接下来，我们看一下 Actuator 展现应用的配置方法。

15.2.2 查看配置细节

除了接收应用的基本信息，了解应用是如何配置的也很有指导意义。例如，应用上下文中都有哪些 bean？自动配置中哪些条件通过了，哪些条件失败了？应用中有哪些可用的环境变量？HTTP 请求是如何映射控制器的？某些包或类所设置的日志级别是什么？

这些问题可以通过 Actuator 的“/beans”“/conditions”“/env”“/configprops”“/mappings”和“/loggers”端点来回答。一些情况下，我们甚至还可以使用“/env”和“/loggers”端点，在应用运行的过程中对配置信息进行调整。我们会逐个查看这些能够让我们洞察正在运行中应用的配置情况的端点，从“/beans”开始。

获取 bean 的装配报告

要研究 Spring 应用上下文，最基础的端点就是“/beans”。这个端点返回的 JSON 文档描述了应用上下文中的每个 bean，包括其 Java 类型及其中被注入的其他 bean。

对“/beans”端点发送 GET 请求的完整响应篇幅很长，甚至可以单独成为一章，所以我不会列出“/beans”的完整响应，而是只考虑下面的片段，主要关注一个 bean 条目：

```
{
  "contexts": {
    "application-1": {
      "beans": {
...
        "ingredientsController": {
          "aliases": [],
          "scope": "singleton",
          "type": "tacos.ingredients.IngredientsController",
          "resource": "file [/Users/habuma/Documents/Workspaces/
            TacoCloud/ingredient-service/target/classes/tacos/
            ingredients/IngredientsController.class]",
          "dependencies": [
            "ingredientRepository"
          ]
        },
...
      },
      "parentId": null
    }
  }
}
```

响应的根元素是 contexts，它包含了一个子元素，代表应用中的每个 Spring 应用上下文。在每个应用上下文中，都有一个 beans 元素，它包含了应用上下文所有 bean 的细节。

在上面的样例中，显示了名为 ingredientsController 的 bean。我们可以看到，它没有别名，其 scope 属性是 singleton，类型是 tacos.ingredients.IngredientsController。另外，resource 属性指向了定义这个 bean 的类文件路径。dependencies 属性列出了该 bean 中被注入的所有其他 bean。在本例中，ingredientsController 被注入了一个名为 ingredientRepository 的 bean。

阐述自动装配

我们可以看到，自动装配是 Spring Boot 提供的强大功能之一。但是，有时候你可能想要知道这些功能为什么会自动装配在一起。或者，你认为某些功能已经自动装配了，但实际上没有，你可能想要知道原因所在。在这种情况下，可以向“/conditions”发送 GET 请求，来了解自动装配过程中都发生了什么。

“/conditions”端点的自动装配报告可以分为 3 部分：正向匹配（positiveMatches，

即已通过的条件化配置)、负向匹配(negativeMatches,即不能通过的条件化配置),以及非条件化的类。如下的片段是对“/conditions”请求的响应,展现了每个组成部分的示例:

```
{
  "contexts": {
    "application-1": {
      "positiveMatches": {
...
        "MongoDataAutoConfiguration#mongoTemplate": [
          {
            "condition": "OnBeanCondition",
            "message": "@ConditionalOnMissingBean (types:
                org.springframework.data.mongodb.core.MongoTemplate;
                SearchStrategy: all) did not find any beans"
          }
        ],
...
      },
      "negativeMatches": {
...
        "DispatcherServletAutoConfiguration": {
          "notMatched": [
            {
              "condition": "OnClassCondition",
              "message": "@ConditionalOnClass did not find required
                  class 'org.springframework.web.servlet.
                                                  DispatcherServlet'"
            }
          ],
          "matched": []
        },
...
      },
      "unconditionalClasses": [
...
        "org.springframework.boot.autoconfigure.context.
                        ConfigurationPropertiesAutoConfiguration",
...
      ]
    }
  }
}
```

在 positiveMatches 区域中,我们可以看到通过自动配置过程创建了一个 MongoTemplate bean,这是因为目前上下文中还没有这样的 bean。导致这种配置结果的原因是这里包含了@ConditionalOnMissingBean 注解,即如果没有明确配置这个 bean,就自动配置它。在本例中,并没有 MongoTemplate 类型的 bean,因此自动配置功能介入并创建了一个该类型的 bean。

在 negativeMatches 区域中,Spring Boot 要尝试配置一个 DispatcherServlet。但是,

@ConditionalOnClass 条件化注解失败了，这是因为没有找到 DispatcherServlet 类。

最后，在 unconditionalClasses 区域中可以看到一个无条件化配置的 ConfigurationPropertiesAutoConfiguration bean。配置属性是 Spring Boot 操作的基础，所以任何与配置属性相关的配置都应该无条件自动装配。

探查环境和配置属性

知道了应用的 bean 是如何装配的后，我们可能还对有哪些可用的环境属性以及 bean 中都注入了哪些配置属性感兴趣。

向 "/env" 端点发送 GET 请求时，我们会得到一个非常长的响应，包含 Spring 应用中所有发挥作用的属性源。其中包括来自环境变量、JVM 系统属性、application.properties 和 application.yml 文件，甚至 Spring Cloud Config Server（如果该应用是 Config Server 客户端）的属性。

程序清单 15.1 列出了 "/env" 端点能够得到的响应示例（有删减），这会让我们对它所提供的信息有一个大致了解。

程序清单 15.1 "/env" 端点的结果

```
$ curl localhost:8080/actuator/env
{
  "activeProfiles": [
    "development"
  ],
  "propertySources": [
...
    {
      "name": "systemEnvironment",
      "properties": {
        "PATH": {
          "value": "/usr/bin:/bin:/usr/sbin:/sbin",
          "origin": "System Environment Property \"PATH\""
         },
...
         "HOME": {
           "value": "/Users/habuma",
           "origin": "System Environment Property \"HOME\""
        }
      }
    },
    {
      "name": "applicationConfig: [classpath:/application.yml]",
      "properties": {
        "spring.application.name": {
          "value": "ingredient-service",
          "origin": "class path resource [application.yml]:3:11"
        },
        "server.port": {
```

```
          "value": 8080,
          "origin": "class path resource [application.yml]:9:9"
        },
      ...
      }
    },
  ...
  ]
}
```

“/env”的完整响应会包含更多的信息，但是程序清单 15.1 只包含了几个值得注意的元素。

首先，在响应的顶部是名为 activeProfiles 的字段。在本例中，它表明 development profile 处于激活状态。如果其他 profile 也处于激活状态，同样会列到这里。

其次，propertySources 字段是一个数组，Spring 应用环境的每个属性源对应其中的一个条目。在程序清单 15.1 中，只显示了 systemEnvironment 和引用 application.yml 文件的属性源。

属性源包含该属性源所提供的属性列表及属性的值。在 application.yml 属性源中，每个属性的 origin 字段指明了该属性是在哪里设置的，包括在 application.yml 文件中的行号和列号。

也可以借助“/env”端点获取特定的属性，只需将属性名作为路径的第二个元素。例如，要检查 server.port 属性，可以提交 GET 请求到“/env/server.port”，如下所示：

```
$ curl localhost:8080/actuator/env/server.port
{
  "property": {
    "source": "systemEnvironment", "value": "8080"
  },
  "activeProfiles": [ "development" ],
  "propertySources": [
    { "name": "server.ports" },
    { "name": "mongo.ports" },
    { "name": "systemProperties" },
    { "name": "systemEnvironment",
      "property": {
        "value": "8080",
        "origin": "System Environment Property \"SERVER_PORT\""
      }
    },
    { "name": "random" },
    { "name": "applicationConfig: [classpath:/application.yml]",
      "property": {
        "value": 0,
        "origin": "class path resource [application.yml]:9:9"
      }
    },
    { "name": "springCloudClientHostInfo" },
    { "name": "refresh" },
```

```
    { "name": "defaultProperties" },
    { "name": "Management Server" }
  ]
}
```

可以看到，这里依然会展现所有的属性源，但是只有包含特定属性的属性源才会显示额外的信息。在本例中，systemEnvironment 属性源和 application.yml 属性源都包含了 server.port 属性的值。因为 systemEnvironment 属性源要优先于后面所列的属性源，所以它的值 8081 会胜出。胜出的值也会反映在顶部的 property 字段中。

我们不仅可以用“/env”端点来读取属性的值，还可以向“/env”端点发送 POST 请求，同时提交 JSON 文档格式的 name 和 value 字段，为正在运行的应用设置属性。例如，要将名为 tacocloud.discount.code 的属性设置为 TACOS1234，可以在命令行使用 curl 提交 POST 请求：

```
$ curl localhost:8080/actuator/env \
       -d'{"name":"tacocloud.discount.code","value":"TACOS1234"}' \
       -H "Content-type: application/json"
{"tacocloud.discount.code":"TACOS1234"}
```

在提交该属性之后，在返回的响应中将会包含新设置的属性和它的值。如果后续不需要这个属性，可以提交一个 DELETE 请求到“/env”端点，将通过该端点创建的所有属性删除：

```
$ curl localhost:8080/actuator/env -X DELETE
{"tacocloud.discount.code":"TACOS1234"}
```

通过 Actuator API 设置属性是非常有用的，但是需要记住，所有通过向“/env”端点发送 POST 请求设置的属性只会用到接收到该请求的应用中。这些属性是临时的，会在应用重启时丢失。

HTTP 映射导览

尽管借助 Spring MVC（和 Spring WebFlux）编程模型处理 HTTP 请求非常容易，只需要我们为方法添加请求映射注解，但是我们很难对应用整体能够处理哪些 HTTP 请求、每种组件分别能够处理哪些请求有整体的了解。

Actuator 的“/mappings”端点为应用中的所有 HTTP 请求处理器提供了“一站式”视图。这些处理器来自 Spring MVC 控制器还是 Actuator 自己的端点一目了然。要获取 Spring Boot 应用中所有端点的完整列表，我们只需要向“/mappings”发送一个 GET 请求，就会看到大致如程序清单 15.2 所示的响应。为简洁起见，这里进行了删减。

程序清单 15.2 “/mappings”端点所展示的 HTTP 映射

```
$ curl localhost:8080/actuator/mappings | jq
{
  "contexts": {
```

```
"application-1": {
  "mappings": {
    "dispatcherHandlers": {
      "webHandler": [
...
        {
          "predicate": "{[/ingredients],methods = [GET]}",
          "handler": "public
reactor.core.publisher.Flux<tacos.ingredients.Ingredient>
tacos.ingredients.IngredientsController.allIngredients()",
          "details": {
            "handlerMethod": {
              "className": "tacos.ingredients.IngredientsController",
              "name": "allIngredients",
              "descriptor": "()Lreactor/core/publisher/Flux;"
            },
            "handlerFunction": null,
            "requestMappingConditions": {
              "consumes": [],
              "headers": [],
              "methods": [
                "GET"
              ],
              "params": [],
              "patterns": [
                "/ingredients"
              ],
              "produces": []
            }
          }
        },
...
      ]
    }
  },
  "parentId": "application-1"
},
"bootstrap": {
  "mappings": {
    "dispatcherHandlers": {}
  },
  "parentId": null
}
}
}
```

在这里，来自 curl 命令行的响应被输送到一个叫作 jq 的工具，除其他功能外，它能将请求返回的 JSON 数据打印成容易阅读的格式。为简洁起见，这个响应被删减了，只留下一个请求处理器的信息。具体来说，它表明对“/ingredients”的 GET 请求将由 AredientsController 的 allIngredients()方法处理。

管理日志级别

对于任何应用来说，日志都是很重要的特性。日志提供了一种审计方式，也提供了一种较为粗略的调试方法。

设置合适的日志级别需要很强的平衡能力。如果日志级别设置得太低，那么日志中会有太多的噪声，使查找有用的信息变得很困难；如果日志级别设置得过高，那么日志就会过于简洁，对于帮助我们理解应用正在做什么可能没有太大的价值。

日志级别通常会基于 Java 包设置。如果想要知道正在运行的应用中使用了什么日志级别，可以向“/loggers”端点发送 GET 请求。如下的 JSON 展示了“/loggers”响应的一个片段：

```
{
  "levels": [ "OFF", "ERROR", "WARN", "INFO", "DEBUG", "TRACE" ],
  "loggers": {
    "ROOT": {
      "configuredLevel": "INFO", "effectiveLevel": "INFO"
    },
...
    "org.springframework.web": {
      "configuredLevel": null, "effectiveLevel": "INFO"
    },
...
    "tacos": {
      "configuredLevel": null, "effectiveLevel": "INFO"
    },
    "tacos.ingredients": {
      "configuredLevel": null, "effectiveLevel": "INFO"
    },
    "tacos.ingredients.IngredientServiceApplication": {
      "configuredLevel": null, "effectiveLevel": "INFO"
    }
  }
}
```

在响应的顶部首先是所有合法日志级别的列表。在此之后，loggers 元素列出了应用中每个包的日志级别详情。configuredLevel 属性展示了明确配置的日志级别（如果没有明确配置，则会显示 null）。effectiveLevel 属性展示实际的日志级别，它可能是从父包或根 logger 继承下来的。

尽管这个片段只展现了根 logger 和 4 个包的日志级别，但是完整的响应会包含应用中每个包的日志级别，包括我们所使用的库对应的包。如果只关心特定的包，那么可以在请求中以额外路径组件的方式指明包的名称。

例如，如果我们只想知道 tacocloud.ingredients 包的日志级别，那么可以发送请求到“/loggers/ tacocloud.ingredients”：

```
{
  "configuredLevel": null,
  "effectiveLevel": "INFO"
}
```

除了返回应用程序中包的日志级别，通过向“/loggers”端点发送 POST 请求，我们还能修改已配置的日志级别。例如，假设我们想要将 tacocloud.ingredients 包的日志级别设置为 DEBUG，如下的 curl 命令能够实现这一点：

```
$ curl localhost:8080/actuator/loggers/tacocloud/ingredients \
    -d'{"configuredLevel":"DEBUG"}' \
    -H"Content-type: application/json"
```

现在，日志级别已经发生了变化，我们可以向“/loggers/tacocloud.ingredients”发送 GET 请求，看一下它变成了什么样子：

```
{
  "configuredLevel": "DEBUG",
  "effectiveLevel": "DEBUG"
}
```

注意，在此之前，configuredLevel 的值为 null，现在它变成了 DEBUG。这个变更也会影响到 effectiveLevel。最重要的是，如果这个包中的代码以 debug 级别打印日志，那么日志文件中会包含 debug 级别的信息。

15.2.3　查看应用的活动

如果能够时刻监视运行中应用的活动，那会很有帮助。我们所关注的信息可能包括应用正在处理什么类型的 HTTP 请求，以及应用中所有线程的活动。为了实现这一点，Actuator 提供了“/httptrace”“/threaddump”和“/heapdump”端点。

“/heapdump”端点可能是最难以详细解释的 Actuator 端点。简言之，它会下载一个 gzip 压缩的 HPROF 堆转储文件，而该文件可以用来跟踪内存和线程问题。由于篇幅所限，且堆转储文件的使用是一个非常高级的特性，所以对“/heapdump”端点的介绍就仅限于此。

跟踪 HTTP 活动

“/httptrace”端点能够报告应用所处理的最近 100 个请求的详情。详情内容包括请求的方法和路径、代表请求处理时刻的时间戳、请求和响应的头信息，以及处理该请求的耗时。

如下的 JSON 片段展示了“/httptrace”端点响应的一个条目：

```
{
  "traces": [
    {
      "timestamp": "2020-06-03T23:41:24.494Z",
      "principal": null,
      "session": null,
      "request": {
        "method": "GET",
```

```
        "uri": "http://localhost:8080/ingredients",
        "headers": {
          "Host": ["localhost:8080"],
          "User-Agent": ["curl/7.54.0"],
          "Accept": ["*/*"]
        },
        "remoteAddress": null
      },
      "response": {
        "status": 200,
        "headers": {
          "Content-Type": ["application/json;charset = UTF-8"]
        }
      },
      "timeTaken": 4
    },
...
  ]
}
```

尽管这些信息对调试很有价值，但是随着时间推移不断跟踪数据更加有趣——基于响应的状态值，这能够让我们洞察应用程序在给定的时间内有多少请求是成功的、有多少请求是失败的。在第 16 章，我们会看到 Spring Boot Admin 是如何将这些信息捕获到一个运行图中的。借助这个运行图，我们能够可视化一定时间范围内的 HTTP 跟踪信息。

监控线程

除了 HTTP 请求的跟踪信息，在确定应用运行状况时，线程活动也非常有用。“/threaddump”端点能够生成一个当前线程活动的快照。通过如下的“/threaddump”端点响应片段，我们能够大致了解这个端点都提供了什么功能：

```
{
  "threadName": "reactor-http-nio-8",
  "threadId": 338,
  "blockedTime": -1,
  "blockedCount": 0,
  "waitedTime": -1,
  "waitedCount": 0,
  "lockName": null,
  "lockOwnerId": -1,
  "lockOwnerName": null,
  "inNative": true,
  "suspended": false,
  "threadState": "RUNNABLE",
  "stackTrace": [
    {
      "methodName": "kevent0",
      "fileName": "KQueueArrayWrapper.java",
      "lineNumber": -2,
      "className": "sun.nio.ch.KQueueArrayWrapper",
      "nativeMethod": true
```

```
        },
        {
          "methodName": "poll",
          "fileName": "KQueueArrayWrapper.java",
          "lineNumber": 198,
          "className": "sun.nio.ch.KQueueArrayWrapper",
          "nativeMethod": false
        },
    ...
      ],
      "lockedMonitors": [
        {
          "className": "io.netty.channel.nio.SelectedSelectionKeySet",
          "identityHashCode": 1039768944,
          "lockedStackDepth": 3,
          "lockedStackFrame": {
            "methodName": "lockAndDoSelect",
            "fileName": "SelectorImpl.java",
            "lineNumber": 86,
            "className": "sun.nio.ch.SelectorImpl",
            "nativeMethod": false
          }
        },
    ...
      ],
      "lockedSynchronizers": [],
      "lockInfo": null
    }
```

完整的线程转储报告包含了运行中应用的每个线程。这里的线程转储进行了删减，只包含一个线程条目。可以看到，其中包含了线程的阻塞和锁定状态，以及其他细节。这里还有一个栈，能够展现线程都将时间花在哪块代码中。

"/threaddump" 只提供了请求时线程活动的快照，所以仅靠它很难完整了解随着时间的推移线程的行为都是什么样子的。在第 16 章，我们会看到 Spring Boot Admin 如何在一个实时视图中监视 "/threaddump" 端点。

15.2.4 挖掘应用运行时的指标

"/metrics" 端点能够报告运行中的应用程序生成的各种度量指标，包括关于内存、处理器、垃圾收集，以及 HTTP 请求的指标。Actuator 提供了 20 多个 "开箱即用" 的指标分类，我们向 "/metrics" 发送 GET 请求时得到的指标分类证明了这一点：

```
$ curl localhost:8080/actuator/metrics | jq
{
  "names": [
    "jvm.memory.max",
    "process.files.max",
    "jvm.gc.memory.promoted",
    "http.server.requests",
```

```
    "system.load.average.1m",
    "jvm.memory.used",
    "jvm.gc.max.data.size",
    "jvm.memory.committed",
    "system.cpu.count",
    "logback.events",
    "jvm.buffer.memory.used",
    "jvm.threads.daemon",
    "system.cpu.usage",
    "jvm.gc.memory.allocated",
    "jvm.threads.live",
    "jvm.threads.peak",
    "process.uptime",
    "process.cpu.usage",
    "jvm.classes.loaded",
    "jvm.gc.pause",
    "jvm.classes.unloaded",
    "jvm.gc.live.data.size",
    "process.files.open",
    "jvm.buffer.count",
    "jvm.buffer.total.capacity",
    "process.start.time"
  ]
}
```

这里涉及太多的指标，本章不可能面面俱到地介绍。我们可以只关注一个指标分类，即 http.server.requests，将它作为样例，学习如何消费“/metrics”端点。

现在，我们不再简单地请求“/metrics”，而是发送 GET 请求到“/metrics/{METRICS CATEGORY}”，这样我们就会收到该分类的指标详情。对于 http.server.requests，我们发送 GET 请求到“/metrics/ http.server.requests”，得到的返回数据如下所示：

```
$ curl localhost:8080/actuator/metrics/http.server.requests
{
  "name": "http.server.requests",
  "measurements": [
    { "statistic": "COUNT", "value": 2103 },
    { "statistic": "TOTAL_TIME", "value": 18.086334315 },
    { "statistic": "MAX", "value": 0.028926313 }
  ],
  "availableTags": [
    { "tag": "exception",
      "values": [ "ResponseStatusException",
                  "IllegalArgumentException", "none" ] },
    { "tag": "method", "values": [ "GET" ] },
    { "tag": "uri",
      "values": [
        "/actuator/metrics/{requiredMetricName}",
        "/actuator/health", "/actuator/info", "/ingredients",
        "/actuator/metrics", "/**" ] },
    { "tag": "status", "values": [ "404", "500", "200" ] }
  ]
}
```

这个响应中最重要的组成部分是 measurements 区域，它包含了所请求分类的所有指标数据。在本例中，它表示一共有 2103 个 HTTP 请求，处理这些请求的总耗时是 18.086334315 秒，处理单个请求的最大耗时是 0.028926313 秒。

这些通用的指标很有趣，但是我们也可以使用 availableTags 中所列出的标签进一步细化结果。例如，我们知道一共有 2103 个请求，但是还不知道 HTTP 200、HTTP 404 或 HTTP 500 响应状态的请求分别有多少。借助 status 标签，可以得到所有状态为 HTTP 404 的请求指标：

```
$ curl localhost:8080/actuator/metrics/http.server.requests? \
                                              tag = status:404
{
  "name": "http.server.requests",
  "measurements": [
    { "statistic": "COUNT", "value": 31 },
    { "statistic": "TOTAL_TIME", "value": 0.522061212 },
    { "statistic": "MAX", "value": 0 }
  ],
 "availableTags": [
    { "tag": "exception",
      "values": [ "ResponseStatusException", "none" ] },
    { "tag": "method", "values": [ "GET" ] },
    { "tag": "uri",
      "values": [
        "/actuator/metrics/{requiredMetricName}", "/**" ] }
  ]
}
```

通过使用 tag 请求属性指定标签名和值，我们可以看到所有响应为 HTTP 404 的请求的指标。这里显示有 31 个请求的结果是 404，耗用了 0.522061212 秒。除此之外，我们可以看到有一些失败的请求是针对“/actuator/metrics/{requiredMetricsName}”的 GET 请求（尽管我们并不清楚{requiredMetricsName}路径变量解析成了什么）。另外，有些请求是发送其他路径的，它们是由“/**”通配符捕获到的。

我们如果想知道有多少 HTTP 404 响应是发送到“/**”路径的，又该怎么办呢？要做的就是进一步对其进行过滤，在请求中使用 uri 标签，如下所示：

```
% curl "localhost:8080/actuator/metrics/http.server.requests? \
                                       tag=status:404&tag = uri:/**"
{
  "name": "http.server.requests",
  "measurements": [
    { "statistic": "COUNT", "value": 30 },
    { "statistic": "TOTAL_TIME", "value": 0.519791548 },
    { "statistic": "MAX", "value": 0 }
  ],
  "availableTags": [
    { "tag": "exception", "values": [ "ResponseStatusException" ] },
    { "tag": "method", "values": [ "GET" ] }
  ]
}
```

可以看到，有 30 个路径匹配“/**”的请求得到了 HTTP 404，且处理这些请求耗费了 0.519791548 秒。

你可能也注意到了，随着我们不断细化请求的条件，响应中 availableTags 中列出的可用标签越来越有限。这里列出的标签需要能够匹配我们根据展现指标所捕获的请求。在本例中，exception 和 method 标签只有一个值。显然，30 个请求都是 GET 请求，并且都是因为抛出 ResponseStatusException 而产生的 404 状态。

导览整个“/metrics”可能很麻烦，但是稍加练习，我们依然可以找到自己想要的数据。在第 16 章，我们会看到，借助 Spring Boot Admin 可以更容易地消费“/metrics”端点的数据。

Actuator 端点所提供的信息尽管有助于观察运行中 Spring Boot 应用的内部状况，但并不适用于人类直接阅读。作为 REST 端点，它们是供其他应用消费的。这里所说的“其他应用”也可能是 UI。考虑到这一点，让我们看看如何在一个用户友好的 Web 应用中展示 Actuator 的信息。

15.3 自定义 Actuator

Actuator 最棒的特性之一就是它能够进行自定义，以满足应用的特定需求。一些端点本身支持自定义扩展，同时，Actuator 也允许我们创建完全自定义的端点。

接下来，我们看一下 Actuator 进行自定义的几种方式。从为“/info”端点添加信息开始。

15.3.1 为“/info”端点提供信息

正如我们在 15.2.1 小节所看到的那样，“/info”最初是空的，不能提供任何信息。我们可以通过创建前缀为“info.”的属性很容易地为它添加数据。

创建前缀为“info.”的属性尽管是一个很简单的为“/info”端点添加自定义数据的方式，但并不是唯一的方式。Spring Boot 提供了名为 InfoContributor 的接口，允许我们以编程的方式为“/info”端点添加任何想要的信息。Spring Boot 甚至提供了 InfoContributor 接口的几个非常实用的实现。

接下来，我们看一下如何编写自定义的 InfoContributor，以便向“/info”端点添加自定义信息。

创建自定义的 Info 贡献者

假设我们想要为“/info”端点添加关于 Taco Cloud 的统计信息，比如已创建的 taco 数量。为了实现这一点，需要编写一个实现 InfoContributor 接口的类，并将 TacoRepository

注入，然后发布 TacoRepository 提供的信息到“/info”端点中。程序清单 15.3 展示了如何实现这样一个贡献者（contributor）。

程序清单 15.3 InfoContributor 的自定义实现

```
package tacos.actuator;

import java.util.HashMap;
import java.util.Map;

import org.springframework.boot.actuate.info.Info.Builder;
import org.springframework.boot.actuate.info.InfoContributor;
import org.springframework.stereotype.Component;

import tacos.data.TacoRepository;
@Component
public class TacoCountInfoContributor implements InfoContributor {
  private TacoRepository tacoRepo;

  public TacoCountInfoContributor(TacoRepository tacoRepo) {
    this.tacoRepo = tacoRepo;
  }

  @Override
  public void contribute(Builder builder) {
    long tacoCount = tacoRepo.count().block();
    Map<String, Object> tacoMap = new HashMap<String, Object>();
    tacoMap.put("count", tacoCount);
    builder.withDetail("taco-stats", tacoMap);
  }
}
```

要实现 InfoContributor 接口，TacoCountInfoContributor 需要实现 contribute()方法。这个方法能够获得一个 Builder 对象，基于这个对象，contribute()调用 withDetail()方法来添加详情信息。在上述的实现中，我们通过 TacoRepository 的 count()来获取已创建的 taco 数量。在本例中，我们使用了一个反应式的存储库，所以需要调用 block()方法以便从 Mono<Long>中获取具体的数值。然后，我们将这个数值放入一个 Map，以值为 taco-stats 的 label 将它传递到 builder 中。这样形成的“/info”端点会包含这个数量，如下所示：

```
{
  "taco-stats": {
    "count": 44
  }
}
```

可以看到，InfoContributor 的实现可以使用任何必要的方法贡献信息。为属性添加“info.”前缀虽然简单，却仅限于针对静态值的情况。

注入构建信息到“/info”端点

Spring Boot 提供了一些内置的 InfoContributor 实现，能够自动在 “/info” 端点的结果中添加信息。其中有一个实现是 BuildInfoContributor，它能够将项目构建文件中的信息添加到 “/info” 端点的结果中，包括一些基本信息，如项目版本、构建的时间戳，以及执行构建的主机和用户。

为了将构建信息添加到“/info”端点的结果中，需要添加 build-info goal 到 Spring Boot Maven Plugin executions 中，如下所示：

```
<build>
  <plugins>
    <plugin>
      <groupId>org.springframework.boot</groupId>
      <artifactId>spring-boot-maven-plugin</artifactId>
      <executions>
        <execution>
          <goals>
            <goal>build-info</goal>
          </goals>
        </execution>
      </executions>
    </plugin>
  </plugins>
</build>
```

使用 Gradle 构建项目，只需要将如下几行代码添加到 build.gradle 文件中：

```
springBoot {
  buildInfo()
}
```

不管使用哪种方式，构建过程都会在可分发的 JAR 或 WAR 文件中生成一个名为 build-info.properties 的文件，BuildInfoContributor 会使用这个文件并为 “/info” 端点贡献信息。如下的 “/info” 端点响应片段展现了所贡献的构建信息：

```
{
  "build": {
    "artifact": "tacocloud",
    "name": "taco-cloud",
    "time": "2021-08-08T23:55:16.379Z",
    "version": "0.0.15-SNAPSHOT",
    "group": "sia"
  },
}
```

这个信息对于我们理解正在运行的应用的确切版本和构建时间是非常有用的。通过向 “/info” 端点发送 GET 请求，我们就能知道正在运行的是不是项目的最新构建版本。

暴露 Git 提交信息

如果我们的项目使用 Git 进行源码控制，那么我们可以在 “/info” 端点中包含 Git

提交信息。为了实现这一点，需要将如下的插件添加到 Maven 项目的 pom.xml 文件中：

```
<build>
  <plugins>
...
   <plugin>
      <groupId>pl.project13.maven</groupId>
      <artifactId>git-commit-id-plugin</artifactId>
   </plugin>
  </plugins>
</build>
```

你如果是 Gradle 用户，也不用担心。我们可以将一个功能相同的插件添加到 build.gradle 文件中：

```
plugins {
  id "com.gorylenko.gradle-git-properties" version "2.3.1"
}
```

这两个插件完成的事情是相同的：生成一个名为 git.properties 的构建期制品。这个文件包含了项目的所有 Git 元数据。在运行时，有个特殊的 InfoContributor 实现能够发现这个文件并将它的内容贡献给“/info”端点。

当然，为了生成 git.properties 文件，项目中需要存在 Git 提交元数据（metadata）。换句话说，它必须克隆自一个 Git 仓库，或者是一个包含至少一次提交的新本地 Git 仓库。如果没有提交信息，那么这两个插件都不能发挥作用。不过，我们可以对它们进行配置，以忽略缺少的 Git 元数据。对于 Maven 插件，需要将 failOnNoGitDirectory 属性设置为 false，如下所示：

```
<build>
  <plugins>
...
    <plugin>
      <groupId>pl.project13.maven</groupId>
      <artifactId>git-commit-id-plugin</artifactId>
      <configuration>
        <failOnNoGitDirectory>false</failOnNoGitDirectory>
      </configuration>
    </plugin>
  </plugins>
</build>
```

类似地，可以在 Gradle 中像下面一样在 gitProperties 下指定 failOnNoGitDirectory 属性:

```
gitProperties {
  failOnNoGitDirectory = false
}
```

按照最简单的形式，“/info”端点展现的 Git 信息包括应用构建所使用的 Git 分支、提交的哈希值，以及时间戳：

```
{
  "git": {
    "branch": "main",
    "commit": {
      "id": "df45505",
      "time": "2021-08-08T21:51:12Z"
    }
  },
...
}
```

这些信息非常清晰地描述了项目构建时代码的状态。此外，我们还可以将 management.info.git.mode 属性设置为 full，从而得到项目构建时的详细 Git 提交信息。

```
management:
  info:
    git:
      mode: full
```

程序清单 15.4 展现了一个完整的 Git 信息样例。

程序清单 15.4　通过"/info"端点展现完整的 Git 信息

```
"git": {
  "local": {
    "branch": {
      "ahead": "8",
      "behind": "0"
    }
  },
  "commit": {
    "id": {
      "describe-short": "df45505-dirty",
      "abbrev": "df45505",
      "full": "df455055daaf3b1347b0ad1d9dca4ebbc6067810",
      "describe": "df45505-dirty"
    },
    "message": {
      "short": "Apply chapter 18 edits",
    "full": "Apply chapter 18 edits"
  },
  "user": {
    "name": "Craig Walls",
    "email": "craig@habuma.com"
  },
  "author": {
    "time": "2021-08-08T15:51:12-0600"
  },
  "committer": {
      "time": "2021-08-08T15:51:12-0600"
    },
```

```
    "time": "2021-08-08T21:51:12Z"
  },
  "branch": "master",
  "build": {
    "time": "2021-08-09T00:13:37Z",
    "version": "0.0.15-SNAPSHOT",
    "host": "Craigs-MacBook-Pro.local",
    "user": {
      "name": "Craig Walls",
      "email": "craig@habuma.com"
    }
  },
  "tags": "",
  "total": {
    "commit": {
      "count": "196"
    }
  },
  "closest": {
    "tag": {
        "commit": {
          "count": ""
        },
        "name": ""
    }
  },
  "remote": {
    "origin": {
      "url": "git@github.com:habuma/spring-in-action-6-samples.git"
    }
  },
  "dirty": "true"
},
```


除了时间戳和 Git 提交哈希值的缩略值，完整版本的信息还包含了代码提交者的名字和邮箱、完整的提交信息，以及其他内容，便于我们精确定位构建项目所使用的代码。实际上，我们可以看到程序清单 15.4 中 dirty 属性的值为 true，表明项目构建时构建目录中存在未提交的变更。没有什么信息比这更有说服力了！

15.3.2　实现自定义的健康指示器

Spring Boot 提供了多个内置的健康指示器，它们能够提供与 Spring 应用交互的通用外部系统的健康信息。有时候我们可能会发现，所使用的外部系统在 Spring Boot 的预料之外，Spring Boot 也没有为它提供健康指示器。

例如，我们的应用可能与一个传统大型机应用交互，应用的健康状况会受到遗留系统健康状况的影响。为了创建自定义的健康指示器，我们需要创建一个实现了 HealthIndicator 接口的 bean。

实际上，对于 Taco Cloud 服务，我们没有必要创建自定义的健康指示器，Spring Boot 所提供的指示器就足够用了。为了阐述如何开发自定义的健康指示器，我们看一下程序清单 15.5，它展现了一个简单的 HealthIndicator 实现，健康状况根据一天中的时间判定。

程序清单 15.5 HealthIndicator 的一个特殊实现

```
package tacos.actuator;

import java.util.Calendar;
import org.springframework.boot.actuate.health.Health;
import org.springframework.boot.actuate.health.HealthIndicator;
import org.springframework.stereotype.Component;


@Component
public class WackoHealthIndicator
       implements HealthIndicator {
  @Override
  public Health health() {
    int hour = Calendar.getInstance().get(Calendar.HOUR_OF_DAY);
    if (hour > 12) {
      return Health
          .outOfService()
          .withDetail("reason",
                 "I'm out of service after lunchtime")
          .withDetail("hour", hour)
          .build();
    }

    if (Math.random() <= 0.1) {
      return Health
          .down()
          .withDetail("reason", "I break 10% of the time")
          .build();
    }
    return Health
        .up()
        .withDetail("reason", "All is good!")
        .build();
  }
}
```

这个疯狂的健康指示器首先会判断当前是什么时间。如果是下午，那么所返回的健康状态是 OUT_OF_SERVICE，其中还包含导致该状态的原因详情。即便是在上午，这个健康指示器也有 10%的概率报告 DOWN 状态，因为它使用随机数来决定应用是否正常启动。如果随机数的值小于 0.1，那么状态将是 DOWN，否则状态将是 UP。

显然，在真正的应用中，程序清单 15.5 的健康指示器不会有什么用处。但是，可以假设我们并不是根据当前时间或随机数判定健康状况，而是对外部系统发起一个远程调用，并基于接收到的响应状态来判定，那么它就是一个非常有用的健康指示器了。

15.3.3 注册自定义的指标

在 15.2.4 小节，我们看到了如何访问“/metrics”端点来消费 Actuator 发布的各种指标，当时我们主要关注了 HTTP 请求的信息。Actuator 提供的指标非常有用，但是“/metrics”端点的结果并不局限于内置的指标。

实际上，Actuator 的指标是由 Micrometer 实现的。这是一个供应商中立的指标门面，借助它，我们能够发送任意想要的指标，并在所选的第三方监控系统中展现它。它提供了对 Prometheus、Datadog、New Relic 等系统的支持。

使用 Micrometer 发布指标的最基本方式是借助 Micrometer 的 MeterRegistry。要在 Spring Boot 应用中发布指标，唯一需要做的就是将 MeterRegistry 注入想要发布计数器、计时器或计量器（gauges）的地方，这些地方能够捕获应用的指标信息。

作为发布自定义指标的样例，假设我们想要统计使用不同配料所创建的 taco 的数量。也就是说，我们想要知道，使用生菜、碎牛肉、墨西哥薄饼以及其他配料分别制作了多少个 taco。程序清单 15.6 中的 TacoMetrics bean 展示了如何使用 MeterRegistry 来收集信息。

程序清单 15.6 TacoMetrics 注册了关于 taco 配料的指标

```
package tacos.actuator;

import java.util.List;
import org.springframework.data.rest.core.event.AbstractRepositoryEventLis
tener;
import org.springframework.stereotype.Component;
import io.micrometer.core.instrument.MeterRegistry;
import tacos.Ingredient;
import tacos.Taco;

@Component
public class TacoMetrics extends AbstractRepositoryEventListener<Taco> {
  private MeterRegistry meterRegistry;

  public TacoMetrics(MeterRegistry meterRegistry) {
    this.meterRegistry = meterRegistry;
  }

  @Override
  protected void onAfterCreate(Taco taco) {
    List<Ingredient> ingredients = taco.getIngredients();
    for (Ingredient ingredient : ingredients) {
      meterRegistry.counter("tacocloud",
          "ingredient", ingredient.getId()).increment();
    }
  }
}
```

可以看到，TacoMetrics 通过其构造器注入了 MeterRegistry。它还扩展了 AbstractRepositoryEventListener，这是 Spring Data 中的一个类，能够拦截存储库事件。我们重写了 onAfterCreate()方法，这样一来，每当保存新的 Taco 对象，它都会得到通知。

在 onAfterCreate()中，我们为每种配料声明了一个计数器，其中标签名为 ingredient，标签值为配料 ID。如果给定标签的计数器已经存在，就会复用已有的计数器，计数器递增，表明又使用该配料创建了一个 taco。

在创建几个 taco 之后，我们就可以查询"/metrics"端点来获取配料的计数信息了。对"/metrics/tacocloud"发送 GET 请求将会获得如下未经过滤的指标数据：

```
$ curl localhost:8080/actuator/metrics/tacocloud
{
  "name": "tacocloud",
  "measurements": [ { "statistic": "COUNT", "value": 84 }
  ],
  "availableTags": [
    {
      "tag": "ingredient",
      "values": [ "FLTO", "CHED", "LETC", "GRBF",
                  "COTO", "JACK", "TMTO", "SLSA"]
    }
  ]
}
```

measurements 下的数值并没有太大的用处，它代表了所有配料的总数。但是，如果想要知道有多少个 taco 使用墨西哥薄饼（flour tortilla）创建，可以将 ingredient 标签的值设置为 FLTO：

```
$ curl localhost:8080/actuator/metrics/tacocloud?tag = ingredient:FLTO

{
  "name": "tacocloud",
  "measurements": [
    { "statistic": "COUNT", "value": 39 }
  ],
  "availableTags": []
}
```

现在，我们可以清楚地看到，有 39 个 taco 的配料中含有墨西哥薄饼。

15.3.4 创建自定义的端点

乍一看，你可能会认为 Actuator 端点不过是使用 Spring MVC 的控制器实现的，但是在第 17 章中你会发现，这些端点除了通过 HTTP 请求暴露之外，还会暴露成 JMX MBean。因此，它们肯定不仅仅是控制器类的端点。

实际上，Actuator 端点的定义与控制器有很大的差异。Actuator 端点并不使用

@Controller 或@RestController 注解来标注类，而是为类添加@Endpoint 注解。

另外，Actuator 端点的操作不使用 HTTP 方法命名的注解，如@GetMapping、@PostMapping、@DeleteMapping 等。它们是通过为方法添加@ReadOperation、@WriteOperation 和@DeleteOperation 注解实现的。这些注解并没有指明任何的通信机制。实际上，它们允许 Actuator 与各种各样的通信机制协作，内置了对 HTTP 和 JMX 的支持。关于如何编写自定义的 Actuator，参见程序清单 15.7 中的 NotesEndpoint。

程序清单 15.7 用来记笔记的自定义端点

```
package tacos.actuator;

import java.util.ArrayList;
import java.util.Date;
import java.util.List;
import org.springframework.boot.actuate.endpoint.annotation.DeleteOperation;
import org.springframework.boot.actuate.endpoint.annotation.Endpoint;
import org.springframework.boot.actuate.endpoint.annotation.ReadOperation;
import org.springframework.boot.actuate.endpoint.annotation.WriteOperation;
import org.springframework.stereotype.Component;

@Component
@Endpoint(id = "notes", enableByDefault = true)
public class NotesEndpoint {

  private List<Note> notes = new ArrayList<>();

  @ReadOperation
  public List<Note> notes() {
    return notes;
  }

  @WriteOperation
  public List<Note> addNote(String text) {
    notes.add(new Note(text));
    return notes;
  }

  @DeleteOperation
  public List<Note> deleteNote(int index) {
    if (index < notes.size()) {
      notes.remove(index);
    }
    return notes;
  }

  class Note {
    private Date time = new Date();
    private final String text;

    public Note(String text) {
```

```
      this.text = text;
    }

    public Date getTime() {
        return time;
    }

    public String getText() {
        return text;
    }
  }
}
```

这是一个非常简单的用于管理笔记的端点。我们可以通过写入操作提交笔记，通过读取操作阅读笔记列表，通过删除操作移除某个笔记。不得不承认，这个端点并不像 Actuator 的端点那样有用。但是考虑到“开箱即用”的 Actuator 端点提供了如此多的功能，设想一个自定义 Actuator 端点的实际样例有些困难。

不管怎么说，NotesEndpoint 类使用了@Component 注解，这样一来，它就会被 Spring 的组件扫描发现，并初始化为 Spring 应用上下文中的 bean。但是，与我们的讨论关联最大的事情是，它还使用了@Endpoint 注解，这使其成为一个 ID 为 notes 的 Actuator 端点。它默认就是启用的，所以我们不需要在 management.web.endpoints.web.exposure.include 配置属性中显式启用。

可以看到，NotesEndpoint 提供了各种类型的操作。

- notes()方法使用了@ReadOperation 注解。当它被调用时，会返回一个可用笔记的列表。按照 HTTP 的术语，它会处理针对“/actuator/notes”的 HTTP GET 请求，并返回 JSON 格式的笔记列表。
- addNote()方法使用了@WriteOperation 注解。当它被调用的时候，会根据给定的文本创建一个新的笔记并将其添加到列表中。按照 HTTP 的术语，它处理 POST 请求，请求体中是一个包含 text 属性的 JSON 对象。最后，它会在响应中返回当前笔记列表的状态。
- deleteNote()方法使用了@DeleteOperation 注解。当它被调用的时候，将会根据给定的索引删除一条笔记。按照 HTTP 的术语，它会处理 DELETE 请求，其中索引是通过请求参数设置进来的。

为了看一下它的实际效果，我们可以使用 curl 测试新的端点。首先，使用两个单独的 POST 请求添加两条笔记：

```
$ curl localhost:8080/actuator/notes \
               -d'{"text":"Bring home milk"}' \
               -H"Content-type: application/json"
[{"time":"2020-06-08T13:50:45.085 + 0000","text":"Bring home milk"}]

$ curl localhost:8080/actuator/notes \
```

```
        -d'{"text":"Take dry cleaning"}' \
        -H"Content-type: application/json"
[{"time":"2021-07-03T12:39:13.058 + 0000","text":"Bring home milk"},
 {"time":"2021-07-03T12:39:16.012 + 0000","text":"Take dry cleaning"}]
```

可以看到，每次新增笔记，端点都会返回增加新内容之后的笔记列表。如果想要查看笔记列表，可以发送一个简单的 GET 请求：

```
$ curl localhost:8080/actuator/notes
[{"time":"2021-07-03T12:39:13.058 + 0000","text":"Bring home milk"},
 {"time":"2021-07-03T12:39:16.012 + 0000","text":"Take dry cleaning"}]
```

如果决定移除其中的某条笔记，可以发送一个 DELETE 请求，并将 index 作为请求的参数：

```
$ curl localhost:8080/actuator/notes?index = 1 -X DELETE
[{"time":" 2021-07-03T12:39:13.058 + 0000","text":"Bring home milk"}]
```

很重要的一点是，尽管此处只展现了如何使用 HTTP 与端点交互，但它还会暴露为 MBean，使得我们可以使用任意的 JMX 客户端访问。如果只想暴露 HTTP 端点，可以使用@WebEndpoint 注解而不是@Endpoint 来标注端点类：

```
@Component
@WebEndpoint(id = "notes", enableByDefault = true)
public class NotesEndpoint {
  ...
}
```

类似地，如果只想暴露 MBean 端点，可以使用@JmxEndpoint 注解标注。

15.4 确保 Actuator 的安全

我们可能不想让别人窥探 Actuator 暴露的信息。此外，因为 Actuator 提供了一些用于修改环境变量和日志级别的操作，所以最好对 Actuator 进行保护，使得只有具有对应权限的客户端才能消费这些端点。

虽然保护 Actuator 端点非常重要，但是确保安全性并不是 Actuator 本身的职责，我们需要使用 Spring Security 来保护 Actuator。因为 Actuator 端点的路径和应用本身的路径非常相似，所以保护 Actuator 与保护其他的应用路径并没有太大区别。我们在第 5 章讨论的内容依然适用于保护 Actuator 端点。

因为所有的端点都集中在“/actuator”基础路径（如果设置了 management.endpoints.web.base-path 属性，那么可能会是其他的路径）下，所以很容易将授权规则应用到所有的 Actuator 端点上。例如，想要仅允许具有 ROLE_ADMIN 权限的用户调用 Actuator 端点，可以重写 WebSecurityConfigurerAdapter 的 configure()方法：

```
@Override
protected void configure(HttpSecurity http) throws Exception {
  http
    .authorizeRequests()
      .antMatchers("/actuator/**").hasRole("ADMIN")

    .and()

    .httpBasic();
}
```

这使得所有的请求均需由具备 ROLE_ADMIN 权限的授权用户发起才能访问。它还配置了 HTTP basic 认证,使客户端应用可以在请求的 Authorization 头信息中提交编码后的认证信息。

保护 Actuator 的唯一问题在于，端点的路径硬编码为“/actuator/**”，如果修改 management.endpoints.web.base-path 属性导致了路径发生变化，这种方式就无法正常运行了。为了解决这个问题，Spring Boot 提供了 EndpointRequest（一个请求匹配类，更简单，而且不依赖于给定的 String 类型的路径）。借助 EndpointRequest，可以将相同的安全要求用于 Actuator，而且不需要硬编码路径：

```
@Override
protected void configure(HttpSecurity http) throws Exception {
  http
    .requestMatcher(EndpointRequest.toAnyEndpoint())
      .authorizeRequests()
        .anyRequest().hasRole("ADMIN")
    .and()
    .httpBasic();
}
```

EndpointRequest.toAnyEndpoint()方法会返回一个请求匹配器，它会匹配所有的 Actuator 端点。如果想要将某些端点从请求匹配器中移除，可以调用 excluding()方法，并通过名称声明：

```
@Override
protected void configure(HttpSecurity http) throws Exception {
  http
    .requestMatcher(
        EndpointRequest.toAnyEndpoint()
                       .excluding("health", "info"))
    .authorizeRequests()
      .anyRequest().hasRole("ADMIN")
  .and()
    .httpBasic();
}
```

另外，如果只是想将安全性用于一部分 Actuator 端点，可以调用 to()来替换 toAnyEndpoint()，并使用名称指明这些端点：

```
@Override
protected void configure(HttpSecurity http) throws Exception {
  http
    .requestMatcher(EndpointRequest.to(
          "beans", "threaddump", "loggers"))
    .authorizeRequests()
      .anyRequest().hasRole("ADMIN")
  .and()
    .httpBasic();
}
```

这样会限制安全性功能仅用于“/beans”“/threaddump”和“/loggers”端点，其他 Actuator 端点会全部对外开放。

小结

- Spring Boot Actuator 以 HTTP 和 JMX MBean 的形式提供了多个端点，能够让我们探查 Spring Boot 应用内部的运行状况。
- 大多数 Actuator 端点默认是禁用的，可以通过设置 management.endpoints.web.exposure.include 和 management.endpoints.web.exposure.exclude 属性有选择地对外暴露它们。
- 有些端点（比如“/loggers”和“/env”）允许写入操作，以在运行时改变应用的配置。
- 借助“/info”端点可以暴露应用的构建和 Git 提交的详情。
- 自定义的健康指示器可以反映应用的健康状况，以便跟踪外部集成系统的健康状态。
- 自定义的应用指标可以通过 Micrometer 注册，以集成 Spring Boot 应用和多种流行的指标引擎，包括 Datadog、New Relic 和 Prometheus。
- Spring Security 可以保护 Actuator 的 Web 端点，就像保护 Spring Web 应用的其他端点一样。

第 16 章　管理 Spring

本章内容：

- 搭建 Spring Boot Admin；
- 注册客户端应用；
- 使用 Actuator 端点；
- 确保 Admin 服务器的安全。

"一图胜千言"，对于很多应用程序的用户，一个用户友好的 Web 应用要胜过上千个 API 调用。不要误会，我是一个命令行爱好者，非常喜欢使用 curl 和 HTTPie 消费 REST API。但是有时先手动输入命令行来调用 REST 端点再查看结果要比在浏览器中点击链接并阅读结果低效得多。

在第 15 章，我们探索了 Spring Boot Actuator 暴露的所有 HTTP 端点。端点返回的是 JSON 响应，所以对于如何使用它们并没有任何限制。在本章，我们会看到基于 Actuator 端点构建的前端 UI，它们使这些端点更易于使用。此外，有些实时数据很难直接通过调用 Actuator 使用。

16.1 使用 Spring Boot Admin

我曾经被问到很多次，开发一个消费 Actuator 端点的 Web 应用并为其提供一个易于查看的 UI 到底有多难、是否有意义。我的答复是，它只是一个 REST API，因此一切皆有可能。不过，既然位于德国的软件和咨询公司 codecentric AG 的优秀工程师已经完成了这项工作，我们为什么还要为 Actuator 创建自己的 UI 呢？

Spring Boot Admin 是一款管理类的 Web 前端应用，它可以使得 Actuator 的端点更易于使用。它分为两个主要的组件：Spring Boot Admin 服务器和其客户端。Admin 服务器负责收集并展现 Actuator 数据，而展现的数据则是由一个或多个 Spring Boot 应用提供的，这些应用就是 Spring Boot Admin 的客户端，如图 16.1 所示。

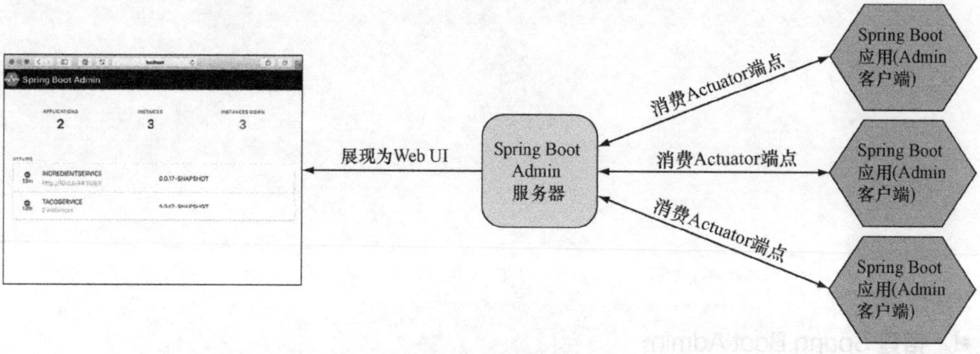

图 16.1　Spring Boot Admin 的服务器消费来自一个或多个 Spring Boot 应用的 Actuator 端点，并将数据展现在一个基于 Web 的 UI 中

我们需要将 Taco Cloud 应用注册为 Spring Boot Admin 的客户端。首先，需要搭建 Spring Boot Admin 服务器，以便接收每个客户端的 Actuator 信息。

16.1.1　创建 Admin 服务器

为了启用 Admin 服务器，首先需要创建一个新的 Spring Boot 应用，并将 Admin 服务器依赖添加到项目的构建文件中。我们通常会将 Admin 服务器作为一个单独的应用，以与其他的应用区分开来。因此，一种简单的方式是使用 Spring Boot Initializr 创建一个新的 Spring Boot 项目，并选择标签为 Spring Boot Admin (Server)的复选框。这样会将如下的依赖添加到<dependencies>代码块中：

```
<dependency>
  <groupId>de.codecentric</groupId>
  <artifactId>spring-boot-admin-starter-server</artifactId>
</dependency>
```

接下来，需要启用 Admin 服务器，只需在主配置类上添加@EnableAdminServer 注解：

```
package tacos.admin;

import org.springframework.boot.SpringApplication;
import org.springframework.boot.autoconfigure.SpringBootApplication;
```

```
import de.codecentric.boot.admin.server.config.EnableAdminServer;

@EnableAdminServer
@SpringBootApplication
public class AdminServerApplication {

   public static void main(String[] args) {
      SpringApplication.run(AdminServerApplication.class, args);
   }

}
```

最后，因为在开发阶段 Admin 服务器并不是唯一在本地运行的应用，所以需要将其设置为监听唯一端口，且这个端口要易于访问（如不能为 0）。在这里，我选择 9090 作为 Spring Boot Admin 服务器的端口：

```
server:
  port: 9090
```

现在，Admin 服务器已经准备就绪。启动应用并在浏览器中访问 http://localhost:9090，就会看到如图 16.2 所示的效果。

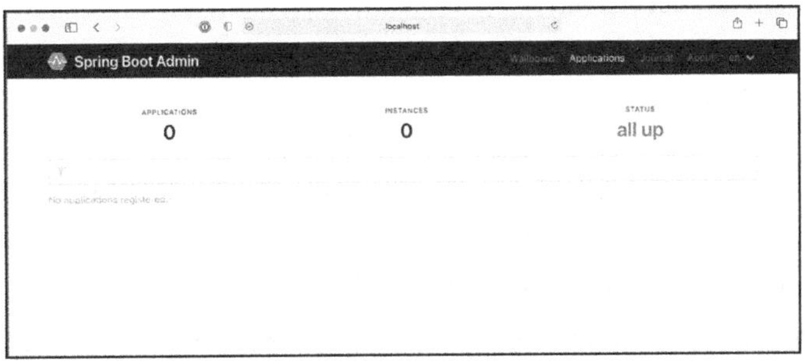

图 16.2 在 Spring Boot Admin UI 展现的新创建的服务器，此时没有注册任何实例

我们可以看到，Spring Boot Admin 显示有 0 个应用的 0 个实例正在运行。数字下面有“No applications registered.”这样的提示信息，说明此时这些数字没有任何意义。要让 Admin 服务器真正发挥作用，需要为其注册应用。

16.1.2 注册 Admin 客户端

因为 Admin 服务器独立于要展现 Actuator 数据的其他 Spring Boot 应用，所以要让 Admin 服务器能够以某种方式感知这些应用。Admin 服务器有两种方式注册 Spring Boot Admin 客户端：

- 每个应用显式向 Admin 服务器注册自身；
- Admin 通过 Eureka 服务注册中心发现服务。

我们会重点讨论如何将 Spring Boot 应用程序配置为 Spring Boot Admin 客户端，以使它们能够向 Admin 服务器进行注册。有关使用 Eureka 的更多信息，请参见 Spring Cloud 文档或 John Carnell 和 Illary Huaylupo Sánchez 编写的《Spring 微服务实战（第 2 版）》。

为了让 Spring Boot 应用程序将自己注册为 Admin 服务器的客户端，我们必须在其构建脚本中包含 Spring Boot Admin client starter。我们可以在 Initializr 中选择标有 Spring Boot Admin (Client)的复选框，从而很容易地将该依赖项添加到构建文件中，也可以为 Maven 构建的 Spring Boot 应用程序设置以下<dependency>：

```
<dependency>
  <groupId>de.codecentric</groupId>
  <artifactId>spring-boot-admin-starter-client</artifactId>
</dependency>
```

客户端库准备就绪之后，还需要配置 Admin 服务器的访问地址，这样客户端就可以将自身注册进去。为此，需要将 spring.boot.admin.client.url 属性值设置为 Admin 服务器的根 URL，像下面这样：

```
spring:
  application:
      name: taco-cloud
  boot:
      admin:
          client:
              url: http://localhost:9090
```

注意，在这里，我们还设置了 spring.application.name 属性。这个属性会被一些 Spring 项目用来识别应用程序。在这里，它的值是向 Admin 服务器提供的客户端应用名称，会作为标签出现在 Admin 服务器中关于应用程序的所有地方。

已注册的应用如图 16.3 所示。尽管其中并没有太多关于 Taco Cloud 应用程序的信息，但是我们可以看到应用的运行时间、Spring Boot Maven 插件是否配置了 build-info goal（正如 15.3.1 小节中讨论的那样）和构建版本。请放心，在 Admin 服务器中点击应用后，我们会看到更多应用运行时的细节。

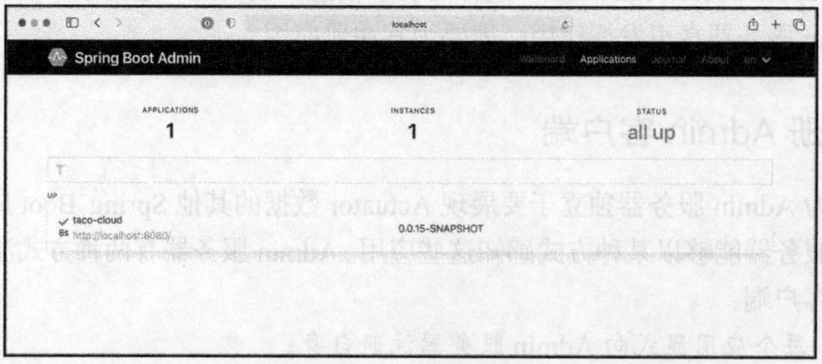

图 16.3　Spring Boot Admin UI 展示了一个已注册的应用

现在我们已经在 Admin 服务器上注册了 Taco Cloud 应用程序，接下来，我们看看 Admin 服务器提供了哪些功能。

16.2 探索 Admin 服务器

在将所有的 Spring Boot 应用注册为 Admin 服务器的客户端之后，就可以使用 Admin 服务器得到运行中应用的大量信息，包括：

- 通用的健康信息；
- 通过 Micrometer 和“/metrics”端点发布的所有指标；
- 环境属性；
- 包和类的日志级别。

实际上，几乎 Actuator 暴露的所有内容都可以通过 Admin 服务器来查看。它的展现形式更加人性化，包括了图表和钻取信息的过滤器。Admin 服务所展现的信息要比本章中列出的多得多，限于篇幅，本节着重介绍一些 Admin 服务器的亮点功能。

16.2.1 查看应用基本的健康状况和信息

正如第 15 章所提到的那样，Actuator 会通过“/health”和“/info”端点提供应用的健康状况和基本信息。Admin 服务器在 Details 选项卡下展现了这些信息，如图 16.4 所示。

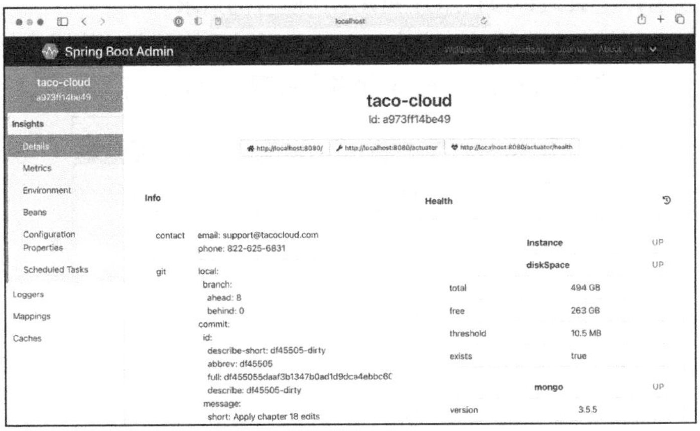

图 16.4 Spring Boot Admin UI 的 Details 选项卡展现了应用的健康状况和基本信息

在 Details 选项卡的 Info 和 Health 下方，可以看到一些来自应用 JVM 的统计信息，包括展现处理器、线程和内存使用的图表，如图 16.5 所示。

图表中所展现的信息和 Processes、Garbage Collection Pauses 下面的指标，可以为我们提供关于应用如何使用 JVM 资源的有用信息。

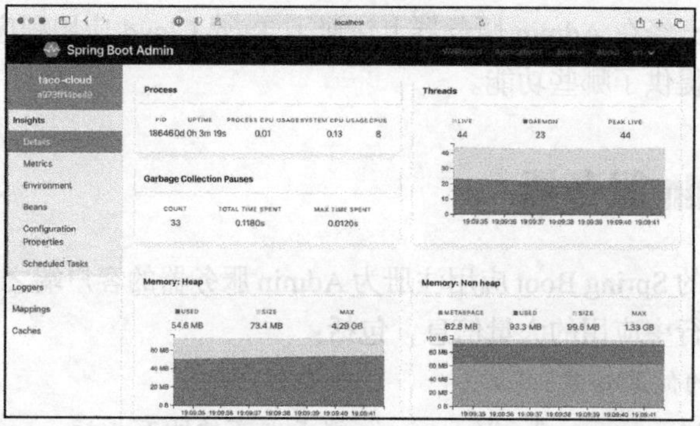

图 16.5　在 Details 选项卡中下方将会看到额外的 JVM 内部信息，包括处理器、线程和内存统计数据

16.2.2　观察核心指标

在 Actuator 的所有端点中，“/metrics”端点所提供的信息可能最不易读了。借助 Admin 服务器 Metrics 选项卡下的 UI 界面，我们可以很容易地消费应用所生成的指标数据。

在开始的时候，Metrics 选项卡并不会展示任何指标。借助页面顶部的表单，我们能够设置想要查看的一个或多个指标，如图 16.6 所示。

在图 16.6 中，我们监视了 http.server.requests 分类的两个指标：第一个报告展现了发往“/ingredients”端点的 HTTP GET 请求，并且要求返回状态为 200(OK)；第二个报告展现了所有产生 HTTP 404 (NOT FOUND)响应的请求。

关于这些指标，非常棒的一点在于，这里所展示的是实时数据，会自动更新，无须我们刷新页面（这几乎适用于 Admin 服务器展现的所有内容）。

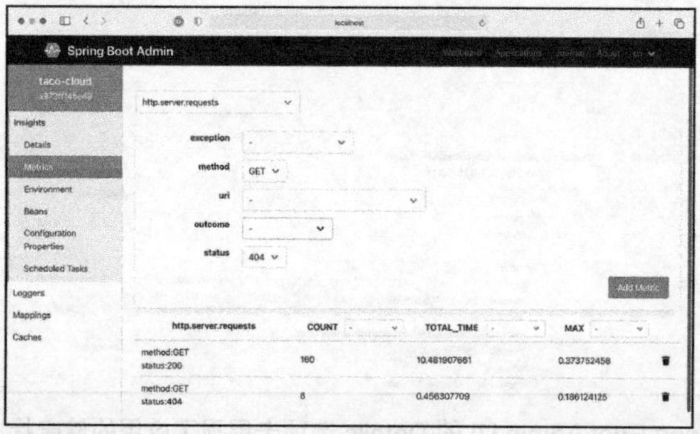

图 16.6　在 Metrics 选项卡下，我们可以监视应用的“/metrics”端点发布的所有指标

16.2.3　探查环境属性

Actuator 的“/env”端点能够返回 Spring Boot 应用的所有可用环境变量，这些环境

变量来源于各种属性源。尽管 API 端点的 JSON 格式响应并不难读，但 Admin 服务器在 Environment 选项卡下会以更美观的形式展现，如图 16.7 所示。

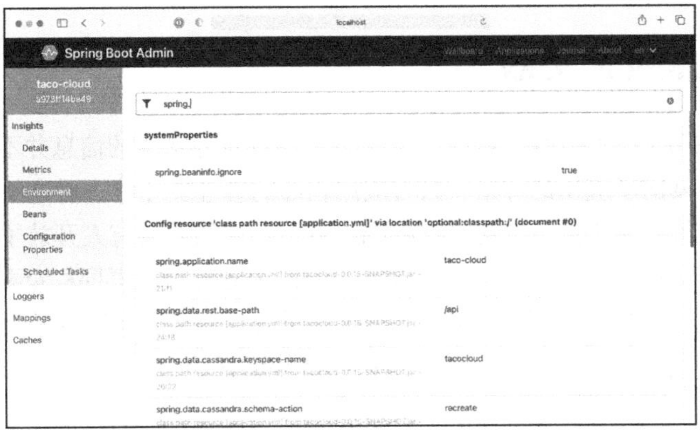

图 16.7 Environment 选项卡展现了环境属性，并且包含了重写和过滤值的选项

这里可能会有数百个属性，所以可以使用属性名或值对可用属性进行过滤。图 16.7 展现了根据属性名或值包含“spring.”进行过滤后的属性列表。通过页面顶部的 Environment Manager 表单，Admin 服务器还允许我们设置或重写环境属性。

16.2.4 查看和设置日志级别

Actuator 的“/loggers”端点对于我们理解或重写运行中应用的日志级别非常有用。Admin 服务器的 Loggers 选项卡基于“/loggers”端点提供了一个非常易于使用的 UI 页面，进一步简化了应用中的日志管理操作。图 16.8 展现了根据 org.springframework.boot 名称过滤后的 loggers。

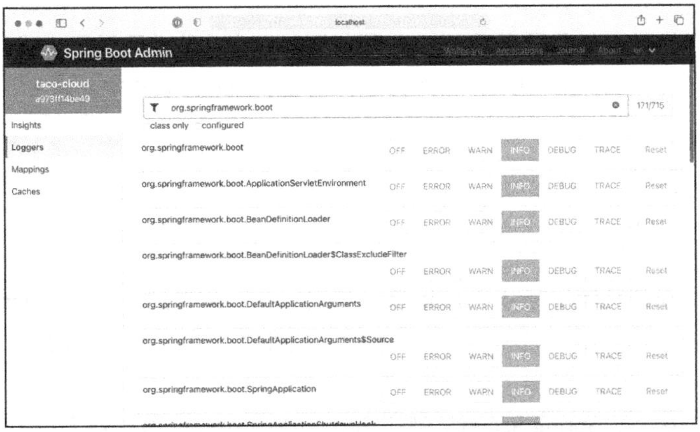

图 16.8 Loggers 选项卡会展示应用中包和类的日志级别，并且允许我们重写它们的级别

默认情况下，Admin 服务器会展现所有包和类的日志级别。它们可以通过名称（仅限于类）或显式配置的日志级别来过滤（不支持过滤由根 logger 继承来的级别）。

16.3 保护 Admin 服务器

正如在第 15 章中讨论的那样，Actuator 端点对外暴露的信息并不能随便消费。它们包含的信息暴露了应用的详情，只有应用程序的管理员才能查看这些信息。另外，还有一些端点允许对应用进行变更，这些端点就更不应该对所有人开放了。

正如安全性对于 Actuator 非常重要，它对 Admin 服务器同样重要。除此之外，如果 Actuator 端点需要认证，那么 Admin 需要知道凭证信息来访问这些端点。接下来，我们看一下如何提高 Admin 服务器的安全性，从认证开始。

16.3.1 为 Admin 服务器启用登录功能

默认情况下，Admin 服务器是不安全的，所以为其添加可以提高安全性的功能是一种好的做法。Admin 服务器是一个 Spring Boot 应用，所以我们可以使用 Spring Security 来保护它。这与其他的 Spring Boot 应用完全类似。就像使用 Spring Security 保护其他的应用一样，我们可以自由选择最适合需求的安全模式。

按照最小的要求，我们需要添加 Spring Boot security starter 到 Admin 服务器的构建文件中。我们既可以在 Initializr 中选中 Security 复选框，也可以添加如下的<dependency>到项目的 pom.xml 文件中：

```
<dependency>
  <groupId>org.springframework.boot</groupId>
  <artifactId>spring-boot-starter-security</artifactId>
</dependency>
```

然后，为了避免必须观察 Admin 服务器的日志才能获取随机生成的密码的情况，我们可以将简单的管理员用户名和密码配置在 application.yml 中：

```
spring:
  security:
    user:
      name: admin
      password: 53cr3t
```

现在，在浏览器中加载 Admin 服务器时，我们会看到 Spring Security 默认的登录表单，提示我们输入用户名和密码。按照这里的配置片段，输入“admin”和“53cr3t”就可以登录了。

默认情况下，Spring Security 会在 Spring Boot Admin 服务器上启用 CSRF，这将阻止客户端应用程序向 Admin 服务器注册。因此，我们需要更改一点安全配置来禁用 CSRF：

```
package tacos.admin;

import org.springframework.context.annotation.Bean;
import org.springframework.security.config.annotation.web.reactive
     .EnableWebFluxSecurity;
import org.springframework.security.config.web.server.ServerHttpSecurity;
import org.springframework.security.web.server.SecurityWebFilterChain;

@EnableWebFluxSecurity
public class SecurityConfig {

    @Bean
    public SecurityWebFilterChain filterChain(ServerHttpSecurity http) throws
      Exception {
        return http
                .csrf()
                    .disable()
                .build();
    }

}
```

当然，这是一个很基本的安全配置。我推荐你参考第 4 章了解配置 Spring Security 的各种方式，为 Admin 服务器提供更丰富的安全模式。

16.3.2 为 Actuator 启用认证

15.4 节讨论了如何使用 HTTP Basic 认证保护 Actuator 端点。按照这种方式，我们会将不知道 Actuator 端点用户名和密码的用户拒于门外。这也意味着 Admin 服务器不能消费 Actuator 端点，除非提供用户名和密码。但是，Admin 如何得到凭证信息呢?

如果应用是直接向 Admin 服务器注册的，那么可以在注册的时候提供凭证信息给 Admin 服务器。我们需要配置几个属性以启用该功能。

spring.boot.admin.client.username 和 spring.boot.admin.client.password 属性指定了 Admin 服务器访问应用的 Actuator 端点时可以使用的凭证信息。如下的 application.yml 代码片段展示了如何设置这些属性：

```
spring:
  boot:
    admin:
      client:
        url: http://localhost:9090
        username: admin
        password: 53cr3t
```

用户名和密码必须设置在所有向 Admin 服务器注册的应用中。这里给定的值必须要匹配 Actuator 端点 HTTP Basic 认证头信息所需的用户名和密码。在本例中，它们分别设置为 admin 和 53cr3t，也就是为访问 Actuator 端点而配置的凭证信息。

小结

- Spring Boot Admin 服务器能够消费一个或多个 Spring Boot 应用的 Actuator 端点，并在一个用户友好的 Web 应用中展现数据。
- Spring Boot 可以向 Admin 服务器注册自身，也可以通过 Eureka 被 Admin 服务器自动发现。
- 与捕获应用状态快照的 Actuator 端点不同，Admin 服务器可以展现应用内部运行状况的实时视图。
- 借助 Admin 服务器能够很容易地过滤 Actuator 结果，在有些场景下，还可以以可视化图表的形式展现数据。
- 因为 Admin 服务器就是一个 Spring Boot 应用，所以可以使用任意可用的 Spring Security 方式来保护它。

第 17 章　使用 JMX 监控 Spring

本章内容：

- 使用 Actuator 端点的 MBean；
- 将 Spring bean 暴露为 MBean；
- 发布通知。

JMX（代表 Java management extensions，即 Java 管理扩展）作为监视和管理 Java 应用程序的标准方法已经存在超过了 15 年。通过暴露名为 MBean（代表 managed bean，即托管 bean）的托管组件，外部的 JMX 客户端可以调用 MBean 中的操作、探查属性和监视事件，从而管理应用程序。

作为探索 Spring 和 JMX 功能的开端，我们看一下 Actuator 端点是如何暴露为 MBean 的。

17.1 使用 Actuator MBean

默认情况下，所有的 Actuator 端点都会以 MBeans 的形式暴露。但是，从 SpringBoot 2.2 开始，JMX 本身默认是被禁用的。要在 Spring Boot 应用程序中启用 JMX，可以将 spring.jmx.enabled 设置为 true。对于 application.yml 文件，设置方式如下所示：

```
spring:
  jmx:
    enabled: true
```

设置了这个属性后，Spring 对 JMX 的支持就会启用，Actuator 的端点都会暴露为 MBean。我们可以使用任意的 JMX 客户端连接 Actuator 端点的 MBean。借助 Java 开发工具集中的 JConsole，可以看到 Actuator MBean 列到了 org.springframework.boot 域下，如图 17.1 所示。

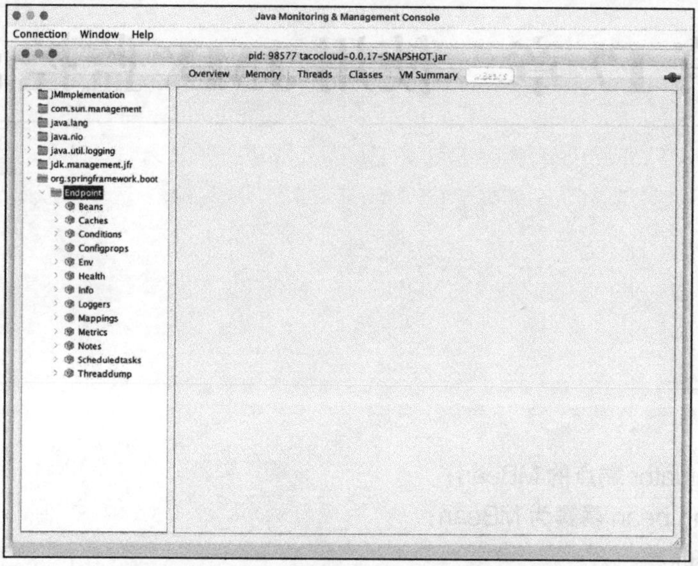

图 17.1 Actuator 端点会自动暴露为 JMX MBean

对于 Actuator MBean 端点，非常好的一点在于它们默认就是对外暴露的，我们没有必要明确声明要包含哪些 MBean 端点，但是对于 HTTP 端点，我们需要进行声明。可以通过设置 management.endpoints.jmx.exposure.include 和 management.endpoints.jmx.exposure.exclude 属性来缩小可选的范围。例如，我们想要限制 Actuator MBean 端点只暴露“/health”“/info”“/bean”和“/conditions”端点，那么可以按照如下的方式设置 management.endpoints.jmx. exposure.include：

```
management:
  endpoints:
    jmx:
      exposure:
        include: health,info,bean,conditions
```

如果只想排除其中的几个端点，可以按照如下的方式设置 management.endpoints. jmx.exposure.exclude 属性：

```
management:
  endpoints:
    jmx:
      exposure:
        exclude: env,metrics
```

这里使用 management.endpoints.jmx.exposure.exclude 排除了“/env”和“/metrics”端点。所有其他 Actuator 端点依然会暴露为 MBean。

要在 JConsole 中调用一个或多个 Actuator MBean 托管的操作，可以在左侧树中展开 MBean 端点，然后在 Operations 下选择所需的操作。

例如，如果想要探查 tacos.ingredients 包的日志级别，那么可以展开 Loggers MBean 并点击名为 loggerLevels 的操作，如图 17.2 所示。在右上方表单的 Name 文本域中输入包名（tacos.ingredients），然后点击 loggerLevels 按钮。

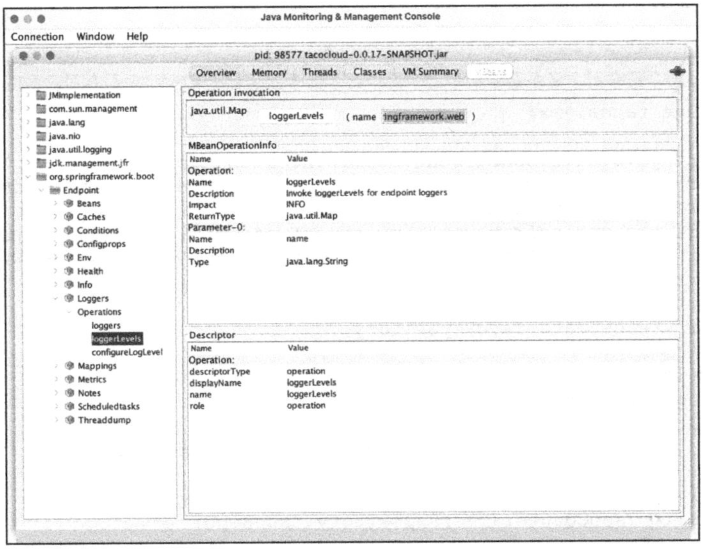

图 17.2　使用 JConsole 展现 Spring Boot 应用的日志级别

点击 loggerLevels 按钮后，弹出的对话框中会展现来自“/loggers”端点 MBean 的响应，大致如图 17.3 所示。

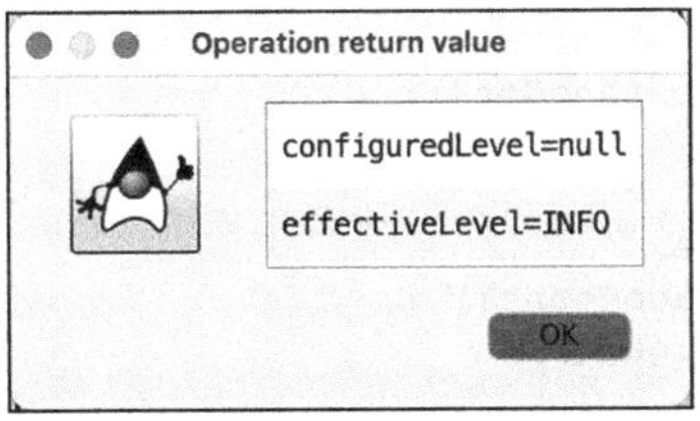

图 17.3　在 JConsole 中，“/loggers”端点 MBean 所展现的日志级别

尽管 JConsole UI 使用起来有些麻烦，但是你应该可以掌握使用它的技巧并以相同的方式探索其他的 Actuator 端点。如果你不喜欢 JConsole，也没有问题，有很多其他的 JMX 客户端可供选择。

17.2 创建自己的 MBean

借助 Spring，可以很容易地将任意 bean 导出为 JMX MBean。我们唯一需要做的就是在 bean 类上添加@ManagedResource 注解，然后在方法或属性上添加@ManagedOperation 或@ManagedAttribute。Spring 会处理剩余的事情。

例如，我们想要提供一个 MBean，用来跟踪通过 Taco Cloud 创建了多少个 taco 订单，那么可以定义一个服务 bean，在这个服务中保存已创建 taco 的数量。程序清单 17.1 展现了该服务。

程序清单 17.1 统计已创建 taco 订单数量的 MBean

```
package tacos.jmx;

import java.util.concurrent.atomic.AtomicLong;
import org.springframework.data.rest.core.event.AbstractRepositoryEventListener;
import org.springframework.jmx.export.annotation.ManagedAttribute;
import org.springframework.jmx.export.annotation.ManagedOperation;
import org.springframework.jmx.export.annotation.ManagedResource;
import org.springframework.stereotype.Service;
import tacos.Taco;
import tacos.data.TacoRepository;

@Service
@ManagedResource
public class TacoCounter
       extends AbstractRepositoryEventListener<Taco> {

  private AtomicLong counter;
  public TacoCounter(TacoRepository tacoRepo) {
    tacoRepo
        .count()
        .subscribe(initialCount -> {
            this.counter = new AtomicLong(initialCount);
        });
  }

  @Override
  protected void onAfterCreate(Taco entity) {
    counter.incrementAndGet();
  }

  @ManagedAttribute
  public long getTacoCount() {
    return counter.get();
  }

  @ManagedOperation
  public long increment(long delta) {
    return counter.addAndGet(delta);
  }

}
```

TacoCounter 类使用了@Service 注解，所以它会被组件扫描功能发现，并且注册一个实例作为 bean 存放到 Spring 应用上下文中。它还使用了@ManagedResource 注解，表明这个 bean 是一个 MBean。作为 MBean，它暴露了一个属性和一个操作。getTacoCount()方法使用了@ManagedAttribute 注解，会暴露为一个 MBean 属性；increment()方法使用了@ManagedOperation 注解，会暴露为 MBean 操作。图 17.4 展现了 TacoCounter MBean 在 JConsole 中的样子。

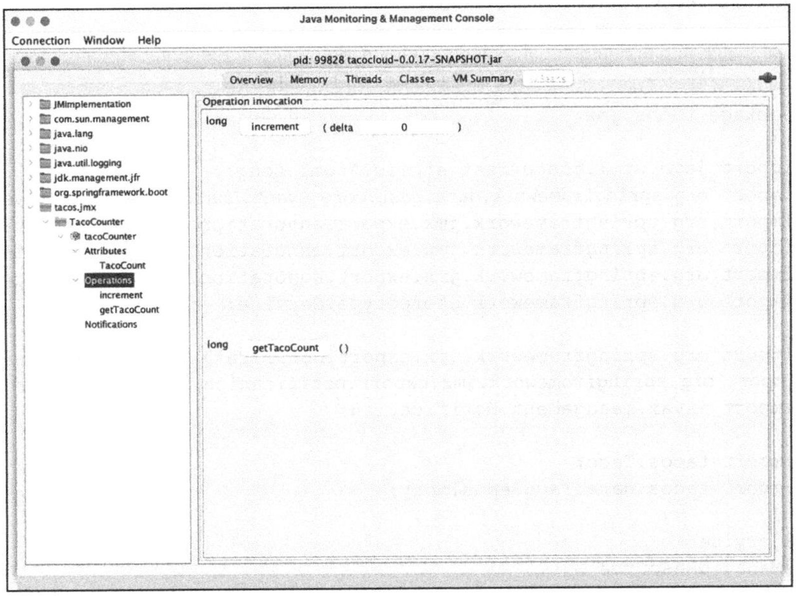

图 17.4 在 JConsole 中看到的 TacoCounter 的操作和属性

关于 TacoCounter，还有一个技巧，不过与 JMX 并没有什么关系——它扩展了 Abstract RepositoryEventListener，每当通过 TacoRepository 保存 Taco 的时候，它都会得到通知。在本例中，创建和保存新 Taco 对象时，onAfterCreate()方法会被调用，我们在这里让计数器增加 1。AbstractRepositoryEventListener 还提供了多个方法来处理对象创建、保存和删除前后的事件。

使用 MBean 的操作和属性在很大程度上是一个拉取操作。换句话说，如果 MBean 属性的值发生了变化，除非通过 JMX 客户端查看该属性，否则我们也不会知道。接下来，我们换一个话题，看一下如何将 MBean 的通知推送至 JMX 客户端。

17.3 发送通知

借助 Spring 的 NotificationPublisher，MBean 可以推送通知到对其感兴趣的 JMX 客

户端。NotificationPublisher 具有 sendNotification()方法，可以在得到一个 Notification 对象时发送通知给任意订阅该 MBean 的 JMX 客户端。

要让某个 MBean 发送通知，必须为其实现 NotificationPublisherAware 接口，该接口要求实现一个 setNotificationPublisher()方法。例如，我们希望每创建 100 个 taco 就发送一个通知。我们可以修改 TacoCounter 类，让它实现 NotificationPublisherAware，并使用注入的 NotificationPublisher 在每创建 100 个 taco 时发送通知。程序清单 17.2 展现了启用通知功能 TacoCounter 所需的变更。

程序清单 17.2 每创建 100 个 taco 就发送通知

```
package tacos.jmx;

import java.util.concurrent.atomic.AtomicLong;
import org.springframework.data.rest.core.event.AbstractRepositoryEventListener;
import org.springframework.jmx.export.annotation.ManagedAttribute;
import org.springframework.jmx.export.annotation.ManagedOperation;
import org.springframework.jmx.export.annotation.ManagedResource;
import org.springframework.stereotype.Service;

import org.springframework.jmx.export.notification.NotificationPublisher;
import org.springframework.jmx.export.notification.NotificationPublisherAware;
import javax.management.Notification;

import tacos.Taco;
import tacos.data.TacoRepository;

@Service
@ManagedResource
public class TacoCounter
       extends AbstractRepositoryEventListener<Taco>
       implements NotificationPublisherAware {

  private AtomicLong counter;
  private NotificationPublisher np;
  @Override
  public void setNotificationPublisher(NotificationPublisher np) {
    this.np = np;
  }
...

  @ManagedOperation
  public long increment(long delta) {
    long before = counter.get();
    long after = counter.addAndGet(delta);
    if ((after / 100) > (before / 100)) {
      Notification notification = new Notification(
          "taco.count", this,
```

```
            before, after + "th taco created!");
        np.sendNotification(notification);
      }
      return after;
    }

}
```

在 JMX 客户端中，我们需要订阅 TacoCounter MBean 来接收通知。每创建 100 个 taco，客户端就会收到通知。图 17.5 展现了通知在 JConsole 中的样子。

通知是应用程序主动向监视客户端发送数据和告警的好办法。这样做可以避免客户端轮询托管属性或调用托管操作。

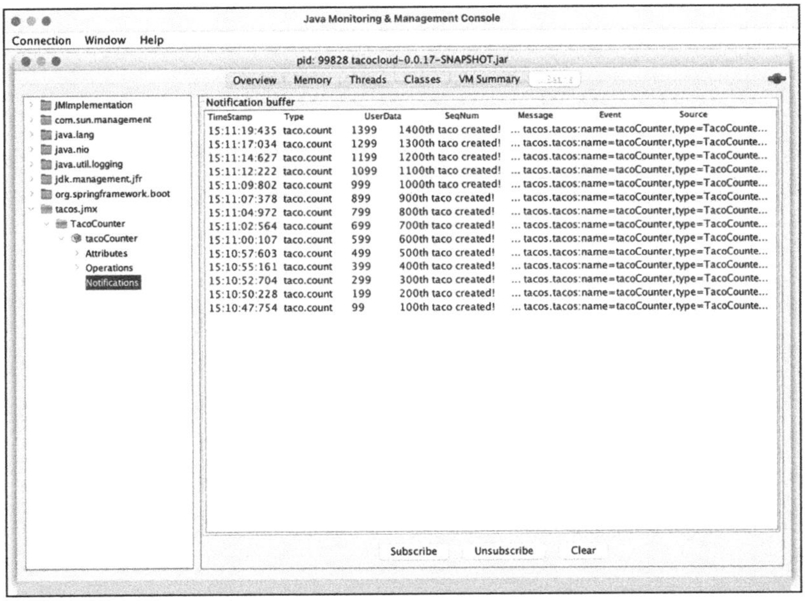

图 17.5 JConsole 订阅了 TacoCounter MBean，每创建 100 个 taco 就会收到通知

小结

- 大多数 Actuator 端点都可以作为 MBean 使用，可以被 JMX 客户端消费。
- Spring 会自动启用 JMX，用来监控 Spring 应用上下文中的 bean。
- Spring bean 可以通过添加@ManagedResource 注解导出为 MBean。通过为 bean 类添加@ManagedOperation 和@ManagedAttribute 注解，它的方法和属性可以导出为托管的操作和属性。
- Spring bean 可以使用 NotificationPublisher 发送通知给 JMX 客户端。

第 18 章 部署 Spring

本章内容：

- 将 Spring 应用构建为 WAR 或 JAR 文件；
- 将 Spring 应用程序构建为容器镜像；
- 在 Kubernetes 中部署 Spring 应用程序。

想一下你最喜欢的动作片。现在我们想象一下，你要去电影院看那部电影，在高速追逐、爆炸和战斗中体验一场激动人心的视听之旅，但是电影最终在好人打倒坏人之前戛然而止。电影院的灯亮起，所有人都被带出影院。我们没有看到电影里的冲突是如何解决的。对于电影，虽然开头可以很精彩，但是重要的是高潮部分。没有高潮部分，剧情看上去就像角色们为了行动而行动。

现在想象一下我们开发了应用程序，并在解决业务问题方面投入了大量的精力和创造力，但是从来没有将应用程序部署给其他人使用和享受。当然，我们编写的大多数应用程序都不涉及汽车追逐或爆炸（至少我希望它们不要涉及），但是在开发过程中会有一定的忙乱。我们所写的每一行代码并不都是为生产而写的，但是，如果没有任何代码被部署，那真是挺令人失望的。

到目前为止，我们一直在关注 Spring Boot 所提供的帮助应用开发的特性。在这个过程中，已经有了一些令人兴奋的进展。如果不冲过终点线，也就是部署应用程序，那么这一切都是徒劳的。

在本章中，我们会在使用 Spring Boot 开发应用的基础上再进一步，看一下如何部署这些应用。尽管对于部署过基于 Java 应用的人来说，这很容易实现，但是 Spring Boot 和相关的 Spring 项目有一些独特之处，它们使得 Spring Boot 应用的部署与众不同。

实际上，与大多数以 WAR 文件部署的 Java Web 应用不同，Spring Boot 提供了多种部署方案。在学习部署 Spring Boot 应用之前，我们看一下所有的可选方案，并选出最适合需求的几种。

18.1 权衡各种部署方案

我们可以以多种方式构建和运行 Spring Boot 应用。包括以下方式。

- 使用 Spring Tool Suite 或 IntelliJ IDEA 在 IDE 中运行应用。
- 在命令行中通过 Maven spring-boot:run goal 或 Gradle bootRun 任务运行应用。
- 使用 Maven 或 Gradle 生成可执行的 JAR 文件。它既可以在命令行运行，也可以部署到云中。
- 使用 Maven 或 Gradle 生成 WAR 文件，以部署到传统的 Java 应用服务器中。
- 使用 Maven 或 Gradle 制作容器镜像。这可以在任何支持容器的地方部署，包括 Kubernetes 环境。

这些可选方案都非常适合在开发阶段运行应用。但是，如果我们想要将应用部署到生产环境或者其他非开发环境，又该怎么办呢？

通过 IDE 或者 Maven、Gradle 运行应用的方式并不适用于生产环境，使用可执行的 JAR 文件或者传统的 WAR 文件才是将应用部署到生产环境的可行方案。在 WAR 文件、JAR 文件和容器镜像之间，我们该选择哪种呢？通常，这种选择取决于要将应用部署到传统的 Java 应用服务器中还是部署到云中，如下所示。

- 部署到平台即服务（Platform as a Service，PaaS）云：如果你计划将应用部署到 PaaS 云平台，如 Cloud Foundry，那么可执行的 JAR 文件是最佳选择。即便云平台支持 WAR 部署，JAR 文件格式也要比 WAR 格式简单得多，WAR 文件是专门针对应用服务器部署设计的。
- 部署到 Java 应用服务器中：如果必须要将应用部署到 Tomcat、WebSphere、WebLogic 或其他传统的 Java 应用服务器中，那么我们其实别无选择，只能将应用构建为 WAR 文件。
- 部署到 Kubernetes 中：现代云平台越来越多地基于 Kubernetes 构建，当部署到 Kubernetes（它本身是一个容器编排系统）时，明智之选是将你的应用程序构建成一个容器镜像。

在本章中，我们将会关注 3 种部署场景：

- 将 Spring Boot 应用作为可执行的 JAR 文件，推送到 PaaS 云平台中；
- 将 Spring Boot 应用以 WAR 文件的形式部署到 Java 应用服务器中，比如 Tomcat；

- 将 Spring Boot 应用打包到 Docker 容器中，将其部署到任何支持 Docker 形式的平台中。

首先，我们看一下构建 Spring Boot 应用最常见的方式——可执行的 JAR 文件。

18.2 构建可执行 JAR 文件

将 Spring 应用程序构建成可执行的 JAR 文件是相当简单的。假设我们在初始化项目时选择了打包成 JAR，那么可以通过如下的 Maven 命令生成一个可执行的 JAR 文件：

```
$ mvnw package
```

构建成功后，生成的 JAR 文件会被放入 target 目录，它的名称和版本会基于项目 pom.xml 文件中的<artifactId>和<version>条目确定，如 tacocloud-0.0.19-SNAPSHOT.jar。

如果我们使用的是 Gradle，那么需要执行如下的命令：

```
$ gradlew build
```

对于 Gradle 构建，所产生的 JAR 将放置在 build/libs 目录中。JAR 文件的名称会基于 settings.gradle 文件中的 rootProject.name 属性和 build.gradle 中的版本属性确定。

有了可执行的 JAR 文件之后，就可以像这样用 java -jar 命令运行它：

```
$ java -jar tacocloud-0.0.19-SNAPSHOT.jar
```

这样一来，该应用程序就会运行。如果它是一个 Web 应用程序，将启动一个嵌入式服务器（Netty 或 Tomcat，取决于该项目是否为一个反应式 Web 项目）并开始监听配置的 server.port 端口（默认为 8080）上的请求。

对于本地运行的应用，这样做是很好的。但我们该如何部署一个可执行的 JAR 文件呢？

实际上，这取决于我们要将应用部署在什么地方。如果我们要将其部署到 Cloud Foundry 云平台，可以使用 cf 命令行工具来推送 JAR 文件，如下所示：

```
$ cf push tacocloud -p target/tacocloud-0.0.19-SNAPSHOT.jar
```

cf push 后的第一个参数指定了在 Cloud Foundry 中该应用的名称。此名称用于在 Cloud Foundry 和 cf CLI 中引用该应用程序，并用作应用托管的子域。例如，如果在 Cloud Foundry 上，我们的应用域是 cf.myorg.com，那么 Taco Cloud 应用会在 https://tacocloud.cf.myorg.com 上提供服务。

部署可执行 JAR 文件的另一种方法是将其打包到 Docker 容器中，并在 Docker 或 Kubernetes 中运行。接下来让我们看看如何做到这一点。

18.3 构建容器镜像

在云中部署各种应用时使用Docker已经成为事实标准。很多云环境都接受以Docker容器的形式部署应用，包括 AWS、Microsoft Azure、Google Cloud Platform 等。

容器化应用程序（比如使用 Docker 创建的应用程序）的概念借鉴了现实世界中的联运集装箱。在运输过程中，不管里面的东西是什么，所有的联运集装箱都有一个标准的尺寸。正因为如此，联运集装箱才能够很容易地码放在船上、火车上、卡车上。按照类似的方式，容器化的应用程序遵循通用的容器格式，可以在任何地方部署和运行，而人们不必关心里面的应用是什么。

从 Spring Boot 应用程序创建镜像的最常见的方法是使用 docker build 命令和 Dockerfile 文件，将项目构建的可执行 JAR 文件复制到容器镜像中。如下的 Dockerfile 就能实现这一点（它真的很简短）:

```
FROM openjdk:11.0.12-jre
ARG JAR_FILE = target/*.jar
COPY ${JAR_FILE} app.jar
ENTRYPOINT ["java","-jar","/app.jar"]
```

Dockerfile 文件描述了如何创建容器镜像。由于它非常简短，让我们逐行分析这个 Dockerfile。

- 第一行：声明我们要创建的镜像要基于一个预定义的容器镜像，该镜像（除了其他内容之外）提供了 Open JDK 11 Java 运行时。
- 第二行：创建一个变量来引用项目中 target/目录下所有的 JAR 文件。对于大多数 Maven 构建来说，应该只有一个 JAR 文件。不过，通过使用通配符，我们可以使 Dockerfile 的定义与 JAR 文件的名称和版本解耦。此时我们假定 Dockerfile 文件在 Maven 项目的根目录下，从而得出 JAR 文件相对 Dockerfile 的路径。
- 第三行：将项目中“target/”目录下的 JAR 文件复制至容器中，并命名为 app.jar。
- 第四行：定义入口点，描述了基于镜像创建的容器启动时要执行的命令。在本例中，它使用 java -jar 命令来运行可执行的 app.jar。

有了这个 Dockerfile 文件，我们就可以使用 Docker 命令行工具创建镜像，如下所示：

```
$ docker build . -t habuma/tacocloud:0.0.19-SNAPSHOT
```

该命令中的“.”是指 Dockerfile 文件位置的相对路径。如果要从不同的路径运行 docker build，则要使用 Dockerfile 的路径（不包括文件名）替换“.”。例如从项目的父路径运行 docker build 时，需要像这样使用 docker build。

```
$ docker build tacocloud -t habuma/tacocloud:0.0.19-SNAPSHOT
```

在-t 参数后面给出是镜像标签值，由名称和版本组成。在本例中，镜像的名字是

habuma/tacocloud，版本是 0.0.19-SNAPSHOT。如果想尝试一下，可以使用 docker run 来运行这个新创建的镜像：

```
$ docker run -p8080:8080 habuma/tacocloud:0.0.19-SNAPSHOT
```

-p8080:8080 参数会将主机（也就是运行 Docker 的机器）上 8080 端口的请求转发到容器的 8080 端口（Tomcat 或 Netty 正在监听请求的端口）。

如果我们已经有了一个可执行的 JAR 文件，用这种方式构建 Docker 镜像是很容易的，但这并不是为 Spring Boot 应用创建镜像的最简单方法。从 Spring Boot 的 2.3.0 版本开始，我们可以在不添加任何特殊的依赖或配置文件，也不以任何方式改变项目的情况下构建容器镜像。这是因为 Spring Boot 的 Maven 和 Gradle 构建插件都支持直接构建容器镜像。可以使用 Spring Boot Maven 插件的 build-image goal 把基于 Maven 构建的 Spring 项目构建为容器镜像，如下所示：

```
$ mvnw spring-boot:build-image
```

类似地，Gradle 构建的项目也可以构建为容器镜像：

```
$ gradlew bootBuildImage
```

这会使程序根据 pom.xml 文件中的<artifactId>和<version>属性创建一个具有默认标签的镜像。对于 Taco Cloud 应用程序，标签的值类似于 library/tacocloud:0.0.19-SNAPSHOT。稍后我们会看到如何指定自定义的镜像标签。

Spring Boot 的构建插件依靠 Docker 来创建镜像。因此，我们需要在构建镜像的机器上安装 Docker 运行时环境。镜像创建完成后，就可以像这样运行它：

```
$ docker run -p8080:8080 library/tacocloud:0.0.19-SNAPSHOT
```

这样可以运行镜像，并将镜像的 8080 端口（嵌入式 Tomcat 或 Netty 服务器正在监听的端口）暴露给主机的 8080 端口。

标签的默认格式是 docker.io/library/ ${project.artifactId}:${project.version}，这解释了为什么标签以 library 开头。如果我们只在本地运行该镜像，那没什么问题。但我们很可能希望将镜像推送到 DockerHub 等镜像注册仓库，并需要在构建镜像时使用一个引用镜像注册仓库名称的标签。

例如，我们的组织在 DockerHub 镜像仓库中的名称是 tacocloud。在这种情况下，我们希望镜像的名字是 tacocloud/tacocloud:0.0.19-SNAPSHOT，用 tacocloud 替换默认前缀 library。为了实现这一点，只需在构建镜像时指定一个构建属性。对于 Maven 构建，需要使用 JVM 系统属性 spring-boot.build-image.imageName 来指定镜像名称：

```
$ mvnw spring-boot:build-image \
    -Dspring-boot.build-image.imageName = tacocloud/tacocloud:0.0.19-SNAPSHOT
```

对于 Gradle 构建的项目，操作会稍微简单一些，可以使用 --imageName 参数来指定镜像的名称，如下所示：

```
$ gradlew bootBuildImage --imageName = tacocloud/tacocloud:0.0.19-SNAPSHOT
```

无论是采用哪种指定镜像名称的方式，都需要我们在构建镜像时记住名称，并且不能出现错误。为了简化操作，我们可以把镜像名称指定为构建的一部分。

在 Maven 构建中，可以将镜像名称作为 Spring Boot Maven 插件的一个配置项来指定。例如，项目 pom.xml 文件中如下的代码片段展示了如何通过<configuration>块来指定镜像名称：

```
<plugin>
  <groupId>org.springframework.boot</groupId>
  <artifactId>spring-boot-maven-plugin</artifactId>
  <configuration>
    <image>
      <name>tacocloud/${project.artifactId}:${project.version}</name>
    </image>
  </configuration>
</plugin>
```

注意，相对于硬编码 artifact ID 和版本信息，我们可以利用构建变量引用已经在构建脚本的其他地方设定的值。这样，我们就不需要随着项目的发展而在镜像名称中手动调整版本号了。对于 Gradle 构建的项目，build.gradle 中的以下条目可以实现同样的效果：

```
bootBuildImage {
  imageName = "habuma/${rootProject.name}:${version}"
}
```

在项目构建规范中设置了这些配置后，我们就可以在命令行中构建镜像，而不用像前面那样指定镜像名称。此时，可以像以前一样用 docker run 来运行镜像（用新的名字引用镜像），也可以使用 docker push 来推送镜像到镜像注册仓库，比如 DockerHub，如下所示：

```
$ docker push habuma/tacocloud:0.0.19-SNAPSHOT
```

将镜像推送到镜像注册仓库之后，就能够在任何可以访问该注册仓库的环境中拉取并运行它了。我们越来越倾向于在 Kubernetes 中运行镜像，所以接下来看一下如何在 Kubernetes 中运行镜像。

18.3.1 部署至 Kubernetes

Kubernetes 是一个了不起的容器编排平台，它可以运行镜像，可以在必要时处理容器的扩展和伸缩，也可以调整（reconcile）损坏的容器以提高健壮性。它还有很多其他的功能。

Kubernetes 是一个强大的平台，我们可以在上面部署应用程序。实际上，因为它过于强大，本章不可能详细介绍它。在本章，我们只关注将 Spring Boot 应用（已经构建成了容器镜像）部署到 Kubernetes 集群涉及的工作。如果想要详细了解 Kubernetes，请查阅 Marko Lukša 撰写的 *Kubernetes in Action, 2nd Edition*。

Kubernetes 往往背负着难以使用的坏名声（尽管这也许是不公平的），但在 Kubernetes 中部署已构建成容器镜像的 Spring 应用程序真的很容易。鉴于 Kubernetes 提供的各种好处，这种部署工作是值得的。

我们需要一个 Kubernetes 环境，以便将应用程序部署到里面。这方面我们有多种可选方案，包括亚马逊的 AWS EKS 和谷歌的 Kubernetes Engine（即 GKE）。对于本地实验，我们也可以使用各种 Kubernetes 实现来运行 Kubernetes 集群，如 MiniKube、MicroK8s，以及我个人最喜欢的 Kind。

我们需要做的首要工作是创建一个 deployment 清单（manifest）文件。deployment 清单是一个 YAML 文件，描述了部署镜像的方法。作为一个简单的例子，请参考如下的 deployment 清单，它会在 Kubernetes 集群中部署我们之前创建的 Taco Cloud 镜像：

```
apiVersion: apps/v1
kind: Deployment
metadata:
  name: taco-cloud-deploy
  labels:
    app: taco-cloud
spec:
  replicas: 3
  selector:
    matchLabels:
      app: taco-cloud
  template:
    metadata:
      labels:
        app: taco-cloud
    spec:
      containers:
      - name: taco-cloud-container
        image: tacocloud/tacocloud:latest
```

该清单可以任意命名。但为了方便讨论，我们将其命名为 deploy.yaml，并将其放置在项目根路径下的 k8s 目录中。

在不深入讲解 Kubernetes deployment 规范文件如何运行的情况下，在这里我们需要注意几个关键点。

首先，我们的 deployment 命名为 taco-cloud-deploy，并且（在结尾处）设置为使用名称为 tacocloud/tacocloud:latest 的镜像来部署和启动容器。通过使用 latest 标签（而不是之前的 0.0.19-SNAPSHOT），可以知道这会使用推送到容器注册仓库的最新镜像。

其次，replicas 属性设置为 3，这告诉 Kubernetes 要运行 3 个容器实例。如果某种原因导致 3 个实例中的一个失败了，那么 Kubernetes 将自动调整问题实例，启动新的实例将其替换。为了应用该 deployment，可以使用 kubectl 命令行工具执行如下的命令：

```
$ kubectl apply -f deploy.yaml
```

稍等片刻，我们就可以使用 kubectl get all 命令来查看正在进行的 deployment，其中包括 3 个 pod，每个 pod 运行一个容器实例。如下是我们可能看到的输出：

```
$ kubectl get all
NAME                                    READY   STATUS    RESTARTS   AGE
pod/taco-cloud-deploy-555bd8fdb4-dln45  1/1     Running   0          20s
pod/taco-cloud-deploy-555bd8fdb4-n455b  1/1     Running   0          20s
pod/taco-cloud-deploy-555bd8fdb4-xp756  1/1     Running   0          20s

NAME                               READY   UP-TO-DATE   AVAILABLE   AGE
deployment.apps/taco-cloud-deploy  3/3     3            3           20s

NAME                                          DESIRED CURRENT   READY AGE
replicaset.apps/taco-cloud-deploy-555bd8fdb4  3       3         3     20s
```

第一部分展示了 3 个 pod，这些是我们在 replicas 属性中设置的。第二部分是 deployment 资源本身的信息。第三部分是 ReplicaSet 资源，这是一个特殊的资源，Kubernetes 用它来记住应该维护的应用程序副本数量。

如果想试用一下这个应用程序，需要从机器上的某个 pod 中暴露一个端口。如下的 kubectl port-forward 命令就可以很方便地做到这一点：

```
$ kubectl port-forward pod/taco-cloud-deploy-555bd8fdb4-dln45 8080:8080
```

在本例中，我选择了 kubectl get all 的输出中列出的第一个 pod，并设置将请求从主机（运行 Kubernetes 集群的机器）的 8080 端口转发到该 pod 的 8080 端口。有了这些，通过浏览器访问 http://localhost:8080，我们就应该能够看到在指定 pod 上运行的 Taco Cloud 应用程序。

18.3.2　启用优雅关机功能

我们有多种方法可以保持 Spring 应用对 Kubernetes 环境友好，但有两件重要的事情要做：启用优雅关机、使用存活和就绪状态探针。

在任意时刻，Kubernetes 都可能决定关闭我们的应用程序正在运行的一个或多个 pod。这可能是因为它感知到了问题，也可能是因为我们人为地要求它关闭或重新启动该 pod。不管是什么原因，如果该 pod 上的应用程序正在处理请求，那么立即关闭该 pod 会导致程序置未处理的请求于不顾。这是很糟糕的做法，会向客户端产生错误的响应，并要求客户端再次发出请求。

我们可以简单地将 Spring 应用程序中的 server.shutdown 属性设置为 "graceful"，以启用优雅关闭功能，从而避免错误响应给客户端造成负担。这可以在第 6 章中的任何一个属性源中配置实现，在 application.yml 中如下所示：

```
server:
  shutdown: graceful
```

通过启用优雅关机，Spring 将使应用程序关闭暂缓最多 30 秒，并在此期间内允许继续处理正在进行中的请求。在所有待处理的请求完成或达到关机超时时间后，应用程序将被允许关闭。

关机超时时间默认为 30 秒，但可以通过设置 spring.lifecycle.timeout-per-shutdown- phase 属性来覆盖这个值。例如，我们可以通过这样设置该属性，将关机超时时间改为 20 秒：

```
spring:
  lifecycle.timeout-per-shutdown-phase: 20s
```

等待关机时，嵌入式服务器将停止接受新的请求。这使得所有在途的请求能够在关机之前全部处理完毕。

关机并不是造成请求无法处理的唯一场景。例如，在启动期间，应用程序可能需要一些时间才能准备好处理请求的流量。Spring 应用向 Kubernetes 表示它还没有准备好处理流量的方法之一就是使用就绪状态探针。接下来，我们看看如何在 Spring 应用程序中启用存活和就绪状态探针。

18.3.3 处理应用程序的存活和就绪状态

正如我们在第 15 章看到的，Actuator 的健康端点会提供应用程序的健康状态。但这个健康状况只与应用程序依赖的外部环境的健康状况有关，比如数据库或消息代理。应用程序即使在数据库连接方面是完全健康的，也不一定已经准备好处理请求，我们甚至不能保证它能够在当前的状态下继续运行。

Kubernetes 支持存活和就绪状态探针的概念。它是应用程序的健康指示器，帮助 Kubernetes 确定是否应该向应用程序发送流量，或者是否应该重新启动应用程序以解决某些问题。Spring Boot 支持通过 Actuator 健康端点实现存活和就绪状态探针。作为健康端点的子集，它们称为健康组（health groups）。

存活状态是一个指示器，可以表明应用程序是否足够健康、足以继续运行而不会被重新启动。如果应用程序声明它的存活指示器已不可用，那么 Kubernetes 在运行时可以终止该应用程序正在运行的 pod 并重新启动一个新的 pod，以此作为对存活状态的反应。

就绪状态则会告诉 Kubernetes 该应用程序是否已经准备好处理流量。例如，在启动期间，应用程序可能需要执行一些初始化工作，然后才能开始处理请求。在这段时间里，应用程序的就绪状态可能会显示它是不可用的，但应用程序仍然是存活的。Kubernetes 不会重新启动它，但会遵照就绪状态指示，不向该应用发送请求。应用程序一旦完成了初始化，就可以将就绪状态探针设置为可用，Kubernetes 也就可以将流量路由到它了。

启用存活和就绪状态探针

要在 Spring Boot 应用程序中启用存活和就绪探针，必须将 management.health.probes.enabled 设置为 true。在 application.yml 文件中，设置方法如下所示：

```
management:
  health:
    probes:
      enabled: true
```

探针启用后，对 Actuator 的健康端点的请求如下所示（假设应用程序是完全健康的）：

```
{
  "status": "UP",
  "groups": [
    "liveness",
    "readiness"
  ]
}
```

就其本身而言，基础的健康端点并不能告诉我们太多关于应用存活或就绪状态的信息。不过，对“/actuator/health/liveness”或“/actuator/health/readiness”的请求会提供应用程序的存活或就绪状态。如果状态是可用的，那么它们的响应都会如下所示：

```
{
  "status": "UP"
}
```

如果存活或就绪状态是不可用的，那么它们的响应都会如下所示：

```
{
  "status": "DOWN"
}
```

就绪状态为不可用时，Kubernetes 不会将流量路由至该应用程序。如果存活状态端点显示为不可用，Kubernetes 会试图通过删除 pod 并重新启动一个新的实例来解决问题。

在 Deployment 中配置存活和就绪状态探针

Actuator 已经在这两个端点上提供了存活和就绪状态探针，我们现在需要做的就是在 Deployment 清单中告知 Kubernetes。如下 Deployment 清单的结尾展示了如何让 Kubernetes 检查存活和就绪状态探针的配置：

```
apiVersion: apps/v1
kind: Deployment
metadata:
  name: taco-cloud-deploy
  labels:
    app: taco-cloud
spec:
  replicas: 3
```

```
  selector:
    matchLabels:
      app: taco-cloud
  template:
    metadata:
      labels:
        app: taco-cloud
    spec:
      containers:
      - name: taco-cloud-container
        image: tacocloud/tacocloud:latest
        livenessProbe:
          initialDelaySeconds: 2
          periodSeconds: 5
          httpGet:
            path: /actuator/health/liveness
            port: 8080
        readinessProbe:
          initialDelaySeconds: 2
          periodSeconds: 5
          httpGet:
            path: /actuator/health/readiness
            port: 8080
```

这会告诉 Kubernetes，对于每个探针，都要向 8080 端口的指定路径发出 GET 请求，以获取存活和就绪状态。按照配置，第一次请求会在应用程序 pod 运行 2 秒后发送，此后每 5 秒发送一次。

管理存活和就绪状态

存活和就绪状态是如何设置的呢？在应用内部，Spring 本身或应用程序依赖的一些库可以通过发布可用状态变更事件来设置状态。这种能力并不是 Spring 和它的库特有的，我们也可以在应用程序中编写代码来发布这些事件。

例如，假设我们想把应用程序的就绪状态推迟到某些初始化工作完成之后。在应用程序生命周期的早期，可能是在 ApplicationRunner 或 CommandLineRunner bean 中，我们可以像这样发布一个就绪状态来拒绝流量：

```
@Bean
public ApplicationRunner disableLiveness(ApplicationContext context) {
  return args -> {
    AvailabilityChangeEvent.publish(context,
      ReadinessState.REFUSING_TRAFFIC);
  };
}
```

在这里，ApplicationRunner 的@Bean 方法被赋予一个 Spring 应用上下文实例作为参数。这个应用上下文是必须的，因为静态的 publish()方法需要使用它来发布事件。初始化完成后，就可以按照类似的方式更新应用程序的就绪状态，如下所示：

```
AvailabilityChangeEvent.publish(context, ReadinessState.ACCEPTING_TRAFFIC);
```

存活状态的更新方式与此基本相同。关键的区别在于，我们不是发布 ReadinessState.ACCEPTING_TRAFFIC 或 ReadinessState.REFUSING_TRAFFIC 事件，而是发布 LivenessState.CORRECT 或 LivenessState.BROKEN 事件。例如，如果在应用程序代码中探测到一个无法恢复的致命错误，应用就可以通过发布 LivenessState.BROKEN 事件，请求 Kubernetes 停止它并重新启动：

```
AvailabilityChangeEvent.publish(context, LivenessState.BROKEN);
```

在这个事件发布后不久，存活状态端点就会指示该应用程序已不可用，Kubernetes 将采取行动，重新启动该应用程序。我们只有很短的时间来发布 LivenessState.CORRECT 事件。但是，我们如果能确定应用程序已经是健康的，那么可以通过发布一个新的事件来撤销原事件，如下所示：

```
AvailabilityChangeEvent.publish(context, LivenessState.CORRECT);
```

只要 Kubernetes 没有在我们将状态设置为 BROKEN 之后访问存活状态端点，应用程序就可以"逃过一劫"，并继续处理请求。

18.4 构建和部署 WAR 文件

在本书中，我们编写 Taco Cloud 应用所需的服务时，都是在 IDE 中运行，或者通过命令行以可执行文件的形式运行。不管使用哪种方式，都会有一个嵌入式的 Tomcat 服务器（在 Spring WebFlux 应用中则为 Netty）来为应用的请求提供服务。

在很大程度上，借助 Spring Boot 的自动配置，我们不需要创建 web.xml 文件或 Servlet initializer 类声明 Spring 的 DispatcherServlet 来实现 Spring MVC 相关的功能。如果要将应用程序部署到 Java 应用服务器中，就需要构建一个 WAR 文件。此外，为了让应用服务器知道如何运行应用程序，我们还需要在 WAR 文件中包含一个 Servlet initializer，以扮演 web.xml 文件的角色并声明 DispatcherServlet。

实际上，要将 Spring Boot 应用构建为 WAR 文件并不困难。使用 Initializr 创建应用时，如果选择了 WAR 方案，就没有额外的事情要做了。

Initializr 会确保生成的项目包含 Servlet initializer 类，构建文件会被调整为生成 WAR 文件。如果你在 Initializr 中选择了构建为 JAR 文件（或者只是想知道它们之间的差异），请继续向下阅读。

首先，我们需要一种配置 Spring DispatcherServlet 的方式。这虽然可以通过 web.xml 文件来实现，但是 Spring Boot 的 SpringBootServletInitializer 使这个过程变得更加简单了。SpringBootServletInitializer 是一个能够感知 Spring Boot 环境的特殊 Spring WebApplication Initializer 实现。除了配置 Spring 的 DispatcherServlet 之外，SpringBootServletInitializer 还会

查找 Spring 应用上下文中所有 Filter、Servlet 或 ServletContextInitializer 类型的 bean，并将它们绑定到 Servlet 容器中。

要使用 SpringBootServletInitializer，需要创建一个子类并重写 configure()方法来指明 Spring 配置类。程序清单 18.1 展现了 TacoCloudServletInitializer，它是 SpringBootServlet Initializer 的子类，我们将会使用它来实现 Taco Cloud 应用。

程序清单 18.1　通过 Java 启用 Spring Web 应用

```
package tacos;

import org.springframework.boot.builder.SpringApplicationBuilder;
import org.springframework.boot.context.web.SpringBootServletInitializer;

public class TacoCloudServletInitializer
       extends SpringBootServletInitializer {
  @Override
  protected SpringApplicationBuilder configure(
                                  SpringApplicationBuilder builder) {
    return builder.sources(TacoCloudApplication.class);
  }
}
```

可以看到，configure()方法以参数形式得到了一个 SpringApplicationBuilder 对象，并且将其作为结果返回。在中间的代码中，它调用 sources()方法来注册 Spring 配置类。在本例中，它注册了 TacoCloudApplication 类，这个类同时作为（可执行 JAR 的）引导类和 Spring 配置类。

虽然应用还有其他的 Spring 配置类，但是我们没有必要将它们全部注册到 sources()方法中。TacoCloudApplication 类使用了@SpringBootApplication，这说明组件扫描将会启用。组件扫描功能会发现其他的配置类并将它们添加进来。

在大多数情况下，SpringBootServletInitializer 的子类都是样板式的，它引用了应用的主配置类。除此之外，在构建 WAR 时，每个应用都是相同的。我们没有什么必要去修改它。

现在，我们已经编写完 Servlet initializer 类。接下来，必须要对项目的构建文件做一些修改。如果使用 Maven 进行构建，那么所需的变更非常简单，只需要确保 pom.xml 中的<packaging>元素设置成 war：

```
<packaging>war</packaging>
```

Gradle 构建所需的变更也很简单直接，我们需要在 build.gradle 文件中应用 war 插件：

```
apply plugin: 'war'
```

现在，我们就可以构建应用了。如果使用 Maven，那么可以借助 Initializr 使用的 Maven 包装器来执行 package goal：

```
$ mvnw package
```

如果构建成功，WAR 文件会出现在“target”目录下。

如果使用 Gradle 来构建项目，那么可以使用 Gradle 包装器来执行 build 任务：

```
$ gradlew build
```

构建完成后，我们可以在“build/libs”目录下找到 WAR 文件。剩下的事情就是部署应用了。不同应用服务器的部署过程会有所差异，请参考应用服务器部署过程的相关文档。

比较有意思的事情是，虽然我们构建了适用于 Servlet 3.0（或更高版本）部署的 WAR 文件，但是这个 WAR 文件依然可以像可执行 JAR 文件那样在命令行中执行：

```
$ java -jar target/taco-cloud-0.0.19-SNAPSHOT.war
```

实际上，我们使用一个部署制品，同时实现了两种部署方案。

18.5 以终为始

在本书中，我们从一个简单的起点开始（更具体地讲，也就是 start.spring.io），一步步将应用部署到了云中。我希望你在阅读本书的过程中感受到的乐趣与我在编写本书的过程中感受到的一样多。

虽然本书要结束了，但是你的 Spring 征程才刚刚开始。利用本书所学的知识，用 Spring 构建令人赞叹的应用吧！我迫不及待地想知道你们的成就。

小结

- Spring 应用可以部署到多种不同的环境中，包括传统的应用服务器、像 Cloud Foundry 这样的平台即服务环境，或者 Docker 容器。
- 构建可运行的 JAR 文件允许将 Spring Boot 应用部署到多个云平台上，而且能够避免 WAR 文件的开销。
- 构建 WAR 文件时，我们应当包含一个 SpringBootServletInitializr 的子类，确保 Spring 的 DispatcherServlet 恰当地进行了配置。
- 借助 Spring Boot 构建插件对镜像的支持，容器化 Spring 应用是非常简单。容器可以部署到任何支持 Docker 的环境中，包括 Kubernetes 集群中。

附录　初始化 Spring 应用

有很多种初始化 Spring 项目的方式，至于选择哪一种完全，取决于我们的喜好。很多选择是依据我们喜欢哪款 IDE 做出的。

我们在这里所讨论的可选方案是基于 Spring Initializr 的，这是一个能够为我们生成 Spring Boot 项目的 REST API。各种 IDE 只不过是 REST API 的客户端。此外，还有几种方式可以在 IDE 之外使用 Spring Initializr API。

在本附录中，我们将会快速了解各种可选方案。

A.1　使用 Spring Tool Suite 初始化项目

要使用 Spring Tool Suite 来初始化新的 Spring 项目，需要在 File > New 菜单中选择 Spring Starter Project 菜单项，如图 A.1 所示。

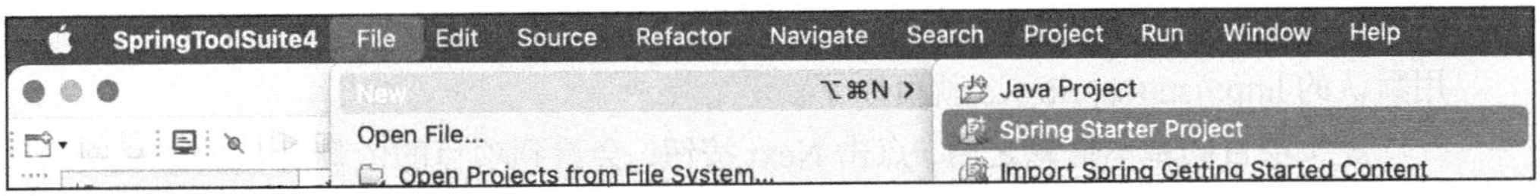

图 A.1　在 Spring Tool Suite 中初始化一个新项目

注意：这是一个使用 Spring Tool Suite 初始化 Spring 项目的简单描述。更详细的阐述，可以参考 1.2.1 小节。

接下来，我们会看到项目创建对话框的第一页（如图 A.2 所示）。在这个页面中，我们定义项目的基本信息，比如项目名称、坐标（由 Group 和 Artifact 两项指定）、版本和基础包名。我们可以确定项目使用 Maven 还是使用 Gradle 来构建，也可以声明构建生成 JAR 文件还是

WAR 文件，以及使用哪个版本的 Java，还可以使用其他的 JVM 语言，比如 Groovy 或 Kotlin。

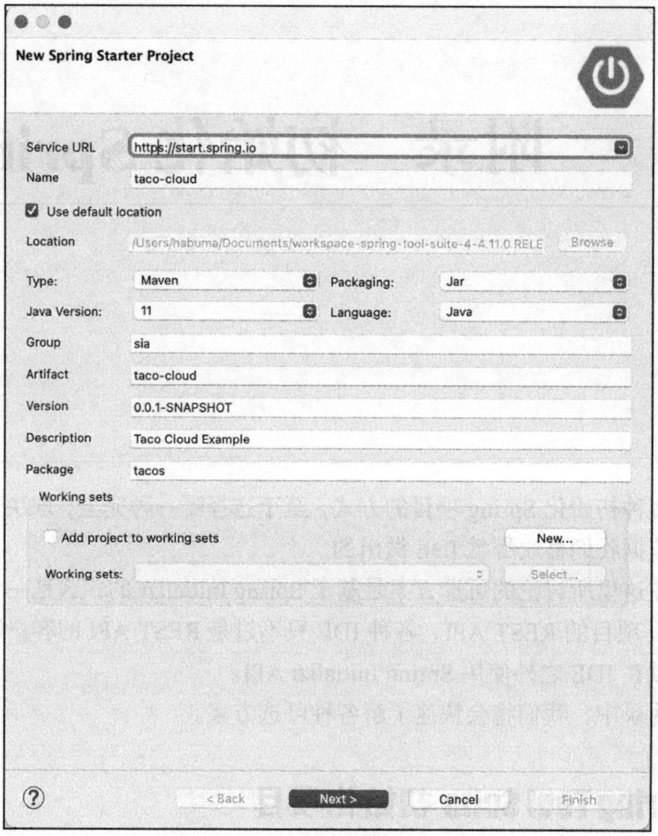

图 A.2　定义基本的项目信息

这个页面的第一个输入域要求我们指定 Spring Initializr 服务的位置。如果要运行或使用自定义的 Initializr 实例，那么可以在这里指定 Initializr 服务的基础 URL。否则，使用默认的 http://start.spring.io 就可以了。

定义项目的基本信息之后，点击 Next 按钮，会看到项目的依赖页（如图 A.3 所示）。

在项目依赖页，我们可以指定项目需要的所有依赖。其中有些依赖是 Spring Boot Starter 依赖，而有些依赖则是 Spring 项目常用的依赖。

可用的依赖都列在左侧，以分组的形式组织，可以展开和折叠。如果在查找依赖时遇到麻烦，还可以对依赖进行搜索以缩小可选范围。

要将某个依赖添加到所生成的项目中，只需要选中依赖名称前面的复选框。已经选中的依赖会显示在右侧 Selected 标题下面。如果想要移除依赖，可以点击已选中依赖前面的 X。点击 Clear Selection 可以移除所有已选的依赖。

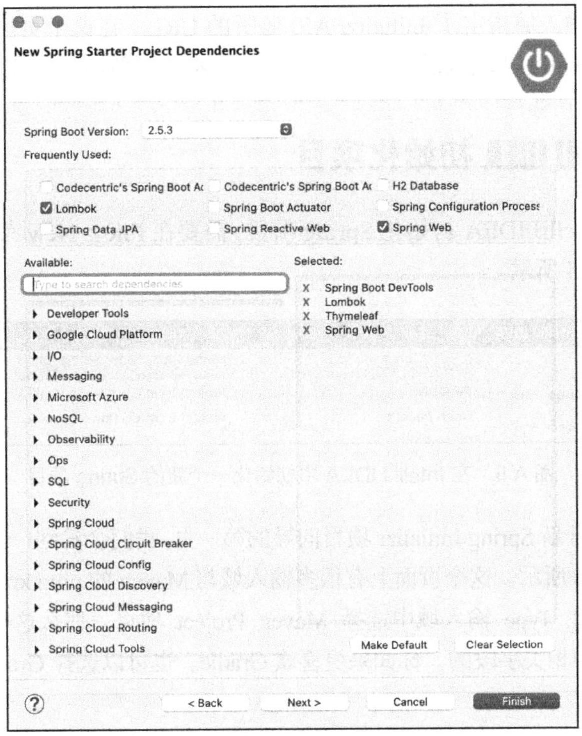

图 A.3 指定项目的依赖

为了增加便利性，如果发现在项目中始终（或经常）需要用到特定的一组依赖，可以在选择这些依赖后点击 Make Default 按钮，这样在下一次创建项目的时候，它们会预先被选中。

在选择之后，点击 Finish 按钮就可以生成项目并添加到工作空间中了。但是，如果想要使用 http://start.spring.io 之外的其他 Initializr，可以点击 Next 来设置 Initializr 的基础 URL，如图 A.4 所示。

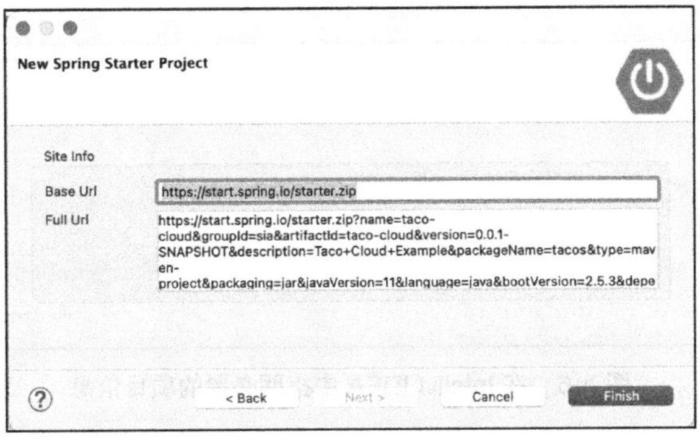

图 A.4 指定 Initializr 的基础 URL

Base Url 输入域指定了 Initializr API 监听的 URL。在这个页面中，这是唯一可以修改的输入域。Full Url 输入域展现了通过 Initializr 请求新项目的完整 URL 地址。

A.2 使用 IntelliJ IDEA 初始化项目

要使用 IntelliJ IDEA 初始化 Spring 项目，需要在 File > New 菜单下选择 Project…菜单项，如图 A.5 所示。

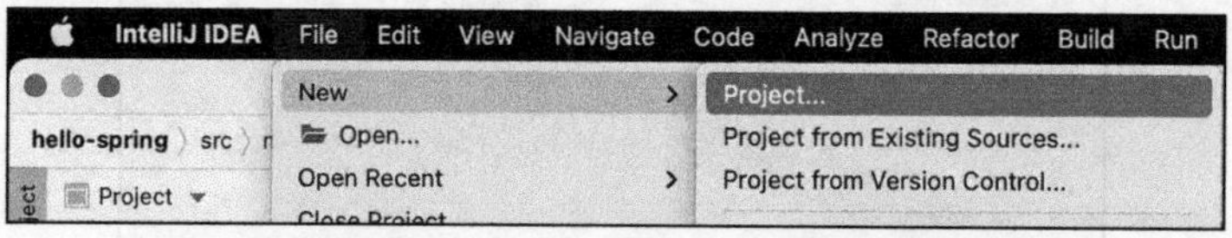

图 A.5 在 IntelliJ IDEA 中初始化一个新的 Spring 项目

此时会打开新 Spring Initializr 项目向导的第一页。我们会看到一个收集项目基本信息的页面，如图 A.6 所示。这个页面上有很多输入域与 Maven 的 pom.xml 中的信息是一致的，实际上，如果在 Type 输入域中选择 Maven Project 项目，那么这些输入域就是为了填充 pom.xml 文件中相关字段的。你如果更喜欢 Gradle，也可以选择 Gradle Project 项目。

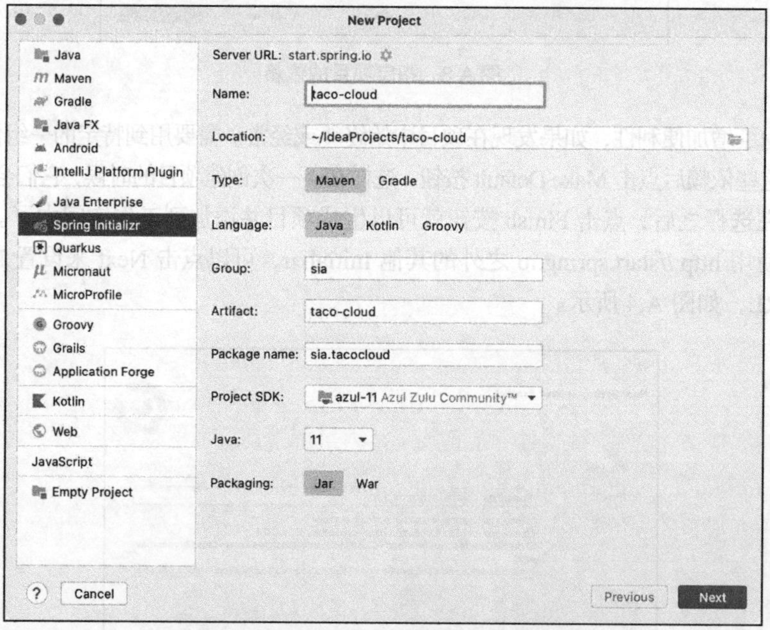

图 A.6 在 IntelliJ IDEA 中指明必要的项目信息

填写必要的项目信息后，点击 Next 按钮将会跳转至项目依赖页（如图 A.7 所示）。

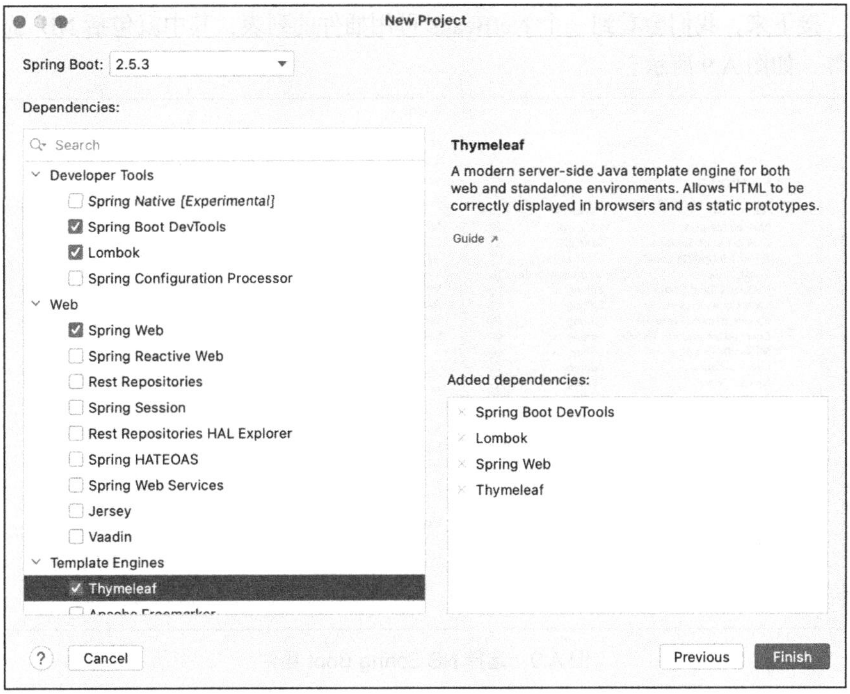

图 A.7 选择项目依赖

可用的依赖都列在左侧，以分组的形式组织，可以展开和折叠。如果在查找依赖时遇到麻烦，还可以对依赖进行搜索以缩小可选范围。

要将某个依赖添加到所生成的项目中，只需要选中依赖名称前面的复选框。已经选中的依赖会显示在右侧的 Added dependencies 标题下面。如果想要移除依赖，可以点击已选中依赖前面的 × 。

选择依赖后，点击 Finish，项目将会创建并加载到 IntelliJ IDEA 的工作空间中。

A.3 使用 NetBeans 初始化项目

要在 NetBeans 中创建新的 Spring Boot 项目，我们需要安装一个插件，以启用 NetBeans 对 Spring Boot 开发的支持。NB Spring Boot 插件为 NetBeans 添加了类似 Spring ToolSuite 和 IntelliJ IDEA 的功能。

要安装这个插件，选择 Tools 菜单的 Plugins 选项，如图 A.8 所示。

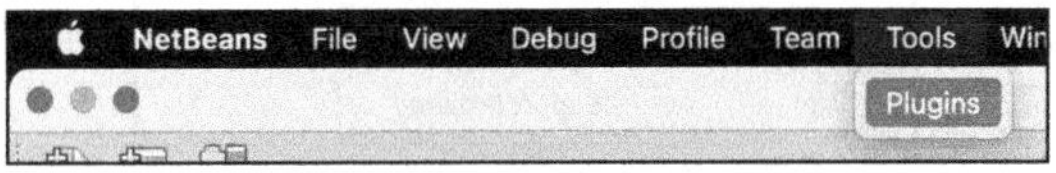

图 A.8 NetBeans Plugins 菜单项

接下来，我们会看到一个 NetBeans 可用插件的列表，其中就包括 NB Spring Boot 插件，如图 A.9 所示。

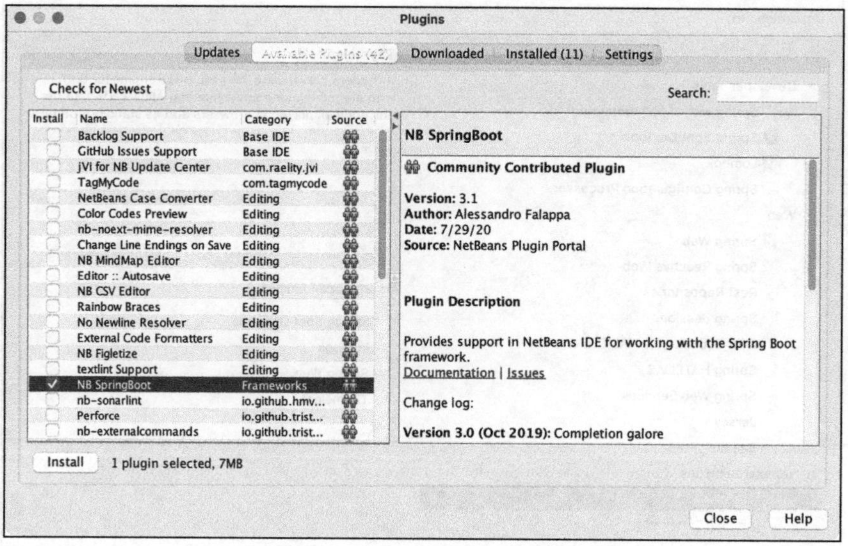

图 A.9　选择 NB Spring Boot 插件

点击 Install 按钮即可安装 Spring Boot 插件。我们会看遇到一些对话框告知许可证信息、确认选择，只需不断点击 Next，直到在最后一个对话框点击 Install。最后，程序会提示我们重启 NetBeans 以使插件生效。

安装 Spring Boot 插件后，我们就可以在 NetBeans 中初始化新的 Spring Boot 项目了。要使用 NetBeans 创建新项目，首先要选择 File 菜单的 New Project...菜单项，如图 A.10 所示。

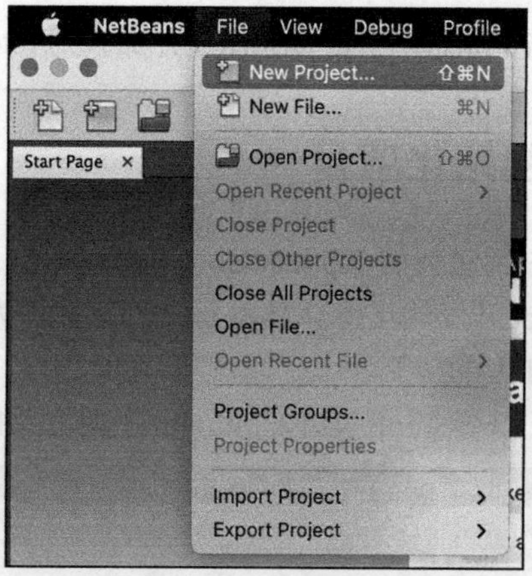

图 A.10　使用 NetBeans 初始化一个新的 Spring 项目

此时我们会看到新项目向导的第一页。如图 A.11 所示，该页面会让我们选择想要创建什么类型的项目。

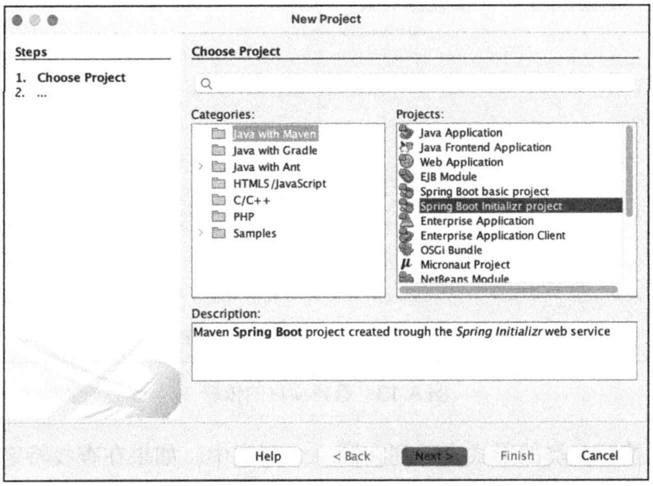

图 A.11 创建新的 Spring Boot Initializr 项目

对于 Spring Boot 项目来说，我们要从左侧的列表中选择 Java with Maven，然后在右侧的项目列表中选择 Spring Boot Initializr project，然后点击 Next 按钮。

新项目向导的第二页（如图 A.12 所示）允许我们设置项目的基本信息，比如项目名称、版本，以及 Maven pom.xml 文件中定义项目的其他信息。

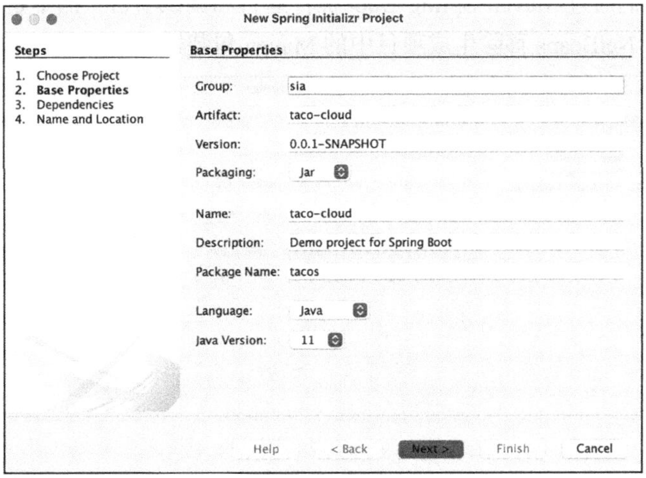

图 A.12 声明项目的基本信息

在声明项目的基本信息后，点击 Next 按钮进入新项目向导的依赖页，如图 A.13 所示。

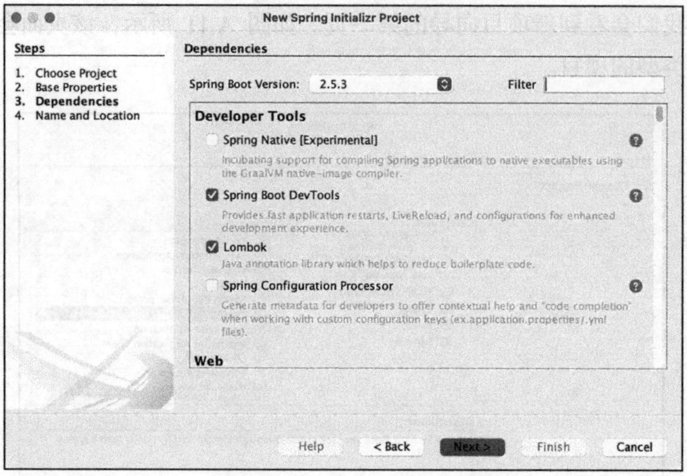

图 A.13　选择项目的依赖

依赖会按照分类的形式全部列在同一个列表中。如果在查找特定依赖时遇到麻烦，可以借助顶部的 Filter 文本框限制列表中可选项的数量。

在这个页面中，还可以指定想要使用哪个 Spring Boot 版本，默认为当前 Spring Boot 的最新正式版本。

为项目选择依赖之后，点击 Next 按钮会跳转至新项目向导的最后一页，如图 A.14 所示。这个页面允许我们声明项目的一些详情信息，包括项目的名称和文件系统中的位置（Project Folder 文本域是只读的，它的值会由其他两个文本域的值衍生而来）。它还能够允许我们通过 Maven Spring Boot 插件运行和调试项目，而不是使用 NetBeans。我们还可以让 NetBeans 移除生成项目中的 Maven 包装器。

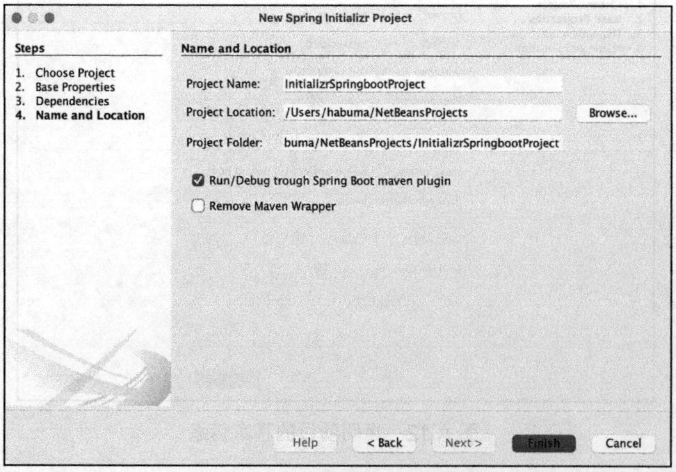

图 A.14　指明项目的名称和位置

在设置完项目的最后信息后，点击 Finish 按钮即可创建项目并将其添加到 NetBeans 的工作空间中。

A.4　在 start.spring.io 中初始化项目

到目前为止所描述的基于 IDE 的初始化方案可能会满足我们的需求，但是有时候我们可能需要完全不同的 IDE，或者使用简单的文本编辑器。在这种情况下，依然可以借助基于 Web 界面的 Initializr 来使用 Spring Initializr。

首先，在 Web 浏览器中访问 https://start.spring.io 即可看到简单版本的 Spring Initializr Web 用户界面，如图 A.15 所示。

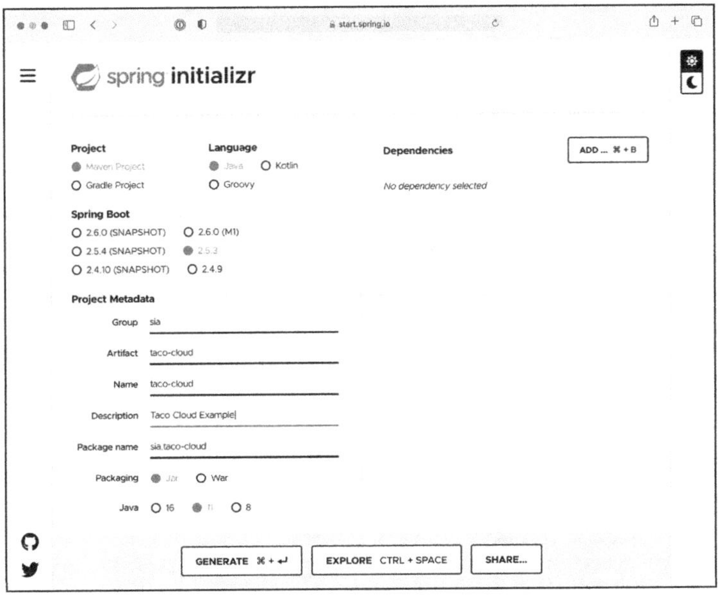

图 A.15　简单版本的 Spring Initializr Web 界面

在简单版本的 Initializr Web 应用中，我们只需要填写一些非常基本的信息，比如使用 Maven 还是 Gradle 进行构建、开发项目要使用什么语言、基于什么版本的 Spring Boot 进行构建，以及 Group 和 Artifact 项。

还可以通过在搜索框中输入搜索条件来指明依赖。例如，我们可以输入“web”来搜索带有“web”关键字的依赖，如图 A.16 所示。

当看到自己想要的依赖时，按回车键来选中它，它就会添加到选中依赖的列表中。在图 A.17 中，Dependencies 文本下面的区域显示，已经选中了 Spring Web、Thymeleaf、Spring Boot DevTools 和 Lombok 依赖。

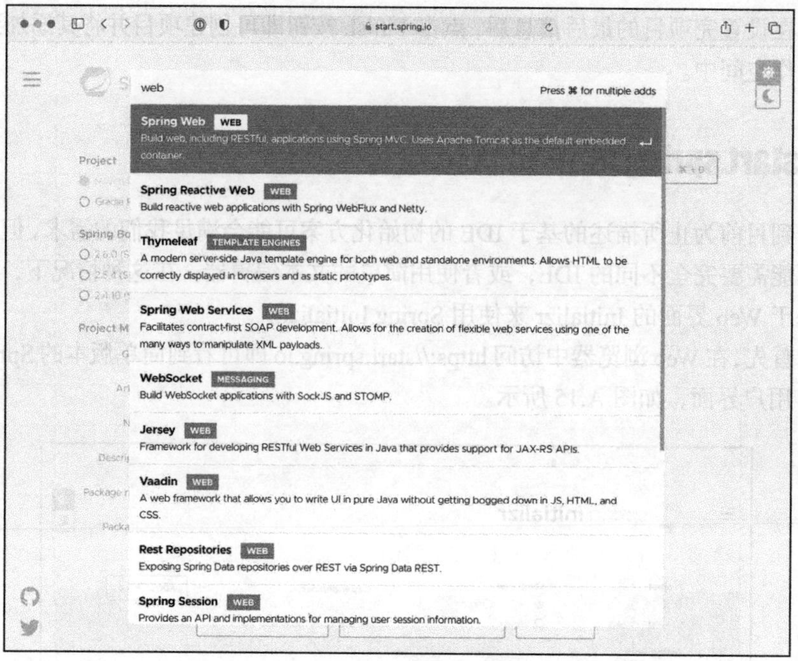

图 A.16　搜索依赖

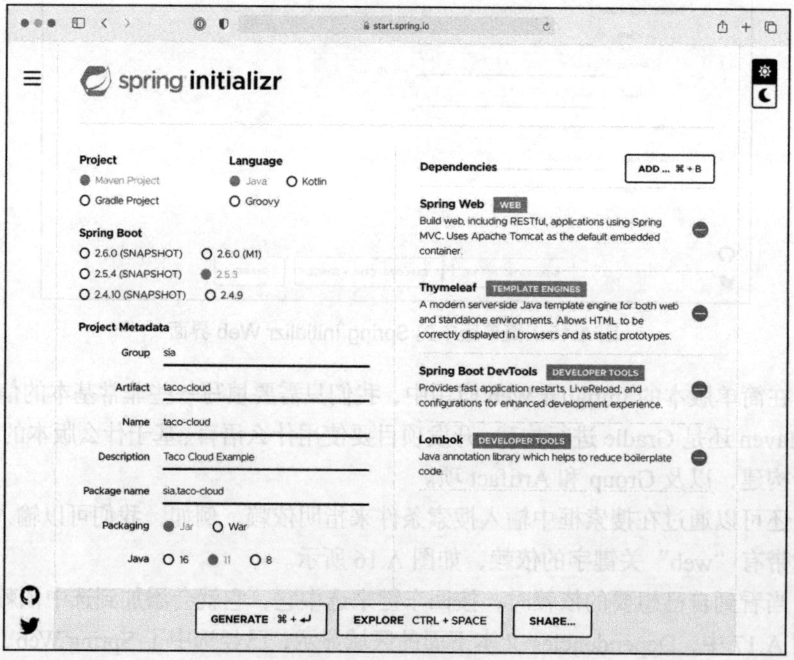

图 A.17　选择依赖

如果不想要某个已选中的依赖，可以点击依赖条目右侧的删除图标将其移除。完成之后，我们就可以点击 GENERATE 按钮（也可以使用按钮上所显示的快捷键，不同操作系统下会有所差异），让 Initializr 初始化项目并下载为 zip 文件。然后，我们就可以解压该文件并将其导入已选择的 IDE 或文本编辑器。

在点击 GENERATE 之前，可以通过点击 EXPLORE 预览项目。这会跳转至项目导览的页面，如图 A.18 所示。

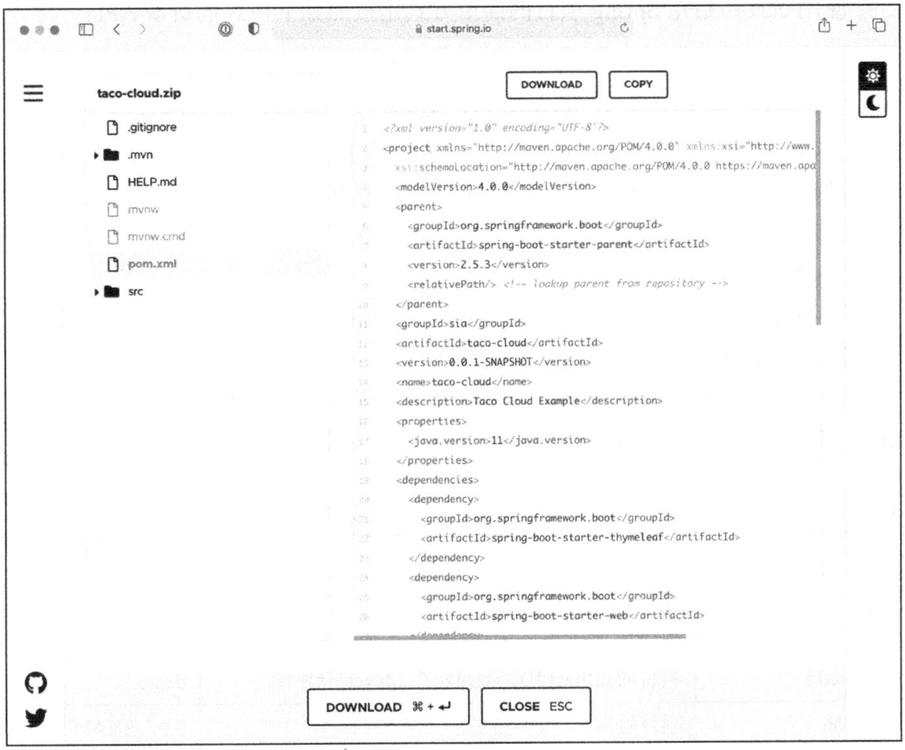

图 A.18 项目导览页面

首先，我们可以看到项目的构建规范（Maven 的 pom.xml 文件或 Gradle 的 build.gradle 文件）。通过点击左侧树中的条目，可以查看项目的其他组成部分。

A.5 使用命令行初始化项目

Spring Initializr 的 IDE 和基于浏览器的用户界面可能是初始化项目的最常见方式。它们都是 Initializr 应用程序提供的 REST 服务的客户端。在某些特殊情况下（例如，在脚本化场景中），我们可能会发现，直接从命令行使用 Initializr 服务也很有用。

有两种消费该 API 的方式：

- 使用 curl 命令（或者类似的命令行 REST 客户端）；
- 使用 Spring Boot CLI。

我们看一下这两种方案，先从 curl 命令开始。

A.5.1 curl 和 Initializr API

使用 curl 初始化 Spring 项目的简单方式是按照如下格式消费该 API：

```
% curl https://start.spring.io/starter.zip -o demo.zip
```

在本例中，我们请求了 Initializr 的“/starter.zip”端点。这会生成一个 Spring 项目并下载为 zip 文件。生成的项目是使用 Maven 构建的，并且除了有 Spring Boot starter 依赖外并没有其他依赖，pom.xml 文件中的所有项目信息都是默认值。

如果不进行特殊指定，则文件名为 starter.zip。但是在本例中，-o 选项将下载的文件命名为 demo.zip。

对外公开的 Spring Initializr 服务器托管在 https://start.spring.io 上，但是如果想要使用自定义 Initializr，那么需要对应地修改 URL。

除了默认值之外，我们可能还想要指定一些详情信息和依赖。表 A.1 列出了消费 Spring Initializr REST 服务所有可用的参数（及其默认值）。

表 A.1 Initializr API 支持的请求参数

参数	描述	默认值
groupId	项目的 group ID，用于 Maven 仓库对各种制品的组织	com.example
artifactId	项目的 artifact ID，会显示在 Maven 仓库中	demo
version	项目版本	0.0.1-SNAPSHOT
name	项目名称，同时也用来确定应用主类的名称（类名会添加 Application 后缀）	demo
description	项目的描述	Demo project for Spring Boot
packageName	项目的基础包名	com.example.demo
dependencies	项目构建文件所包含的依赖	基础的 Spring Boot starter
type	所生产项目的类型，maven-project 或 gradle-project	maven-project
javaVersion	基于哪个 Java 版本构建	1.8
bootVersion	基于哪个 Spring Boot 版本构建	当前 GA 版本的 Spring Boot
language	要使用的编程语言，可以是 java、groovy 或 kotlin	java

续表

参数	描述	默认值
packaging	项目应该如何打包，可以是 jar 或 war	jar
applicationName	应用的名称	name 参数的值
baseDir	在生成的归档文件中基础路径的名称	根路径

可以通过发送请求至基础 Initializr URL 获取参数列表和可用依赖项的列表：

```
% curl https://start.spring.io
```

在这些参数中，我们可能会发现 dependencies 是最常用的。例如，假设我们想要创建一个使用 Spring 的简单 Web 项目，使用如下的 curl 命令行可以生成一个包含 web starter 依赖的项目 zip 包：

```
% curl https://start.spring.io/starter.zip \
      -d dependencies = web \
      -o demo.zip
```

作为一个更复杂的样例，假设我们想要开发一个使用 Spring Data JPA 进行数据持久化的 web 应用程序。我们还希望使用 Gradle 构建它，并且项目应该位于 zip 文件中名为 my-dir 的目录下。假设我们不仅想要下载 zip 文件，还希望在下载时将项目解压到文件系统中。下面的命令可以达成我们的目的:

```
% curl https://start.spring.io/starter.tgz \
       -d dependencies = web,data-jpa \
       -d type = gradle-project
       -d baseDir = my-dir | tar -xzvf -
```

在这里，下载的 zip 文件将会以管道的方式传递给 tar 命令进行解压。

A.5.2 Spring Boot 命令行接口

Spring Boot CLI 是另外一种初始化 Spring 应用的方案。我们能够以多种方式安装 Spring Boot CLI，但是最简单（也是我最喜欢）的方式可能是使用 SDKMAN：

```
% sdk install springboot
```

Spring Boot CLI 安装完成后，就可以使用它来生成项目了。它的使用方式与 curl 非常类似。我们要使用的命令是 spring init。实际上，使用 Spring Boot CLI 生成项目的最简单方式如下所示：

```
% spring init
```

这样会生成一个 Spring Boot 项目的骨架，并将其下载为名为 demo.zip 的 zip 文件。但是，我们可能想要指明一些详情信息和依赖。表 A.2 列出了 spring init 命令的可用参数。

表 A.2　　spring init 命令支持的请求参数

参数	描述	默认值
group-id	项目的 group ID，用于 Maven 仓库对各种制品的组织	com.example
artifact-id	项目的 artifact ID，会显示在 Maven 仓库中	demo
version	项目版本	0.0.1-SNAPSHOT
name	项目名称，同时也用来确定应用主类的名称（类名会添加 Application 后缀）	demo
description	项目的描述	Demo project for Spring Boot
package-name	项目的基础包名	com.example.demo
dependencies	项目构建文件所包含的依赖	基础的 Spring Boot starter
type	所生产项目的类型，maven-project 或 gradle-project	maven-project
java-version	基于哪个 Java 版本进行构建	11
boot-version	基于哪个 Spring Boot 版本进行构建	当前 GA 版本的 Spring Boot
language	要使用的编程语言，可以是 java、groovy 或 kotlin	java
packaging	项目应该如何打包，可以是 jar 或 war	jar

通过使用--list 参数，可以查看参数的列表及可用依赖：

```
% spring init --list
```

假设我们希望创建一个基于 Java 1.7 的 Web 应用，那么如下使用--dependencies 和--java 的命令可以实现该要求：

```
% spring init --dependencies = web --java-version = 1.7
```

假设我们想要创建一个使用 Spring Data JPA 进行数据持久化的 web 应用程序，并且还希望使用 Gradle 构建它，而不是使用 Maven，那么我们可以使用如下的命令：

```
% spring init --dependencies = web,jpa --type = gradle-project
```

你可能已经发现，spring init 的很多参数与 curl 方案的参数相同或相似。也就是说，spring init 并没有支持 curl 方案中的所有参数（比如 baseDir），而且参数是使用短线分割的，不使用驼峰命名法（例如，使用 package-name 而非 packageName）。

A.6 构建和运行项目

不管采用什么方式初始化项目，都可以在命令行中使用 java -jar 命令来运行应用：

```
% java -jar demo.jar
```

即使不使用 JAR 文件，而是使用 WAR 文件来进行分发，这样做依然是可行的：

```
% java -jar demo.war
```

我们还可以使用 Spring Boot Maven 或 Gradle 插件来运行应用。如果项目使用 Maven 构建，可以这样运行：

```
% mvn spring-boot:run
```

如果使用 Gradle 进行构建，可以按照如下方式运行项目：

```
% gradle bootRun
```

不管是使用 Maven 还是 Gradle，构建工具都会构建（如果还没有构建）并运行项目。